KAMPF UNTER WASSER

Unterseeboote von 1776 bis heute

Robert Hutchinson

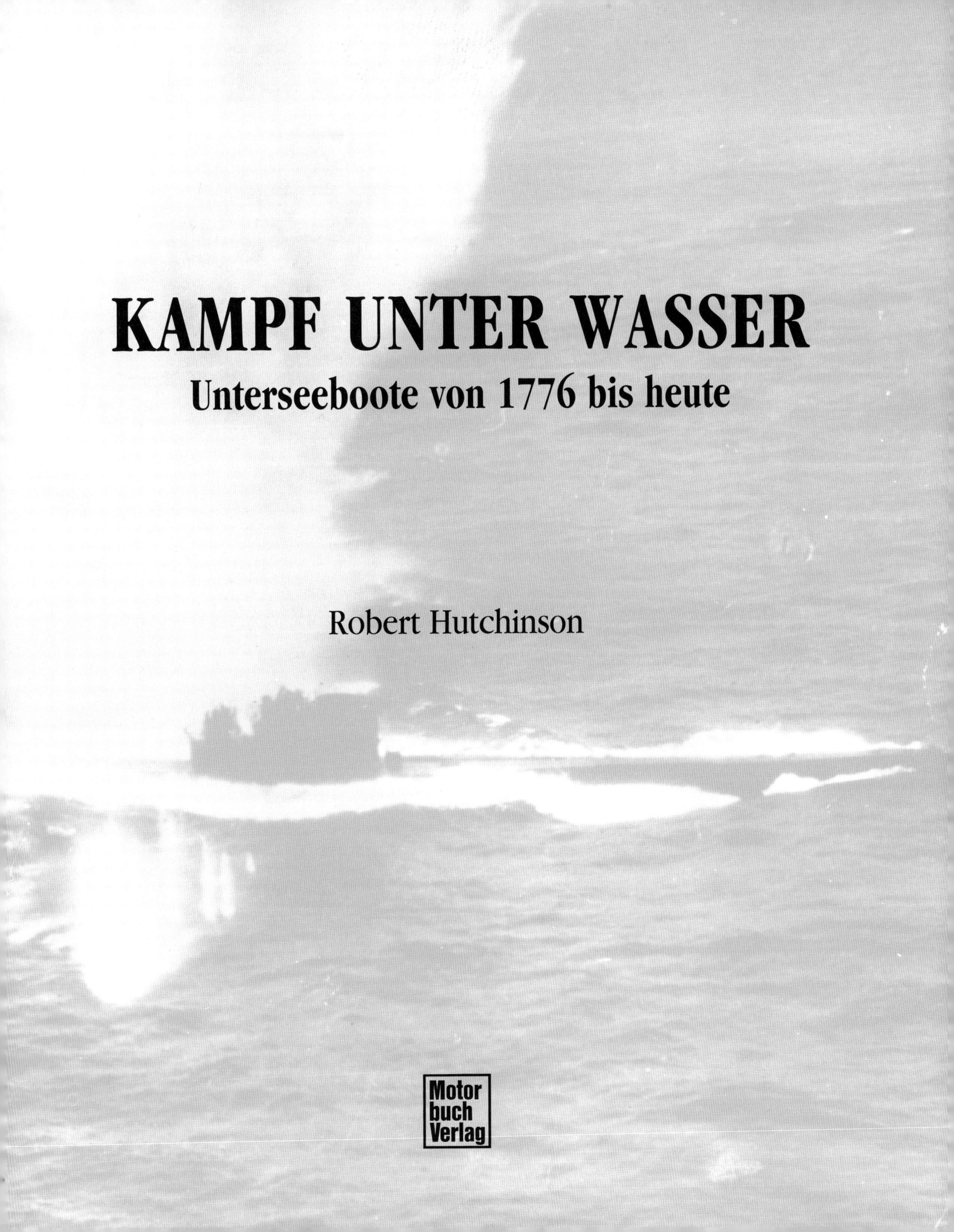

KAMPF UNTER WASSER

Unterseeboote von 1776 bis heute

Robert Hutchinson

Motor
buch
Verlag

Einbandgestaltung: Luis Dos Santos unter Verwendung der Original-Vorlage.

Die Abbildung auf der Titelseite zeigt das französische SSBN/SNLE-NG LE TRIOMPHANT

Bildnachweis:
Royal Navy Submarine Museum, API, Imperial War Museum, National Maritime Museum, US-Marine, Verteidigungsministerium Kanadas, BAe Systems Marine.

Das englischsprachige Originalwerk erschien unter dem Titel »Jane`s SUBMARINES - WAR BENEATH THE WAVES FROM 1776 TO THE PRESENT DAY« bei Jane`s Information Group, Harper Collins Publishers, 77-85 Fulham Palace Road, Hammersmith, London W6 8JB, 2003.

Ins Deutsche übertragen von **Wolfram Schürer**
Deutsche Bearbeitung: **Helma** und **Wolfram Schürer**

ISBN 3-613-02585-X
ISBN 978-3-613- 02585-1

1. Auflage 2006

Ein Unternehmen der Paul Pietsch-Verlage GmbH & Co.

Sie finden uns im Internet unter www.motorbuch-verlag.de

Lektor: Martin Benz M.A.
Innengestaltung: DTP-Büro Viktor Stern, D-72160 Horb
Druck: Rotolito Lombarda
Bindung: Rotolito Lombarda
Printed in Italy

Inhalt

Frühe Entwürfe

Die Menschheit hatte schon immer zwei anscheinend unmögliche Träume gehegt: wie ein Vogel durch die Luft zu fliegen und unter Wasser zu schwimmen – wie ein Fisch. In beiden Fällen dauerte es bis ins 20. Jahrhundert, ehe sich beide Träume durch manövrierbare Maschinen mit Motorkraft verwirklichen ließen. Der militärische Wert von Unterseebooten wurde weitaus schneller als der von Flugzeugen erfasst – trotz der Zweifel, die bei Marinen über ihre Aufgaben im Kriege bestanden, und jener bei einigen Admiralen, die von der Feuerkraft stark gepanzerter Großkampfschiffe eingenommen waren.

Auch schon vor den Anstrengungen der Menschheit zu fliegen, gab es Versuche, betriebsfähige Unterseeboote zu bauen. Von 1600 bis 1900 wurden mehr als 130 Entwürfe für Unterseeboote ersonnen und manchmal auch gebaut, darunter das ehrgeizige Maclaine-Konzept von 1898 für ein tauchfähiges Schlachtschiff, bewaffnet mit sechzehn 30,5-cm-Geschützen, das vielleicht zum Glück nie gebaut wurde, aber ein Vorläufer der Handelsstörer aus den 1930er Jahren war. Der erste echte Versuch für ein Tauchboot erschien 1578, als sich der Mathematiker William Bourne (ca. 1535-1582) einen geschlossenen hölzernen Bootskörper vorstellte, der mit Häuten abgedichtet war und mit Hilfe lederner Ballasttanks, die mit Luft gefüllt waren und durch mehrere Schrauben zusammengepresst und gelöst wurden, tauchen und auftauchen konnte. Riemen dienten vermutlich dem Antrieb unter Wasser. Bourne, ein Autodidaktiker aus Gravesend in Kent, diente unter Admiral Sir William Monson als Kanonier in der englischen Marine und veröffentlichte 1567 das Buch *Certyn Rules for Navigation.* James, einer seiner Stiefsöhne, war 1577 Kapitän eines Handelsschiffes. Bournes Boot wurde nie gebaut, aber der holländische Erfinder und Alchemist Cornelius Jacobzoon van Drebbel (1572-1633), der Sohn eines wohlhabenden Bauern aus Alkmaar, modifizierte später seinen Entwurf. Bereits Inhaber von Patenten für eine Pumpe und einer »Perpetuum mobile«-Uhr sowie Hersteller von Verbundmikroskopen entwarf Drebbel um 1620 ein Tauchboot mit Rohren, die an Flößen an der Wasseroberfläche befestigt waren, um die Besatzung mit Frischluft zu versorgen.

CORNELIUS VAN DREBBEL

Wie beim Entwurf von Bourne verließ sich das Drebbel-Boot für den Über- und Unterwasserantrieb auf Riemen mit ledernen Dichtungsmanschetten, um den mit eingefettetem Leder umhüllten und aus Holz auf eisernen Spanten konstruierten Rumpf als Ganzes zu erhalten. Im Gegensatz zu Bourne wurde Drebbels Fahrzeug zwischen 1620 und 1626 tatsächlich gebaut und in London auf der Themse erprobt – wie verlautet in Tiefen von 3,7–4,6 m. Obwohl es wahrscheinlicher ist, dass das Boot nur teilweise unter Wasser fuhr. Während dieser ersten Erprobung leckte es beträchtlich. Wenn es auch eine Kontroverse hinsichtlich seiner wahren Natur gibt – war es eigentlich eine Art Tauchglocke oder ein echtes Unterseeboot? –, so besteht doch kein Zweifel daran, dass das Boot zumindest einen erfolgreichen Versuch teilweise getaucht unternahm, der drei Stunden dauerte. An Bord waren zwölf Ruderer und eine Anzahl verwegene Passagiere. Seine wahre Bedeutung war die Entwicklung einer Luftversorgung, die dem modernen »Schnorchel« ähnelte, wie er zuerst im Januar 1944 beim deutschen U-Boot *U 539* im Einsatz beobachtet wurde,[1] obwohl von Drebbel auch gesagt wird, er hätte die Luft im Inneren des getauchten Bootes chemisch gereinigt. Es mag plausibel sein, dass er festgestellt hat, wie Sauerstoff durch Erhitzen von Kaliumnitrat (Salpeter) erzeugt wird. Wenn das stimmt, macht der Vorgang den Mut dieses U-Bootpioniers aus dem 17. Jahrhundert sogar noch atemberaubender. Staatsdokumente enthüllen für Drebbels Arbeit eine beträchtliche Unterstützung der Regierung. Im Juni 1626 erteilte Sir William Heydon, der Generalfeldzeugmeister, einen Befehl zur Herstellung von »vier Wasserminen und Wasserpetarden« für Experimente, die mit »Unterwasser-Explosionsmaschinen« zu tun hatten. Einen Monat später erging von George, Earl of Totnes, ein von König Charles I. unterzeichneter Befehl an Heydon:

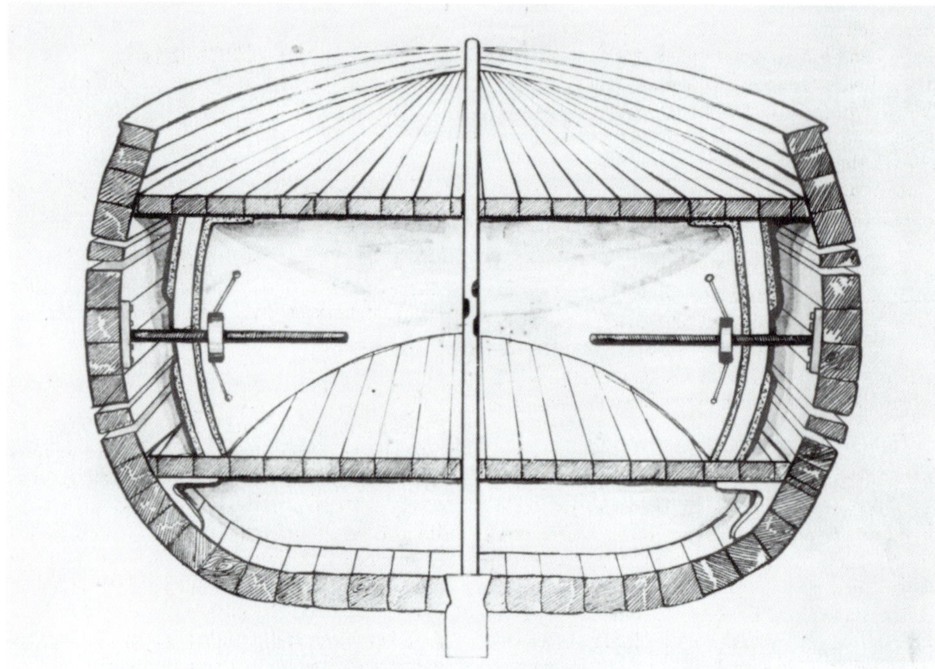

Oben: Zum Entwurf von Bourne für ein tauchfähiges Boot gehörten an beiden Seiten durch Schrauben zusammenpressbare Ballasttanks aus Leder.

Links: Das Tauchboot des holländischen Emigranten Cornelius van Drebbel in den 20er Jahren des 17. Jahrhunderts auf der Themse.

[1] Unterwasserantrieb durch Dieselmotoren mit einem Luftmast zur Luftversorgung wurde 1938/39 von der niederländischen Marine bei *O 19* und *O 20* erprobt.

»Bereitstellung von Unterkünften und Werkstätten in den Minories« (d.h. in London) für Drebbel und Arnold Rotispen, einen Gehilfen, »die ihr Können für den Dienst Seiner Majestät [d.h. die Marine] einsetzen«. Elf Monate später schrieb der König selbst an Heydon und gab ihm Anweisung, £ 100 – im 17. Jahrhundert eine beträchtliche Summe – als Belohnung »für das Erfinden verschiedener Wassermaschinen« zu zahlen, fast mit Sicherheit ein Hinweis auf das entstandene Tauchboot. Doch diese Bezahlung scheint das Ende des Experimentes zu markieren, und da die britische Marine mehr an Drebbels Sachkenntnis über Sprengstoffe für Brander als an Tauchbooten interessiert war, starb das Projekt, wie dies auch mit anderen der Fall sein sollte.

MERSENNE UND FOURNIER

Eine Reihe Entwürfe für Unterseeboote folgte Drebbel hart auf den Fersen. Zwei französische Priester, Marin Mersenne (1588-1648) und der Jesuit Georges Fournier (1595-1652), fertigten Ende der 1630er-Jahre einen Entwurf für ein bewaffnetes Unterseeboot, ausgestattet mit Rädern zum Fortbewegen auf dem Meeresgrund. Es sollte Luftpumpen und eine Art phosphoreszierendes System als Licht im Inneren haben. Ein anderer Priester, der italienische Abt Giovanni Borelli (1608-1679), entwarf ein Boot mit einem von Hand bedienten System zur Kontrolle des Auftriebs durch das Herauspressen von Wasser aus Lederschläuchen. 1653 konstruierte der Franzose de Son in Rotterdam ein Unterseeboot, das erstmals mechanische Kraft verwendete. Es war mittschiffs mit einem inneren Paddelrad ausgestattet und wurde von einem Uhrwerk angetrieben. Das Konzept war neu, aber die erzeugte Kraft war nicht ausreichend, um das 22 m lange Fahrzeug durch das Wasser zu bewegen, und es sollte vermutlich nur an der Wasseroberfläche betrieben werden.Im nächsten Jahrhundert scheint ein Erfinder, nur unter M.T. bekannt, einen Entwurf kopiert zu haben, den 22 Jahre zuvor Nathaniel Symons fertigte, ein Zimmermann aus Harbeston bei Totnes/Devonshire. Dieser beruhte auf Borellis System, lederne Auftriebsbeutel oder -schläuche mit Luft zu füllen und zu entleeren. Der Entwurf von M.T., 1747 in der Zeitschrift *The Gentleman's Magazine* veröffentlicht, benutzte aufgeblasene Ziegenhäute als Auftriebshilfen. Dann folgte das unglückselige Wagnis von John Day, eines weiteren Schiffszimmermanns aus Devon. Im Gefolge einer törichten Wette erwarb er die 15,2 m große Sloop MARIA, baute in ihren Laderaum mittschiffs eine 3,7 m lange »luftdichte« Kajüte ein und befestigte rund um das Schiff 75 Fässer als Auftriebshilfen. Zwei große Gewichte, jedes 10 ts wiegend und vom Kiel herabhängend, wurden an Eisenstäben im Inneren, die mit Ringbolzen versehen waren, als abwerfbarer Ballast befestigt – zusammen mit weiteren 10 ts, verstaut im Inneren des Rumpfes. Vom Erfolg überzeugt, stattete er seine Kajüte mit Hängematte, Kerzen, Keksen und Wasser aus. Er entwarf auch ein Signalsystem für die Beobachter oben. Das Auflassen einer weißen Boje bedeutete »Alles in Ordnung!«, rot: »Mir geht es nicht besonders gut!« und schwarz: »Bin in großer Gefahr!«. Am 20. Juni 1774 sank die MARIA im Hafen von Plymouth zwischen Drake's Island und Prince of Wales Battery auf 52 m Wassertiefe. Sie tauchte nie wieder auf. Keine der Bojen stieg an die Oberfläche. Vermutlich hatte der Wasserdruck den Schiffskörper zerdrückt: Eine wichtige Lektion war auf tragische Weise erlernt worden.

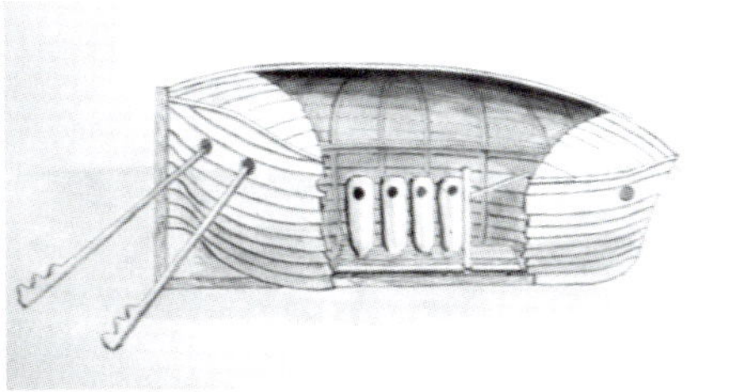

Oben: Der Entwurf des Abtes Giovanni Borelli aus dem 17. Jahrhundert.

Rechts: Die TURTLE von David Bushnell, ausgestattet mit von Hand betriebenen Vertikal- und Horizontalpropellern.

DAVID BUSHNELL: TURTLE

Der nächste klare Schritt nach vorn in der U-Bootstechnik war 1775 in den USA der Entwurf und der Bau der birnenförmigen, hölzernen TURTLE, ausgestattet mit Ballastwassertanks, die mit zwei Handpumpen wieder gelenzt wurden. Obwohl streng genommen erneut kein richtig gehendes Tauchboot wurde es das erste Unterseeboot, das nachweisbar getaucht ist, ein feindliches Kriegsschiff angriff – wenn auch erfolglos – und glücklich wieder auftauchte. Es führte auch das Konzept des Schraubenantriebs ein.[2] Das Unterseeboot wurde jetzt stillschweigend als Waffe anerkannt: nicht zur Verteidigung, sondern zum Angriff.

Eine leidenschaftliche Welle antibritischer Gefühle zog sich wie ein roter Faden durch die Anfänge der U-Bootsentwicklung und wurde zur Triebfeder hinter einigen Entwürfen und vielen Neuerungen. Erbauer der TURTLE war David Bushnell (1742-1824), ein 34-jähriger Absolvent der Universität Yale, der das Boot in seiner Heimatstadt Saybrook/Connecticut zu bauen begann. Das aus Eichenholz hergestellte Boot (2,13 m lang, 1,83 m im Durchmesser), mit Teer kalfatert und mit Eisenbändern verstärkt (ähnlich wie ein Fass), wurde von je einem von Hand bedienten Vertikal- und Horizontalpropeller angetrieben. Mit geringem Auftrieb fuhr es etwa 15 cm aus dem Wasser ragend dahin. Die Bewaffnung war eine abwerfbare 70-kg-Sprengladung aus Schießpulver, die ein Tau mit einer Schraube verband, die in den hölzernen Rumpf des Zielschiffes gedreht wurde. Ein primiti-

Links: Das Katamaran-ähnliche Tauchboot des Franzosen de Son von 1653 mit mechanischem Antrieb, bestehend aus zwei Bootsteilen mit einem Paddelrad dazwischen, angetrieben von einem Uhrwerk.

[2] Eine zum 200. Jahrestag der amerikanischen Unabhängigkeit 1976 angefertigte Rekonstruktion befindet sich im Connecticut River Museum in Essex/Connecticut, USA.

ver Säurezünder mit Uhrwerk und Feuersteinschloss ließ sie detonieren. An dieser neuen Waffe interessiert, entsandte die Heeresführung im Unabhängigkeitskrieg der USA gegen Britannien die von Sergeant Ezra Lee bemannte TURTLE, um die HMS EAGLE (64 Kanonen) anzugreifen, das Flaggschiff von Admiral Howe, das am 6. September 1776 im Hafen von New York vor Anker lag. Obwohl sich das Fahrzeug unentdeckt in Position manövrierte, ließ sich die Schraube an der EAGLE nicht anbringen, vermutlich infolge des neuartigen Kupferbelags – und der Angriff scheiterte. Britische Soldaten an Land sichteten die TURTLE und ein Wachboot mit zwölf Ruderern jagte sie. Nahe der Einfahrt in den East River warf Lee die Sprengladung ab, die Zündung funktionierte und die Ladung detonierte, woraufhin die Engländer hastig den Rückzug antraten. Später inszenierte Bushnell noch einen Angriff auf die britische Fregatte CERBERUS zwischen dem Connecticut River und New London, der aber vermutlich eher von einem Walfänger mit Sprengstoff ausgeführt wurde als von dem Tauchboot. Im Krieg von 1812 gab es (wahrscheinlich frei erfundene) Meldungen von einer zweiten TURTLE und einem Angriff vor New London auf das dort ankernde britische Kriegsschiff RAMILLIES, der ebenfalls gescheitert wäre. Im September 1787 schrieb General George Washington an Thomas Jefferson, damals Gesandter der USA in Paris:

»Bushnell ist ein Mann von großer technischer Begabung – eine schöpferische Bildung – und ein Meister in der Ausführung. Er kam 1776 zu mir, empfohlen von Gouverneur Trumbull (inzwischen tot) und anderen ehrenhaften Persönlichkeiten, die sein Plan bekehrt hatte. Obwohl ich mir selbst treu bleiben wollte, stattete ich ihn mit Geld und anderen Hilfsmitteln aus, um den Plan zur Ausführung zu bringen.

Er mühte sich einige Zeit erfolglos ab und obwohl die Befürworter seines Planes weiterhin zuversichtlich waren, hatte er nie Erfolg. Das eine oder andere Unglück kam stets dazwischen. Damals dachte ich – und denke es heute noch – dass es der Versuch eines Genies war.«

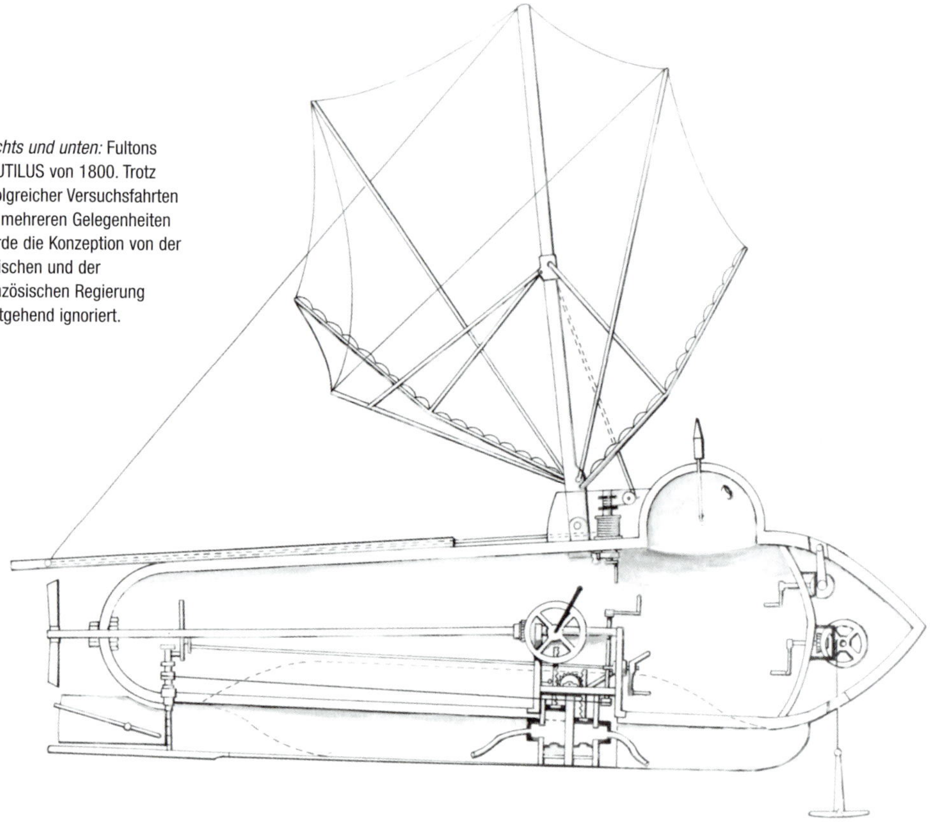

Rechts und unten: Fultons NAUTILUS von 1800. Trotz erfolgreicher Versuchsfahrten bei mehreren Gelegenheiten wurde die Konzeption von der britischen und der französischen Regierung weitgehend ignoriert.

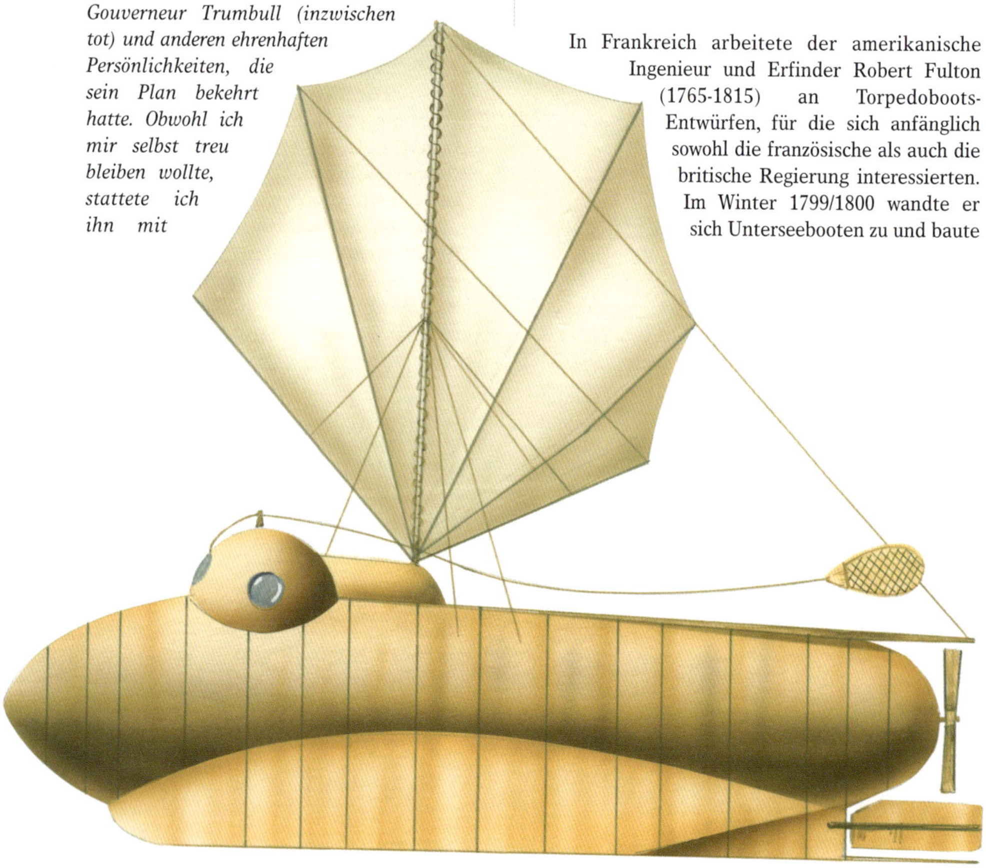

In Frankreich arbeitete der amerikanische Ingenieur und Erfinder Robert Fulton (1765-1815) an Torpedoboots-Entwürfen, für die sich anfänglich sowohl die französische als auch die britische Regierung interessierten. Im Winter 1799/1800 wandte er sich Unterseebooten zu und baute die NAUTILUS. Sie hatte einen 6,5 m langen, mit Kupferblech beschlagenen Bootskörper, der mit einem Mast, einem Bugspriet, zwei Segeln für den Überwasserantrieb und zwei von Hand gedrehten Propellern – einer diente der Vertikalbewegung – für die Unterwasserfahrt ausgestattet war. Vor dem Tauchen wurde der Mast umgelegt. Durch Verwenden eines Barometers wurde die Tiefe geschätzt und die Luftversorgung der vierköpfigen Besatzung erfolgte durch an Bord befindliche Behälter mit Pressluft.

ROBERT FULTON: NAUTILUS

Die Vorführung des Bootes erfolgte in der Seine in Paris zwischen der heutigen Concorde- und der Alma-Brücke. Im Juli 1801 wurden Tauchversuche in etwa 9 m Tiefe im Hafen von Brest durchgeführt und das Boot blieb mit Fulton und drei tapferen Mechanikern an Bord über eine Stunde unter Wasser. Unter Verwenden einer am Bug angebrachten Spiere mit einer Explosivladung sprengte die NAUTILUS eine 12 m lange Sloop in die Luft, die Napoleon als Erster Konsul selbst zur Verfügung gestellt hatte. Trotz dieser Erfolge bewilligte die französische Regierung das Geld nicht, um Fultons Erfindungen zu kaufen. Dies taten auch die Briten nicht, die seine Vorschläge einer jährlichen Pension von £ 20.000 für die Rechte an den Entwürfen ablehnten, auch dann nicht, als ihnen im Oktober 1805 das Unterseeboot vorgeführt wurde und eine starke Brigg, die DOROTHY, auf der Höhe von Walmer Castle/Kent mit einer 32-kg-Ladung Schießpulver versenkte. Solcherart verschmäht, kehrte er im Dezember 1806 in die USA zurück und bot sein fachliches Können der US-Regierung zur Entwicklung von Unterwassergeschützen an. Er arbeitete auch an einem viel größeren U-Boot (von einer Dampfmaschine angetrieben), das er in New York begonnen hatte zu bauen: der 24,5 m langen und 6,7 m breiten MUTE. Doch Fulton starb vor Vollendung dieses Projektes. Bis zur Mitte des 19.

Links und unten: Das älteste, noch vorhandene Unterseeboot: Wilhelm Bauers BRANDTAUCHER von 1850, angetrieben durch ein Tretwerk mit Muskelkraft. Bei der Abnahmefahrt gesunken, konnte eine Besatzung jedoch zum erstenmal erfolgreich entkommen.

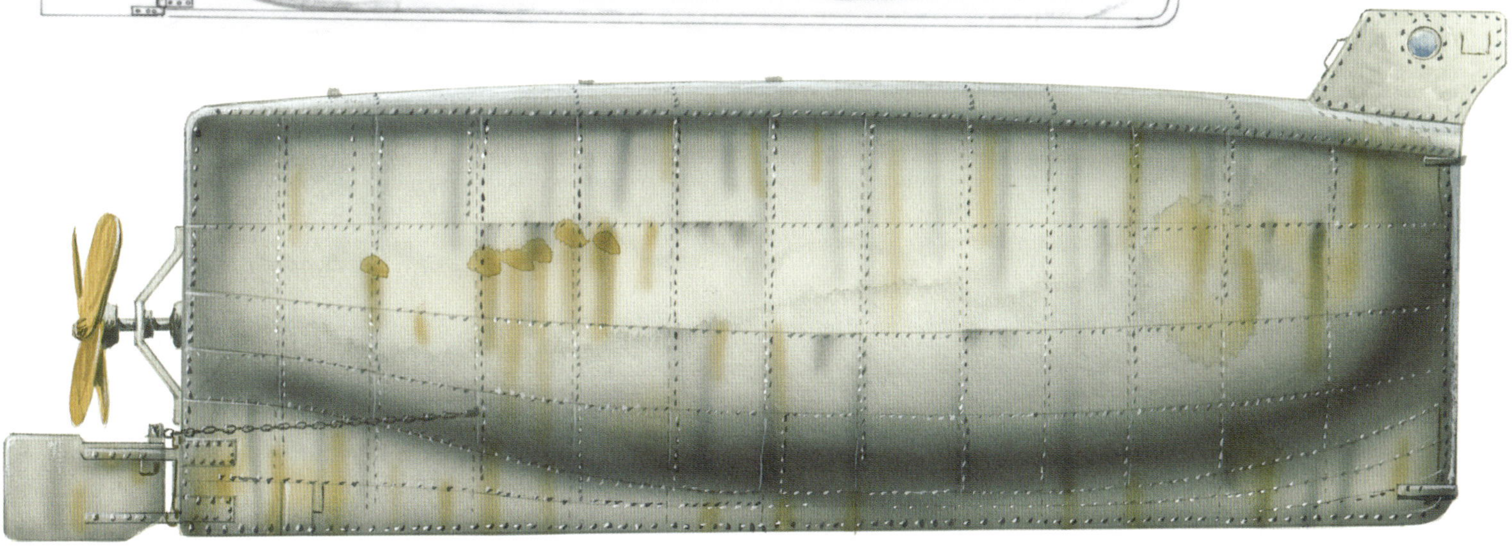

Jahrhunderts gab es mit dem amerikanischen Schuster Lodner Phillips und dem französischen Ingenieur Brutus de Villeroi neben anderen weitere Versuche, Fultons Entwürfe technisch zu verbessern. Phillips entwarf zwei U-Boote: eines für eine friedliche Verwendung und ein größeres für den Krieg. Letzteres war ein 11,9 m langes Boot mit einem ineinander schiebbaren Mast zur Luftversorgung. De Villeroi baute 1832-1835 zwei Boote (eines mit einem Deplacement von mehr als 30 ts) und 1855 ein weiteres.

WILHELM BAUER: BRANDTAUCHER

1850 baute der ehemalige Artillerie-Unteroffizier Wilhelm Bauer (1822-1875) in Kiel den BRANDTAUCHER: Ein 8,07 m langes Tauchboot mit einem kurzen, stummelartigen Rumpf aus Eisenplatten, einem niedrigen Turm direkt am Bug, der beiderseits je ein Bullauge hatte, einer Wasserverdrängung von fast 30,95 t (max.) und drei Mann Besatzung. Der Antrieb des Propellers erfolgte über ein großes Tretwerk mittschiffs erneut mit Muskelkraft – nachdem frühere Versuche mit einem Uhrwerk scheiterten, um ausreichend Kraft zu liefern. Das Ziel bestand in der Entwicklung einer Waffe, um die dänische Seeblockade der deutschen Ostseeküste aufzubrechen. Erprobt wurde das Boot in etwa 15 m Tiefe, aber die Abnahmefahrt am 1. Februar 1851 im Kieler Hafen, endete fast mit einer Katastrophe: Das Boot sank 16,5 m tief auf den Grund des Hafens. Gegen den Wasserdruck ging die Luke nicht auf, und so öffnete Bauer das Flutventil, um den Druckausgleich abzuwarten. Als den drei Männern nach fünf qualvollen Stunden das Seewasser bis zum Kinn stand, sprengte die Luftblase den Lukendeckel auf und sie schossen an die Wasseroberfläche – und überlebten. Zum erstenmal gelang aus einem U-Boot ein erfolgreiches Entkommen. Der BRANDTAUCHER wurde im Sommer 1887 vom Grund des Hafens gehoben und als Museumsboot instand gesetzt. Nach Restaurierung der Schäden vom letzten Krieg ist das älteste erhalten gebliebene U-Boot der Welt und seit 1972 im ehemals Sächs. Armeemuseum und heutigem Wehrgeschichtlichen Museum in Dresden zu sehen. Vier Jahre später baute Bauer für die russische Marine den SEETEUFEL, einen wesentlich größeren und ehrgeizigeren Entwurf mit einem eisernen Rumpf, 13 Mann Besatzung und einem kleinen Motor für Überwasserfahrt. Der flache, wurstförmige Bootskörper, am 2. November 1855 auf der Leuchtemburg-Werft in St. Petersburg vom Stapel gelaufen, hatte eine Länge von 15,85 m und eine Breite von 3,66 m. Das Problem des Unterwasserantriebs für den Propeller blieb ungelöst und auch der SEETEUFEL musste sich auf das frühere, schwerfällige Tretwerksystem stützen. Den Wasserballast regelte ein System von Handpumpen. Das Boot führte 133 Tauchfahrten erfolgreich durch, darunter eine am 6. September 1856, als es während der Krönung von Zar Alexander II. im Hafen von St. Petersburg mit Musikern an Bord tauchte und die Zarenhymne spielen ließ. Schließlich sank das U-Boot vor Ochda, obwohl es auch Hinweise auf eine Selbstversenkung gibt. Die technischen Beschränkungen bei der Entwicklung eines robusten Antriebssystems oder entsprechender Manövrierfähigkeit blieben immer noch ein großer Hemmschuh, der die potenzielle Unterwasserkriegsführung auf drei grundsätzliche Angriffstaktiken einschränkte:

Ein Tauchboot mit einer Spiere am Bug und daran befestigter Sprengladung (Spierentorpedo, ursprünglich von Fulton ersonnen.
– Vom Tauchboot aus Befestigen einer Mine auf mechanische Weise am Rumpf des Zielschiffes und Abwerfen (wie die TURTLE).
– Die letztliche und gefährlichste aller Taktiken für potenzielle U-Bootfahrer war das Schleppen eines primitiven Torpedos, ausgestattet mit einem Aufschlagzünder, durch ein Tauchboot mit anschließendem Untertauchen des Rumpfes in der Hoffnung, der geschleppte Torpedo würde das Zielschiff treffen.

Oben: Ein konföderiertes »David«-Boot mit Dampfantrieb und Spierentorpedo.
Rechts: Die CSS HUNLEY 1863: 1 Ruder, 2 Pumpen, 3 Flutventile, 4 Antriebswelle, 5 gusseiserner Kiel, 6 Abwurfbolzen, 7 Quecksilber-Tiefenmesser, 8 Kompass, 9 Steuerrad, 10 Spierentorpedo, 11 Ballasttanks (offen), 12 Luftkammer.

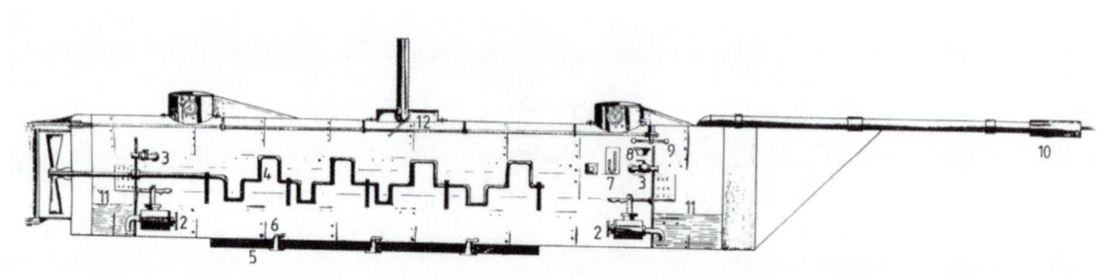

DER AMERIKANISCHE BÜRGERKRIEG

Der US-Bürgerkrieg sah für das Unterseeboot das Herannahen des Zeitalters als wirkliche Kriegswaffe, vorgesehen zur Vernichtung feindlicher Schiffe. Es ist kaum überraschend, dass die von der Seeblockade der Union bedrohten Konföderierten Staaten mehr Anstrengungen – sowohl offizielle als auch private – unternahmen, um Tauchboote zu bauen. Frühe Anfänge bei den Konföderierten waren die sog. »David«-Boote mit Dampfantrieb, die nicht ganz unter Wasser tauchten, vermutlich nach dem Ingenieur David Chenowith Ebaugh benannt. Dies waren 12,2 m lange, zigarrenförmige Boote, ausgestattet mit verräterischen Teleskop-Schornsteinen und einem Spierentorpedo. Sie konnten nur operieren, wenn Schornstein und Luke über Wasser blieben, wobei ihre Hauptwaffe wirkungslos blieb. Trotzdem beschädigte eines dieser konföderierten Boote, geführt von Leutnant William T. Glassel bei einem Angriff am 5. Oktober 1863 das Panzerschiff USS NEW IRONSIDES. Der Angriff wäre effektiver verlaufen, hätte ihn Glassel mit mehr Elan ausgeführt. Stattdessen zog er verfrüht die Leine für den Abzug der 18-kg-Ladung Schießpulver an der Spierenspitze. Die Detonation versenkte auch das Angriffsboot und Glassel sowie seine Besatzung gerieten in Gefangenschaft. Als die Schiffe der Unionsmarine im Februar 1865 in den Hafen von Charleston einliefen, erbeuteten sie neun »David«-Boote, im Päckchen aneinander gereiht, und fanden zwei weitere im Schlamm des Cooper River. Die Konföderation baute auch richtig gehende U-Boote, angespornt durch private Beteiligung. Die von James McClintock und Baxter Watson bei der *Leeds Foundry* in New Orleans im Winter 1861/62 gebaute PIONEER bekam einen Kaperbrief, um als Freibeuter zu operieren. Das 4 ts verdrängende, zigarrenförmige Boot war 10,36 m lang und 1,22 m breit. Es hatte ein Rumpf aus 0,7 mm dicken Eisenplatten und einen schwarzen Anstrich. Den Antrieb lieferte ein Propeller, den unter einem Kommandanten zwei Mann bewegten. Im Februar 1862 wurde das Boot zu Wasser gelassen und unternahm auf dem Lake Ponchartrain Probefahrten. Wie verlautete, versenkte es unter Einsatz von geschleppten Torpedos mit Aufschlagzünder zwei Leichter und einen Schoner. Als die Unionstruppen 1862 jedoch New Orleans einnahmen, wurde die PIONEER aufgegeben und 1868 nach dem Krieg zum Verschrotten verkauft.

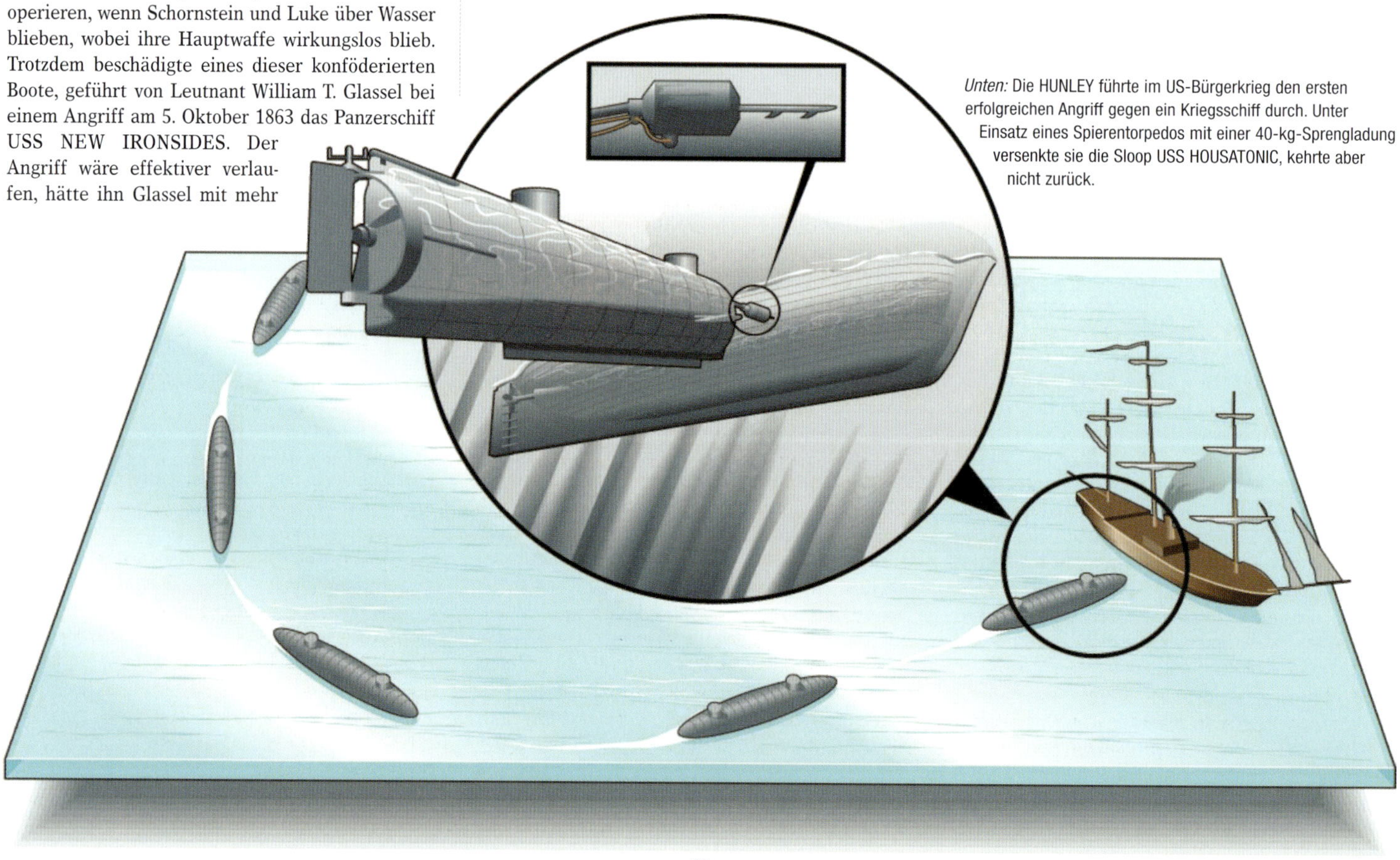

Unten: Die HUNLEY führte im US-Bürgerkrieg den ersten erfolgreichen Angriff gegen ein Kriegsschiff durch. Unter Einsatz eines Spierentorpedos mit einer 40-kg-Sprengladung versenkte sie die Sloop USS HOUSATONIC, kehrte aber nicht zurück.

Rechts: Die INTELLIGENT WHALE konnte mit Hilfe von Wasserballast und Druckluft (früher als Pressluft bezeichnet) tauchen und auftauchen. Das Boot trug infolge der Tauchunfälle den Spitznamen »Unglücklicher Jonas«. (Foto: *US Naval Historical Center.*)

DIE AMERICAN DIVER

Inzwischen waren McClintock und Watson vor den Unionstruppen nach Mobile/Alabama geflohen und begannen noch 1862 mit dem Bau eines neuen, etwas größeren Bootes bei der Maschinenfabrik *Park & Lyons:* des AMERICAN DIVER. Er bestand ebenfalls aus einem eisernen Rumpf von 0,7 mm Dicke, war jedoch in einer quadratischen Form mit keilförmigem Bug und Heck gebaut. Das Boot hatte 11 m Länge, 90 cm Breite und einen Propeller von 9 m Durchmesser. Viel Mühe wurde zunächst für die Entwicklung eines elektromagnetischen Motors und dann für eine Dampfmaschine aufgewendet, führte jedoch zu nichts und die Konstrukteure griffen auf die Muskelkraft von vier Männern zurück – ein großer Nachteil für jeden Plan, die Kriegsschiffe der Union vor der Küste anzugreifen. Der AMERICAN DIVER war noch vor dem ersten Einsatz zum Scheitern verurteilt. Im Februar 1863 wurde das Boot auf die Höhe von Fort Morgan geschleppt, sank jedoch in der schweren See.

DIE H.L. HUNLEY

McClintock ließ sich nicht abschrecken. Obwohl inzwischen finanziell eingeengt, kauften er und seine Kollegen aus zweiter Hand einen Dampfkessel, der vermutlich von einem Dampfer stammte, und verlängerten ihn zu einem elliptischen Fahrzeug von 12 m Länge. Das Boot war 1,22 m breit und mit gläsernen Bullaugen in zwei Mannlochdeckeln über den Luken an Deck vorn und achtern ausgestattet, die mit Gummimanschetten gesichert und von innen verbolzt waren. Der Rumpf bestand aus 1-cm-Eisenplatten mit einem Kiel und enthielt Ballastwassertanks, um das Boot mit Hilfe von Pumpen und Flutventilen steigen und tauchen zu lassen. Das Tauchen unterstützten zwei seitliche, 1,5 m lange Flossen, mittschiffs durch einen Hebel bedient. Den Propeller von 1 m Durchmesser trieben acht Mann über eine Welle von Hand an. Wie verlautete, sollte das Boot bei ruhiger See 4 kn erreichen. Einen Monat nach der Fertigstellung wurde das U-Boot im August 1863 mit der Eisenbahn auf einem Plattformwagen nach Charleston gebracht. Es war einsatzbereit und mit Freiwilligen bemannt. Das Unheil ereilte das Boot bei einer Erprobung, als es unerwartet mit offenen Mannlöchern tauchte und in 12,8 m tiefem Wasser sank. Fünf der neun Mann ertranken: Absolum Williams von der CSS PALMETTO STATE sowie Frederick Doyle, John Kelly, Nicholas Davis und Michael Kane von der CSS CHICORA – die ersten toten U-Bootfahrer der Geschichte. Das Boot wurde gehoben und mit einer weiteren Besatzung bemannt, diesmal aus acht freiwilligen Zivilisten, die das Boot bedienen sollten (unter ihnen als Kommandant Horace Hunley, der stellvertretende Zolleinnehmer in New Orleans und einer der ursprünglichen Konstrukteure des U-Bootes). Erneut ereignete sich ein Unglück, diesmal offensichtlich von Hunley verursacht, der es beim Tauchen versäumte, die Ballasttanks zu regeln. Das Boot rammte seinen Bug im Winkel von 35° in den Schlamm des Hafens und lief teilweise voll, wobei die gesamte Besatzung ertrank.

Wieder wurde das Boot gehoben und im Gedenken an seinen toten Kommandanten in H.L. HUNLEY umbenannt. (Kein Wunder, dass es den Spitznamen »Der wandelnde Sarg« erhielt.) Erstaunlicherweise setzte sich die dritte Besatzung aus Freiwilligen der Marine und einem Artilleristen als Kommandant zusammen: Lieutenant George Dixon vom 21. Alabama-Regiment. Dies ist nicht nur ein Anzeichen für den ungeheuren Mut der am Unternehmen Beteiligten, sondern auch von den verzweifelten Auswirkungen der Unionsblockade, die in Charleston herrschten. Die HUNLEY führte eine Reihe erfolgloser Nachteinsätze vor Charleston durch, ehe sie in der Mondscheinnacht des 17. Februar 1864 zu ihrer letzten und verhängnisvollen Feindfahrt auslief. Inzwischen waren frühere Anstrengungen, eine Mine auf einer schwimmenden Planke zu schleppen, aufgegeben worden. Die HUNLEY war jetzt mit einem beweglichen 6–7,5 m langen eisernen Harpunenrohr von 5 cm Durchmesser ausgestattet, das vorn eine 40-kg-Sprengladung besaß, entweder durch »Singers Torpedo-Perkussions-Zünder« oder wahrscheinlicher durch eine Abzugsleine gezündet.

Die nagelneue Dampfsloop USS HOUSATONIC der Unionsmarine, 1264 ts, bewaffnet mit elf Kanonen großen Kalibers, lag 3 sm vor Charleston Bar vor Anker und versah Blockadedienst. Für die HUNLEY war sie ein Ziel mit Vorrang. Nachdem sie um 20.40 Uhr getaucht war, ging sie auf Angriffskurs. Die Ausgucks des Schiffes sichteten sie auf der Steuerbordseite etwa einen halben Meter unter der Wasseroberfläche, während sie 3–4 kn lief. Der Lichtschimmer aus den Bullaugen an Deck konnte deutlich ausgemacht werden. Sie wurde mit Handfeuerwaffen unter Beschuss genommen, während das Unionsschiff verzweifelt versuchte, den Anker zu schlippen und achteraus zu gehen. Es war zu spät. Die Sprengladung der HUNLEY rammte knapp vor dem Besanmast in den Rumpf, ihre Detonation riss das Heck weg und die HOUSATONIC sank in nur drei Minuten, fünf Mann ihrer Besatzung mit in die Tiefe nehmend. Sie fielen als Erste einem U-Bootsangriff zum Opfer: Ensign E.C. Hazeltine, Kapitänsschreiber C.O. Muzzey, Maat John Williams, Matrose Theodore Parker und Heizer John Walsh. Nach dem ersten erfolgreichen Angriff auf ein Kriegsschiff gelang der HUNLEY die Rückkehr nicht; sie blieb mit ihrer neunköpfigen Besatzung auf See. Ihr Schicksal ist bis heute ein Geheimnis. Vier Möglichkeiten sind denkbar: Beschädigung durch die Detonation, durch ihre Druckwelle oder eines wichtigen Teils des Rumpfes durch den Beschuss von der HOUSATONIC – ihr Kommandant, Capt. Charles Pickering, zielte mit einer doppelläufigen Schrotflinte vor allem auf die beiden deutlich erkennbaren Luken – oder das Boot sank schließlich in dem sich verschlechternden Seegang nach dem Angriff.

Im Mai 1995 wurde die HUNLEY in 9 m Tiefe vor ihrem Stützpunkt auf Sullivan's Island/South Carolina von Tauchern gefunden. Das schließlich geborgene Wrack wies an der Seite ein Loch von knapp einem Meter auf. Ob weitere archäologische Untersuchungen das Schicksal der HUNLEY endgültig klären können, bleibt abzuwarten. Ein Nachbau der CSS HUNLEY befindet sich im *Hunley-Museum* in Charleston – eine angemessene Gedenkstätte für die tapferen Männer, die in einem Bootskörper U-Bootgeschichte schrieben, der aus einem alten Dampfkessel entstanden war. Ein weiteres konföderiertes U-Boot ist im *Louisiana State Museum* ausgestellt. Das Tauchboot wurde im Juli 1878 in einem Kanal entdeckt, der zum Lake Ponchartrain führt. Es wird für die PIONEER gehalten, scheint aber infolge der geringen Größe lediglich ein Arbeitsmodell zu sein.

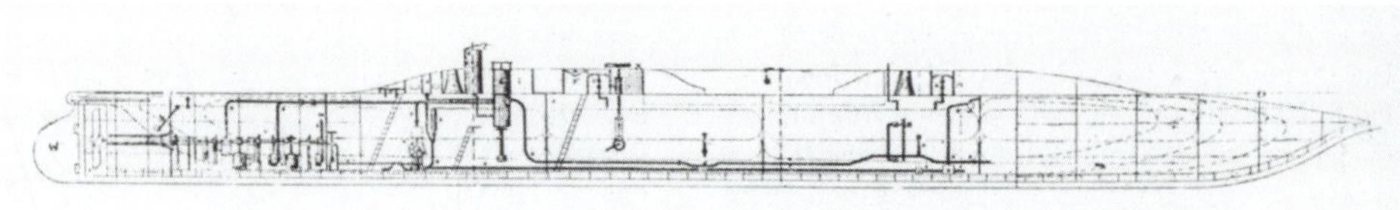

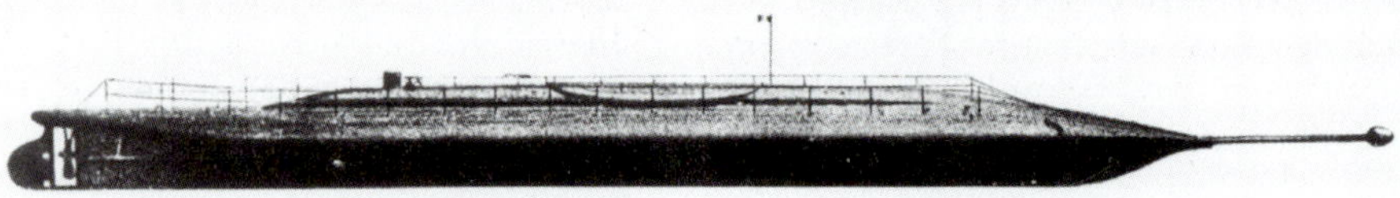

DIE SAINT PATRICK

Ein weiteres konföderiertes U-Bootunternehmen war die SAINT PATRICK, entworfen und gebaut von dem Ingenieur John P. Halligan bei den *Ordnance Works* in Selma/Alabama. Der irische Emigrant war im Januar 1864 vom Militärdienst zum »Zwecke des Baus eines Untersee-Torpedobootes« freigestellt worden. Im Oktober stand das 9 m lange Boot, über Wasser durch eine Dampfmaschine und unter Wasser mit Muskelkraft angetrieben, für die See-Erprobungen bereit. Ehe es in Dienst gestellt werden konnte, gab es bezüglich des Kommandos ein unschönes Gerangel, aber die Konföderierte Marine übernahm das Boot schließlich binnen drei Tagen und stationierte es in Mobile Bay. Unter dem Kommando von Lieut. John T. Walker unternahm die SAINT PATRICK in den Frühstunden des 27. Januar 1865 einen Überwasserangriff auf den Raddampfer USS OCTORARA (10 Kanonen) und traf das Unionskriegsschiff achteraus des Ruderhauses mit einem Spierentorpedo, der nicht detonierte. Nach dem gescheiterten Angriff wurde die SAINT PATRICK zum Transport von Nachschub zu isolierten konföderierten Garnisonen degradiert. Ihr letzter Einsatz erfolgte im April 1865 zur Versorgung der in Spanish Fort stationierten Truppen. 1872 erhielt die *Royal Navy* von Capt. F. Nicholson und vom Leitenden Ingenieur der HMS ROYAL ALFRED, Mr. J. Ellis, einen Bericht über McClintocks Entwürfe. In dem vom 4. März 1872 datierten Rapport aus New York stand: »Ich hatte die Gelegenheit, ein sehr einfallsreiches Boot für die U-Bootkriegsführung zu prüfen. Von Offizieren, die in der Konföderierten Marine dienten, hatte ich gehört, dass die Leute an Bord ihrer Schiffe das, was sie bei mehr als einer Gelegenheit beobachtet hatten, wie es den Fluss direkt unter der Wasseroberfläche kreuzte, für einen riesigen Fisch gehalten hatten.« Das Anschreiben von Vice-Admiral E. Fanshawe, der in Halifax/Nova Scotia stationiert war, lautete:

»Es wäre sehr wünschenswert, Mr. McClintock nach England zu bringen … und ihm alle notwendigen Mittel zu geben, um nach seinen Plänen auf Kosten der öffentlichen Hand, die im Vergleich zum Objekt nicht groß sein würden, ein Boot von guten Fähigkeiten zu bauen oder den Bau zu beaufsichtigen. Er hasst seine Landsleute, die Amerikaner, und hofft, eines Tages britischer Staatsangehöriger zu werden.«

Dieser Bericht und McClintocks Hoffnungen auf eine neue Karriere in England endeten in der Ablage der Admiralität für Angelegenheiten, die keiner Erledigung bedurften. Der Verlust der HOUSATONIC hatte eine große Auswirkung auf das seestrategische Denken der Union, vor allem bezüglich der Blockadestrategien und ihre Praxis, führte aber nicht dazu, den Entwurf von U-Booten im Norden zu beschleunigen. Die zigarrenförmige ALLIGATOR war das erste U-Boot, das die US-Marine ankaufte. Es sollte als Minenleger in konföderierten Häfen dienen und war mit zwei primitiven Luftreinigern (auf einer Sauerstoff erzeugenden Chemikalie beruhend) sowie mit Gebläse ausgestattet, um die Luft durch gelöschten Kalk zu leiten. Bedauerlicherweise sank das Boot im April 1863 im Schlepp.

DIE INTELLIGENT WHALE

Der zweite US-Entwurf trug den ergötzlichen Namen INTELLIGENT WHALE (alias »Unglücklicher Jonas«), den Oliver Halsted 1860 zu bauen begann und der zwischen 1864 und September 1872 erprobt wurde. Bei einer Länge von 8,7 m und einer Breite von 2,1 m hatte das Boot ein Deplacement von 2 ts und war mit einer allzu optimistischen

Unten: Das vierte U-Boot – NORDENFELT III – von Nordenfelt & Garett lief 1888 unterwegs nach Russland vor Jütland auf Grund.

Links und links außen darunter: LE PLONGEUR, gebaut 1860, noch mit einem Spierentorpedo ausgestattet, wies eine Reihe revolutionärer mechanischer Neuerungen auf, konnte aber das Problem eines wirksamen Antriebs nicht lösen.

Einsatzdauer von zehn Stunden entworfen worden. Die aus 6 –13 Mann bestehende Besatzung musste den Propeller mit Muskelkraft drehen. Das von horizontalen und vertikalen Rudern gesteuerte Boot war mit Auftriebsregulierungen durch Seewasser und Druckluft ausgestattet. Eine Neuerung war ein Holztor im Rumpf, um einen Taucher mit einer Mine auszusetzen. 1870 kaufte die US-Marine die INTELLIGENT WHALE an, aber bei der einzigen offiziellen Erprobung 1872 lief das U-Boot plötzlich voll Wasser, wenn auch die Besatzung ohne Verluste glücklich entkommen konnte. Die Marine lehnte eine Indienststellung ab und verlor für mehr als zwei Jahrzehnte jegliches Interesse an U-Booten. Doch dem Boot wird zugeschrieben, dass es John Holland zur Entwicklung seines ersten betriebsfähigen U-Bootes im modernen Sinne angeregt hätte. Die INTELLIGENT WHALE befindet sich als Ausstellungsstück im *National Guard Militia Museum of New Jersey* in Sea Girt/New Jersey.

DIE LE PLONGEUR (»Taucher«)

Während die Konzeption der Verwendung von Unterseebooten als Waffenplattformen nunmehr das Interesse bei den Marinen weckte (teilweise nach der Entwicklung des *Whitehead-Torpedos* 1870), war das entscheidende Hindernis eines realisierbaren Unterwasser-Antriebsverfahrens noch nicht genommen worden. Jenseits des Atlantiks bauten zwei französische Marineoffiziere, KptzS. S. Bourgois und KKpt. Charles Brun, ab Juni 1860 die LE PLONGEUR für die französische Marine in Rochefort. Absicht war es, die Beschränkungen des Muskelantriebs durch Verwendung eines Motors zu überwinden, der mit Druckluft betrieben wurde – aber sie konnten keine Luftbehälter bauen, die groß genug waren, um für die Seeausdauer realistische Zeiten zu erzielen. Bei einer Länge von 42,7 m und einer Breite von 6,1 m verdrängte das Boot 453 ts. Die Probefahrten begannen am 16. April 1863 und dauerten drei Jahre, aber das U-Boot wurde von der Marine nicht übernommen. Doch seinem Namen wurde es gerecht: Ein Röhrensystem zum Regulieren der Längsstabilität durch das Trimmen von Wasser arbeitete zu langsam und unwirksam und das Boot sackte deshalb beim Betrieb wiederholt ab. Die Dampftechnik schien die Lösung zu bieten. George William Garrett, neu geweihter Kurat an der Christchurch in Moss Side, einem Vorort von Manchester, hatte die konföderierten U-Bootsentwürfe im US-Bürgerkrieg und die Operationen der Torpedoboote im Russisch-Türkischen Krieg von 1877 studiert. Am 29. Mai desselben Jahres schoss das Kriegsschiff HMS SHAH den ersten britischen Torpedo gegen einen Feind: das peruanische Rebellenschiff HUASCAR vor Ho/Peru. Hiermit war das ideale Waffensystem gefunden – aber die Frage war: Wie sollte es von einem U-Boot eingesetzt werden, das ein unzulängliches Antriebssystem behinderte?

DIE RESURGAM

Als Erstes baute Garrett ein eisernes, eiförmiges Einmann-Tauchboot von 4,3 m Länge – mit Spitznamen »Ei des Kurat« – finanziell unterstützt von seinem Vater und einer Gruppe von Geschäftsleuten aus Manchester, um die Baukosten von £ 232 aufzubringen. Zum Antrieb der Schraube des 4-ts-Bootes von Hand benutzte Garrett ein Schwungrad und seltsamerweise plante Garrett, die Mine selbst zu befestigen, und benutzte zu diesem Zweck an der Außenverkleidung des Tauchbootes fest angebrachte Lederhandschuhe. Nach weiteren Experimenten hörte der Geistliche von der Erfindung einer geschlossenen Dampfmaschine – 1872 von Eugene Lamm patentiert. Diese bezog er in die Entwürfe für ein neues U-Boot ein: die RESURGAM. Von einer Schiffbaugesellschaft in Birkenhead erbaut, wurde die RESURGAM später das erste mit eigener Kraft angetriebene Unterseeboot der Welt, bewaffnet mit außen angebrachten Torpedorohren. (Siehe hierzu den Sonderbeitrag auf Seite 16f.) Bedauerlicherweise sank die RESURGAM am 26. Februar 1880 vor der Stadt Rhyl in Nordwales, während sie im Schlepp nach Portsmouth zu Erprobungen für die Royal Navy unterwegs war. Wie McClintock vor ihm schreckte Garrett trotz seiner finanziellen Probleme dieser niederschmetternde Schlag für seine Hoffnungen nicht ab. Zusammen mit dem schwedischen Millionär und Fabrikanten für Maschinenkanonen Thorsten Nordenfelt entwarf und baute er neue U-Boote für die Marinen der Türkei, Griechenlands und Schwedens mit unterschiedlichem Erfolg.

DIE NORDENFELT-BOOTE

»Nordenfelt I« wurde 1882 in Eckensberg bei Stockholm auf Kiel gelegt und lief im Juni 1883 vom Stapel. Es war 19,5 m lang, hatte eine maximale Breite von 2,7 m und verdrängte 60 ts. Im Unterschied zur RESURGAM besaß dieses Boot einen abgeflachten zigarrenförmigen Druckkörper und war mittschiffs auf einem Kommandoturm mit einer Glaskuppel ausgestattet. Den Antrieb für einen großen Propeller erzeugte Dampfkraft. In einem außen angebrachten Rohr befand sich ein Whitehead-Torpedo. Trotz der kaum beeindruckenden Probefahrten 1885 vor Landskrona erwarb die griechische Marine das Boot zum Vorzugspreis von £ 9000. Das U-Boot wurde mit einem Frachter verschifft und die Probefahrten im März 1886 in der

Fortsetzung Seite 18

RESURGAM – Das erste mit eigener Kraft angetriebene U-Boot

Das erste vollständig mit eigener Kraft angetriebene Unterseeboot der Welt, die RESURGAM – »Ich werde wieder hochkommen!« –, wurde 1879 von der J.T. Cochran & Sons Schiffbaugesellschaft bei den *Britannia Engine Works* in Birkenhead/Liverpool für £ 1538 gebaut. Sein Konstrukteur George Garett, ein junger Geistlicher in Manchester, versuchte das Antriebsproblem bei U-Booten zu lösen, indem er eine Dampfmaschine nach dem geschlossenen System des Engländers Lamm einbaute. Obwohl dieses System das Löschen der Kesselbefeuerung vor dem Tauchen erforderte, ermöglichte es das Speichern gebundener Wärme im heißen Wasser, um die Stabzylinder-Maschine anzutreiben und den einzigen Unterwasser-Propeller zu drehen. Die hiermit erzeugte Geschwindigkeit betrug 3 kn über und 2 kn unter Wasser. Getaucht wurde die Seeausdauer auf vier Stunden geschätzt. Garretts U-Boot war 13,7 m lang, mittschiffs 2,74 m (?) breit, bestand aus Eisenblech über einsernen Spanten und verdrängte 30 ts mit einem spitz zulaufenden Bug und Heck. Oben befand sich inmitten eines Wellenabweisers ein kurzer Turm, ausgestattet mit einer Luke und Bullaugen. Eingebaut war ein Luftreinigungssystem, um das beim Heizen des Kessels erzeugte giftige Kohlenmonoxid zu entfernen. Eine Vorrichtung, um außen zwei Whitehead-Torpedos zum Ablaufen anzubringen, war ebenfalls vorhanden. Das Boot wurde mit einem 50-ts-Kran am 26. November 1879 ins Wasser des Wallesey-Beckens gesetzt. Publizität umgab die Probefahrten in der Liverpool Bay mit Garrett, einem Ingenieur namens George Price und Kapitän Jackson, eines hervorragenden Seemannes, die das Interesse einer noch skeptischen Admiralität ermutigten, Garrett zu einer Vorführung in Portsmouth aufzufordern. Am Abend des 10. Dezember 1879 ging Garrett mit seiner 2-Mann-

Oben und unten: Reverend Garretts RESURGAM, das erste vollständig mit eigener Kraft angetriebene Unterseeboot der Welt, das 1880 unterwegs nach Portsmouth vor der Nordküste von Wales sank.

Besatzung nach Portsmouth in See. Der Geistliche war (mit Optimismus) entschlossen, das U-Boot mit eigener Kraft als eindrucksvolle Demonstration seiner Fähigkeit dorthin zu bringen.

Nach dem Verlassen von Birkenhead begegnete die RESURGAM in der Liverpool Bay einem Segelschiff, das den Hafen anlief. Der rittlings auf dem U-Bootturm sitzende Garrett schrie, während um den Rumpf die Wellen wirbelten, zum Kapitän hinüber und ersuchte um seine Position. Bei der Antwort frug dieser nach Garretts Ziel und seiner Besatzung. Nach Garretts Auskunft kam die legendäre Erwiderung des Kapitäns: »Ihr seid die drei größten Narren, die ich je getroffen habe!« Temperaturen von mehr als 38°C im Inneren des Bootes, zusammen mit dem Rauch der Feuerung vom Kessel erzeugt, erschöpften zweifellos die Widerstandskraft der Besatzung und waren der Grund, warum die RESURGAM den Hafen Rhyl in Nordwales anlief. Während er am Kai des Hafens lag, änderten sich Garretts Pläne. Trotz seines früheren Optimismus und seiner zur Schau gestellten Tapferkeit dürften es diese Gründe gewesen sein, die seinen Entschluss bestimmten, die Reise im Schlepp der Dampfjacht ELFIN zu beenden, als er Rhyl in der Nacht des 24. Februar 1880 verließ. In der zunehmend schweren See erlitt die ELFIN am nächsten Morgen einen Maschinenschaden. Zweifellos unter Schwierigkeiten ging die U-Bootbesatzung später an Bord der Jacht, um zu helfen. Der Schaden wurde beseitigt und der Schlepp fortgesetzt. Unglücklicherweise brach am Morgen des 26. Februar das Schlepptau und schwere Brecher begannen, sich durch das offene Turmluk ins Bootsinnere zu ergießen, das rasch voll lief. Garrett ging als Letzter von Bord, als das Boot unter ihm wegsank. Doch der böse Traum war noch nicht vorüber: Die Jacht suchte vor dem schweren Wetter Zuflucht in der Mündung des Flusses Dee, wurde aber von einem anderen Boot gerammt, das zur Unterstützung entsandt worden war. Dies war eine schreckliche Pechsträhne. Der Verlust der RESURGAM schreckte Garrett nicht ab. Er begann an weiteren Entwürfen zu arbeiten und zusammen mit dem schwedischen Waffenfabrikanten Thorsten Nordenfelt fertigte er U-Boote für die griechische und türkische Marine. Letztere ernannte Garrett zum Marineoffizier, um zur Ausbildung beizutragen. Das Letzte dieser Boote war bei der Flottenparade der *Royal Navy* zum Thronjubiläum 1887 auf dem Spithead zu sehen und die russische Marine beabsichtigte den Ankauf. Auf der Ablieferungsfahrt nach Kronstadt lief das Boot leider vor der dänischen Jütlandküste auf Grund und die Russen lehnten jegliche Zahlung ab. Dies war das Ende von Garretts Karriere als U-Bootkonstrukteur. Er trennte sich sowohl von seinem Partner Nordenfelt als auch von der Kirche und wanderte in die USA aus. Nach einem erfolglosen Zwischenspiel als Gastlehrer in New York trat der ehemalige Geistliche beim US-Heer in das Pionierkorps ein und kämpfte später im Spanisch-Amerikanischen Krieg von 1898 als Corporal in Puerto Rico. Mittellos starb er am 26. Februar 1902 im Alter von 50 Jahren in New York.

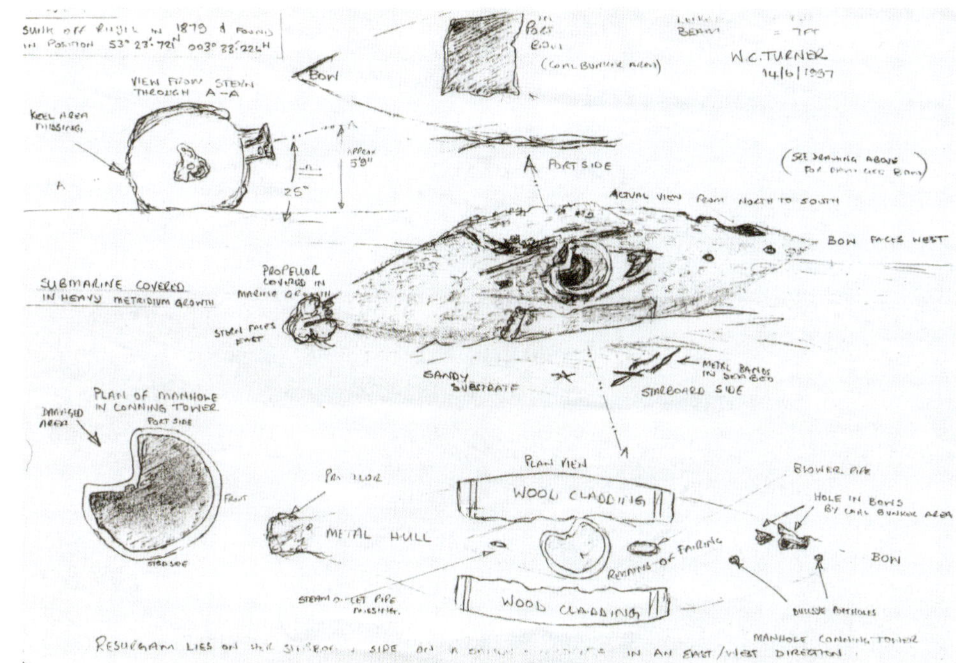

Oben: Die auf dem Meeresgrund liegende RESURGAM von Garrett nach einer Skizze von Bill Turner von der *Malvern Archaelogical Diving Unit* (MADU). Seit diese Zeichnung entstanden ist, hat sich die RESURGAM in eine andere Position verschoben. Bis jetzt stehen keine Geldmittel für die Bergung zur Verfügung.

Im November 1995 wurde das Wrack der RESURGAM entdeckt, als sich die Netze eines Fischerbootes in 18 m Tiefe vor Rhyl an der Nordküste von Wales an ihrem Rumpf verhakten. Garretts Urenkel aus New Jersey/USA, der die Suche nach dem U-Boot unterstützt hatte, tauchte zum Wrack hinunter und blickte in den kurzen Turm hinein, den sein Urgroßvater im Februar 1880 verlassen hatte. Der jetzt auf der Seite liegende Bootskörper befand sich nicht mehr an seiner ursprünglichen Position und war beschädigt, vermutlich als Folge des schweren Ankers, der sich am Wrack verhakt hatte. Auch auf der Backbordseite hinter dem Turm gab es eine große Einbeulung, die beim Sinkvorgang des U-Bootes entstanden sein kann. Ein Nachbau der RESURGAM in Originalgröße ist im Fähr-Terminal von Woodside/Birkenhead als ständiges Ausstellungsstück zu sehen.

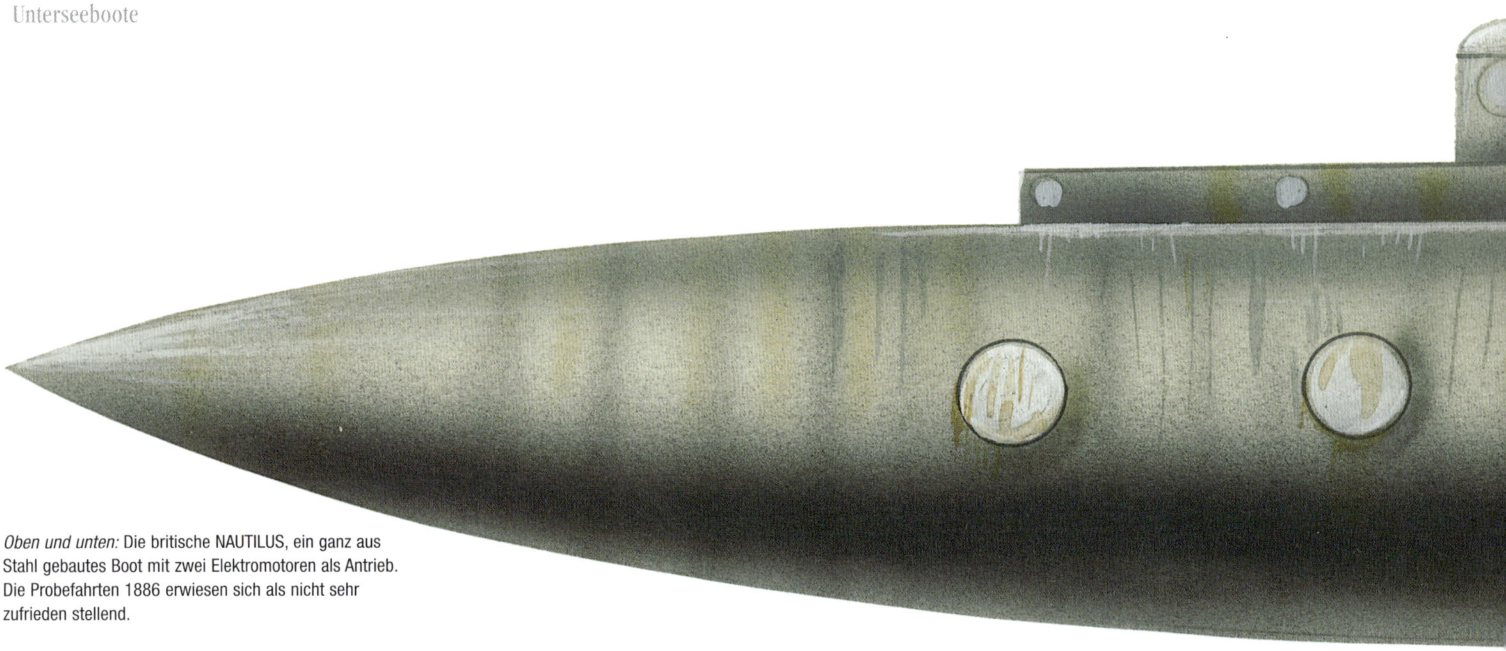

Oben und unten: Die britische NAUTILUS, ein ganz aus Stahl gebautes Boot mit zwei Elektromotoren als Antrieb. Die Probefahrten 1886 erwiesen sich als nicht sehr zufrieden stellend.

Fortsetzung von Seite 15

Bucht von Salamis erwiesen seine Betriebsmängel. Danach wurde es aufgelegt, um im Piräus zu verrotten. Garrett und Nordenfelt erarbeiteten den neuen »Nordenfelt II«-Entwurf für zwei Boote, gebaut bei Des Vignes auf der Themse in Chertsey/ Surrey. Das Erste lief am 14. April vom Stapel, wurde aber später abgebrochen, in Sektionen verschifft und von seinem Käufer, die türkische Marine, nach seinem Eintreffen am 17. Mai wieder zusammengebaut. Die nunmehrige ABDUL HAMID, 160 ts verdrängend, war 30,5 m lang und bewaffnet: zwei innen gelegene Torpedorohre sowie zwei Nordenfelt-Maschinenkanonen auf der Decksverkleidung vorn und achtern. Sie wurde vor Skutari vorgeführt, erfolgreich Scheinangriffe auf einen Dampfer zuerst über und dann unter Wasser zeigend. Ein zweites Boot für die Türkei, die ABDUL MECID, lief am 4,. August 1887 in Chertsey vom Stapel. Spätere offizielle Erprobungen verliefen verhängnisvoll. P.W. D'Alton, der bei Garrett & Nordenfelt arbeitete, schrieb später in der Zeitschrift Engineer:

«Der Entwurf wies den Fehler aller Unterseeboote auf: einen völligen Mangel an Längsstabilität. ... Das türkische Boot tauchte durch das Einlassen von Wasser in die Tanks, unterstützt durch Horizontalpropeller, und stieg durch Wiederausblasen des Wasserballastes und Umsteuerung der Propeller. Man konnte sich nichts Instabileres vorstellen als dieses türkische Boot. In dem Augenblick, in dem es die Horizontallage verließ, schwappte das Wasser in seinem Dampfkessel und in den Ballasttanks vor und zurück und verstärkte den Neigungswinkel. Wie ein Waagebalken bewegte sich das Boot auf und ab und keine menschlichen Reaktionen konnte es länger als eine halbe Minute auf ebenem Kiel halten. Einmal, und nur ein einziges Mal, schoss das Boot einen Torpedo mit dem Ergebnis ab, dass es nahezu senkrecht nach oben zeigte und mit dem Heck voraus auf den Boden gedrückt wurde. Bei einer anderen Gelegenheit ging die gesamte Besatzung fast verloren. Hierbei befand sich Mr. Garrett in dem kleinen Turm, während das Boot vor einer Gruppe osmanischer Offiziere langsam tauchte ..., als ein Boot ohne Warnung längsseits kam. Sein Wellenschlag sandte eine beträchtliche Menge Wasser in den Turm, dessen Deckel nicht geschlossen war, und das Unterseeboot begann im Nu wie ein Stein zu sinken. Mr. Garrett konnte den Deckel gerade noch rechtzeitig schließen und Mr. Lawrie, der Ingenieur, blies einigen Wasserballast aus, ohne auf einen Befehl zu warten. Es war ein äußerst knappes Entkommen.«

Nach der RESURGAM wusste Garrett alles über Luken auf einem U-Boot. Erstaunlicherweise kaufte die türkische Marine die U-Boote an, aber erfuhr beim Betrieb große Probleme. Am 22. Mai 1888 bekam Garrett den Rang eines Binbasi (Kapitänleutnant) ehrenhalber, um türkische U-Bootfahrer in Konstantinopel jährlich einen Monat lang auszubilden. Doch die türkische Marine hatte von den unberechenbaren und gefährlichen U-Booten bald genug und so rosteten sie im Hafen von Konstantinopel vor sich hin.

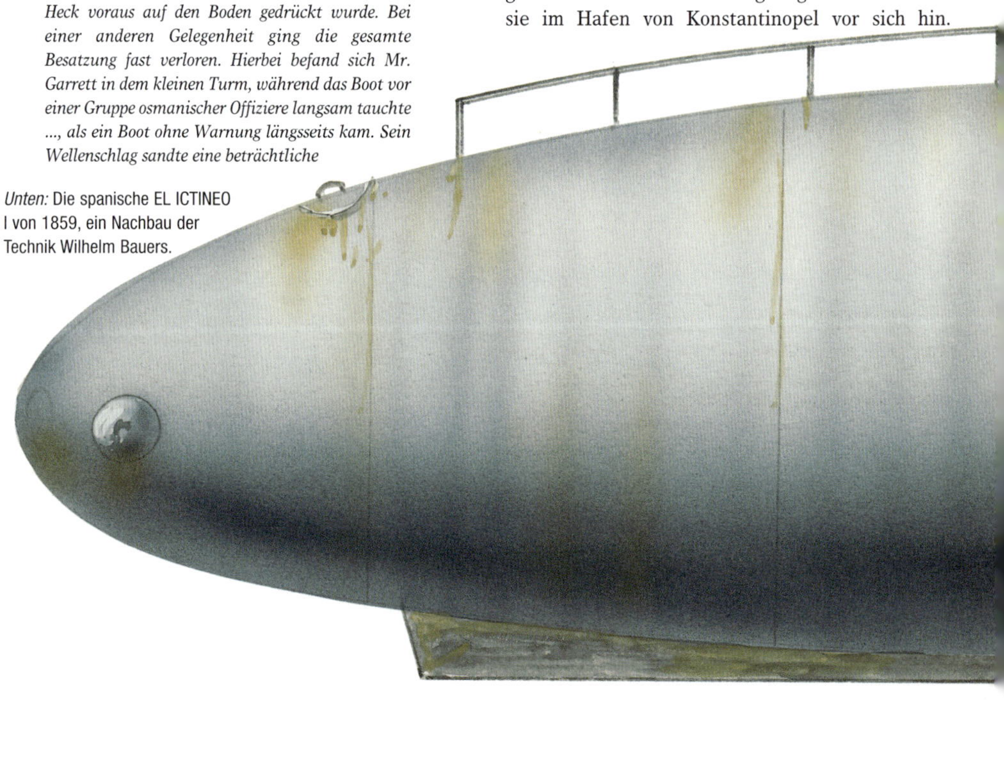

Unten: Die spanische EL ICTINEO I von 1859, ein Nachbau der Technik Wilhelm Bauers.

Während des Ersten Weltkrieges unternahmen die Türken mit deutscher technischer Unterstützung den erfolglosen Versuch, die beiden Boote zu überholen und wiederherzustellen. Nordenfelt und Garett drängten vorwärts. Es entstand der Entwurf für ein weiteres U-Boot, der diesmal bei 3,7 m Breite eine Länge von 38,1 m mit einem abgeflachten Rumpf aufwies, den scharfe, senkrechte Ecken an Bug und Heck abschlossen. Das 245 ts verdrängende Boot war mit zwei Kommandotürmen ausgestattet, davon einer für den Kommandanten. Das Deck hatte eine 254-mm-Panzerbeplattung. Zwei am Bug und am Heck geschützt angebrachte Propeller sollten eine Geschwindigkeit von 15 kn über und 5 kn unter Wasser liefern. Den Antrieb erzeugte ein modifiziertes Lamm-System für 1200 PS. Die »Nordenfelt III« wurde in Barrow-in-Furness gebaut und lief im März 1887 vom Stapel. Das Boot war erstmalig am 23. Juli 1887 bei der Flottenparade zum Goldenen Thronjubiläum von Königin Victoria auf dem Spithead zu sehen. Im Dezember 1887

Oben: Die spanische PERAL von 1888, ausgestellt im Paseo del Muelle in Cartagena/Spanien.

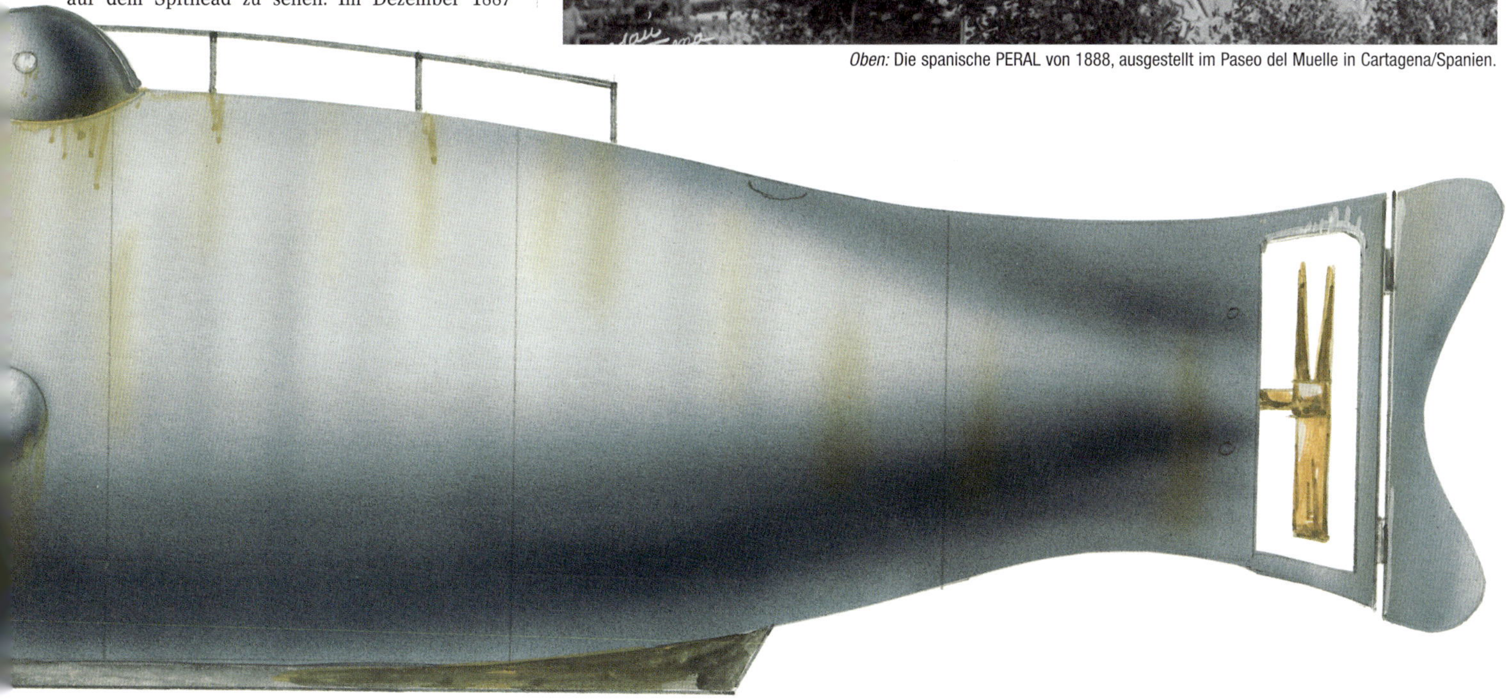

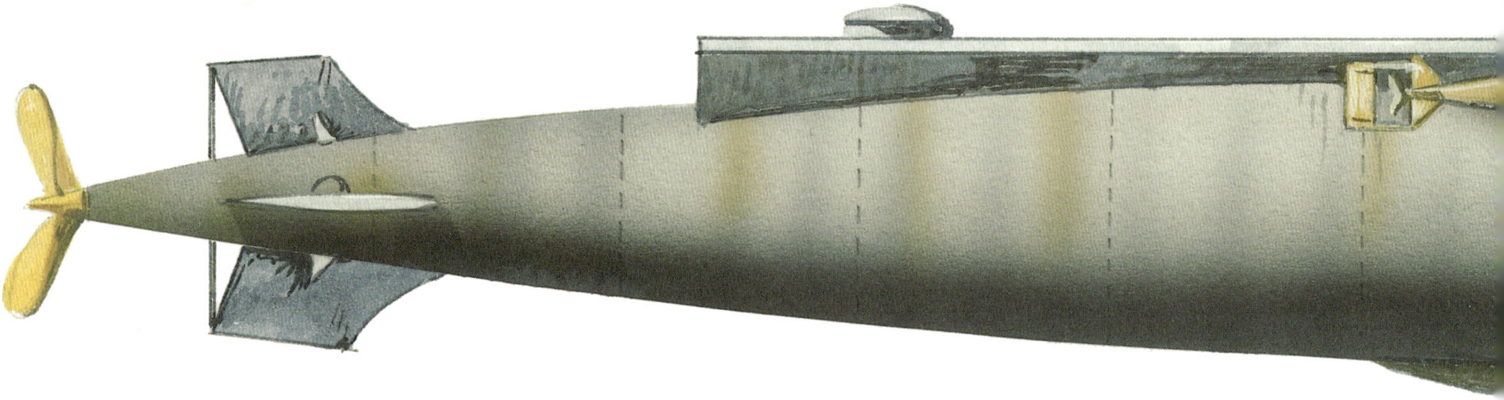

Oben und links: Die GYMNOTE, ein französischer Entwurf und das erste erfolgreiche Unterseeboot, benutzte als erstes Boot Druckluft zum Ausblasen der Ballasttanks und besaß einen verstellbaren Propeller. Zwei Paar Tiefenruder verbesserten die Längsstabilität. Zwei außerhalb des Rumpfes angebrachte 35,6-cm-Torpedos, versehen mit dem Drzewiecki'schen »Abwurfkragen«, bildeten die Bewaffnung.

Unten: Die französische NARVAL von 1899. Breite Decksverkleidung und zwei Paar Tiefenruder sorgten für gute Längsstabilität, ein Sehrohr diente der Navigation, getrennte Systeme lieferten den Antrieb für Über- und Unterwasserfahrt, ein an die Dampfmaschine angeschlossener Dynamo lud bei Überwasserfahrt die Batterie auf und vier 35,6-cm-Torpedos mit »Abwurfkragen« bildeten die Bewaffnung.

wurde es den Marinevertretern aus Österreich-Ungarn, Deutschland, Italien, Japan, Spanien, der Türkei und der USA mit Probefahrten auf dem Solent vor Calshot vorgeführt. Doch die Russen hatten bereits großes Interesse an einem Ankauf zum Ausdruck gebracht. Im November 1888 ging das Boot nach Kronstadt in See, lief aber vor Jütland auf Grund. Die Russen verweigerten einen Ankauf und lehnten jegliche Zahlung ab.

DIE NAUTILUS

Mit den Fortschritten in der Batterietechnik erwiesen sich die Elektromotoren (E-Motoren) als die realisierbareren Lösungen der Antriebsprobleme. Zwei Engländer, Campbell und Ash, entwarfen ein zigarrenförmiges U-Boot, die NAUTILUS, von Wolseley & Lyon vollkommen aus Stahl gebaut: 18,3 m lang, 50 ts Wasserverdrängung, zwei Propeller, angetrieben von E-Motoren. Während der Probefahrten 1886 im Londoner Tilbury-Hafenbecken tauchte das Boot (garantiert als »ganz besonders sicher«) mit Sir William White, dem Chefkonstrukteur der *Royal Navy*, an Bord – und blieb im Schlamm stecken. Bennett Burleigh schrieb später:

> *»Das Boot blieb lange Zeit unsichtbar, länger jedenfalls, als dies die Zuschauer auf dem Kai für sicher hielten, denn es hatte keinen Luft- oder Sauerstoffvorrat. ... Schließlich tauchte das Boot zur großen Erleichterung aller wieder auf. Als das Licht sich blau verfärbte, wie auch einige Gesichter, hatte Sir William vorgeschlagen, die Besatzung sollte sich in das höher emporragende Ende des Bootes begeben. Dies hatte die gewünschte Wirkung und es hob sich aus dem Griff des Schlamms. Oben angekommen, öffnete der Ingenieur das Mannloch und schrie mit Begeisterung ..., dass sie wieder hinabtauchen würden. Mehrere Besucher hatten jedoch mehr als genug und der Gentleman wurde an den Beinen nach unten gezogen, um für jene Platz zu machen, die der Enge entkommen wollten.«*

Die NAUTILUS verschwand in die Vergessenheit.

In Frankreich baute der Zivilingenieur Claude Goubet 1885 in Paris ein kurzes, gedrungenes U-Boot. Die GOUBET I war 4,87 m lang, verdrängte 11 ts, hatte zwei Mann Besatzung (mittschiffs Rücken an Rücken sitzend) und wurde von zwei E-Motoren angetrieben, die eine Akkumulator-Batterie speiste. Probefahrten im März 1887 in der Seine folgten weitere von 1889 bis 1892 vor Cherbourg. Infolge fehlender Längsstabilität erwies es sich sowohl über als auch unter Wasser als schwierig zu handhaben. Goubet baute eine zweite größere Version, die sich ebenfalls bei den Erprobungen 1899 vor Toulon als nicht gelungen zeigte. In Spanien entwarf Isaac Peral, ein junger Marineleutnant, ein 87 ts unter Wasser verdrängendes Boot, das am 8. September 1888 beim Arsenal von Caraca vom Stapel lief, angetrieben von zwei E-Motoren zu je 30 PS und zwei Propeller.[3] Das 21,3 m lange Boot war mit einer Lampe zur Untersuchung des Meeresbodens ausgestattet.

Die Erprobungs-Leistungen mit einer Geschwindigkeit von 8 kn über Wasser und einer maximalen Tauchtiefe von 30 m waren ermutigend, obwohl das Boot zurück in den Hafen geschleppt werden musste. Schließlich wurde das Projekt heimlich fallen gelassen, wenn auch Peral reichlich belohnt wurde. Heute wird das Unterseeboot im Paseo del Muelle in Cartagena/Spanien aufbewahrt.

In Frankreich war jedoch immer noch ein Fortschritt möglich. Gustave Zédé, ein Marinekonstrukteur im Ruhestand, führte als Schüler des kurz zuvor verstorbenen Dupuy de Lôme dessen Entwürfe weiter und baute in Toulon die 31 ts verdrängende GYMNOTE. Ein großer Fortschritt war die Einführung der Druckluft, um den Wasserballast auszublasen. 1890 übernahm die französische Marine das U-Boot, das später zwei Paar Tiefenruder zur Verbesserung der Längsstabilität, einen neuen E-Motor und einen verstellbaren Propeller erhielt. Somit war das erste erfolgreiche Unterseeboot entstanden. Einen weiteren Entwurf Zédés baute Romazotti, sein Nachfolger und Neffe, 1893 fertig. Die 266 ts große GUSTAVE ZÉDÉ mit Decksverkleidung und drei Paar Tiefenrudern gehörte später der französischen Marine. Inzwischen hatte die Regierung in Paris einen Wettbewerb für einen U-Bootsentwurf ausgeschrieben. Aus sechs Einsendungen gewann die NARVAL aus dem Jahre 1899, ein Zweihüllenboot von Maxime Laubeuf: 33,8 m lang, 168 ts Wasserverdrängung mit Dampfantrieb für die Überwasserfahrt und einem E-Motor für die Tauchfahrt. GUSTAVE ZÉDÉ und NARVAL wurden die »Eltern« der französischen Unterwasserflotte in den ersten Jahren nach 1900. Auch jenseits des Atlantiks hatte sich die Einstellung der US-Marine zu Unterseebooten geändert.

[3] In Spanien waren kurz zuvor zwei Boote entstanden: die EL ICTINEO I (8 ts, Stapellauf im Juli 1859) und die EL ICTINEO II (65 ts, Dampfantrieb, im Oktober 1864).

DIE »HOLLAND«-BOOTE

DAS ZEITALTER DES UNTERSEEBOOTES WAR GEBOREN, ALS DIE US-MARINE AM 11. APRIL 1900 die 74 ts große »Holland VI«, ein späteres Ergebnis der einfallsreichen Entwürfe, die der irisch-amerikanische Erfinder John Philip Holland (1841-1914) anfertigte. Das einfache 16,38 m lange Boot war der Vorläufer weiterer Unterseeboote, die bald darauf von der britischen, der japanischen und der niederländischen Marine angekauft wurden.

Der in Irland geborene Holland interessierte sich seit 1869 für Unterseeboote, als er von der völlig erfolglosen INTELLIGENT WHALE gelesen hatte. Er wanderte 1873 in die USA aus und wurde an einer Schule in Paterson/New Jersey Lehrer. Sein jüngerer Bruder Michael führte Holland in die irische Fenier-Bruderschaft ein, ein Bund, der sich der Befreiung Irlands von britischer Herrschaft widmete. Dieser war Geldgeber für Hollands erste drei U-Bootsentwürfe, die sich als Fehlschläge erwiesen. Das erste Boot, die »Holland I«, war ein winziges eisernes Fahrzeug, das nur 2 ts verdrängte, 1877 bei den *Albany City Iron Works* in New York gebaut wurde und als wirkungslosen Antrieb einen 4-PS-Petroleummotor hatte. Die Probefahrten im Passaic River in Paterson überzeugten die Fenier, ein größeres Boot zu bauen, und die »Holland I« wurde selbst versenkt.[1] Die »Holland II« oder FENIAN RAM hatte einen zigarrenförmigen, eisernen Rumpf und verdrängte 19 ts. Der Bau des Bootes begann am 3. Mai 1879 bei den *Delameter Iron Works* in New York und der Stapellauf erfolgte im April 1881. Das 3-Mann-Boot war mit einer »Druckluftkanone« bewaffnet, die ein Torpedoähnliches Projektil aus einem 3,4 m langen Innenrohr unter Wasser auf 45 - 55 m verschoss. Ein drittes Boot, die »Holland III« oder FENIAN MODEL war eine in Jersey City gebaute Versuchsversion (1 ts, ca. 5 m). Nach einem Streit bewilligten die Fenier im November 1883 beide Boote und brachten sie mit einem Schlepper den East River hinauf. Die FENIAN MODEL sank, aber die FENIAN RAM erreichte New Haven in Connecticut, wo sie an Land gezogen und aufgegeben wurde.

1885 arbeitete Holland beim Bau eines 15,2 m langen Holzbootes in Fort Lafayette – später nach Fort Hamilton transportiert – mit dem Heeresleutnant Edmund Zalinski zusammen. Über der Verkleidung gab es eine kleine Kuppel mit Bullaugen aus Glas. Das von einem Petroleummotor angetriebene Boot war als Versuchsplattform entworfen worden, wozu auch Zalinskis Schrecken verbreitende Druckluftkanone gehörte, die mit dem unbeständigen Sprengstoff Nitroglyzerin gefüllte Granaten verschoss.

Wettbewerbe der US-Marine

Durch die französischen Fortschritte in der U-Boottechnik angespornt, schrieb die US-Marine für »ein Untersee-Torpedoboot«, das getaucht zwei Stunden lang 8 kn in Tiefen bis zu 45 m fahren konnte, einen Wettbewerb aus. Ein Holland-Entwurf gewann den Wettbewerb, wurde aber nicht mit einem Kontrakt für den Bau belohnt. Fünf Jahre später wurde ein weiterer Wettbewerb der US-Marine für einen U-Bootsentwurf verkündet. Es gab noch einen anderen Konkurrenten. 1894 baute Simon Lake (1866-1945) in New Jersey die ARGONAUT, ausgestattet mit großen Rädern, um sich auf dem Meeresgrund zu bewegen. Lakes Entwürfe, darunter auch die 1901 gebaute

Rechts: Das in Zusammenarbeit mit John Holland 1885 von Heeresleutnant Zalinski gebaute Holzboot.

Ganz oben: Die 1877 vom Stapel gelaufene »Holland I«. Das kurze Zeit später gesunkene und 1927 gehobene Boot steht heute im Museum von Paterson/New Jersey. Geldgeber war der »Fenier«-Bund (irisch »Krieger«; nach *Fenians*, einem Helden der altirischen Sage), ein 1857 in Paris gegründeter Geheimbund zur Befreiung Irlands von der Herrschaft der Engländer, aus dem später die irische Unabhängigkeitsbewegung *Sinn-Fein* (irisch »Wir selbst allein«) mit der IRA hervorging.

[1] Sie wurde 1927 gehoben und befindet sich als Ausstellungsstück im Paterson-Museum in Paterson/New Jersey.

PROTECTOR, beginnen Ähnlichkeiten mit heutigen U-Booten aufzuweisen: mit einem Sehrohr (Lake nannte es »Omniscope«, d.h. Allesseher), frei flutende Tanks auf der PROTECTOR, Tiefenruder vor einem flachen, kurzen Turm und drei Torpedos. 1893 kam der Arbeit Hollands die Gründung der *Holland Torpedo Boat Company* zu Hilfe, finanziell durch den Rechtsanwalt Elihu B. Frost unterstützt. Holland ging in den zweiten Wettbewerb mit einem neuen Entwurf: PLUNGER, 25,9 m lang, 168 ts, ursprünglich Dampfantrieb. Der Stapellauf erfolgte bei den *Columbia Iron Works* in Baltimore/Maryland am 7. August 1897. Doch rasch wurde offensichtlich, dass der Entwurf ein Fehlschlag war und der Rumpf wurde nicht vollendet.

S. 24 unten links: Die 1881 mit einem eisernen Rumpf gebaute »Holland II« oder FENIAN RAM hatte eine Besatzung von drei Mann und war mit einer primitiven Druckluftkanone zum Verschießen von Projektilen bewaffnet.

Entwurf:	**»Holland VI«**	**US: A-Klasse**	**Britisch: Typ 7**	**Japan: Typ 7-P[3]**	**Niederlande: O 1**
Länge (m):	16,40	19,30	19,45	20,42	20,42
Breite (m):	3,13	3,58	3,58	3,60	3,60
Wasserverdrängung (ts):					
Über Wasser	64	108	110	105	105
Unter Wasser	74	120	123	120	120
Höchstgeschwindigkeit (kn):					
Über Wasser	8,0	8,0	8,0	9,0	7,5
Unter Wasser	5,0	7,0	7,0	7,0	5,0
Bewaffnung (cm-Bugrohr):	1 x 45,7 (2 Reserve)	1 x 45,7 (4 Reserve)	1 x 35,6 (2 Reserve)	1 x 45,7 (4 Reserve)	1 x 45,7 (3 Reserve)
Motorenanlage:					
Otto-Motor	Petrol/45 PS	Petrol/160 PS	Petrol/160 PS	Petrol/180 PS	Petrol/160 PS[2]
E-Motor	50 PS	70 PS	74 PS	70 PS	65 PS
Fahrtstrecke:					
Über Wasser	-	400 km bei 8 kn	400 km bei 8 kn	300 km bei 8 kn	200 sm bei 8 kn
Unter Wasser	-	32 km bei 7 kn	32 km bei 7 kn	32 km bei 7 kn	24 sm bei 6 kn
Besatzungsstärke:	9	7	8[1]	8	10

[1] Ein zusätzliches Besatzungsmitglied zur Ausbildung.
[2] 1914 ersetzt durch MAN-Dieselmotor von 200 PS. 1920 außer Dienst. Turm als Museumsstück im Marinestützpunkt Den Helder/Niederlande.
[3] Verstärkt für eine Tauchtiefe von 38 m..

Oben: Die »Holland VI« von 1897. Die spätere USS HOLLAND (SS-1) kostete der US-Marine im Oktober 1900 165.000 Dollar.

Rechts: Die 1897 begonnene PLUNGER blieb unvollendet, nachdem sich herausgestellt hatte, dass der Entwurf ein Fehlschlag war.

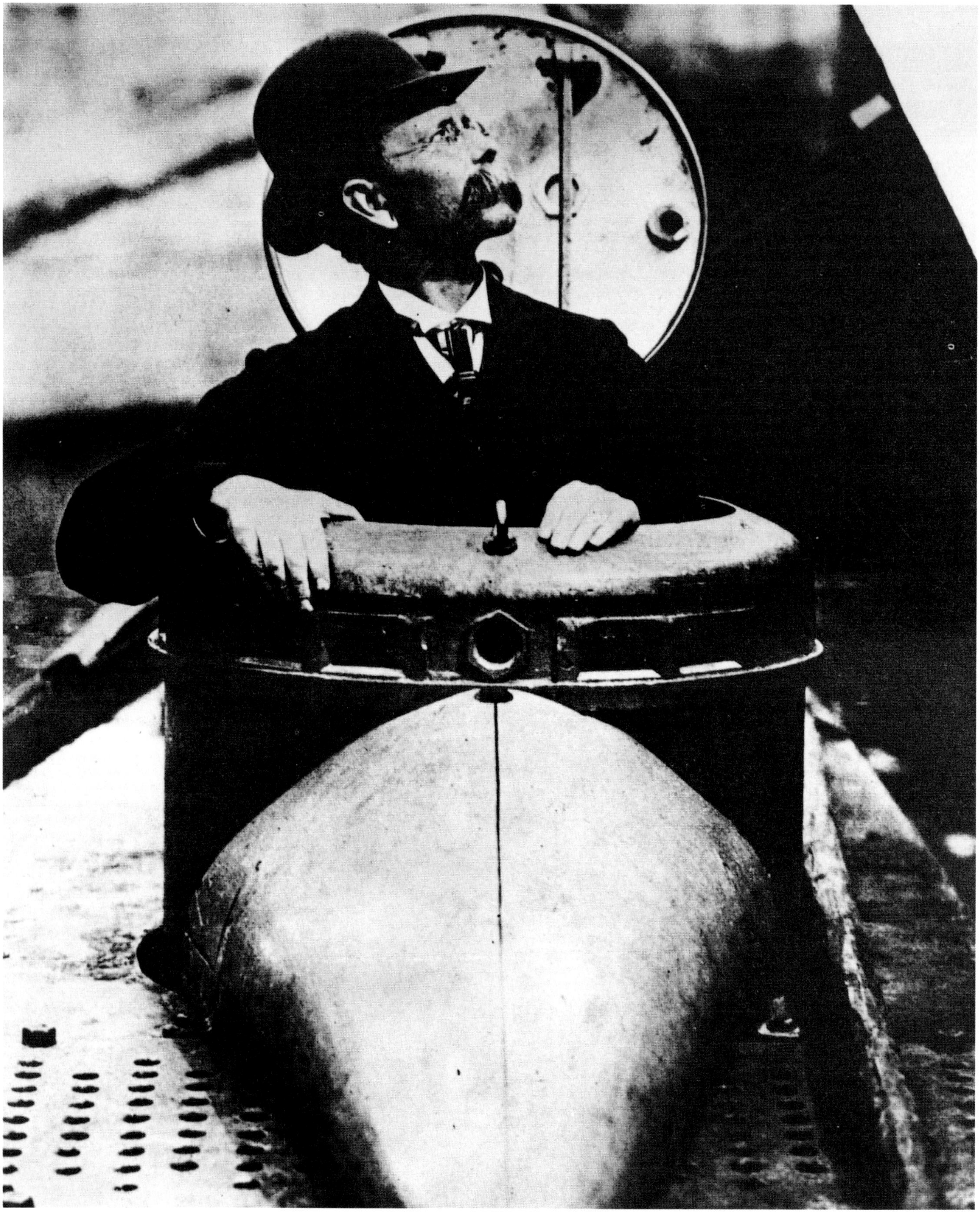

Verbesserte »Holland«-Unterseeboote (Entwurf Typ 7)

Boot:	Bauwerft:	Kiellegung:	Indienststellung:	Schicksal:
USA: *A*-Klasse				
FULTON	Crescent-Schiffswerft, Elizabeth-Hafen, New Jersey	1900 (?)	?.?.1901	? 12.1901 gesunken im Hafenbecken, New Suffolk/Long Island. 1904 als MADAM an Russland verkauft.
A 1 (ex-PLUNGER)	Crescent-Schiffswerft, Elizabeth-Hafen, New Jersey	21.05.1901	19.09.1903	24.02.1913 gestrichen aus der Flottenliste. 1916 Versuchs-Zielboot. 26.01.1922 verschrottet.
A 2 (ex-ADDER) SS-3	Crescent-Schiffswerft, Elizabeth-Hafen, New Jersey	03.10.1900	12.01.1903	16.01.1922 gestrichen aus der Flottenliste.
A 3 (ex-GRAMPUS) SS-4	Union Ironworks, San Francisco, California	10.12.1900	28.05.1903	Verwendet als Zielboot für die US-Asienflotte. 16.01.1922 gestrichen aus der Flottenliste.
A 4 (ex-MOCCASIN) SS-5	Crescent-Schiffswerft, Elizabeth-Hafen, New Jersey	08.11.1900	17.01.1903	12.12.1919 außer Dienst gestellt. 16.01.1922 gestrichen aus der Flottenliste.
A 5 (ex-PIKE) SS-6	Union Ironworks, San Francisco, California	10.12.1900	28.05.1903	25.07.1921 außer Dienst gestellt. 16.01.1922 gestrichen aus der Flottenliste.
A 6 (ex-PORPOISE) SS-7	Crescent-Schiffswerft, Elizabeth-Hafen, New Jersey	13.12.1900	19.09.1903	12.12.1919 außer Dienst gestellt. 1921 Zielboot. 16.01.1922 gestrichen aus der Flottenliste.
A 7 (ex-SHARK) SS-8	Crescent-Schiffswerft, Elizabeth-Hafen, New Jersey*	11.01.1901	19.09.1903	24.07.1917 Manila-Bucht: Explosion der Petroleumdämpfe während einer Patrouillenfahrt. 6 Tote. 16.01.1922 gestrichen aus der Flottenliste.
* Ausgerüstet in New Suffolk, Long Island/New York.				
Japan: Typ 7-P				
Nr. 1	Fore River-Werft, Quincy/Mass., zusammengebaut in Japan	-	01.08.1905	1922 gestrichen aus der Flottenliste.
Nr. 2	Fore River-Werft, Quincy/Mass., zusammengebaut in Japan	-	05.09.1905	1922 gestrichen aus der Flottenliste.
Nr. 3	Fore River-Werft, Quincy/Mass., zusammengebaut in Japan	-	05.09.1905	1922 gestrichen aus der Flottenliste.
Nr. 4	Fore River-Werft, Quincy/Mass., zusammengebaut in Japan	-	01.10.1905	14.11.1916 gesunken durch Explosion der Petroleumdämpfe. 1922 gestrichen aus der Flottenliste.
Nr. 5	Fore River-Werft, Quincy/Mass., zusammengebaut in Japan	-	01.10.1905	1922 gestrichen aus der Flottenliste.
Großbritannien: Typ 7				
*Holland 1***	Vickers, Barrow-in-Furness	04.02.1901	02.02.1903	1913 verkauft, gesunken im Schlepp vor Plymouth. 1982 gehoben. Jetzt im *Submarine Museum*, Gosport.
Holland 2	Vickers, Barrow-in-Furness	04.02.1901	01.08.1902	07.10.1913 verkauft.
Holland 3	Vickers, Barrow-in-Furness	04.02.1901	01.08.1902	1911 gesunken bei Probefahrten. 07.10. 1913 verkauft.
Holland 4	Vickers, Barrow-in-Furness	?.?.1902	02.08.1903	03.09.1912 gesunken. 17.10.1914 geborgen und als Artillerie-Zielboot verwendet.
Holland 5	Vickers, Barrow-in-Furness	?.?.1902	19.01.1903	08.08.1912 gesunken im Schlepp zur Abbruchwerft.
** 02.10.1901 Stapellauf ohne Name oder Nummer.				
Niederlande: *O*-Klasse (Typ 7-P)				
O 1 (ex-LUCTOR ET EMERGO)	K.M. De Schelde, Vlissingen	01.06.1904	21.12.1906	1920 außer Dienst gestellt, später verschrottet.

Anmerkung:
Russland erwarb die Lizenz zum Bau von Unterseebooten des Typs 7-P. Die Namen lauteten: BELUGA, PESKAR, STERLJAD, 8486 UKA und SOM. Wie verlautete, erbeuteten 1918 die deutschen Truppen mit diesen Namen Boote, die aus dem Jahr 1904 stammten.

Erneut fällte die US-Marine keine Entscheidung und Holland modifizierte seinen Entwurf. Er sicherte sich finanzielle Unterstützung, um die »Holland VI« zu bauen: 16.4 m lang mit einer Verdrängung von 74 ts unter Wasser. Der Stapellauf erfolgte am 17. Mai 1897 im Hafen von Elizabeth/ New Jersey. Das Boot hatte einen Petroleummotor von 50 PS als Überwasserantrieb mit einem Fahrtbereich von 1600 km (865 sm) und wurde der US-Marine zum Verkauf angeboten. 1898/99 absolvierte das Boot eine Reihe von Erprobungen vor Marinebeobachtern, darunter auch das Abfeuern von 45-cm-Whitehead-Torpedos. Nach langem Warten kaufte die US-Marine die »Holland VI« für 165.000 US-Dollar an und stellte sie als USS HOLLAND (später *SS-1*) am 12. Oktober 1900 in Dienst. Jetzt fusionierte die *Holland Torpedo Boat*

Links: John Holland, ein ehemaliger Lehrer.

Rechts: Die USS HOLLAND (SS-1) im Jahre 1900 bei Erprobungsfahrten.

FULTON.

Die FULTON während des Stapellaufes am 12. Juni 1901 bei der *Nixon*-Werft in Elizabeth-Hafen/ New Jersey. Sie ist der Prototyp der *A*-Klasse mit sieben Einheiten. 1904 verkaufte sie die US-Marine an die russische Marine, die das Boot als MADAM wieder in Dienst stellte.

Company mit der *Electric Boat Company* von Isaac Rice. Im September 1900 zeigte die HOLLAND ihre Fähigkeiten während der Flottenmanöver vor Newport/Rhode Island, als das Unterseeboot bis auf 100 m an das Schlachtschiff USS KEARSAGE herankam und ein Licht zeigte, um anzuzeigen, dass das Kriegsschiff hätte torpediert werden können.

Die Lebensbedingungen in der einzigen Abteilung der HOLLAND waren bescheiden. Die menschlichen Ausscheidungen kamen in einen Eimer, der nach dem Auftauchen an Deck geleert wurde. Die Besatzung schlief im Batterie-Bereich auf Zeitungspapier oder Säcken. Am 21. November 1910 wurde das Boot in Norfolk/Virginia außer Dienst gestellt und einige Zeit nach 1932 verschrottet. Die der Marine bewilligten Haushaltsmittel verlangten 1900 den Bau von fünf U-Booten und am 25. August gab diese sechs Boote eines verbesserten »Holland«-Typs in Auftrag: die *A*-Klasse. Ein siebentes Boot wurde nachbestellt und der Bau der gesamten Klasse erfolgte von 1900–1903. Der Prototyp der neuen Klasse war die FULTON (120 ts). Das Boot war 19,3 m lang und lief am 12. Juni 1901 bei der Nixon-Werft in Elizabeth-Hafen vom Stapel. Nach der Ablieferung der Boote der *A*-Klasse wurde die FULTON nach Russland verkauft und dort als MADAM wieder in Dienst gestellt.

Auch Großbritannien war jetzt an Unterseebooten interessiert. Das Marinebudget für 1901/02 enthielt die Haushaltsmittel für fünf Boote des verbesserten »Holland«-Entwurfs Typ 7, die von 1901 - 1903 bei Vickers in Barrow-in-Furness in Lizenz gebaut wurden. Die erste Einheit lief am 2. Oktober 1901 noch ohne Kennung vom Stapel und erhielt erst später die Bezeichnung *Nr. 1* (Das Boot befindet sich jetzt im *Royal Navy Submarine Museum* in Gosport.) Japan kaufte ebenfalls fünf Einheiten des verbesserten »Holland«-Typs 7-P an, die auf der Fore River-Werft in Quincy/Massachusetts gebaut, in Sektionen zerlegt und nach dem Transport in Japan auf der Werft in Yokosuka wieder zusammengebaut wurden. Die »De Schelde«-Werft in Vlissingen erhielt ebenfalls einen Lizenz-Kontrakt, um ein verbessertes »Holland«-Boot zu bauen. Die LUCTOR ET EMERGO – später *O 1* – lief am 8. Juli 1905 vom Stapel und die Kgl. Niederländische Marine kaufte sie am 21. Dezember 1906 für 430.000 holländische Gulden an. Was unternahm Simon Lake? Er verkaufte die PROTECTOR 1904 nach Russland, entwarf später U-Boote für die deutsche, die österr.-ungar. und die russische Marine und kehrte 1912 in die USA zurück. Nach Gründung der *Lake Torpedo Boat Company* entwarf und baute er U-Boote für die US-Marine, darunter die *N*-Klasse von 1916/17 und die *G*-Klasse, von der die *G 1* im November 1912 mit 78 m einen Tauchrekord aufstellte. Mitte der 1920er Jahre ging die Werft ein. Und John Holland? Im März 1904 schied er aus der *Electric Boat* aus und starb am 12. August 1914 in Newark/New Jersey. Den Wert des U-Bootes bewies schon am 22. September das deutsche *U 9* unter Kapitänleutnant Weddigen, als es die drei britischen Kreuzer HMS ABOUKIR, HOGUE und CRESSY vor der holländischen Küste versenkte.

Oben: Die *Nr. 1* der *Royal Navy* sank 1913 im Schlepp vor Plymouth und wurde 1982 gehoben.

Oben und unten: Die »Holland«-Boote *Nr. 3, Nr. 4* und *Nr. 5* in Fahrt. *Nr. 1* ist im *Royal Navy Submarine Museum*, Gosport, zu sehen.

Entwürfe Vor Dem Ersten Weltkrieg

Die strategische Rolle der Unterseeboote blieb innerhalb der westlichen Marinen in den Jahren bis zum Ersten Weltkrieg umstritten. Sowohl von der US-Marine als auch von der *Royal Navy* wurden diese Boote hauptsächlich zur Küsten- und Hafenverteidigung eingesetzt. Deutschland hatte mit dem Entwurf und dem Bau der Hochseeboote, beginnend mit der Serie *U 19* von 1912, Pläne für eine bedeutendere Verwendung, wenn auch die *Royal Navy* die Unterseeboote der *D*-Klasse für ozeanischen Einsatz entwickelte, die im Kriege eine Rolle zur Unterstützung der *Grand Fleet* spielten.

Die Küsten-U-Boote der britischen *A*-Klasse 1902–1908

Die *A*-Klasse mit einem kurzen, stummelartigen Turm war die erste U-Bootklasse der *Royal Navy* nach britischem Entwurf, die ab März 1904 in Dienst gestellt wurde. Es war eine vom Pech verfolgte Klasse – nur fünf Boote entgingen Unglücksfällen – und wie der »Holland«-Typ litt sie unter zu geringer Auftriebsreserve. Insgesamt kennzeichnete sie eine merklich verbesserte Handhabung in See und eine wesentlich erweiterte Erfahrung bei Tauchmanövern. Während des Ersten Weltkrieges wurden die noch vorhandenen Boote dieser Klasse lediglich zur Ausbildung eingesetzt. Probleme mit den Benzinmotoren verfolgten die Boote von Anfang an. Die *A 1* musste nach der Fertigstellung im Schlepp nach Portsmouth gebracht werden und die Besatzung gab das Boot auf, nachdem Seewasser in die Batterien eingedrungen war und Chlorgas in das Bootsinnere strömte. Am 16. Februar 1905 beschädigte die *A 5* eine Explosion von Benzindämpfen kurz nach der Treibstoffübernahme längsseits der HAZARD in Queenstown (heute

	Gruppe 1	*A 2, A 3*	Gruppe 2
Länge über alles:	31,47 m	32,02 m	32,02 m
Breite (max.):	3,63 m	3,89 m	3,89 m
Wasserverdrängung:			
Über Wasser:	190 ts	190 ts	190 ts
Unter Wasser:	207 ts	205 ts	207 ts
Höchstgeschwindigkeit:			
Über Wasser:	11,5 kn	10,5 kn	11,0 kn
Unter Wasser:	7,0 kn	7,0 kn	8,0 kn
Bewaffnung:	1 x 45,7 cm	2 x 45,7 cm	2 x 45,7 cm
(Torpedos)	2 Reserve	2 Reserve	2 Reserve
Motorenanlage* und Fahrbereich:			
Otto-Motor:	Benzin/450 PS	Benzin/450 PS	Benzin/550 PS
Über Wasser:	500 sm bei 11,5 kn	360 sm bei 10,5 kn	325 sm bei 11 kn
E-Motor:	87 PS	150 PS	150 PS
Unter Wasser:	20 sm bei 5 kn	20 sm bei 5 kn	20 sm bei 6 kn
Besatzungsstärke:	11	11	13

* *A 13* war mit einem 400-PS-Dieselmotor und einem 150-PS-E-Motor ausgerüstet.

Links: Die *A 3* der *A*-Klasse. Das Foto entstand kurz vor dem Verlust des U-Bootes im Februar 1912 nach einer Kollision mit dem U-Boot-Tender HMS HAZARD vor der Isle of Wight. Die niedrige Silhouette des U-Bootes scheint bei mehreren Kollisionen ursächlich gewesen zu sein.

Cork/Irland), die fünf Tote forderte. Erst die *A 13* bekam einen Dieselmotor – den ersten in einem britischen U-Boot. *A 10* erhielt entweder Ende 1915 oder Anfang 1916 versuchsweise einen Vertikalachsenpropeller, um das Tiefensteuern zu unterstützen.

Versuchsweise war auch der Turm der *A 7* mit Tiefenrudern ausgerüstet, um das Tauchen und das Wiederauftauchen zu unterstützen. Doch sie waren keine Hilfe, als sich das U-Boot am 16. Januar 1914 im Schlamm des Meeresbodens während der Angriffsübungen mit Torpedos vor Whitsands Bay/Cornwall festfuhr. Hierbei kam die gesamte Besatzung ums Leben.

Der Werdegang des ersten Bootes der *A*-Klasse war nur kurz. Am 18. März 1904 wurde die *A 1* von der SS BERWICK CASTLE ca. eine Seemeile vor dem Nab Tower unweit der Marinebasis Portsmouth gerammt. Mit aufgerissenem Turm sank das U-Boot unter Verlust der gesamten Besatzung. Das Schwesterboot *A 3* ging genau auf die gleiche Weise fast auf derselben Position verloren: Gerammt und versenkt durch den U-Boot-Tender mit dem treffenden Namen HMS HAZARD am 2. Februar 1912 vor der Isle of Wight – wieder unter Verlust der gesamten Besatzung. *A 4* sank am 16. Oktober 1905 während einer Übung im Signalisieren vor dem Spithead, als Seewasser in einen Entlüfter eindrang und beim Durchtränken der Batterien Chlorgas erzeugte. Kurz danach erfolgte eine Explosion. *A 8* sank am 8. Juni 1905 direkt vor dem Wellenbrecher von Plymouth mit der gesamten Besatzung, als das Boot mit dem Bug voran in die Tiefe schoss. Es wurde geborgen, wieder in Dienst gestellt und schließlich 1920 verschrottet.

Küstenunterseeboote der britischen *A*-Klasse

Boot:	Bauwerft:	Kiellegung:	Indienststellung:	Schicksal:
Gruppe 1				
A 1 (ex-*Holland 6*)	Vickers, Barrow	19.02.1902	18.03.1904	18.03.1904 gerammt und versenkt durch den Dampfer BERWICK CASTLE vor dem Nab Tower/Portsmouth. Besatzung Gesamtverlust. 18.04.1904 gehoben und Versuchsboot für die Widerstandsfähigkeit des Rumpfes bei Explosionen. 18.03.1911 gesunken, wieder gehoben, aber im August 1911 Schiffbruch (ohne Besatzung) vor Selsey Bill. 1989 Wrack aufgefunden.
A 2	Vickers, Barrow	19.02.1902	26.03.1904	Januar 1920 Schiffbruch, Bomb Ketch Lake, Portsmouth. 10.11.1925 Hulk zum Verschrotten verkauft.
A 3	Vickers, Barrow	06.11.1902	09.05.1903	02.02.1912 gerammt und versenkt durch den U-Boot-Tender HMS HAZARD vor der Sandown Bay, Isle of Wight. Besatzung Gesamtverlust. April 1912 gehoben, versenkt als Zielboot, Portland Bay. Februar 1994 Wrack aufgefunden.
A 4	Vickers, Barrow	19.02.1902	17.07.1904	16.10.1905 gesunken während Signalübung vor dem Spithead, Portsmouth. Keine Verluste. Geborgen und wieder in Dienst gestellt. 16.01.1920 verschrottet.
Gruppe 2				
A 5	Vickers, Barrow	19.02.1903	16.02.1905	16.02.1905 beschädigt bei Explosion längsseits HMS HAZARD, Queenstown (heute Cork). Fünf Tote. 1920 abgebrochen bei der Marinewerft Portsmouth.
A 6	Vickers, Barrow	19.02.1903	23.04.1905	1916 außer Dienst gestellt. 16.02.1920 verkauft.
A 7	Vickers, Barrow	19.02.1903	16.01.1904	16.01.1914 gesunken im Schlamm während einer Übung mit HMS PYGMY, Whitsands Bay/Cornwall.
A 8	Vickers, Barrow	19.02.1903	08.05.1905	08.06.1905 gesunken vor Plymouth. 15 Tote. Gehoben und wieder in Dienst gestellt. 08.10.1920 verkauft.
A 9	Vickers, Barrow	19.02.1903	08.05.1905	1920 verkauft.
A 10	Vickers, Barrow	19.02.1903	03.06.1905	17.03.1917 gesunken, während längsseits von HMS PACTOLUS festgemacht, Eghaton Dock, Ardrossan. Gehoben. 01.04.1919 verkauft.
A 11	Vickers, Barrow	19.02.1903	11.07.1905	Mai 1920 verschrottet, Marinewerft Portsmouth.
A 12	Vickers, Barrow	19.02.1903	23.09.1905	16.01.1920 verkauft, Isle of Wight.
A 13	Vickers, Barrow	19.02.1903	22.06.1908	1920 abgebrochen.

Unten: Die erhöhten Kommandotürme bei den U-Booten der *A*-Klasse waren mit doppelten Luken ausgestattet, um ein Volllaufen des Bootsinneren zu verhindern.

Die Küsten-U-Boote der britischen *C*-Klasse 1905–1910

Die britische *C*-Klasse war die letzte Weiterentwicklung des »Holland«-Entwurfs der *Royal Navy* und die letzte U-Bootsklasse, die von Petroleummotoren angetrieben wurde. Vier versenkte deutsche U-Boote zeugen vom Einsatz dieser Boote während des Ersten Weltkrieges. Beim Vorstoß zur Blockade der Seekanäle nach Brügge, um die deutschen U-Bootoperationen zu lähmen, wurde *C 3* am 23. April 1918 bei der Zerstörung der Mole von Zeebrügge »aufgebraucht«. Sein Kommandant, Lieut. Richard Sandford erhielt für hervorragende Tapferkeit das Viktoriakreuz. Vier Boote operierten in der Ostsee und drei davon zerstörten sich in Helsingfors (Helsinki) im April 1918 selbst, um ein Erbeuten durch deutsche Truppen zu verhindern, die in der Nähe gelandet waren. Die Boote hatten eine sehr begrenzte Seeausdauer und nur geringe Auftriebsreserven – gerade 10 % der Verdrängung über Wasser. Die Boote mit den schmalen Bootskörpern wiesen keine Trennung in Abteilungen auf und für die Bequemlichkeit der Besatzung war nicht gesorgt. Ihre äußere Form machte sie zu guten Tauchbooten mit armseligen Leistungen über Wasser. Nach einem Memorandum der Admiralität vom 24. August 1914 war *C 1* mit einer Funkanlage ausgerüstet. Einige Boote der Gruppe 2 besaßen größere Türme und hatten vorn Tiefenruder. Der Großteil der Boote operierte von Leith, Harwich, Hartlepool, Grimsby und Dover aus zur Küstenverteidigung in der Nordsee. Alle Boote mit Ausnahme von *C 4* (verwendet zu Erprobungen) wurden bei Kriegsende außer Dienst gestellt.

IN DER OSTSEE UND IN FERNOST

C 36, *C 37* und *C 38* kamen im Februar 1911 zum China-Geschwader der *Royal Navy* nach Hongkong. Vier Boote der *C*-Klasse wurden im September 1915 in die Ostsee entsandt, um den Unterwasserkrieg zu verstärken und die Versorgung Deutschlands mit dem strategisch wichtigen schwedischen Eisenerz zu unterbrechen. Infolge der aufmerksamen deutschen Überwachung der schmalen Ostsee-Zugänge mussten die Boote in gefährlichen Fahrten rund um das Nordkap nach Archangelsk geschleppt und mit Leichtern über den Weißmeer-Kanal nach Kronstadt gebracht werden. Auf Reval (heute Talinn) gestützt, patrouillierten die Boote im Rigaischen Meerbusen, wobei *C 32* und *C 29* je ein Handelsschiff versenkten. Zurück in der Nordsee entfaltete die Admiralität eine neue Taktik, um der wachsenden U-Bootbedrohung zu begegnen. Boote der *C*- und der *E*-Klasse wurden von Trawlern als Köder unter Wasser nachgeschleppt – um deutsche U-Boote in die Falle zu locken. Sobald die Schlepp- und Fernmelde-Verbindung gelöst waren, konnte das britische U-Boot mit Torpedos angreifen. Diese Taktik war anfänglich erfolgreich. Das mit dem Trawler TARANAKI als Köder operierende *C 24* versenkte am 23. Juni 1915 50 sm vor Girdle Ness in der Nordsee *U 40*. Zusammen mit dem Trawler PRINCESS LOUISE (ex-PRINCESS MARIE JOSÉ) versenkte *C 27* am 20. Juli 1915 im Fair Isle Channel zwischen den Orkneys und den Shetlands *U 23*. Das Unheil sollte folgen. Am 4. August erhielt *C 33* vor Great Yarmouth einen Minentreffer und sank, als es mit dem bewaffneten Trawler MALTA operierte, und am 29. August 1915 ging *C 29* verloren, nachdem sich sein Schlepptrawler ARIADNE in der Humber-Mündung in ein Minenfeld verirrt hatte. In beiden Fällen gingen die Boote mit der gesamten Besatzung unter und die Taktik wurde aufgegeben. *C 7* versenkte am 5. April 1917 *UC 68* vor der Schouwen-Bank in der Nordsee [sic] und am 3. November 1917 torpedierte *C 16* im Ärmelkanal *UC 65*.

Die zehn Kriegsverluste schlossen *C 16* ein, gerammt vom britischen Zerstörer MELAMPUS (ex-CHIOS) der MEDEA-Klasse am 16. April 1917 vor Harwich. Bei diesem Unglücksfall sank das Boot in ca. 18 m Tiefe auf Grund und der I. Wachoffizier

	Gruppe 1	Gruppe 2
Länge über alles:	13,30 m	13,30 m
Breite (max.):	4,15 m	4,15 m
Wasserverdrängung:		
Über Wasser:	287 ts	290 ts
Unter Wasser:	316 ts	320 ts
Höchstgeschwindigkeit:		
Über Wasser:	12,0 kn (Dienst)	13,0+ kn
Unter Wasser:	7,0 kn	8,0 kn
Bewaffnung:	2 x 45,7 cm	2 x 45,7 cm
(Torpedos)	2 Reserve	2 Reserve
Motorenanlage und Fahrbereich:		
Wellen:	1 x Propeller	1 x Propeller
Otto-Motor:	Benzin/600 PS	Benzin/600 PS
Über Wasser:	1500 sm bei 7 kn	2000 sm bei 7 kn
E-Motor:	200 PS	200 PS
Unter Wasser:	50 sm bei 4,5 kn	55 sm bei 5 kn
Besatzungsstärke:	16	16

(I.WO), Lieut. S. Anderson, wurde durch ein Torpedorohr ausgestoßen, um dieses Verfahren zum Entkommen zu erproben. Leider ertrank er, so dass der Kommandant versuchte, das Boot zu fluten, um erfolgreich durch das vordere Luk zu entkommen. Ein Fender hatte jedoch den Lukendeckel verklemmt und die Besatzung war gefangen. Ein ergreifender Bericht des Kommandanten, Lieut. H. Boase, über die Entkommensversuche befand sich in einer verkorkten Flasche, die sich in seiner Nähe fand, als das Boot geborgen wurde. Ein weiterer Verlust durch Seeminen war *C 31* am 4. Januar 1915 vor der belgischen Küste, während *C 34* am 24. Juni 1917 von *UC 74* vor Fair Isle in den Shetlands versenkt wurde.

ANGRIFF DURCH FLUGZEUGE

Ein Schwarm deutscher Seeflugzeuge griff am 6. Juli 1918 vor Harwich 15 sm östlich von Orford Ness das aufgetaucht fahrende *C 25* mit Maschinengewehren und Bomben an. Brandgeschosse töteten auf der Brücke den Kommandanten und drei Ausgucks. Das Boot konnte nicht tauchen, da das Turmluk vom Körper eines Matrosengefreiten blockiert war, den es erwischt hatte, als er Munition für das Lewis-MG auf die Brücke brachte. Zusammen mit zwei Maschinenmaaten trennte der I.WO, Sub-Lieut. Cobb, einem der Toten mit einer Säge ein Bein ab, um das obere Luk von zwei weiteren Seeleuten zu befreien, die bei dem Versuch, das Luk zu schließen, gefallen waren. Löcher im Druckkörper wurden mit Kleidern verstopft und *E 51* nahm *C 25* in Schlepp, als die Seeflugzeuge zurückkehrten, um erneut anzugreifen. Schließlich vertrieb sie das Eintreffen des stark bewaffneten Zerstörers LURCHER der *I*-Klasse.

Oben: C 3, das erste in Dienst gestellte Boot der *C*-Klasse, wurde beim Vorstoß nach Zeebrügge im April 1918 zum Sperren der Seekanäle zum deutschen U-Bootstützpunkt Brügge selbst versenkt.

Küstenunterseeboote der britischen *C*-Klasse

Boot:	Bauwerft:	Kiellegung:	Indienststellung:	Schicksal:
Gruppe 1				
C 1	Vickers, Barrow	13.11.1905	30.10.1906	Umgebaut zu einem Überwasser-Patrouillenboot, umbezeichnet in *S 8* für den Einsatz in der Adria. April 1919 verkauft.
C 2	Vickers, Barrow	13.11.1905	20.11.1906	08.10.1920 verkauft.
C 3	Vickers, Barrow	25.11.1905	23.02.1906	23.04.1918 zerstört beim Zeebrügge-Vorstoß.
C 4	Vickers, Barrow	25.11.1905	13.03.1907	28.02.1922 verkauft.
C 5	Vickers, Barrow	24.11.1905	15.12.1906	31.10.1919 verkauft. Malta.
C 6	Vickers, Barrow	24.11.1905	21.01.1907	20.11.1919 verkauft.
C 7	Vickers, Barrow	09.12.1905	23.05.1907	20.12.1919 verkauft.
C 8	Vickers, Barrow	09.12.1905	23.05.1907	22.10.1920 verkauft.
C 9	Vickers, Barrow	30.01.1906	18.06.1907	Juli 1922 verkauft.
C 10	Vickers, Barrow	30.01.1906	13.07.1907	Juli 1922 verkauft.
C 11	Vickers, Barrow	06.04.1906	03.09.1007	15.07.1909 gesunken nach Kollision mit Kohlendampfer EDDYSTONE, südl. von Cromer/ Norfolk, Nordsee. 3 Überlebende. Ende 1990 Wrack aufgefunden.
C 12	Vickers, Barrow	27.11.1906	19.01.1908	06.10.1918 gesunken nach Kollision mit Zerstörer in der Humber-Mündung. Geborgen und wieder in Dienst gestellt. 02.02.1920 verkauft.
C 13	Vickers, Barrow	29.11.1906	19.02.1908	02.02.1920 verkauft.
C 14	Vickers, Barrow	04.12.1906	13.03.1908	10.12.1913 gesunken nach Kollision mit *Hopper No 27*, Plymouth-Sund. Keine Verluste. Geborgen und wieder in Dienst gestellt. 05.12.1921 verkauft.
C 15	Vickers, Barrow	07.12.1906	01.04.1908	28.02.1922 verkauft.
C 16	Vickers, Barrow	14.12.1906	05.06.1908	14.07.1909 gesunken nach Kollision mit *C 17*, südl. von Cromer/Norfolk. 1 Überlebender. Geborgen und wieder in Dienst gestellt. 16.04.1917 gesunken nach Rammstoß des Zerstörers HMS MELAMPUS auf Sehrohrtiefe vor Harwich. Besatzung Gesamtverlust. Geborgen und wieder in Dienst gestellt. 12.08.1922 verkauft.
C 17	Marinewerft Chatham	11.03.1907	13.05.1909	14.07.1909 Kollision mit *C 16* südl. von Cromer/ Norfolk, Nordsee. 20.11.1919 verkauft.
C 18	Marinewerft Chatham	11.03.1907	23.07.1909	26.05.1921 verkauft. Sunderland.
C 19	Marinewerft Chatham	11.03.1907	20.03.1909	02.02.1920 verkauft.
C 20	Marinewerft Chatham	01.06.1908	31.01.1910	26.05.1921. Sunderland.
Gruppe 2				
C 21	Vickers, Barrow	04.02.1908	18.05.1909	05.12.1921 verkauft.
C 22	Vickers, Barrow	04.02.1908	05.05.1909	02.02.1920 verkauft.
C 23	Vickers, Barrow	07.02.1908	05.05.1909	05.12.1921 verkauft.
C 24	Vickers, Barrow	12.02.1908	05.05.1909	29.05.1921 verkauft. Sunderland.
C 25	Vickers, Barrow	27.02.1908	28.05.1909	05.12.1921 verkauft.
C 26	Vickers, Barrow	14.02.1908	28.05.1909	1915-1918 Ostsee-Operationen. 04.04.1918 selbst versenkt in der Bucht von Helsingfors, 1,5 sm vor dem Leuchtfeuer Grohara, um ein Erbeuten durch deutsche Truppen zu vermeiden. August 1953 geborgen zum Abbruch in Finnland.
C 27	Vickers, Barrow	04.06.1908	14.08.1909	1915 Nordsee- und 1915-1918 Ostsee-Operationen. 05.04.1918 selbst versenkt in Helsingfors, um ein Erbeuten durch deutsche Truppen zu vermeiden. August 1953 geborgen zum Abbruch in Finnland.
C 28	Vickers, Barrow	06.03.1908	14.08.1909	25.08.1921 verkauft. Sunderland.
C 29	Vickers, Barrow	04.06.1908	17.09.1909	29.08.1915 gesunken im Schlepp durch Mine vor Dowsing-Feuerschiff, Humber-Mündung. Besatzung Gesamtverlust.
C 30	Vickers, Barrow	10.06.1908	11.10.1909	Juli 1919 außer Dienst gestellt. 25.08.1921 verkauft.
C 31	Vickers, Barrow	07.01.1909	19.11.1909	04.01.1915 Minentreffer vor der belgischen Küste während Patrouille vor Zeebrügge. Keine Überlebenden.
C 32	Vickers, Barrow	12.01.1909	19.11.1909	1914-1916 Nordsee- und 1916/17 Ostsee-Operationen. 11.10.1917 auf Grund gelaufen und gesprengt, Rigaischer Meerbusen.
C 33	Marinewerft Chatham	29.03.1909	13.08.1910	04.08.1915 Minentreffer vor Yarmouth bei Smith's Knoll, Nordsee. Besatzung Gesamtverlust.
C 34	Marinewerft Chatham	29.03.1909	17.09.1910	24.07.1917 versenkt durch deutsches *UC 74* während Überwasserfahrt vor Fair Isle, Shetlands. Besatzung Gesamtverlust.
C 35	Vickers, Barrow	03.03.1909	01.02.1910	1915-1918 Ostsee-Operationen. 05.04.1918 selbst versenkt bei Helsingfors 1,5 sm vor dem Leuchtfeuer Grohara, um ein Erbeuten durch deutsche Truppen zu vermeiden. August 1954 geborgen zum Abbruch in Finnland.
C 36	Vickers, Barrow	03.03.1909	01.02.1910	Ab 1911 China-Geschwader, Hongkong. 25.06.1919 verkauft. Hongkong.
C 37	Vickers, Barrow	07.04.1909	31.03.1910	Ab 1911 China-Geschwader, Hongkong. 25.06. 1919 verkauft. Hongkong.
C 38	Vickers, Barrow	05.04.1909	31.03.1910	Ab 1911 China-Geschwader, Hongkong. 25.06. 1919 verkauft. Hongkong.

Hochseeunterseeboote der britischen *D*-Klasse 1909–1912

Unten: D 3 wurde 1918 irrtümlich von einem französischen Luftschiff bombardiert und mit der gesamten Besatzung versenkt.

Die Patrouillen-U-Boote der *Royal Navy* entwickelten sich aus der *D*-Klasse, entworfen für den Antrieb durch Dieselmotoren bei Überwasserfahrt, um die schrecklichen Erfahrungen mit den Petroleummotoren bei der *A*-Klasse zu vermeiden. Die wesentlich größeren U-Boote mit einer Seeausdauer von 2500 sm bei 10 kn über Wasser und beträchtlich verbesserten Lebensbedingungen für eine vergrößerte Besatzung waren für den Auslandsdienst entworfen. Die Boote dieser Klasse waren auch mit zwei Propellern (für größere Manövrierbarkeit) und Satteltanks ausgestattet – und als erste britische Boote, beginnend mit *D 6*, vor dem Turm mit Geschützen ausgerüstet. Drei 45,7-cm-Torpedorohre, zwei untereinander im Bug und ein drittes im Heck, vervollständigten die Bewaffnung. Die Auftriebsreserve betrug nunmehr 20,6 %. Infolge der für diese Boote vorgesehenen Aufgabe waren sie als erste standardmäßig mit einer Funkanlage ausgerüstet. Die Antenne war an einem Mast auf dem Turm angebracht, der vor dem Tauchen eingezogen wurde. Die Boote kosteten jedes zwischen £ 79.910 und £ 89.410, ausgenommen das Geschütz. Zur Unterstützung der *Grand Fleet* in Harwich, Immingham, Blyth und Dover stationiert, bestand ihre Aufgabe in der Vernichtung deutscher Kriegsschiffe. *D 2*, *D 3* und *D 8* waren beim Seegefecht in der Deutschen Bucht am 28. August 1914 dabei, als ein britischer Verband Leichter Kreuzer aus Harwich deutsche Seestreitkräfte vor die Geschütze von Admiral Beattys stärkeren Schlachtkreuzern lockte. Boote der *D*-Klasse versenkten zwei deutsche U-Boote. Am 12. September 1917 torpedierte *D 7* mit einem einzigen Schuss aus dem Heckrohr auf 800 m die aufgetaucht fahrende *U 45* vor der Nordküste Irlands und *D 4* versenkte *UB 72* mit zwei Torpedoschüssen aus 600 m Entfernung. *D 4* erwischte das deutsche Boot am 12. Mai 1918 aufgetaucht im Kanal zwischen Guernsey und Portland Bill – das Boot stand im Begriff, den *White Star*-Liner SS OLYMPIC mit US-Truppen an Bord anzugreifen (der am selben Tag *U 103* durch Rammstoß versenkte). Andererseits versenkte *UB 73* am 28. Juni 1918 73 sm nördlich von Inishtrahull Island vor der Westküste Irlands *D 6*. Von Schäden an den Sehrohren abgesehen, entkam *D 7* im Mai 1918 unbeschädigt einer Unterwasserkollision mit einem deutschen U-Boot. Weitere Kriegsverluste waren *D 2*, versenkt durch ein deutsches Torpedoboot am 25. November 1914 vor der Emsmündung in der Nordsee, *D 3*, die am 15. März 1918 irrtümlich von einem französischen Luftschiff vor Fécamp im Kanal bombardiert wurde, und *D 5*, die am 3. Oktober 1914 in der Nordsee durch einen britischen Minentreffer sank. Die am 10. Februar 1918 versehentlich vom Zerstörer HMS PELICAN der *Repeat M*-Klasse mit Wasserbomben angegriffene *D 7* blieb unbeschädigt. *D 1* wurde am 23. Oktober 1918 als Zielboot aufgebraucht. In den letzten Stadien des Krieges wurden die in Portsmouth stationierten Boote zur Ausbildung von U-Bootbesatzungen verwendet.

Länge über alles:	49,68 m
Breite (max.):	4,15 m
Wasserverdrängung:	
Über Wasser:	483 ts
Unter Wasser:	595 ts
Höchstgeschwindigkeit:	
Über Wasser:	14,0 kn
Unter Wasser:	10,0 kn (Konstruktion), 9,0 kn (Dienst)
Bewaffnung:	3 x 45,7 cm (2 Bugrohre, 1 Heckrohr)
	2 x 7,6 cm SK*
Motorenanlage und Fahrbereich:	
Wellen:	2 x Propeller
Dieselmotor:	2 x 875 PS**
Über Wasser:	2500 sm bei 10 kn
E-Motor:	2 x 275 PS
Unter Wasser:	45 sm bei 5 kn
Besatzungsstärke:	25

* *D 4* und *D 6*: 1 x 7,6 cm SK.
** Nur *D 1*: 2 x 600 PS.

Hochseeunterseeboote der britischen *D*-Klasse

Boot:	Bauwerft:	Kiellegung:	Indienststellung	Schicksal:
D 1	Vickers, Barrow	14.05.1907	?.09.1909	23.10.1918 versenkt als Zielboot.
D 2	Vickers, Barrow	10.07.1909	29.03.1911	25.11.1914 versenkt durch deutsches Torpedoboot, Nordsee. Besatzung Gesamtverlust.
D 3	Vickers, Barrow	15.03.1910	30.08.1911	15.03.1918 irrtümlich versenkt durch französisches Luftschiff *AT-0* mit 4 x 52-kg-Bomben vor Fécamp, Kanal. Besatzung Gesamtverlust.
D 4	Vickers, Barrow	24.02.1910	29.11.1911	1919 außer Dienst gestellt. 19.12.1921 verkauft.
D 5	Vickers, Barrow	23.02.1910	19.02.1911	03.10.1914 versenkt durch britische Mine 2 sm südl. der South-Cross-Boje vor Great Yarmouth, Nordsee. 5 Überlebende.
D 6	Vickers, Barrow	24.02.1910	19.04.1912	28.06.1918 versenkt durch deutsches *UB 73* 73 sm nördl. Inishtrahull Island, Westküste Irlands. 2 Überlebende.
D 7	Marinewerft Chatham	14.02.1910	14.12.1911	19.12.1921 verkauft.
D 8	Marinewerft Chatham	14.02.1910	23.03.1912	19.12.1921 verkauft.

Küstenunterseeboot *U 1* – erstes deutsches U-Boot, 1906

Obwohl die russische Marine 1904 drei U-Boote der KARP-Klasse in Deutschland bestellt hatte,[1] lief am 4. August 1906 als die erste Einheit aus einer langen Linie deutscher U-Boote *U 1* bei der Krupp-Germaniawerft in Kiel vom Stapel. Noch am 14. Dezember in Dienst gestellt, war die in Eckernförde stationierte *U 1* das Erprobungs- und Schulboot der Kaiserlich Deutschen Marine.

In Zweihüllen-Bauweise entstanden, war das Boot viel größer als die Boote der britischen *A*-Klasse, hatte zwei Propeller und stärkere E-Motoren, die unter Wasser eine um fast 2 kn höhere Geschwindigkeit lieferten. Obwohl die deutsche Marine die Probleme der Benzinmotoren vermied, hatten die Petroleummotoren den Nachteil verräterischer Wolken und Funken, die ein Auspuff an Oberdeck abgab. Im September 1907 beendete *U 1* die schwierigen Probefahrten zur Seeausdauer, indem das Boot bei sehr schlechtem Wetter 587 sm von Wilhelmshaven rund um Dänemark nach Kiel zurücklegte: eine hervorragende Leistung. *U 1* überstand den Krieg und wurde am 14. Dezember 1919 außer Dienst gestellt. Unter dem Versailler Vertrag von 1919 wurde eine Seite des Bootes aufgeschnitten, um es seeuntüchtig zu machen. 1921 kam es in das Deutsche Museum nach München und ist dort heute noch zu sehen. Zum 100. Geburtstag von *U 1* erschien 2006 im Motorbuch Verlag eine Dokumentation, die sich ausführlich mit dem ersten U-Boot der deutschen Marine beschäftigt (Eckard Wetzel: *U1 – 100 Jahre deutsche U-Boote*). Spätere U-Boote entwickelten den Entwurf in den Jahren bis 1911 mit sogar noch größerer Wasserverdrängung und höheren Unter- und Überwassergeschwindigkeiten weiter. Diese hatten dann auch eine Geschützbewaffnung sowie vier Torpedorohre: je zwei im Bug und im Heck – bei den Briten tauchten Letztere erst mit der *D*-Klasse 1909 auf. Diese Bauserie war nicht vom Kriegsglück begünstigt. *U 5* und *U 7* gehörten zu den neun U-Booten, die

	U 1	***U 2***	***U 3,–U 4***	***U 5–U 8***
Länge über alles:	42,39 m	45,42 m	51,28 m	57,30 m
Breite (max.):	3,75 m	5,50 m	5,60 m	5,60 m
Wasserverdrängung:				
Über Wasser:	238 t	341 t	421 t	505 t
Unter Wasser:	283 t	430 t	510 t	636 t
Höchstgeschwindigkeit:				
Über Wasser:	10,8 kn	13,2 kn	11,8 kn	13,4 kn
Unter Wasser:	8,7 kn	9,0 kn	9,4 kn	10,2 kn
Bewaffnung:	1 x 45 cm	4 x 45 cm	4 x 45 cm	4 x 45 cm
T-Rohre:	1 Bug	2 Bug, 2 Heck	2 Bug, 2 Heck	2 Bug, 2 Heck
Torpedos:	3 Reserve	6 Reserve	6 Reserve	6 Reserve
Geschütze:			1 x 3,7 cm*	1 x 3,7 cm*
Motorenanlage und Fahrbereich:				
Wellen:	zwei	zwei	zwei	zwei
Petroleum-Mot.:	1 x 400 PS	2 x 300 PS	2 x 300 PS	4 x 225 PS
Über Wasser:	1500 sm bei 10 kn	1600 sm bei 13 kn	1800 sm bei 12 kn	1900 sm bei 13 kn
E-Motoren:	2 x 200 PS	2 x 315 PS	2 x 515 PS	2 x 520 PS
Unter Wasser:	50 sm bei 5 kn	50 sm bei 5 kn	50 sm bei 5 kn	80 sm bei 5 kn
Besatzungsstärke:	2/10. später 3/19	3/19	3/19	4/24, *U 8*: 4/25

* *U 3, U 4, U 6–U 8* ab 1915: 1 x 5 cm SK.

Unten: U 1: Kennzeichnend für Petroleummotoren: Gelblichweiße Abgase entweichen weithin sichtbar aus der Auspufföffnung an Deck.

[1] Krupp baute nach der FORELLE auf der Germaniawerft KARP, KARAS und KAMABALA (236 t), die im April 1908 in Sektionen zerlegt nach Sewastopol gebracht wurden. Sie dienten im Schwarzen Meer der Ausbildung. Nach einer Kollision mit dem Schlachtschiff ROSTISLAV sank die KAMABALA (19 Tote). Ihr Turm wurde geborgen und ist heute Teil des Ehrenmals für U-Bootfahrer auf dem städtischen Friedhof Nr. 3 in Sewastopol. Auch die *A 1* (ex-KOBBEN), Norwegens erstes U-Boot, entstand mit vier weiteren Booten auf der Germaniawerft und wurde am 28. November 1909 in Dienst gestellt.

Küstenunterseeboot *U 1* – erstes deutsches U-Boot, 1906

Versuchs-Küstenunterseeboote: *U 1–U 8*

Boot:	Bauwerft:	Stapellauf:	Indienststellung:	Schicksal:
U 1	Germaniawerft, Kiel	04.08.1906	14.12.1906	14.12.1919 außer Dienst gestellt. Heute im Deutschen Museum, München.
U 2	Kaiserliche Werft, Danzig	18.06.1908	18.07.1908	19.02.1919 aus der Flottenliste gestrichen.
U 3	Kaiserliche Werft, Danzig	27.03.1909	29.05.1909	01.12.1918 ausgeliefert nach Waffenstillstand.
U 4	Kaiserliche Werft, Danzig	18.05.1909	01.07.1909	27.01.1919 aus der Flottenliste gestrichen.
U 5	Germaniawerft, Kiel	08.01.1910	02.07.1910	18.12.1914 Minentreffer vor Zeebrügge. Besatzung Gesamtverlust.
U 6	Germaniawerft, Kiel	18.05.1910	12.08.1910	15.09.1915 versenkt durch britisches U-Boot *E 16* vor der Insel Karmöy, nordwestl. von Stavanger/ Norwegen. Besatzung Gesamtverlust.
U 7	Germaniawerft, Kiel	28.07.1910	18.07.1911	21.01.1915 versenkt durch deutsches U-Boo*U 22* vor der holländischen Küste. Besatzung Gesamtverlust.
U 8	Germaniawerft, Kiel	14.03.1911	18.06.1911	04.03.1915 versenkt durch Sprenggerät der britischen Zerstörer MAORI und GURKHA an der Dover-Sperre/Kanal.

unmittelbar nach Kriegsausbruch entsandt worden waren, um die britische *Grand Fleet* anzugreifen, aber der Angriff schlug fehl. Sie lag später in den Gewässern von Scapa Flow sicher vor Anker. *U 5* musste infolge Maschinenschadens vorzeitig umkehren. *U 5* erhielt am 18. Dezember 1914 vor Zeebrügge einen Minentreffer, dem das Boot zum Opfer fiel, während *U 7* am 21. Januar 1915 irrtümlich von *U 22* in der südlichen Nordsee torpediert wurde. Das britische *E 16* torpedierte *U 6* am 15. September 1915 vor der Küste Norwegens, wohingegen die Zerstörer HMS MAORI und GURKHA mit einer Sprengboje in der Schleppleine am 4. März 1915 an der *Dover Barrage*/ Kanal unweit des *Verne*-Feuerschiffes *U 8* vernichteten.

Unten: U 1: Seitlich aufgeschnitten gelangte das Boot nach dem Waffenstillstand 1918 in das Deutsche Museum in München, in dem es sich auch heute noch als dessen größtes Exponat befindet.

Bauserie *U 19–U 22* – die Jäger des Ozeans, 1912/13

Mit den vier starken Einheiten dieser Bauserie (Typ *U 21*) waren die ersten deutschen U-Boote entstanden, die Dieselmotoren besaßen, um Feindfahrten von langer Seeausdauer zusammen mit hohen Fahrtstufen über Wasser durchführen zu können, erforderlich, um ihre Hauptaufgabe zu erfüllen, in Kriegszeiten Handelsschiffe anzugreifen. Trotz des langen und breiten Bootskörpers war der Stauraum für Reservetorpedos noch immer begrenzt. Daher erhöhte sich das Kaliber des Decksgeschützes auf 8,8 cm, denn die Artillerie wurde als Hauptwaffe gesehen. Torpedos blieben hauptsächlich für hochrangige Schiffsziele reserviert. Wenn auch die Angriffe mit Artillerie aufgetaucht erfolgen mussten, so wurde doch kein Boot dieser Serie während des Krieges durch Feindeinwirkung versenkt. Bei einigen dieser Boote und ihren unmittelbaren Nachfolgern erfolgte ein Ausrüsten mit Geschützen, um sie durch seitliches Zusammenklappen zur Verbesserung der Tauchzeiten in der Verkleidung verschwinden zu lassen. *U 19* war als erstes U-Boot auch mit einer Netzsäge und Stahltauen als Netzabweiser ausgerüstet, um Netze und Balkensperren zu überwinden, die dem Schutz von Flottenankerplätzen dienten. Um die Lecksicherung zu verbessern, befanden sich im Rumpf vier wasserdichte Schotte. Die Hauptruder waren achteraus der Propeller angebracht. Ein Boot dieser Klasse – *U 20* – torpedierte am 7. Mai 1915 den *Cunard*-Liner RMS LUSITANIA (30.000 BRT) südlich vor Irland – und versenkte ihn mit einem einzigen Torpedo. Das Schiff sank im Gefolge einer zweiten Explosion, verursacht durch die Entzündung von Kohlenstaub [sic: Transport von Munition], unter dem Verlust von nahezu 1200 Menschenleben, darunter 128 US-Bürger. *U 21* schoss den ersten Torpedo des Krieges, als es den britischen Leichten Kreuzer PATHFINDER (3000 ts) am 5. September 1914 vor dem Firth of Forth angriff. Das U-Boot wurde später an die Dardanellen entsandt, um die türkischen Streitkräfte zu unterstützen und versenkte am 25. Mai 1915 vor Gallipoli das Schlachtschiff HMS TRIUMPH (11.800 ts). Zwei Tage später folgte diesem Erfolg die Versenkung der älteren MAJESTIC (14.900 ts) im selben Seegebiet. Der Kommandant von *U 21*, Kptlt. Otto Hersing, war eines der führenden U-Bootasse; er versenkte in drei Jahren auf 21 Feindfahrten 36 Schiffe. Sowohl *U 19* als auch *U 21* überstanden den Krieg und mussten nach seinem Ende ausgeliefert werden. *U 20* wurde von seiner Besatzung am 5. November 1916 gesprengt, nachdem das Boot an der Westküste Jütlands nördlich von Bovbjerg auf Grund gelaufen war. Auch *U 21* wurde von seiner Besatzung am 22. Februar 1919 in der Nordsee versenkt, als es zur Auslieferung an die Alliierten nach Scapa Flow unterwegs war.

Länge über alles:	64,15 m
Breite (max.):	6,10 m
Wasserverdrängung:	
Über Wasser:	650 t
Unter Wasser:	837 t
Höchstgeschwindigkeit:	
Über Wasser:	15,4 kn
Unter Wasser:	9,5 kn
Bewaffnung:	4 x 50 cm (2 Bug, 2 Heck, 6 Reserve)
Geschütze:	1 x 8,8 cm SK
Motorenanlage (2 Wellen) und Fahrbereich:	
Dieselmotoren:	2 x 850 PS
Über Wasser:	7600 sm bei 8 kn
E-Motoren:	2 x 600 PS
Unter Wasser:	80 sm bei 5 kn
Tauchtiefe (max.):	50 m
Besatzungsstärke:	4/31

Hochseeboot: Typ *U 21* (*U 19–U 22*)

Boot:	Bauwerft:	Stapellauf:	Indienststellung:	Schicksal:
U 19	Kaiserliche Werft, Danzig	10.10.1912	06.07.1913	24.11.1918 ausgeliefert nach Waffenstillstand.
U 20	Kaiserliche Werft, Danzig	18.12.1912	05.08.1913	05.11.1916 gesprengt durch eigene Besatzung nach Festkommen bei Bovbjerg, Westküste Jütland.
U 21	Kaiserliche Werft, Danzig	08.02.1913	22.10.1913	22.02.1919 gesunken bei Auslieferung, Nordsee.
U 22	Kaiserliche Werft, Danzig	06.03.1913	25.11.1913	01.12.1918 ausgeliefert nach Waffenstillstand.

US-Marine: Küstenunterseeboote der *E*- und *F*-Klasse 1911/12

	E-Klasse	*F*-Klasse
Länge über alles:	41,22 m	43,46 m
Breite (max.):	4,45+- m	4,69 m
Wasserverdrängung:		
Über Wasser:	247 ts	290 ts
Unter Wasser:	287 ts	330 ts
Höchstgeschwindigkeit:		
Über Wasser:	14 kn	14 kn
Unter Wasser:	9 kn	9 kn
Bewaffnung:	4 x 45,7 cm	4 x 45,7 cm
Motorenanlage und Fahrbereich:		
Dieselmotoren:	?	Niesco & Craig, auf Diesel umgerüstet
Über Wasser:	2100 sm bei 11 kn	2300 sm bei 11 kn
E-Motoren:	?	?
Unter Wasser:	100 sm bei 5 kn	100 sm bei 5 kn
Besatzungsstärke:	20	22

Oben und links: Nur kurze Zeit im aktiven Flottendienst stehend, um dann Ausbildungsaufgaben wahrzunehmen, erwiesen sich diese Boote als wertvolle Erfahrung bei der Entwicklungsarbeit auf mehreren Gebieten der neuen Unterseebootstechnik.

Die Hauptaufgaben für die U-Boote der US-Marine bis zum Ersten Weltkrieg bestanden in der Küsten- und Hafenverteidigung. Deshalb wurden Seeausdauer und starke Bewaffnung nicht für erforderlich gehalten. Beide Klassen dienten in ihrem kurzen Werdegang der Bewertung von Taktiken und neuer Ausrüstung. Die Forderung nach Hochsee-U-Booten großer Reichweite ließ sie schon bald veralten und nach Kriegsbeginn übernahmen sie Ausbildungsaufgaben. Für beide Klassen hatte die US-Marine bewusst das französische U-Boot AIGRETTE kopiert und mit Dieselantrieb ausgestattet. Das erste US-Boot mit Dieselmotoren, die *E-1* (ex-SKIPJACK), überquerte auch als erstes amerikanisches Boot mit eigener Kraft den Atlantik. Dieses Boot erprobte 1920 den Sperry-Kreiselkompass, prüfte neue Hydrophone und nahm an Versuchen zur Übermittlung von Funksendungen unter Wasser teil. Eine Gasexplosion mit einem Brand beschädigte am 15. Januar 1916 *E-2* (ex-STURGEON), während das Boot zur Überholung in der Marinewerft New York lag. Hierbei gab es vier Tote und sieben Verletzte. Anschließend diente das Boot der Erprobung der Edison-Nickel-Akkumulatorenbatterien, ehe es im März 1918 für den Patrouillendienst vor der Ostküste wieder in Dienst gestellt wurde. Die *E-1* verlegte zu U-Jagdpatrouillen in den Bereich der Azoren. Auch der *F*-Klasse war Unglück beschieden. Die *F-1* (ex-CARP) sank am 17. Dezember 1917 vor Point Loma bei San Diego/Kalifornien nach einer Kollision mit *F-3* (ex-PICKEREL) bei Seemanövern der in San Pedro stationierten *Coast Torpedo Force*. Der Aufprall riss dem Boot die Backbordseite vor dem Maschinenraum auf, das innerhalb von 10 Sekunden unterging und 19 Besatzungsangehörige mit in die Tiefe nahm. Am 25. März 1916 sank die *F-4* (ex-SKATE) 1,5 sm vor Pearl Harbour, nachdem das Boot während des Tauchmanövers außer Kontrolle geraten war. Es gab keine Überlebenden. Die Untersuchung stellte fest, dass durch die Blei-Isolierung des Batterietanks Seewasser in den Batteriebereich eingedrungen war.

US-Marine: Küstenunterseeboote der *E*- und *F*-Klasse

Boot:	Bauwerft:	Stapellauf:	Indienststellung:	Schicksal:
***E*-Klasse**				
E-1 (SS-24, ex-SKIPJACK)	Fore River-Werft, Quincy/Massachusetts	27.05.1911	14.02.1912	20.10.1921 außer Dienst gestellt, Philadelphia. 19.04.1922 verkauft.
E-2 (SS-25, ex-STURGEON)	Fore River-Werft, Quincy/Massachusetts	16.06.1911	14.02.1912	15.01.1916 Gasexplosion, Marinewerft New York. 4 Tote. 20.10.1921 außer Dienst gestellt, Philadelphia. 19.04.1922 verkauft.
***F*-Klasse**				
F-1 (SS-20, ex-CARP)	Union Ironworks, San Francisco/Kalifornien	06.09.1911	19.06.1912	17.12.1917 gesunken nach Kollision mit *F-3* vor Point Loma, San Diego/Kalifornien. 19 Tote.
F-2 (SS-21, ex-BARRACUDA)	Union Ironworks, San Francisco/Kalifornien	19.03.1912	25.06.1912	16.04.1922 Mare Island/Kalifornien. 17.08.1922 verkauft.
F-3 (SS-22, ex-PICKEREL)	Moran Co., Seattle/Washington	06.02.1912	05.08.1912	15.04.1922 außer Dienst gestellt. 17.08.1922 verkauft.
F-4 (SS-23, ex-SKATE)	Moran Co., Seattle/Washington	06.01.1912	03.05.1913	25.03.1915 gesunken 1,5 sm vor Pearl Harbor. 21. Tote. 29.08.1915 geborgen. 31.08.1915 aus der Flottenliste gestrichen. 1940 Bootskörper zum Auffüllen eines Grabens vor dem U-Stützpunkt verwendet.

K7

U-Boote des Ersten Weltkrieges

DER SEEKRIEG BRACHTE NEUE FORDERUNGEN AN DIE U-BOOT-KONSTRUKTEURE. Die Kriegserfahrungen betonten nachdrücklich die Erforderlichkeit, robusterer Boote mit größerer Seeausdauer sowie auch zweckgebaute U-Jagd-Unterseeboote und Minenleger zu bauen. Deutschland experimentierte mit Handelsunterseebooten bei dem Versuch, die Seeblockade zu durchbrechen, die das Land von seinen Handelswegen zur Versorgung mit Rohstoffen abschnürte.

Hochsee-Patrouillen-U-Boote der britischen *E*-Klasse 1911–1917

Die U-Boote der *E*-Klasse, nach Kriegsausbruch modifiziert und in größerer Zahl gebaut, erwiesen sich als die erfolgreichste britische U-Bootklasse des Ersten Weltkrieges. Auf ihr Konto gingen nicht nur sieben versenkte deutsche U-Boote sondern auch eine beträchtliche Anzahl von Überwassereinheiten, als die britischen Boote der feindlichen Verteidigung auswichen und in die Ostsee wie auch in das Marmara-Meer einbrachen. Der Preis für die Erfolge war hoch; denn fast die Hälfte der Boote ging verloren. Der Entwurf sah bei einem britischen U-Boot zum erstenmal querab gerichtete Torpedorohre sowie eine Unterteilung vor, getrennt durch wasserdichte Schotte, um eine bessere Lecksicherung und Überlebensfähigkeit zu gewährleisten. *E 22* war am 24. April 1916 an Versuchen zum Abfangen von »Zeppelin«-Luftschiffen über der Nordsee beteiligt und führte hierzu auf der Verkleidung zwei Seeflugzeuge des Typs Sopwith-Schneider *Scout* mit. Das Boot tauchte bei ruhigem Seegang und die Seeflugzeuge schwammen an der Wasseroberfläche auf. Danach starteten die Maschinen und kehrten nach Felixstowe an der Ostküste Englands zurück. Die Versuche wurden nicht wiederholt. Die *E*-Klasse trat in den Krieg mit der 8. U-Flottille in Harwich ein. Später jedoch wurden die Boote in den Nordosten Englands zu Nordsee-Patrouillen sowie nach Killybegs in Donegal (heute Irische Republik) verlegt. Außerdem nahmen sie an Operationen in der Ostsee, an den Dardanellen, in der Adria und im Mittelmeer teil. Als erstes deutsches U-Boot fiel *U 6* am 15. September 1915 einem Boot der *E*-Klasse zum Opfer. *E 16* versenkte es 4 sm südwestl. der Insel Karmöy vor Stavanger. Auf das Konto von *E 54* gingen zwei U-Boote: *UC 10* am 21. August 1916 durch zwei Torpedotreffer aus 400 m Entfernung südöstl. des Feuerschiffes an der Schouwen-Bank/Nordsee sowie *U 81* am 1. Mai 1917 in den südwestl. Zugängen zum Kanal. *E 45* versenkte *UC 62* am 15. Oktober 1917 [sic] in der Nordsee und das Schwesterboot *UC 63* fiel am 1. November 1917 *E 52* an den Goodwin Sands nördl. der Dover-Sperre zum Opfer. *UB 16* wurde am 10. Mai 1918 vor Harwich in der Nordsee torpediert. Schließlich versenkte *E 35* am 11. Mai 1918 vor Madeira *U 154*, einen der großen 1512 t verdrängenden U-Kreuzer, nachdem der britische Marinenachrichtendienst von einem geplanten Treffen zwischen U-Booten vor Kap St. Vincent erfahren hatte.Am 19. August 1916 torpedierte *E 23* das Großlinienschiff WESTFALEN (20.535 t), ein Leck verursachend, vor Terschelling und am selben Tag beschädigte *E 1* den Schlachtkreuzer MOLTKE (25.400 t) im Rigaischen Meerbusen durch Torpedotreffer. Die *E*-Klasse erlitt 27 Kriegsverluste, darunter auch den ersten Verlust eines U-Bootes im Kriege durch ein gegnerisches U-Boot. *U 27* versenkte am 21. Oktober 1914 *E 3* vor der Emsmündung. Am 3./4. April 1918 versenkten sich *E 1*, *E 8*, *E 9* und *E 19* in der Bucht von Helsingfors (heute Helsinki) selbst. Am 19. März 1917 wurde *E 50* beschädigt, als es beim Tauchen in der Nähe des *North Hinder*-Feuerschiffs mit dem getauchten *UC 62* kollidierte. *E 50* sank im Januar 1918 nach einem Minentreffer. Die beabsichtigten Ostsee-Operationen, um die Versorgung Deutschlands mit schwedischem Eisenerz zu unterbrechen und die russischen Seestreitkräfte zu unterstützen, waren ein waghalsiges Unterfangen, da die Ostsee-Zugänge von der deutschen Marine scharf überwacht wurden. Zusammen mit vier Booten der *C*-Klasse wurden 1915 auch sieben Boote der *E*-Klasse entsandt. Von ihnen gelang es *E 11* nicht, in die Ostsee einzudringen, während *E 13* am 18. August 1915 infolge eines Kompassfehlers nahe der Insel Saltholm zwischen Malmö und Kopenhagen auf Grund lief. Hierbei wurde das Boot von zwei deutschen Torpedobooten beschossen (15 Tote) und nur das Eintreffen des dänischen Torpedobootes SÖLÖVEN verhinderte seine Vernichtung. Es wurde von den Dänen interniert. Diese Boote begannen ihre Ostsee-Operationen, als *E 19* an einem einzigen Tag – dem 10. Oktober 1915 – vier deutsche Handelsschiffe versenkte, während ein weiteres auf Grund lief. Um Torpedos zu sparen, wurden die

	Gruppe 1	Gruppe 2	Gruppe 3	Australische Boote
Länge über alles:	54,25 m	55,17 m	55,17 m	53,65 m
Breite (max.):	4,59 m	4,59 m	4,59 m	4,59 m
Wasserverdrängung:				
Über Wasser:	665 ts	667 ts	662 ts	664 ts
Unter Wasser:	796 ts	807 ts	807 ts	780 ts
Höchstgeschwindigkeit:				
Über Wasser:	15 kn	15,25	15 kn	15
Unter Wasser:	9.5 kn	10,25 kn	10 kn	10 kn
Bewaffnung:	4 x 45,7 cm (1 Bug/2 querab/1 Heck)	5 x 45,7 cm (2 Bug/2 querab/1 Heck)	5 x 45,7 cm* (2 Bug/2 querab/1 Heck)	4 x 45,7 cm (1 Bug/2 querab/1 Heck)
Geschütze:	-	1 x 7,6 cm	1 x 7,6 cm	-
Motorenanlage und Fahrbereich:				
Wellen:	zwei	zwei	zwei	zwei
Dieselmotoren:	2 x 1750 PS	2 x 1600 PS	2 x 1600 PS	2 x 1750 PS
Über Wasser:	3000 sm bei 10 kn	3000 sm bei 10 kn	3000 sm bei 10 kn	3000 sm bei 10 kn
E-Motoren:	2 x 600 PS	2 x 840 PS	2 x 840 PS	2 x 600 PS
Unter Wasser:	65 sm bei 5 kn	65 sm bei 5 kn	65 sm bei 5 kn	65 sm bei 5 kn
Tauchtiefe:	45 m	45 m	45 m	45 m
Besatzungsstärke:	30	30	30	30

*Sechs Boote der Gruppe 3 – *E 24*, *E 34*, *E 41*, *E 45*, E 46 und *E 51* – wurden als Minenleger ohne querab gerichtete Torpedorohre gebaut. Kriegsausstattung: 20 Seeminen in 20 vertikalen Schächten in den Satteltanks mittschiffs. Bei *E 41* erfolgte der Umbau zum Minenleger Anfang 1916.

Schiffe nach dem Entern durch ein Kommando des U-Bootes entweder mit Sprengladungen oder durch Öffnen der Seeventile versenkt. Die deutsche Besatzung der NICOMEDIA schenkte dem Enterkommando der *E 19* ein Fass Bier, ehe das Schiff versenkt wurde. Allein die von *E 19* versenkten Schiffe hatten Eisenerz im Werte von £ 300.000 an Bord – nach heutigem Wert £ 7 Millionen. Ferner versenkte *E 19* am 7. November 1915 den Kleinen Kreuzer UNDINE mit einem einzigen Torpedo südlich von Seeland, während der Panzerkreuzer PRINZ ADALBERT 16 Tage später 20 sm westl. von Libau *E 8* zum Opfer fiel. Die Folge war, dass die deutsche Marine ihre schweren Einheiten aus der Ostsee zurückzog. Der einzige Eigenverlust, der sich durch Feindeinwirkung in der Ostsee ereignete, war am 24. Mai 1916 die Versenkung von *E 18* durch die deutsche U-Bootfalle SMS K.

Zusammen mit dem australischen U-Boot *AE 2* waren vier Boote 1915 gegen türkische Schiffsziele im Marmarameer im Einsatz. Am 17. April 1915 lief *E 15* bei Kap Kephes in den Dardanellen auf Grund und geriet unter Beschuss der Küstenartillerie, die das Boot schwer beschädigte und sieben Mann tötete. Am nächsten Tag torpedierten das U-Boot britische Wachboote, um ein Bergen zu verhindern. Das Schwesterboot *E 14* tauchte unter die Minensperren hindurch und brach am 27. April in das Marmarameer ein. Es versenkte am 1. Mai das Kanonenboot NUREL BAHR (200 ts) und beschädigte mit einem Torpedoangriff den Minenleger PEIK-I-SCHEWKET (1014 ts). Der Kommandant von *E 14*, Lieut.-Cmdr. Boyle, erhielt das Viktoriakreuz. Auch *AE 2*, ebenfalls in das Marmarameer durchgebrochen, versenkte sich selbst, nachdem das Boot durch Artilleriebeschuss des Torpedobootes SULTAN HISSAR beschädigt worden war. Seine 30 Mann starke Besatzung geriet in Gefangenschaft. Das deutsche U-Boot *UB 14* torpedierte jedoch am 6. November 1915 *E 20*, eine Folge der auf dem französischen U-Boot TURQUOISE erbeuteten Geheimsachen.[1] *E 12* entkam glücklicherweise, als es sich mit den vorderen Tiefenrudern in den U-Bootnetzen der Dardanellen verfing. Zu einem unkontrollierten Tauchmanöver gezwungen, sackte das Boot auf 75 m durch – die größte Tauchtiefe, die ein britisches U-Boot damals erreichte. Wieder an die Oberfläche gekommen, befand es sich erneut unter Beschuss der Küstenbatterien, aber es gelang dem Boot, ein weiteres Unglück zu vermeiden. Auch *E 2* geriet beim Durchqueren der Engen in die Netze, konnte sich aber seinen Weg erzwingen. Den erstaunlichsten Erfolg der Vorstöße ins Marmarameer erbrachte *E 11*. Das Boot versenkte 122 Schiffe, darunter waren auch Angriffe im Hafen von Konstantinopel. Zu den türkischen Verlusten gehörten das Schlachtschiff HAIREDDIN BARBAROSSA (ex-KURFÜRST FRIEDRICH WILHELM), 10.670 t max. (8. August 1915), die Zerstörer YAR HISSAR, 290 ts (3. Dezember) und BERC-I-SATWET, 1014 ts, sowie das Kanonenboot SCHEWKET NUMA. Am 22. Mai sichtete *E 11* den Zerstörer PELENGH-I-DERIA, 880 ts, der in Konstantinopel vor Anker lag. Das U-Boot griff an und sein Torpedo traf mittschiffs, während der Zerstörer mit seinen 4,7-cm-Geschützen ein genau liegendes Feuer auf das U-Boot eröffnete und der erste Schuss das vordere Sehrohr traf. Am 28. Januar 1918 griff ein Handelsschiff an, aber der Torpedo detonierte vorzeitig und beschädigte das U-Boot. Infolge Wassereinbruchs musste es auftauchen und geriet vor Kum Kale unter Beschuss der Küstenartillerie. *E 14* sank, aber neun U-Bootleute überlebten und kamen in Gefangenschaft. In eines der seltsamsten Gefechte war *E 31* verwickelt, das mit dem Seeflugzeugträger ENGADINE in der Nordsee operierte, als am 4. Mai 1916 ein Luftangriff auf die Luftschiff-Hallen von Tondern erfolgte. Das aufgetaucht fahrende U-Boot sichtete das sich nähernde Luftschiff *L 7* und tauchte, um einem Angriff zu entgehen. Auf Sehrohrtiefe beobachtete der Kommandant, dass das Luftschiff an Höhe verlor; es war durch Beschuss der Leichten Kreuzer GALATEA und PHAETON getroffen worden. *E 31* tauchte auf, schoss das Luftschiff ab und rettete sieben Mann.

Oben: E 3 hatte den zweifelhaften Ruhm, das erste Unterseeboot zu sein, das im Gefecht von einem feindlichen U-Boot – dem deutschen *U 27* – vernichtet worden ist.

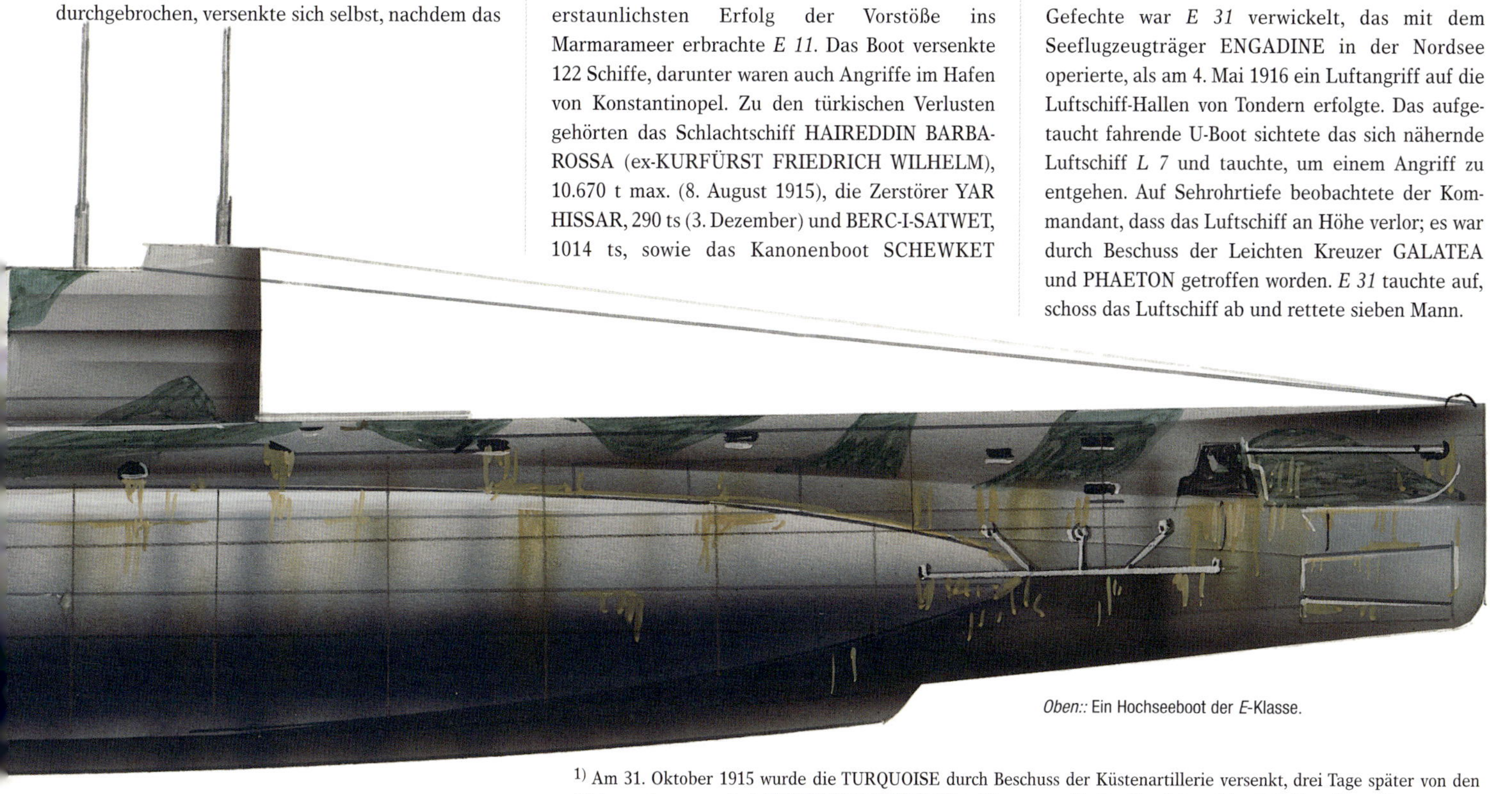

Oben:: Ein Hochseeboot der *E*-Klasse.

[1] Am 31. Oktober 1915 wurde die TURQUOISE durch Beschuss der Küstenartillerie versenkt, drei Tage später von den Türken geborgen und als MUSTEDIJE OMBASCHI in Dienst gestellt. Das Boot hätte sich mit *E 20* treffen sollen.

Hochsee-Patrouillen-U-Boote der britischen *E*-Klasse

Boot:	Bauwerft:	Kiellegung:	Indienststellung:	Schicksal:
Gruppe 1				
E 1 (ex-*D 9*)	Marinewerft Chatham	14.02.1911	06.05.1913	03.04.1918 selbst versenkt, Bucht von Helsingfors, 1,5 sm vor dem Grohara-Leuchtfeuer, Finnischer Meerbusen, um ein Erbeuten durch deutsche Truppen zu vermeiden.
E 2 (ex-*D 10*)	Marinewerft Chatham	14.02.1911	09.07.1913	07.03.1921 verkauft, Malta.
E 3	Vickers, Barrow	27.04.1911	29.05.1914	21.10.1914 torpediert durch *U 27* vor der Emsmündung, Nordsee. 03.11.1994 Wrack aufgefunden.
E 4	Vickers, Barrow	16.05.1911	28.01.1913	15.08.1916 gesunken nach Kollision mit *E 41* vor Harwich. Besatzung Gesamtverlust. Geborgen und wieder in Dienst gestellt. 21.02.1922 verkauft
E 5	Vickers, Barrow	09.06.1911	28.06.1913	08.06.1913 Explosion im Maschinenraum. 13 Tote. 07.03.1916 Minentreffer nördl. der Insel Juist, Nordsee, Rettung Überlebender durch bewaffneten Trawler RESONO, der kurz zuvor auf eine Mine gelaufen war.
E 6	Vickers, Barrow	12.11.1911	17.10.1913	26.12.1915 Minentreffer vor Harwich, Nordsee.
E 7	Marinewerft Chatham	30.03.1912	16.03.1914	04.09.1915 selbst versenkt nach Verhaken in türkischen Netzen vor Nagara, Dardanellen.
E 8	Marinewerft Chatham	30.03.1912	18.06.1914	04.04.1918 selbst versenkt, Bucht von Helsingfors, 1,5 sm vor dem Grohara-Leuchtfeuer, Finnischer Meerbusen, um ein Erbeuten durch deutsche Truppen zu vermeiden. August 1953 geborgen zum Abbruch in Finnland.
Gruppe 2				
E 9	Vickers, Barrow	01.06.1912	18.06.1914	03.04.1918 selbst versenkt, Bucht von Helsingfors, 1,5 sm vor dem Grohara-Leuchtfeuer, Finnischer Meerbusen, um ein Erbeuten durch deutsche Truppen zu vermeiden. August 1953 geborgen zum Abbruch in Finnland.
E 10	Vickers, Barrow	10.07.1912	10.03.1914	18.01.1915 vermisst, Nordsee.
E 11	Vickers, Barrow	13.07.1912	15.09.1914	07.03.1921 verkauft, Malta.
E 12	Marinewerft Chatham	16.12.1912	14.10.1914	07.03.1921 verkauft, Malta.
E 13	Marinewerft Chatham	16.12.1912	09.12.1914	18.08.1915 beschädigt durch Artillerie deutscher Zerstörer, während vor dänischer Insel Saltholm auf Grund. 15 Tote. 03.09.1915 Restbesatzung interniert, Kopenhagen. 14.12.1921 verkauft an dänische Abbruchwerft.
E 14	Vickers, Barrow	14.12.1912	18.11.1914	28.01.1918 versenkt durch Beschuss türkischer Küstenbatterie vor Kum Kale, Dardanellen. 9 Überlebende gerettet.
E 15	Vickers, Barrow	13.10.1912	13.10.1914	18.04.1915 auf Grund vor Kap Kephes beim Eindringen ins Marmarameer. Beschädigt durch türkische Küstenbatterien und torpediert durch Wachboote der britischen Schlachtschiffe TRIUMPH und MAJESTIC, um ein Bergen zu verhindern.
E 16	Vickers, Barrow	15.05.1913	27.02.1915	24.03.1916 Minentreffer in der Deutschen Bucht. Besatzung Gesamtverlust.
E 17	Vickers, Barrow	16.02.1914	07.04.1914	06.01.1916 Schiffbruch vor Texel, Nordsee. Besatzung durch niederl. Kreuzer NOORD BRABANT gerettet und interniert.
E 18	Vickers, Barrow	04.03.1914	06.06.1915	24.05.1916 versenkt durch deutsche U-Bootfalle SMS K vor Bornholm. Besatzung Gesamtverlust.
E 19	Vickers, Barrow	13.05.1914	12.07.1915	03.04.1918 selbst versenkt, Bucht von Helsingfors, 1,5 sm vor dem Grohara-Leuchtfeuer, Finnischer Meerbusen, um ein Erbeuten durch deutsche Truppen zu vermeiden. August 1953 geborgen zum Abbruch in Finnland.
E 20	Vickers, Barrow	25.11.1914	30.08.1915	06.11.1915 torpediert durch deutsches *UB 14*, Marmarameer. Besatzung Gesamtverlust.
Gruppe 3				
E 21	Vickers, Barrow	29.07.1914	01.10.1915	14.12.1921 verkauft.
E 22	Vickers, Barrow	27.08.1914	08.11.1915	25.04.1916 torpediert durch deutsches *UB 18* vor Great Yarmouth, Nordsee. Besatzung Gesamtverlust.
E 23	Vickers, Barrow	28.09.1914	06.12.1915	06.09.1922 verkauft, Sunderland.
E 24	Vickers, Barrow	09.12.1914	09.01.1916	24.03.1916 Minentreffer, Deutsche Bucht. 1973 Bergungsversuch, mit deutschem U-Boot verwechselt.
U 25	William Beardmore, Dalmuir/Glasgow	23.08.1914	04.10.1915	14.12.1921 verkauft.
E 26	William Beardmore, Dalmuir/Glasgow	11.11.1914	03.10.1915	Ursprünglich für die türkische Marine bestimmt. 06.07.1916 vermisst, Nordsee. Besatzung Gesamtverlust.
E 27	Yarrow, Scotstoun/Glasgow	09.06.1916	? 08.1917	06.09.1922 verkauft, Newport.
E 28	Yarrow, Scotstoun/Glasgow	-	-	20.04.1915 annulliert.
E 29	Armstrong/Whitworth, Newcastle	01.06.1914	? 10.1915	09.01.1916 Explosion im Batterie-Bereich. 4 Tote. 21.02.1922 verkauft.
E 30	Armstrong/Whitworth, Newcastle	29.06.1914	? 11.1915	22.12.1916 Minentreffer vor Orfordness/Suffolk, Nordsee. Besatzung Gesamtverlust.
E 31	Scott's, Greenock	? 12.1914	08.01.1916	06.09.1922 verkauft.
E 32	John White, Cowes/Isle of Wight	16.08.1915	? 10.1916	06.09.1922 verkauft, Sunderland.
E 33	John Thornycroft, Woolston/Southampton	18.04.1916	? 11.1917	06.09.1922 verkauft, Newport.
E 34	John Thornycroft, Woolston/Southampton	21.01.1916	? 03.1917	20.07.1918 Minentreffer, Deutsche Bucht. Besatzung Gesamtverlust.
E 35	John Brown, Clydebank/Glasgow	20.05.1916	14.07.1917	06.09.1922 verkauft, Newcastle.
E 36	John Brown, Clydebank/Glasgow	07.01.1915	19.11.1916	19.01.1917 gesunken nach Kollision mit *E 43* vor Harwich, Nordsee. Besatzung Gesamtverlust.
E 37	Fairfield, Govan/Clyde	25.09.1915	17.03.1916	01.12.1916 vermisst, Nordsee. Besatzung Gesamtverlust.
E 38	Fairfield, Govan/Clyde	13.06.1915	10.07.1916	06.09.1922 verkauft, Newcastle.
E 39	Palmer, Jarrow (Kiellegung 1915), Fertigstellung: Armstrong/Whitworth, Newcastle-upon-Tyne	18.05.1915	? 10.1916	13.10.1921 verkauft, aber September 1922 aufgelaufen während Schlepp zur Abbruchwerft.
E 40	Palmer, Jarrow (Kiellegung 1915), Fertigstellung: Armstrong/Whitworth, Newcastle-upon-Tyne	09.11.1915	? 05.1917	14.12.1921 verkauft.
E 41	Cammell/Laird, Birkenhead	26.07.1915	? 02.1916	15.08.1916 gesunken nach Kollision über Wasser mit *E 4* während Manöver vor Harwich. 16 Tote, 15 Überlebende, darunter 7 nach Untergang. September 1917 gehoben und wieder in Dienst gestellt. 06.09.1922 verkauft, Newcastle.
E 42	Cammell/Laird, Birkenhead	23.10.1915	? 07.1916	06.09.1922 verkauft, Poole.
E 43	Swan/Hunter, Wallsend-on-Tyne	22.12.1914	20.02.1916	03.01.1921 verkauft. 25.11.1921 im Schlepp aufgelaufen, westl. von St, Agnes Head, Cornwall.
E 44	Swan/Hunter, Wallsend-on-Tyne	08.01.1915	18.07.1916	13.10.1921 verkauft, South Wales.
E 45	Cammell/Laird, Birkenhead	29.01.1915	? 08.1916	06.09.1922 verkauft, South Wales.
E 46	Cammell/Laird, Birkenhead	04.04.1915	? 10.1916	06.09.1922 verkauft, South Wales.
E 47	Fairfield, Govan (Kiellegung 1915), Fertigstellung: William Beardmore, Dalmuir	29.05.1915	? 10.1916	20.08.1917 vermisst, Nordsee. Besatzung Gesamtverlust.
E 48	Fairfield, Govan (Kiellegung 1915), Fertigstellung: William Beardmore, Dalmuir	02.08.1915	? 02.1917	1921 Verwendung als Zielboot. Juli 1928 verschrottet, Newport.
E 49	Swan/Hunter, Wallsend-on-Tyne	15.02.1915	14.12.1916	12.03.1917 Minentreffer vor den Shetland-Inseln (gelegt von *UC 76* am 10.03.1917). Besatzung Gesamtverlust. Liegt mit weggerissenem Bug in 30 m Tiefe.
E 50	John Brown, Clydebank/Glasgow	14.11.1915	23.01.1917	31.01.1918 Minentreffer vor <I>South Dogger<I>-Feuerschiff, Nordsee.
E 51	Auftrag an Yarrow, Scotstoun, aber 03.03.1915 abgegeben an Scot's, Greenock	30.11.1915	27.01.1917	13.10.1921 verkauft.
E 52	Auftrag an Yarrow, Scotstoun, aber 03.03.1915 abgegeben an William Denny	25.01.1916	-	03.01.1921 verkauft, Brixham.
E 53	William Beardmore, Dalmuir/Glasgow	-	? 03.1916	06.09.1922 verkauft.
E 54	William Beardmore, Dalmuir/Glasgow	-	? 05.1916	14.12.1921 verkauft.
E 55	William Denny, Dumbarton/Glasgow	05.02.1915	? 03.1916	06.09.1922 verkauft, Newcastle.
E 56	William Denny, Dumbarton/Glasgow	19.06.1915	-	09.06.1923 verkauft, Granton.
Australische Boot der *E*-Klasse				
AE 1	Vickers, Barrow	03.11.1911	28.02.1914	14.09.1914 aufgelaufen vor Neubritannien im Bismarck-Archipel, Pazifik.
AE 2	Vickers, Barrow	10.02.1912	28.02.1914	30.04.1915 selbst versenkt nach Beschädigungen durch 3,7-cm-Beschuss des türkischen Torpedobootes SULTAN HISSAR, Marmarameer. Besatzung in Gefangenschaft.

US-Marine: Hochseeunterseeboote der *L*-Klasse 1914–1917

	Gruppe 1	Gruppe 2
Länge über alles:	51,02 m	50,29 m
Breite (max.):	5,33 m	4,50 m
Wasserverdrängung:		
Über Wasser:	450 ts	456 ts
Unter Wasser:	542 ts	548 ts
Höchstgeschwindigkeit:		
Über Wasser:	14 kn	14 kn
Unter Wasser:	10,5 kn	10,5 kn
Bewaffnung:	4 x 45,7 cm	4 x 45,7 cm
Torpedos:	2 Reserve	2 Reserve
Geschütze:	1 x 7,6-cm-Flak	1 x 7,6-cm-Flak
Motorenanlage (2 Wellen) und Fahrbereich:		
Dieselmotoren:	2 x Niseco/ 600 PS	2 x Busch-Sulzer/ 600 PS
Über Wasser:	4500 sm bei 7 kn	4500 sm bei 7 kn
E-Motoren:	? x 600 PS	? x 600 PS
Tauchtiefe (max.):	45 m	45 m
Besatzungsstärke:	28	28 m

Links: Erst gegen Kriegsende an die Front kommend, konnte diese US-Klasse die deutschen U-Bootoperationen nicht wesentlich beeinflussen.

Die elf starken Einheiten der *L*-Klasse waren der erste Versuch der US-Marine, Hochseeunterseeboote zu entwerfen und zu bauen – verglichen mit anderen großen Marinen eine gähnende Lücke in ihrer Befähigung. Obwohl die ersten Rümpfe bereits sechs Monate vor Ausbruch des Krieges 1914 auf Kiel gelegt wurden, konnten die ersten Boote infolge der übermäßig langen Ausrüstungszeitspannen erst zwei Jahre später in Dienst gestellt werden. Trotzdem waren nach dem Einsatz von Booten der Gruppe 1 bei der Atlantik-Flottille zumeist umfangreiche Werftliegezeiten in Philadelphia erforderlich, nachdem die USA in den Krieg eingetreten waren – die damals begrenzten Erfahrungen der US-Marine bei ozeanischen Operationen widerspiegelnd. Die U-Boote wurden im November 1917 entweder in die Bantry Bay (heute Irische Republik) oder zu den Azoren verlegt, um U-Jagd-Patrouillen durchzuführen. Nach den entsetzlichen Handelsschiffsverlusten 1917 wurde das Geleitzugsystem eingerichtet und die US-Boote wurden eingesetzt, um die Geleitzüge durch Sicherungspatrouillen zu schützen. Die Boote dieser Klasse versenkten keines der deutschen U-Boote, wenn auch *L-2* am 26. Mai und am 10. Juli 1918 erfolglos deutsche U-Boote angriff. Die Boote der Gruppe 2 kamen zu spät, um noch am Kriege teilzunehmen. *L-6* und *L-7* trafen gerade eine Woche vor Unter zeichnung des Waffenstillstandes am 11. November 1918 an den Azoren ein und *L-8* bekam den Rückmarschbefehl, als es zwei Tage später auf Bermuda eintraf. Die Motoren waren bei dieser Klasse im Allgemeinen zu schwach ausgelegt, aber für den Patrouillendienst im Nordatlantik und in den britischen Gewässern hatten die Boote eine gute Seeausdauer. Nach dem Kriege wurden die Boote der *L*-Klasse an der Ost- und an der Westküste zur Erprobung neuer Torpedos und Unterwasserhorchgeräte verwendet, ehe sie 1922/23 außer Dienst gestellt wurden. 1933 wurden die Rümpfe für die US-Verschrottungsquote nach dem Londoner Vertrag zur Rüstungsbegrenzung genutzt.

US-Marine: Hochseeunterseeboote der *L*-Klasse

Boot:	Bauwerft:	Kiellegung:	Indienststellung:	Schicksal:
Gruppe 1				
L-1 (SS-40)	Fore River Shipbuilding, Quincy, Massachusetts	13.04.1914	11.04.1916	07.04.1922 außer Dienst gestellt, Hampton Roads, Virginia. 31.07.1922 verkauft.
L-2 (SS-41)	Fore River Shipbuilding, Quincy, Massachusetts	19.03.1914	29.09.1916	04.05.1923 außer Dienst gestellt, Hampton Roads, Virginia. 28.11.1933 verschrottet unter dem Londoner Flottenvertrag.
L-3 (SS-42)	Fore River Shipbuilding, Quincy, Massachusetts	18.04.1914	22.04.1916	11.06.1923 außer Dienst gestellt, Hampton Roads, Virginia. 28.11.1933 verschrottet unter dem Londoner Flottenvertrag.
L-4 (SS-43)	Fore River Shipbuilding, Quincy, Massachusetts	23.03.1914	04.05.1916	14.04.1922 außer Dienst gestellt, Philadelphia. 31.7.1922 verkauft.
L-9 (SS-49)	Fore River Shipbuilding, Quincy, Massachusetts	02.11.1914	04.08.1916	04.05.1923 außer Dienst gestellt, Hampton Roads, Virginia. 28.11.1923 verkauft.
L-10 (SS-50)	Fore River Shipbuiling, Quincy, Massachusetts	17.02.1915	02.08.1916	05.05.1922 außer Dienst gestellt, Philadelphia. 31.07.1922 zum Verschrotten verkauft.
L-11 (SS-51)	Fore River Shipbuilding, Quincy, Massachusetts	17.02.1915	15.08.1916	28.11.1923 außer Dienst gestellt, Hampton Roads, Virginia. 28.11.1933 verschrottet.
Gruppe 2				
L-5 (SS-44)	Lake Torpedo Boat Co., Bridgeport, Connecticut	14.05.1914	17.02.1918	05.12.1922 außer Dienst gestellt, Hampton Roads, Virginia. 21.12.1925 zum Verschrotten verkauft.
L-6 (SS-45)	Ursprüngl. Auftrag an Lake Torpedo Boat Co., aber gebaut bei Craig Shipbuilding Co., Long Beach, California		27.05.1914	07.12.1917 25.11.1922 außer Dienst gestellt, Hampton Roads, Virginia. 21.12.1925 zum Verschrotten verkauft.
L-7 (SS-46)	Ursprüngl. Auftrag an Lake Torpedo Boat Co., aber gebaut bei Craig Shipbuilding Co., Long Beach, California	02.06.1914	07.12.1917	15.11.1922 außer Dienst gestellt, Hampton Roads, Virginia. 21.12.1925 verkauft.
L-8 (SS-48)	Marinewerft Portsmouth, Portsmouth, New Hampshire	24.02.1915	30.08.1917	15.11.1922 außer Dienst gestellt, Hampton Roads, Virginia. 21.12.1925 verkauft.

U-Boote der britischen H-Klasse zur Küstenverteidigung, 1915–1919

Im Ersten Weltkrieg zeigte sich die *H*-Klasse als relativ erfolgreich. Trotz ihrer Einhüllen-Bauweise, geringen Auftriebsreserven und fehlenden Artilleriebewaffnung war sie in der *Royal Navy* beliebt. Infolge der unzureichenden britischen Werftkapazitäten entstanden die ersten 10 Boote bei der Canadian Vickers Co. in Montreal. Nach der Indienststellung im Mai/Juni 1915 überquerten *H 1–H 4*, eskortiert vom Hilfskreuzer HMS CALGARIAN, von St. John's/Neufundland aus den Atlantik nach Gibraltar. Ein zweites Los (*H 11–H 20*) wurde 1915 in den USA auf der *Fore River*-Werft in Quincy/Mass. gebaut. Allerdings internierte Washington 8 Boote und gab sie erst nach dem Kriegseintritt der USA frei. Die Engländer stellten sie nicht in Dienst, sondern übergaben *H 13* sowie *H 16–H 20* an die chilenische Marine als eine Art Entschädigung für die nicht abgelieferten beiden Schlachtschiffe ALMIRANTE LATORRE und ALMIRANTE COCHRANE (28.000 ts), die bei Kriegsausbruch im Bau waren.[1] Zwei weitere Boote, *H 14* und *H 15*, erhielt die Kgl. Kanadische Marine.

In der Zwischenzeit war mit *H 21* ein verbesserter Entwurf entstanden: größer und mit den neuen 53,3-cm-Torpedorohren ausgerüstet. *H 32*, am 14. Mai 1919 als Tender für das U-Begleitschiff HMS MAIDSTONE in Dienst gestellt, hatte als erstes Boot der *Royal Navy* das neue, durch Aussenden von Schallimpulsen aktiv arbeitende Unterwasser-Schallortungsgerät ASDIC erhalten.[2]

ERFOLGE UND VERLUSTE

Ein früher Erfolg war die Torpedierung von *U 51* durch *H 5* vor der Wesermündung am 14. Juli 1916. Danach gab es nur noch einen weiteren Erfolg, als *H 4* am 23. Mai 1918 in der Adria *UB 52* versenkte. Am 6. März 1918 rammte der Dampfer RUTHERGLEN das aufgetaucht fahrende *H 5* in der Irischen See. Es gab keine Überlebenden. *H 6* lief auf den flachen Schlickbänken vor Schiermonnikoog auf Grund, wurde aber von der Kgl. Niederländischen Marine (KNM) wieder flottgemacht und interniert. Sie kaufte das Boot am 18. Januar 1916 an und stellte es als *O 8* in Dienst. (Die seltsame Geschichte dieses Bootes setzte sich in den 2. Weltkrieg hinein fort. Bei der Besetzung der Niederlande 1940 durch deutsche Truppen versenkte die KNM das Boot, das aber von der Kriegsmarine gehoben und als *UD 1* in Dienst gestellt wurde. Am 3. Mai 1945 in Kiel erneut selbst versenkt, wurde es später abgebrochen.) Weitere Kriegsverluste waren *H 3* durch Minentreffer am 15. Juli 1916 in der Bucht von Cattaro (heute Kotor), Adria, und *H 10*, vermisst am 19. Januar 1918 in der Nordsee. *H 1* versenkte am 15. April 1918 irrtümlich das italienische Küsten-U-Boot *H 5*. Die meisten Boote der Klasse wurden Ende der 1920er Jahre und in den 1930er Jahren verkauft, aber einige der betagten Boote befanden sich noch im 2. Weltkrieg im Dienst. *H 31* war an der Operation beteiligt, die deutschen Schlachtschiffe GNEISENAU und SCHARNHORST im November 1941 in Brest einzuschließen, ehe ihnen zusammen mit PRINZ EUGEN im Februar 1942 der spektakuläre Kanaldurchbruch in deutsche Häfen gelang. Das Boot ging vermutlich durch Minentreffer am 24. Dezember 1941 bei einer Feindfahrt im Golf von Biskaya verloren. Am 18. Oktober 1940 versenkte ein deutscher U-Jäger *H 49* vor Texel, Nordsee, mit Wasserbomben. Sieben Boote – *H 28*, *H 32* bis *H 34*, *H 43*, *H 44* und *H 50* – wurden 1944/45 zum Verschrotten verkauft.

	Gruppe 1:	Gruppe 2:	Gruppe 3 (*H 21*)
Länge über alles:	45,80 m	45,80 m	52,12 m
Breite (max.):	4,66 m	4,66 m	4,66 m
Wasserverdrängung:			
Über Wasser:	364 ts	364 ts	423 ts
Unter Wasser:	434 ts	434 ts	510 ts
Höchstgeschwindigkeit:			
Über Wasser:	13 kn	13 kn	11,5 kn
Unter Wasser:	10 kn	10 kn	9 kn
Bewaffnung:	4 x 45,7-cm-Bugrohre	4 x 45,7-cm-Bugrohre	4 x 53,3-cm-Bugrohre
Torpedos:	8 Reserve	8 Reserve	6 - 8 Reserve
Motorenanlage (2 Wellen) und Fahrbereich:			
Dieselmotoren:	2 x 480 PS	2 x 480 PS	2 x 480 PS
Über Wasser:	1600 sm bei 10 kn	1600 sm bei 10 kn	2985 sm bei 7,5 kn
E-Motoren:	2 x 620 PS	2 x 620 PS	2 x 620 PS
Unter Wasser:	130 sm bei 2 kn	130 sm bei 2 kn	130 sm bei 2 kn
Tauchtiefe:	45 m	45 m	45 m
Besatzungsstärke:	22	22	22

Unten: Nach der Indienststellung der ersten 10 Boote dieser Klasse bereits 1915, kamen weitere 10 Einheiten erst 1918 an die Front, während die restlichen Boote erst nach dem Kriege in Dienst gestellt wurden. Allerdings befanden sich einige Boote sogar noch während des 2. Weltkrieges im aktiven Dienst. Interessant ist hierbei der Werdegang von *H 6*. Das 1940 in Holland erbeutete Boot gehörte bis zu seiner Selbstversenkung am 3. Mai 1945 in Kiel zur deutschen Kriegsmarine.

1) Nunmehr HMS CANADA, 1920 an Chile zurückgegeben, während das zweite Schiff angekauft und 1920 zum Träger HMS EAGLE umgebaut wurde.

2) Erste ASDIC-Versuche begannen am 5. Juni 1917 in Harwich.

U-Boote der britischen *H*-Klasse zur Küstenverteidigung

Boot:	Bauwerft:	Kiellegung:	Indienststellung:	Schicksal:
Gruppe 1				
H 1	Canadian Vickers Co., Montreal	11.01.1915	26.05.1915	07.03.1921 verkauft, Malta.
H 2	Canadian Vickers Co., Montreal	11.01.1915	04.06.1915	07.03.1921 verkauft, Malta.
H 3	Canadian Vickers Co., Montreal	11.01.1915	03.06.1915	15.07.1916 Minentreffer in der Bucht von Cattaro (Kotor), Adria.
H 4	Canadian Vickers Co., Montreal	11.01.1915	05.06.1915	30.11.1921 verkauft, Malta.
H 5	Canadian Vickers Co., Montreal	11.01.1915	10.06.1915	06.03.1918 über Wasser seitlich gerammt und versenkt durch SS RUTHERGLEN, Irische See. Besatzung Gesamtverlust.
H 6	Canadian Vickers Co., Montreal	14.01.1915	09.06.1915	18.01.1916 aufgelaufen vor Schiermonnikoog, flottgemacht, interniert und angekauft durch KNM: *O 8*. Mai 1940 selbst versenkt, von KM gehoben und in Dienst gestellt: *UD 1*. 03.05.1945 selbst versenkt, Kiel. Abgebrochen.
H 7	Canadian Vickers Co., Montreal	19.01.1915	? 06.1915	? ? 1921 verkauft.
H 8	Canadian Vickers Co., Montreal	19.01.1915	? 06.1915	29.11.1921 verkauft, Arbroath.
H 9	Canadian Vickers Co., Montreal	-	? 06.1915	30.11.1921 verkauft, Malta.
H 10	Canadian Vickers Co., Montreal	-	? 06.1915	19.01.1918 vermisst, Nordsee.
Gruppe 2				
H 11	Fore River-Werft, Quincy, Massachusetts	-	? ? 1915	20.10.1920 verkauft, Dover.
H 12	Fore River-Werft, Quincy, Massachusetts	-	? ? 1915	April 1920 verkauft, Dover.
H 13	Fore River-Werft, Quincy, Massachusetts	-	? ? 1918	Übergeben an chilenische Marine als GUALCOLDA (H 1), Ende 1940er Jahre (?) verschrottet.
H 14	Fore River-Werft, Quincy, Massachusetts	-	? 06.1919	Übergeben an kanadische Marine als *CH 14*. 1925 verschrottet.
H 15	Fore River-Werft, Quincy, Massachusetts	-	14.09.1918	Übergeben an kanadische Marine als *CH 15*. 1925 verschrottet.
H 16	Fore River-Werft, Quincy, Massachusetts	-	-	Übergeben an chilenische Marine als TEGUALDA (H 2), ca. 1948 verschrottet.
H 17	Fore River-Werft, Quincy, Massachusetts	-	-	Übergeben an chilenische Marine als RUCUMILLA (H 3), ca. 1945 verschrottet.
H 18	Fore River-Werft, Quincy, Massachusetts	-	-	Übergeben an chilenische Marine als GUALE (H 4), 1953 verschrottet.
H 19	Fore River-Werft, Quincy, Massachusetts	-	-	Übergeben an chilenische Marine als QUIDORA (H 5), 1953 verschrottet.
H 20	Fore River-Werft, Quincy, Massachusetts	-	-	Übergeben an chilenische Marine als FRESIA (H 6), 1953 verschrottet.
Gruppe 3				
H 21	Vickers, Barrow	20.10.1917	28.01.1918	13.07.1926 verkauft, Newport.
H 22	Vickers, Barrow	07.09.1918	06.11.1918	19.02.1929 verkauft. Abgebrochen, Charlestown.
H 23	Vickers, Barrow	03.03.1918	25.05.1918	04.05.1934 verkauft, Sunderland.
H 24	Vickers, Barrow	13.11.1017	30.04.1918	Juli 1922 gerammt von HMS VANCOUVER, Turm schwer beschädigt. 04.05.1934 verkauft, Sunderland.
H 25	Vickers, Barrow	27.04.1918	16.07.1918	19.02.1929 verkauft. Abgebrochen, Charlestown.
H 26	Vickers, Barrow	15.11.1917	29.12.1918	30.08.1935 verkauft, Newport.
H 27	-	-	-	Annulliert.
H 28	Vickers, Barrow	18.03.1917	29.06.1918	Mai 1929 Kollision mit Dampfer im Bruges-Kanal. 18.08.1944 abgebrochen, Troon. Verschrottet.
H 29	Vickers, Barrow	19.03.1917	14.09.1918	09.08.1926 gesunken bei Erprobungen nach Werftliegezeit bei der Marinewerft Devonport. 5 Zivilisten und ein Besatzungsmitglied tot. Gehoben. 07.10.1927 verkauft, Pembroke-Dock.
H 30	Vickers, Barrow	18.03.1917	19.10.1918	30.08.1935 verkauft, Newport.
H 31	Vickers, Barrow	19.04.1917	21.02.1919	26.12.1941 vermisst in der Biskaya, vermutlich Minentreffer.
H 32	Vickers, Barrow	20.04.1917	14.05.1919	18.10.1944 verkauft, Troon.
H 33	Cammell/Laird, Birkenhead	20.11.1917	17.05.1919	19.05.1944 verschrottet, Troon.
H 34	Cammell/Laird, Birkenhead	20.11.1917	10.09.1919	Juli 1945 verkauft. Verschrottet, Troon.
H 35–H 40	-	-	-	Annulliert.
H *41*	Armstrong/Whitworth, Newcastle-upon-Tyne	17.09.1917	? 11.1918	18.10.1919 gesunken nach Kollision mit Depotschiff HMS VULCAN. Propeller schlug Leck in den Druckkörper. Gehoben. 12.03.1920 verkauft, Sunderland.
H 42'	Armstrong/Whitworth, Newcastle-upon-Tyne	? 09.1917	01.05.1919	23.03.1922 gesunken nach Kollision mit HMS VERSATILE vor Gibraltar. Besatzung Gesamtverlust.
H 43	Armstrong/Whitworth, Newcastle-upon-Tyne	04.10.1917	25.11.1919	November 1944 verkauft. 1945 verschrottet in Troon.
H 44	Armstrong/Whitworth, Newcastle-upon-Tyne	10.10.1917	15.04.1920	1944 verkauft. Abgebrochen, Troon.
H 45, H 46	-	-	-	Annulliert.
H 47	William Beardmore, Dalmuir/Glasgow	20.11.1917	25.02.1919	09.07.1929 gesunken nach Kollision mit britischem U-Boot *L 12* vor Milford Haven/Wales. 21. Tote, 3 Überlebende.
H 48	William Beardmore, Dalmuir/Glasgow	30.11.1917	23.06.1919	30.08.1935 verkauft, Llanelly.
H 49	William Beardmore, Dalmuir/Glasgow	15.07.1919	25.10.1919	18.10.1940 versenkt durch Wasserbomben eines deutschen U-Jägers vor Texel, Nordsee. Ein Überlebender.
H 50	William Beardmore, Dalmuir/Glasgow	23.01.1918	03.02.1920	Juli 1945 verkauft zum Verschrotten, Troon.
H 51	Marinewerft, Pembroke-Dock	-	01.09.1919	06.06.1924 verkauft. 17.07.1924 Weiterverkauf an Abbruchwerft.
H 52	Marinewerft, Pembroke-Dock	-	16.12.1919	09.11.1927 verkauft.
H 53, H 54	-	-	-	Annulliert.

Küstenunterseeboote des deutschen Typs UB II

Der im April 1915 gebilligte Amtsentwurf (Projekt 39) des Typs UB II bedeutete eine wesentliche Verbesserung des vorherigen Typs UB I, der sich mit einem 60-PS-Dieselmotor und einer Welle als zu langsam und schwierig zu manövrieren erwiesen hatte. Trotzdem blieb die Motorenleistung des neuen Typs schwach und erst sein Nachfolger, der Typ UB III, war mit zwei 550-PS-Diesel- und mit zwei 394-PS-E-Motoren ausgerüstet. Zwei übereinander angebrachte Bugrohre dienten dem Abschuss von 50-cm-Torpedos. Der Typ besaß vordere und achtere Tiefenruder, ein zweites Sehrohr und eine Funkantenne mit zwei Masten. Vorgefertigte Sektionen unterstützten ihre Fertigstellung auf den beiden beteiligten Werften, so dass bei einigen Booten die Ausrüstungszeit unter zwei Wochen nach dem Stapellauf bleiben konnte. Von ihren Entwurfsbeschränkungen abgesehen, erwiesen sich die Boote des Typs UB II im Kriegseinsatz als brauchbar. Sie operierten vom Stützpunkt der Flandern-Flottille in Brügge aus über Zeebrügge und Ostende (bis in die Irische See) sowie auch im Mittelmeer und im Schwarzen Meer. Das Ausmaß ihrer Einsätze kann durch ihre Verluste beurteilt

Bauserie:	***UB 18***	***UB 20***	***UB 24***	***UB 30***	***UB 42***
Länge über alles:	36,13 m	36,13 m	36,13 m	36,90	36,90 m
Breite (max.):	4,36 m	4,36 m	4,36 m	4,37 m	4,37 m
Wasserverdrängung:					
Über Wasser:	263 t	263 t	265 t	274 t	272 t (*UB 42*: 279 t)
Unter Wasser:	292 t	292 t	291 t	303 t	305 t
Höchstgeschwindigkeit:					
Über Wasser:	9,15 kn	9,15 kn	8,9 kn	9,06 kn	8,82 kn
Unter Wasser:	5,8 kn	5,8 kn	5,7 kn	5,7 kn	6,2 kn
Bewaffnung:	2 x 50-cm-Bugrohre durchweg				
Torpedos:	4, später 6 Reserve durchweg				
Geschütze:	1 x 5 cm	1 x 5 cm	1 x 5 cm	1 x 8,8 cm	1 x 8,8 cm
Motorenanlage und Fahrbereich:					
Wellen:	zwei	zwei	zwei	zwei	zwei
Dieselmotoren:	2 x 142 PS	2 x 142 PS	2 x 135 PS	2 x 135 PS	2 x 142 PS
Über Wasser:	6650 sm bei 5 kn	6450 sm	7200 sm	7030 sm	6940 sm
E-Motoren:	2 x 140 PS durchweg				
Unter Wasser:	45 sm bei 4 kn durchweg				
Tauchtiefe:	45 m durchweg				
Besatzungsstärke:	2 Offiziere/21 Mannschaften durchweg				

Unten: Die Küsten-U-Boote des deutschen Typs UB II waren im 1. Weltkrieg fast auf allen Kriegsschauplätzen zur See zu finden.

werden. Von den 30 gebauten Booten dieses Typs konnten nach dem Waffenstillstand nur sieben ausgeliefert werden, darunter auch die Schulboote. Zwei der Boote – UB 43 und UB 47 – erhielt die österr.-ungar. Marine für Operationen in der Adria.UB 23 wurde am 29. Juli 1917 in Spanien interniert; denn das U-Boot hatte durch Wasserbomben des britischen Patrouillenbootes PC 60 vor Kap Lizard/Cornwall schwer beschädigt gerade noch La Coruña erreicht. UB 40 war bei der Räumung des Stützpunktes der Flandern-Boote beim Herannahen der alliierten Truppen am 5. Oktober 1918 gesprengt worden. UB 29 hatte den zweifelhaften Ruhm, als erstes U-Boot am 13. Dezember 1916 im westlichen Kanal durch Wasserbomben versenkt worden zu sein. Zuvor hatte das Boot im März 1916 einen diplomatischen Aufruhr verursacht, als es den französischen Kanaldampfer SUSSEX (1359 BRT), den es für einen Minenleger gehalten hatte, während einer Kanalüberquerung torpedierte. Unter den 80 Toten des Dampfers befanden sich 25 US-Bürger. Ihr Tod erneuerte die amerikanischen Proteste gegen den U-Bootkrieg. Die geringe Geschwindigkeit war eine der Hauptursachen für die hohen Verluste beim Typ UB II.

Küstenunterseeboote des deutschen Typs UB II

Boot:	Bauwerft:	Stapellauf:	Indienststellung:	Schicksal:
Bauserie *UB 18*				
UB 18	Blohm & Voss, Hamburg	21.08.1915	11.12.1915	09.12.1917 versenkt durch Rammstoß des britischen bewaffneten Trawlers BEN LAWER, Kanal.
UB 19	Blohm & Voss, Hamburg	02.09.1915	17.12.1915	30.11.1916 versenkt durch Artillerie der britischen U-Bootfalle PENHURST (Q 7), 18 sm nordwestl. Casquets-Leuchtfeuer, Kanal. 16 Überlebende.
UB 20	Blohm & Voss, Hamburg	26.09.1915	10.02.1916	29.07.1917 versenkt durch Bomben der britischen Flugboote (Typ Curtis H.12) 8676 und 8862 vor Zeebrügge, Nordsee.
UB 21	Blohm & Voss, Hamburg	26.09.1915	20.02.1916	24.11.1918 ausgeliefert nach Waffenstillstand.
UB 22	Blohm & Voss, Hamburg	09.10.1915	02.03.1916	19.01.1918 versenkt durch Minentreffer, Nordsee.
UB 23	Blohm & Voss, Hamburg	09.10.1915	13.03.1916	26.07.1917 schwer beschädigt durch Wasserbomben des britischen Patrouillenbootes PC 60 vor Kap Lizard, Cornwall. 29.07.1917 interniert in La Coruña, Spanien. 22.02.1919 ausgeliefert an die französische Marine.
Bauserie *UB 24*				
UB 24	A.G.«Weser«, Bremen	18.10.1915	18.11.1915	24.11.1918 ausgeliefert nach Waffenstillstand. 1919 an Frankreich.
UB 25	A.G.«Weser«, Bremen	22.11.1915	11.12.1915	26.11.1918 ausgeliefert nach Waffenstillstand.
UB 26	A.G.«Weser«, Bremen	14.12.1915	07.01.1916	05.04.1916 gefangen in Netzen der britischen Drifter-Flottille Le Havre, vom französischen Torpedoboot LE TROMBE der »Normand«-Klasse mit Wasserbomben belegt, vor Le Havre kapituliert, aber später vor Cap de la Hève gesunken. Besatzung gefangen genommen. 30.08.1917 gehoben und von der französischen Marine als ROLAND MORILLOT in Dienst gestellt.
UB 27	A.G.«Weser«, Bremen	10.02.1916	23.02.1916	29.07.1917 versenkt durch Wasserbomben und Rammstoß des älteren britischen Kanonenbootes HALCYON, 26 sm vor Great Yarmouth, Nordsee.
UB 28	A.G.«Weser«, Bremen	20.12.1915	27.12.1915	24.11.1918 ausgeliefert nach Waffenstillstand.
UB 29	A.G.«Weser«, Bremen	31.12.1915	18.01.1916	13.12.1916 versenkt durch Wasserbomben im Schleppgerät des britischen Zerstörers LANDRAIL im westlichen Kanal. Erste Versenkung durch Wasserbomben.
Bauserie *UB 30*				
UB 30	Blohm & Voss, Hamburg	16.11.1915	18.03.1916	13.08.1918 versenkt durch Wasserbomben der britischen bewaffneten Trawler JOHN GILLMAN, JOHN BROOKER, FLORIO, MIRANDA II und VIOLA vor Whitby, Nordsee.
UB 31	Blohm & Voss, Hamburg	16.11.1915	25.03.1916	02.05.1918 versenkt durch Minentreffer, Straße von Dover.
UB 32	Blohm & Voss, Hamburg	04.12.1915	11.04.1916	22.09.1917 versenkt durch Bomben des britischen Seeflugzeuges 8695, 27 sm nördl. Kap Barfleur, Kanal.
UB 33	Blohm & Voss, Hamburg	04.12.1915	22.04.1916	11.04.1918 versenkt durch Minentreffer südwestl. des »Varne«-Feuerschiffes, Dover-Sperre.
UB 34	Blohm & Voss, Hamburg	28.12.1915	10.06.1916	26.11.1918 ausgeliefert nach Waffenstillstand.
UB 35	Blohm & Voss, Hamburg	28.12.1915	22.06.1916	26.01.1918 versenkt durch Wasserbomben des britischen Zerstörers LEVEN nördl. von Calais, Kanal.
UB 36	Blohm & Voss, Hamburg	15.01.1916	22.05.1916	21.05.1917 versenkt durch Rammstoß des französischen Dampfers MOLIèRE vor Quessant, Kanal.
UB 37	Blohm & Voss, Hamburg	28.12.1915	17.05.1916	14.01.1917 versenkt durch die britische U-Bootfalle PENHURST (Q 7) 20 sm vor Cherbourg, Kanal.
UB 38	Blohm & Voss, Hamburg	01.04.1916	19.07.1916	08.02.1918 versenkt durch Minentreffer, Dover-Sperre.
UB 39	Blohm & Voss, Hamburg	29.12.1915	29.04.1916	15.05.1917 versenkt durch Minentreffer östl. von Dover, Kanal. Nach anderen Berichten am 17.05.1917 durch GLEN im Kanal versenkt [sic].
UB 40	Blohm & Voss, Hamburg	25.04.1916	17.08.1916	05.10.1918 zerstört bei der Räumung Flanderns.
UB 41	Blohm & Voss, Hamburg	06.05.1916	25.08.1916	05.10.1917 gesunken auf deutscher Minensperre vor Scarborough, Nordsee.
Bauserie *UB 42*				
UB 42	A.G.«Weser«, Bremen	04.03.1916	23.03.1916	November 1918 ausgeliefert nach Waffenstillstand.
UB 43	A.G.«Weser«, Bremen	08.04.1916	24.04.1916	30.07.1917 übergeben an österr.-ungar. Marine.
UB 44	A.G.«Weser«, Bremen	20.04.1916	11.05.1916	? 08.1916 gesunken aus ungeklärter Ursache, Mittelmeer.
UB 45	A.G.«Weser«, Bremen	12.05.1916	25.05.1916	06.11.1916 gesunken durch Minentreffer vor Varna, Schwarzes Meer. 5 Überlebende.
UB 46	A.G.«Weser«, Bremen	31.05.1916	12.06.1916	07.12.1916 gesunken durch Minentreffer nördl. des Bosporus, Schwarzes Meer.
UB 47	A.G.«Weser«, Bremen	17.06.1916	04.07.1916	30.07.1917 übergeben an österr.-ungar. Marine.

U-Minenleger des deutschen Küstentyps UC II

Wie die Küsten-U-Boote des Typs UB II ersetzten die U-Minenleger des Küstentyps UC II die mit sehr schwacher Motorenleistung und armseligen See-Eigenschaften ausgestatteten Boote des Typs UC I. Die Billigung des Entwurfs erfolgte am 15, Juli 1915 mit der Forderung der Marine, bis Ende September 1916 so viele Boote wie möglich abzuliefern. Da der Bau dieser großen Klasse durch den Zusammenbau vorgefertigter Sektionen auf fünf Werften rasch vorankam, waren hinsichtlich Geschwindigkeit und Manövrierfähigkeit nur geringe Verbesserungen möglich. Diese ergaben sich erst beim wesentlich größeren Typ UC III mit stärkeren Motoren, der jedoch zu spät der Front zulief. Die 16 bis Kriegsende in Dienst gestellten Einheiten kamen nicht mehr zum Einsatz. Daher waren die UC-II-Boote das Rückgrat der deutschen Minenkriegsführung in den britischen Gewässern und im Mittelmeer. Unvermeidlicherweise traten bei den Booten dieses Typs Verluste durch das eigene Waffensystem ein. *UC 32* sank durch eine eigene Mine im Februar 1917 vor Sunderland und *UC 42* im September 1917 auf einer kurz zuvor gelegten eigenen Sperre vor der irischen Südküste. Bewaffnete Trawler versenkten im August 1917 *UC 41* vor der Tay-Mündung, nachdem das Boot durch die Explosion einer eigenen Mine beschädigt worden war. *UC 55* versenkte sich im September 1917 selbst, nachdem es beim Minenlegen vor Lerwick außer Trimmkontrolle geraten war,

Bauserie:	***UC 16***	***UC 25***	***UC 34***	***UC 40***	***UC 46***	***UC 49***	***UC 55***	***UC 61***	***UC 65***	***UC 74***
Länge über alles(m):	49,35	49,45	50,35	49,45	51,85	52,69	50,52	51,85	50,35	50,45
Breite (max.):	5,22 m durchweg									
Wasserverdrängung:										
Über Wasser(t):	417	400	427	400	420	434	415	422	427	410
Unter Wasser(t):	493	480	509	480	502	511	498	504	508	493
Höchstgeschwindigkeit:										
Über Wasser(kn):	11,6	11,6	11,9	11,7	11,7	11,8	11,6	11,9	12,0	11,8
Unter Wasser(kn):	7,0	6,7	6,8	6,7	6,9	7,2	7,3	7,2	7,4	7,3
Bewaffnung:	3 x 50-cm-Torpedorohre G6 (2 Bug, 1 Heck) mit 7 Reservetorpedos durchweg									
	18 Seeminen vom Typ UC 200 in 6 Minenschächten im Bug durchweg									
	1 x 8,8-cm-Decksgeschütz durchweg									
Motorenanlage:	2 Wellen durchweg									
Dieselmotoren:	2 x 250 PS	2 x 250 PS	2 x 300 PS	2 x 260 PS	2 x 300 PS	2 x 300 PS	2 x 300 PS	2 x 300 PS	2 x 300 PS	2 x 300 PS
E-Motoren:	2 x 230 PS	2 x 230 PS	2 x 230 PS	2 x 230 PS	2 x 230 PS	2 x 310 PS	2 x 310 PS	2 x 310 PS	2 x 310 PS	2 x 310 PS
Fahrbereich:										
Über Wasser (sm bei 7 kn):	9430	9260	10.108	9410	7280	9450	9450	8000	10.420	8660
Unter Wasser (sm bei 4 kn):	55	53	54	60	54	56	52	59	52	52
Tauchtiefe:	45 m durchweg									
Besatzungsstärke:	3 Offiziere, 23 Mannschaften durchweg									

Unten: Ein erbeutetes UC-II-Boot mit erkennbaren Rammschäden (links oben im Bild), die seine Übergabe erzwangen. In den Schächten sind Minen des Typs UC 200 zu sehen.

U-Minenleger des deutschen Küstentyps UC II

Boot:	Bauwerft:	Stapellauf:	Indienststellung:	Schicksal:
Bauserie *UC 16*				
UC 16	Blohm & Voss, Hamburg	01.02.1916	26.06.1916	23.10.1917 versenkt durch britischen Zerstörer MELAMPUS vor Selsey Bill, Kanal [sic: eigene Mine?].
UC 17	Blohm & Voss, Hamburg	19.02.1916	23.07.1916	26.11.1918 nach Waffenstillstand ausgeliefert.
UC 18	Blohm & Voss, Hamburg	04.03.1916	15.08.1916	19.02.1917 versenkt durch Artillerie der britischen U-Bootfalle LADY OLIVE (Q 18) 12 sm westl. von Jersey, Kanal.
UC 19	Blohm & Voss, Hamburg	15.03.1916	22.08.1916	06.12.1916 versenkt durch Wasserbombe und Sprengschleppgerät des britischen Zerstörers ARIEL vor der irischen Südküste.
UC 20	Blohm & Voss, Hamburg	01.04.1916	08.09.1916	16.01.1919 ausgeliefert nach Waffenstillstand.
UC 21	Blohm & Voss, Hamburg	01.04.1916	15.09.1916	27.09.1917 versenkt durch Minentreffer (?) vor Zeebrügge, Nordsee.
UC 22	Blohm & Voss, Hamburg	01.02.1916	01.07.1916	03.02.1919 ausgeliefert nach Waffenstillstand.
UC 23	Blohm & Voss, Hamburg	19.02.1916	28.07.1916	25.11.1918 ausgeliefert nach Waffenstillstand.
UC 24	Blohm & Voss, Hamburg	04.03.1916	17.08.1916	24.05.1917 torpediert durch französisches U-Boot CIRCÉ (Q 87) vor Cattaro (Kotor), Adria. 2 Überlebende.
Bauserie *UC 25*				
UC 25	A.G.»Vulcan«, Hamburg	10.06.1916	28.06.1916	28.10.1918 selbst versenkt im U-Stützpunkt Pola (Pula), Adria.
UC 26	A.G.»Vulcan«, Hamburg	22.06.1916	18.07.1916	09.05.1917 versenkt durch Rammstoß des britischen Zerstörers MILNE, Themse-Mündung. 2 Überlebende.
UC 27	A.G.»Vulcan«, Hamburg	28.06.1916	25.07.1916	03.02.1919 ausgeliefert nach Waffenstillstand.
UC 28	A.G. »Vulkan«,Hamburg	08.07.1916	06.08.1916	*12.02.1919* ausgeliefert nach Waffenstillstand.
UC 29	A.G. »Vulkan«,Hamburg	15.07.1916	15.08.1916	07.06.1917 versenkt durch Artillerie der britischen U-Bootfalle PARGUST südwestl. von Irland.
UC 30	A.G. »Vulkan«,Hamburg	27.07.1916	22.08.1916	21.04.1927 versenkt durch Minentreffer vor Hornsriff, Nordsee.
UC 31	A.G. »Vulkan«,Hamburg	07.08.1916	02.09.1916	26.11.1918 ausgeliefert nach Waffenstillstand.
UC 32	A.G. »Vulkan«,Hamburg	12.08.1916	13.09.1916	23.02.1917 versenkt durch eigene Minen vor Sunderland, Nordsee, 3 Überlebende.
UC 33	A.G. »Vulkan«,Hamburg	26.08.1916	25.09.1916	26.09.1917 versenkt durch Rammstoß des britischen Patrouillenbootes PC 61 vor der irischen Südküste, St.-Georgs-Kanal.

während *UC 76* im Mai 1917 bei der Minenübernahme in Helgoland einer explodierenden Mine zum Opfer fiel. Zumindest weitere fünf Boote gerieten durch eigene Minen in Verlust. Bei Kriegsende 1918 versenkten sich vier Boote in Pola zudem selbst.

Unten: Der deutsche U-Minenleger *UC 5* mit dem *White Einsign* über der deutschen Kriegsflagge, am 27.04.1916 aufgebracht und durch den Zerstörer HMS FIREDRAKE erbeutet, wurde ab 1915 in britischen Häfen zur Schau gestellt. An Deck eine Ankertaumine des kleineren Typs UC 120. In den Minenschächten aller UC-Boote waren die Minen nass gelagert. Ihre Tiefeneinstellung musste vor dem Einführen im Hafen erfolgen.

U-Minenleger des deutschen Küstentyps UC II

U-Minenleger des deutschen Küstentyps UC II (Fortsetzung)

Boot:	Bauwerft:	Stapellauf:	Indienststellung:	Schicksal:
Bauserie *UC 34*				
UC 34	Blohm & Voss, Hamburg	06.05.1916	26.09.1916	30.10.1918 selbst versenkt im U-Stützpunkt Pola (Pula), Adria.
UC 35	Blohm & Voss, Hamburg	06.05.1916	04.10.1916	16.05.1918 versenkt durch Artillerie des französischen Patrouillenbootes AILLY südwestl. von Sardinien. 5 Überlebende.
UC 36	Blohm & Voss, Hamburg	25.06.1916	03.11.1916	20.05.1917 versenkt durch britisches Seeflugzeug 8663 ostnordöstl. vom *Noord Hinder*-Feuerschiff, Nordsee [sic: eigene Mine?].
UC 37	Blohm & Voss, Hamburg	05.06.1916	13.10.1916	? ? 1919 ausgeliefert nach Waffenstillstand.
UC 38	Blohm & Voss, Hamburg	05.06.1916	19.10.1916	14.12.1917 versenkt durch Wasserbomben der französischen Zerstörer MAMELUK und LANSQUENET im Golf von Korinth, Mittelmeer. 25 Überlebende.
UC 39	Blohm & Voss, Hamburg	25.06.1916	29.10.1916	08.02.1917 versenkt durch Wasserbomben des britischen Zerstörers THRASHER auf der Höhe von Flamborough Head, Nordsee. 19 Überlebende einschl. 2 britische Gefangene.
Bauserie *UC 40*				
UC 40	A.G.«Vulcan«, Hamburg	05.09.1916	01.10.1916	21.02.1919 gesunken auf der Fahrt zur Auslieferung, Nordsee. 1 Toter.
UC 41	A.G.«Vulcan«, Hamburg	13.09.1916	11.10.1916	21.08.1917 versenkt durch eigene Mine und Wasserbomben der britischen bewaffneten Trawler JACINTH, THOMAS YOUNG und CHIKARA vor der Tay-Mündung, Nordsee.
UC 42	A.G.«Vulcan«, Hamburg	21.09.1916	18.11.1916	10.09.1917 gesunken auf zuvor gelegter eigener Minensperre vor der irischen Südküste.
UC 43	A.G.«Vulcan«, Hamburg	05.10.1916	25.10.1916	10.03.1917 torpediert durch britisches U-Boot *G 13* 9 sm nordwestl. vom *Muckle Flugga*-Leuchtfeuer, Shetlands.
UC 44	A.G.«Vulcan«, Hamburg	10.10.1916	04.11.1916	04.08.1917 gesunken auf eigener Minensperre vor Waterford, irische Südküste. 1 Überlebender.
UC 45	A.G.«Vulcan«, Hamburg	20.10.1916	18.11.1916	24.11.1918 ausgeliefert nach Waffenstillstand.
Bauserie *UC 46*				
UC 46	A.G.«Weser«, Bremen	15.07.1916	15.09.1916	08.02.1917 versenkt durch Rammstoß des britischen Zerstörers LIBERTY in der Straße von Dover.
UC 47	A.G.«Weser«, Bremen	30.08.1916	13.10.1916	18.11.1917 versenkt durch Rammstoß des britischen Patrouillenbootes *P 57* östl. von Flamborough Head, Nordsee.
UC 48	A.G.«Weser«, Bremen	27.09.1916	06.11.1916	23.03.1918 nach Wasserbombenschäden interniert in El Ferrol, Spanien. 15.03.1919 gesunken auf Auslieferungsfahrt.
Bauserie *UC 49*				
UC 49	Germaniawerft, Kiel	07.11.1916	02.12.1916	08.08.1918 versenkt durch Wasserbomben des britischen Zerstörers OPOSSUM vor Start Point, Kanal.
UC 50	Germaniawerft, Kiel	23.11.1916	21.12.1916	04.02.1918 versenkt durch Wasserbomben des britischen Zerstörers ZUBIAN vor der Küste von Essex, Nordsee.[1]
UC 51	Germaniawerft, Kiel	05.12.1916	06.01.1917	17.11.1917 versenkt durch britischen Minentreffer vor Start Point, Kanal.
UC 52	Germaniawerft, Kiel	23.01.1917	15.03.1917	16.01.1919 ausgeliefert nach Waffenstillstand.
UC 53	Germaniawerft, Kiel	27.02.1917	05.04.1917	29.10.1918 selbst versenkt im U-Stützpunkt Pola (Pula), Adria.
UC 54	Germaniawerft, Kiel	20.03.1917	10.05.1917	28.10.1918 selbst versenkt bei der Räumung von Triest.
Bauserie *UC 55*				
UC 55	Kaiserl.Werft, Danzig	02.08.1916	15.11.1916	29.09.1917 selbst versenkt nach Trimmfehler beim Minenlegen und nach Artilleriebeschuss vor Leewick, Nordsee. Besatzung in Gefangenschaft.
UC 56	Kaiserl.Werft, Danzig	26.08.1916	18.12.1916	24.05.1918 interniert nach Maschinenschaden in Santander/Spanien. 26.03.1919 ausgeliefert nach Waffenstillstand.
UC 57	Kaiserl.Werft, Danzig	07.09.1916	22.01.1917	19.11.1917 versenkt durch russischen Minentreffer im Finnischen Meerbusen.
UC 58	Kaiserl.Werft, Danzig	21.10.1916	12.03.1917	24.11.1918 ausgeliefert nach Waffenstillstand.
UC 59	Kaiserl.Werft, Danzig	28.09.1916	12.05.1917	21.11.1918 ausgeliefert nach Waffenstillstand.
UC 60	Kaiserl.Werft, Danzig	08.11.1916	25.06.1917	23.02.1919 Schulboot, ausgeliefert nach Waffenstillstand.
Bauserie *UC 61*				
UC 61	A.G.«Weser«, Bremen	11.11.1916	13.12.1916	26.07.1917 aufgelaufen und selbst versenkt vor Kap Gris Nez, Kanal. Besatzung in Gefangenschaft.
UC 62	A.G.«Weser«, Bremen	09.12.1916	08.01.1917	14.10.1917 torpediert durch britisches U-Boot *E 45* vor Portland [sic: brit. Mine?].
UC 63	A.G.«Weser«, Bremen	06.01.1917	30.01.1917	01.11.1917 torpediert durch britisches U-Boot *E 52* nahe Gooswin Sands, Kanal.
UC 64	A.G.«Weser«, Bremen	27.01.1917	22.02.1917	20.06.1918 versenkt durch Minentreffer, Dover-Sperre.
Bauserie *UC 65*				
UC 65	Blohm & Voss, Hamburg	08.07.1916	10.11.1916	03.11.1917 torpediert durch britisches U-Boot *C 15* im Kanal. 5 Überlebende.
UC 66	Blohm & Voss, Hamburg	15.07.1916	18.11.1916	12.06.1917 versenkt durch Wasserbomben des britischen bewaffneten Trawlers SEA KING vor Kap Lizard, Cornwall.
UC 67	Blohm & Voss, Hamburg	06.08.1916	10.12.1916	16.01.1919 ausgeliefert nach Waffenstillstand.
UC 68	Blohm & Voss, Hamburg	12.08.1916	17.12.1916	13.03.1917 gesunken beim Legen eigener Minen 6 sm vor Start Point, Kanal.
UC 69	Blohm & Voss, Hamburg	07.08.1916	23.12.1916	06.12.1917 gesunken nach Kollision mit deutschem *U 96* vor Kap Barfleur, Kanal. 18 Überlebende.
UC 70	Blohm & Voss, Hamburg	07.08.1916	22.11.1916	28.08.1918 versenkt durch das britische Flugzeug B.K.9983 und den Zerstörer HMS OUSE vor Whitby, Nordsee.
UC 71	Blohm & Voss, Hamburg	12.08.1916	28.11.1916	20.02.1919 gesunken bei der Auslieferungsfahrt vor Helgoland, Nordsee.
UC 72	Blohm & Voss, Hamburg	12.08.1916	05.12.1916	20.08.1917 versenkt durch Artillerie der britischen U-Bootfalle ACTON (Q 34), Golf von Biskaya.
UC 73	Blohm & Voss, Hamburg	26.08.1916	24.12.1916	16.01.1919 ausgeliefert nach Waffenstillstand.
Bauserie *UC 74*				
UC 74	A.G.«Vulcan«, Hamburg	19.10.1916	26.11.1916	21.11.1918 infolge Treibstoffmangel interniert in Barcelona/Spanien. 26.03.1919 ausgeliefert an Frankreich.
UC 75	A.G.«Vulcan«, Hamburg	06.11.1916	06.12.1916	31.05.1918 versenkt durch Rammstöße des britischen Zerstörers FAIRY (später selbst gesunken) vor Flamborough Head, Nordsee.
UC 76	A.G.«Vulcan«, Hamburg	25.11.1916	17.12.1916	10.05.1917 gesunken durch Explosion bei Minenübernahme, Helgoland. Gehoben. 01.12.1918 ausgeliefert nach Waffenstillstand.
UC 77	A.G.«Vulcan«, Hamburg	02.12.1916	29.12.1916	10.07.1918 (?) versenkt vermutlich durch Minentreffer, Straße von Dover.
UC 78	A.G.«Vulcan«, Hamburg	08.12.1916	10.01.1917	02.05.1918 versenkt durch Minentreffer, Straße von Dover.
UC 79	A.G.«Vulcan«, Hamburg	19.12.1916	22.01.1917	19.04.1918 versenkt durch Minentreffer, Straße von Dover. 6 Überlebende.

[1] ZUBIAN entstand aus den unbeschädigten Teilen der Zerstörer NUBIAN, am 27.10.1916 vor Folkestone torpediert, und ZULU, am selben Tag Minentreffer vor Dover.

Deutsche U-Kreuzer (ex-Handels-U-Boote) des Typs U 151, 1917

Angesichts der den deutschen Seehandel abwürgenden britischen Seeblockade wurden 1915 zur ihrer Überwindung Tauchschiffe für den Frachtverkehr – die späteren U-Kreuzer des Typs *U 151* – entworfen. Die DEUTSCHLAND (später *U 155*) unternahm zwei erfolgreiche Reisen in die USA nach Baltimore und New London.[1] Doch schon bald wurde klar, dass diese gigantischen U-Boote nicht genügend Rohstoffe transportieren konnten, um die Kriegsanstrengungen der Industrie wesentlich zu fördern.

Nach dem 15. Februar 1917 wurde *U 151* (ex-OLDENBURG) nach der DEUTSCHLAND als erste Einheit, die zu keiner Handelsfahrt mehr ausliefen, zum U-Kreuzer umgebaut.[2] Diesem Boot folgten *U 152–U 154* sowie *U 156* und *U 157* – ein Umbau in bemerkenswert kurzer Zeit zwischen Stapellauf und Indienststellung und damit eine Anerkennung der deutschen Fertigungstechnik. Das Tempo der Fertigstellung veranschaulichte aber auch die drängende strategische Notwendigkeit nach einsatzbereiten U-Booten, da sich der Landkrieg in einem blutigen Patt hinzog. Trotz des Erfordernisses nach möglichst vielen Frontbooten im Frühjahr 1917 zu einem Zeitpunkt, als der erfolgreich verlaufende U-Bootkrieg gegen die Handelsschifffahrt seinen Höhepunkt erreichte und mit dem Beginn des »uneingeschränkten U-Bootkrieges« (1. Februar 1917) auch der Kriegseintritt der USA erfolgte, muss es sehr unangenehm gewesen sein, mit diesen großen Booten auf Feindfahrt zu gehen. Mit der größten Breite aller deutschen Entwürfe rollten diese U-Boote mit harten Bewegungen im Seegang und waren schwierig zu manövrieren. Die geringe Unterwassergeschwindigkeit – die geringste aller deutschen U-Bootentwürfe – und die schwache Torpedobewaffnung diktierten hauptsächlich Überwasserangriffe und müssen ihre lang andauernden Feindfahrten zu nervenaufreibenden Erfahrungen gestaltet haben. Das zusätzliche Vorhandensein eines 20 Mann starken Prisenkommandos erschwerte die beengten Lebensbedingungen noch mehr. *U 155* lief als erstes Boot dieser Klasse im Mai 1917 zu seiner ersten Feindfahrt aus. Auf der 15-wöchigen Fahrt versenkte der U-Kreuzer 19 alliierte Schiffe und beschoss Küstenziele auf den Azoren. *U 151* legte auf einer 13 Wochen dauernden Feindfahrt mehr als 9700 sm

Deutsche U-Kreuzer (ex-Handels-U-Boote) des Typs U 151

Boot:	Bauwerft:*	Stapellauf:	Indienststellung:	Schicksal:
U 151 ((ex-OLDENBURG)	Germaniawerft, Kiel	04.04.1917	21.07.1917	24.11.1918 ausgeliefert nach Waffenstillstand. 07.06.1921 Aufgebraucht als Zielschiff vor Cherbourg.
U 152	Germaniawerft, Kiel	20.05.1917	20.10.1917	24.11.1918 ausgeliefert nach Waffenstillstand.
U 153	Germaniawerft, Kiel	19.07.1917	17.11.1917	24.11.1918 ausgeliefert nach Waffenstillstand.
U 154	Germaniawerft, Kiel	10.09.1917	12.12.1917	11.05.1918 torpediert durch britisches U-Boot *E 35* vor Madeira.
U 155 (ex-DEUTSCHLAND)	Germaniawerft, Kiel	28.03.1916	19.02.1917	24.11.1918 ausgeliefert nach Waffenstillstand. 1922 verschrottet, Morecambe/UK.
U 156	Germaniawerft, Kiel	14.04.1917	28.08.1917	25.09.1918 versenkt durch Minentreffer in der *Northern Barrage*, Nordsee.
U 157	Germaniawerft, Kiel	23.05.1917	22.09.1917	11.11.1918 interniert in Trondheim. 08.02.1919 ausgeliefert an Frankreich.

* Bootskörper bei Flensburger Schiffbau-Ges., Reiherstieg, Hamburg, Atlas-Werke, Bremen, und Stülcken Sohn, Hamburg. Fertigbau bei Germaniawerft, Kiel.

Länge über alles:	65 m
Breite (max.):	8,90 m
Wasserverdrängung:	
Über Wasser:	1512 t (*U 155*: 1503 t)
Unter Wasser:	1875 t (*U 155*: 1880 t)
Höchstgeschwindigkeit:	
Über Wasser:	12,4 kn
Unter Wasser:	5,2 kn
Bewaffnung (*U 155* siehe Seite 56):	
Torpedo:	2 x 50-cm-Bugrohre (18 Reservetorpedos)
Geschütze:	2 x 10,5 cm, 2 x 8,8 cm
Motorenanlage:	
Wellen:	zwei
Dieselmotoren:	2 x 400 PS
E-Motoren:	2 x 400 PS
Fahrbereich:	
Über Wasser:	ca. 25.000 sm bei 5,5 kn
Unter Wasser:	65 sm bei 3 kn
Tauchtiefe:	50 m
Besatzungsstärke:	6/50 + Prisenkommando 1,19

1) Das U-Boot konnte auf seiner ersten Fahrt 348 t Kautschuk (257 t in Oberdecksbehältern), 341 t Nickel und 93 t Zinn befördern.

2) Die BREMEN ging im September 1916 auf ihrer Jungfernreise im Seegebiet der Orkney-Inseln verloren (30 Tote).

Unten: U 151 während des Umbaus vom Handels- zum Kriegs-U-Boot, der im Frühjahr 1917 für alle sieben Einheiten begann.

Deutsche U-Kreuzer (ex-Handels-U-Boote) des Typs U 151, 1917

LÄNGSSCHNITT DURCH *U-DEUTSCHLAND*

1	Laderaum	11	Vorratslast	21	Ölmaschinenraum
2	Mittelgang	12	Kapitänskajüte	22	Hauptspant
3	Außenverkleidung	13	Funkraum	23	E-Maschinenraum
4	Maschinenpersonal	14	Kommandoturm	24	Maschinenfahrstand
5	Seemännisches Personal	15	Oberer Kommandostand	25	Propellerschutz
6	Kombüse	16	Zentrale	26	Propeller
7	Waschraum	17	Ausgleichstank (Reglerzelle)	27	Achtere Tiefenruder
8	Batterieraum	18	Tauchtank	28	Kiel
9	Oberdecksverkleidung	19	Brennstoffbunker	29	Heckruder
10	Oberdecksbehälter	20	Druckkörper	30	Abgasleitung

zurück, führte Handelskrieg vor der Ostküste der USA, legte Minen und versenkte 23 Schiffe mit insgesamt 61.000 BRT. Trotz der Nachteile des Entwurfs und der eingeschränkten Leistungsfähigkeit gingen nur zwei Boote durch Feindeinwirkung verloren. *U 154* geriet unterwegs nach Westafrika in einen Hinterhalt und wurde am 11. Mai 1918 aufgetaucht fahrend vor Madeira vom britischen U-Boot *E 35* torpediert. Der britische Marinenachrichtendienst hatte durch Funkaufklärung von einem geplanten Treffen mit *U 62* vor Kap St. Vincent erfahren. *U 156* sank in der alliierten *Northern Barrage* zwischen den Shetlands und Norwegen am 25. September 1918 auf dem Rückmarsch von der Ostküste der USA durch einen Minentreffer. Die restlichen Boote mussten nach dem Waffenstillstand ausgeliefert werden. Danach wurde *U 155* von den Briten in London und in anderen Häfen zur Schau gestellt.

U-KREUZER DES TYPS U 139

Ab Herbst 1916 entstanden auf der Germaniawerft in Kiel die ersten großen U-Kreuzer des Typs *U 139*. Drei der 36 auf Kiel gelegten Einheiten (*U 139–U 141*) wurden bis Juni 1918 fertig gestellt und kamen noch zum Einsatz. Technische Daten: 1930/2483 t, 92 m lang, 2 x 1750-PS-Diesel, 2 x 890-PS-E-Motoren, 15,8/7,6 kn, 17.750 sm bei 8 kn/53 sm bei 4,5 kn, 6 x 50-cm-Torpedorohre (4 Bug, 2 Heck, 24 Reserve), 2 x 15 cm, Tauchtiefe 75 m, Besatzung 6/56. Sie wurden im November 1918 zusammen mit einer vierten Einheit (*U 142*) an die Alliierten ausgeliefert.

Rechts: Der deutsche U-Kreuzer *U 151* von der ISABEL DE BOURBON aus. (Foto US-Marine.) Deutlich erkennbar sind vorn und achtern die beiden 10,5-cm-Decksgeschütze. Die Bewaffnung vervollständigten zwei 8,8-cm-Geschütze beiderseits des Turms sowie 2 x 50-cm-Bugtorpedorohre. Im Unterschied hierzu führte *U 155* (ex-DEUTSCHLAND) 6 x 50-cm-Abgangs-Torpedorohre paarweise im Oberdeck eingebaut (im Winkel von 15° nach jeder Schiffsseite) sowie 2 x 15-cm-SK.

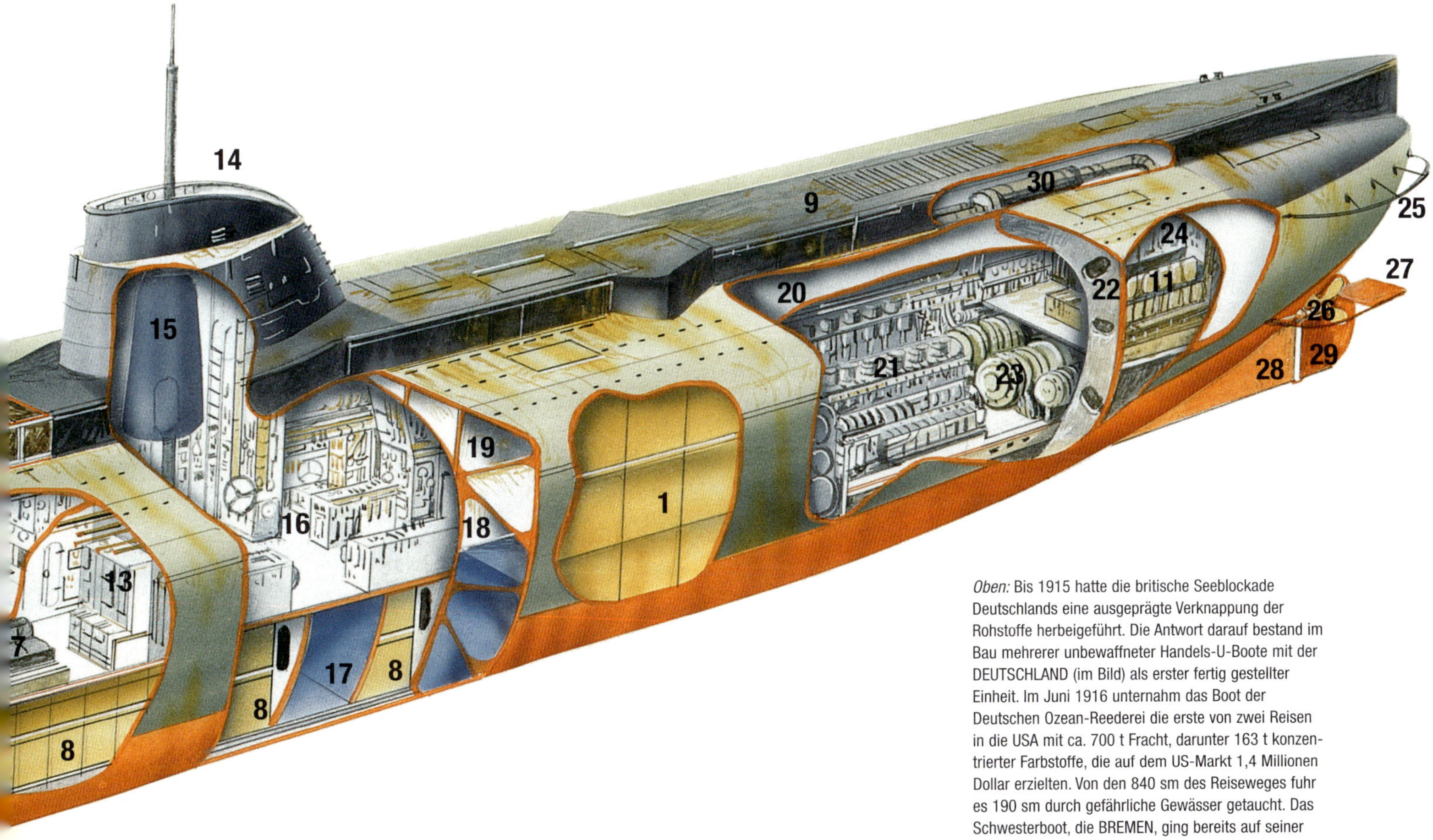

Oben: Bis 1915 hatte die britische Seeblockade Deutschlands eine ausgeprägte Verknappung der Rohstoffe herbeigeführt. Die Antwort darauf bestand im Bau mehrerer unbewaffneter Handels-U-Boote mit der DEUTSCHLAND (im Bild) als erster fertig gestellter Einheit. Im Juni 1916 unternahm das Boot der Deutschen Ozean-Reederei die erste von zwei Reisen in die USA mit ca. 700 t Fracht, darunter 163 t konzentrierter Farbstoffe, die auf dem US-Markt 1,4 Millionen Dollar erzielten. Von den 840 sm des Reiseweges fuhr es 190 sm durch gefährliche Gewässer getaucht. Das Schwesterboot, die BREMEN, ging bereits auf seiner ersten Reise verloren. Mit dem »uneingeschränkten U-Bootkrieg« und dem Kriegseintritt der USA erfolgte der Umbau der DEUTSCHLAND zum Kriegs-U-Boot mit der Kennung *U 155*.

Hochsee-Patrouillen-U-Boote der britischen L-Klasse, 1916 - 1919

Ursprünglich unter dem Kriegs-Notbauprogramm als verbesserte Version der *E*-Klasse geplant, führte das Ausmaß der Veränderungen zur Neuklassifizierung als *L*-Klasse. Mit der Einführung des 53,3-cm-Torpedos steigerte sich ab der Gruppe 2 das Kaliber der Torpedobewaffnung und die Boote der Gruppe 3 führten auf einem beträchtlich verlängerten Turm vorn und achtern je ein 10,2-cm-Geschütz. Erstmals waren unter Einbeziehung der außen gelegenen Satteltanks 76 ts Treiböl untergebracht. Eine Anzahl Boote der Gruppe 2 waren als Minenleger gebaut: *L 11*, *L 12*, *L 14*, *L 17* sowie *L 24–L 27*. Sie konnten ohne die beiden querab gerichteten Torpedorohre 16 Seeminen an Bord nehmen. Für einen entscheidenden Kriegseinsatz kamen diese Boote zu spät, obwohl *L 12* am 16. Oktober 1918 das deutsche *UB 90* westlich von Stavanger/Norwegen torpedierte (von vier Torpedos traf einer). *L 10* torpedierte am 4. Oktober 1918 den deutschen Zerstörer *S 33* (750 t) in der Deutschen Bucht, ehe das U-Boot selbst mit seiner gesamten Besatzung durch den Artilleriebeschuss seines Opfers versenkt wurde. Der Verlust von *L 55* trat erst nach dem Ende des Krieges mit Deutschland und Österreich-Ungarn ein. Im estnischen Reval (Tallinn) stationiert, griff das U-Boot die 1260 t großen bolschewistischen Minenzerstörer GAVRIL und ihr Schwesterschiff ASARD am 9. Juni 1919 in der Kaporskij-Bucht des Finnischen Meerbusens an. Das Boot verfehlte seine Ziele und wurde in ein Minenfeld gedrängt, ehe es der Beschuss der 10,5-cm-Geschütze der Zerstörer versenkte – das einzige britische Unterseeboot, das feindlichen sowjetischen Schiffen zum Opfer fiel. Am 7. August 1931 wurde der geborgene Bootskörper als sowjetisches Boot unter seiner ursprünglichen Kennung wieder in Dienst gestellt. Es diente bis 1939 als Schulboot. *L 2* überstand am 24. Februar 1918 einen heftigen, irrtümlichen Angriff durch drei US-Zerstörer. Lieut.-Cmdr. Anworth, der Kommandant des Bootes, berichtete, dass auf einer Tiefe von 60 m

	Gruppe 1	Gruppe 2	Gruppe 3
Länge über alles:	70,40 m	72,70 m	71,63 m
Breite (max.):	7,25 m	7,16 m	7,16 m
Wasserverdrängung:			
Über Wasser:	891 ts	895 ts	960 ts
Unter Wasser:	1074 ts	1089 ts	1150 ts
Höchstgeschwindigkeit:			
Über Wasser:	17,3 kn	17,0 kn	17,5 kn
Unter Wasser:	10,5 kn	10,5 kn	10,5 kn
Bewaffnung:	4 x 45,7-cm-Bugrohre	4 x 53,3-cm-Bugrohre	6 x 53,3-cm-Bugrohre
Querab gerichtet:	2 x 45,7-Rohre	2 x 45,7-cm-Rohre	-
Torpedos:	? Reserve	? Reserve	6 Reserve
Minenleger (ohne 45,7 cm):	-	16 Minen[3]	
Geschütze:	1 x 7,6-cm-Flak, ersetzt durch 1 x 10,2 cm	1 x 10,2 cm[2]	2 x 10,2 cm auf der Brücke[4]
Motorenanlage:			
Wellen:	zwei Wellen durchweg		
Dieselmotoren:	2 x 1200 PS, 12 Zyl., Druckeinspritzung	dto.	2 x 960 PS
E-Motoren:	2 x 800 PS	2 x 800 PS	2 x 575 PS
E-Hilfsmotor (Schleichfahrt):	1 x 20 PS	1 x 20 PS	2 x 150 PS
Fahrbereich:			
Über Wasser:	3800 sm bei 10 kn durchweg		
Unter Wasser:	75 sm bei 4 kn durchweg		
Tauchtiefe (max.):	45 m durchweg[1]		
Besatzungsstärke:	35	35	44

[1] *L 2* erreichte außer Kontrolle geraten 90 m.
[2] *L 11* führte kein Decksgeschütz.
[3] *L 17* hatte 14 Minen eines leistungsfähigeren Typs an Bord.
[4] Achteres 10.2-cm-Geschütz 1925/26 entfernt und durch einen ASDIC-Dom vom Typ U3C ersetzt.

»die erste schwere Wasserbombendetonation erdröhnte und gleichzeitig die achteren Tiefenruder in ›Aufwärts‹-Hartlage klemmten. Wir bekamen einen enormen Neigungswinkel zum Heck, das bei 90 m den Grund berührte. Vier weitere schwere Detonationen erschütterten das Boot und helle Blitze waren zu sehen. ... Das Boot hing in einem Winkel von etwa 45° und wir waren nicht imstande, diese Schräglage mit den vorderen Tiefenrudern zu korrigieren, so dass ich den Befehl gab, [die Tauchtanks] 5 und 6 auszublasen. Das Boot begann langsam zu steigen ... und die Oberfläche zu durchbrechen. [Aus] etwa 1500 m Entfernung eröffneten drei Zerstörer ein heftiges Feuer auf uns. Eine Granate traf den Druckkörper direkt hinter dem Turm. Leuchtsignale wurden geschossen, das White Ensign wurde gesetzt und die Zerstörer stellten das Feuer ein. Unter den sehr kritischen Bedingungen hatte sich die Besatzung beispielhaft verhalten.«

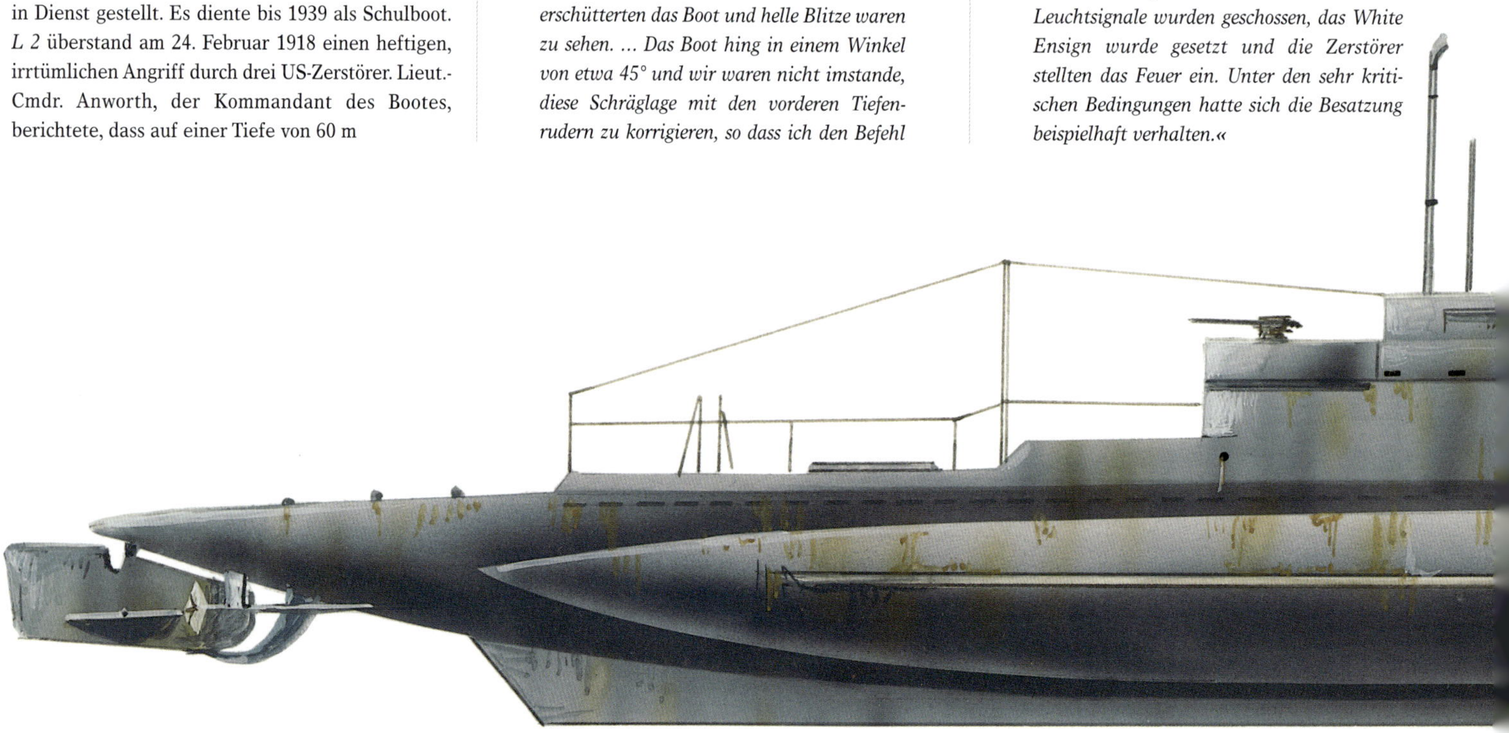

Diese robusten U-Boote blieben während der 1920er Jahre in Dienst, wenn auch einige Boote in der Heimat und in Hongkong in den Reservestatus versetzt wurden. *L 4* rettete 1927 den Dampfer SS IRENE und seine Besatzung vor einem Priatenangriff vor Hongkong, als das Boot mit seinem Decksgeschütz das Feuer eröffnete. Zwei der nicht fertig gestellten Einheiten der *L*-Klasse wurden 1927 bei Armstrong, Whitworth & Co. als HRABRI und NEBOJ A für die jugoslawische Marine gebaut. Der Großteil der Boote der *L*-Klasse wurden in den 1930er Jahren zum Verschrotten verkauft. Doch drei Boote leisteten bis 1940 noch Frontdienst, ehe sie als Schulboote in die Ausbildung zurückgezogen wurden. Im Februar 1940 entkam *L 23* einem Wassenbombenangriff durch zwei deutsche Zerstörer mit Hilfe eines »gelungenen Ablassens von Öl«, das die deutschen Schiffe in den Glauben versetzte, das Boot wäre vernichtet worden. 1944 wurden zumindest zwei Boote nach Kanada zur U-Jagdausbildung für Geleitsicherungsfahrzeuge entsandt. Die letzten beiden Einheiten der *L*-Klasse wurden 1946 nach einer langen Dienstzeit verschrottet.

Oben: Die Fertigstellung von *L 20* erfolgte zu spät, um noch am Krieg teilzunehmen. Ab 1919 war das U-Boot in Hongkong stationiert.

Unten: Die Gruppe 3 der *L*-Klasse (Satteltank-Typ) war mit sechs 53,3-cm-Bugtorpedorohren (6 Reservetorpedos) bewaffnet und führte auf dem Turm zwei 10,2-cm-Geschütze L/40. 1925/26 wurde das achtere Geschütz durch einen ASDIC-Dom vom Typ U3C ersetzt. Das aktiv arbeitende Unterwasserhorchgerät sandte Schallimpulse aus, die von einem Ziel reflektiert und wieder aufgenommen wurden, um seine Richtung und Entfernung zu bestimmen.

Hochsee-Patrouillen-U-Boote der britischen *L*-Klasse

Boot:	Bauwerft:	Kiellegung:	Indienststellung:	Schicksal:
Gruppe 1				
L 1 (ex-*E 57*)	Vickers, Barrow-in-Furness	18.05.1916	10.11.1917	1919 nach Hongkong. 1923 Reserveflottille Hongkong. März 1930 verkauft. Verschrottet in Newport.
L 2 (ex-*E 58*)	Vickers, Barrow-in-Furness	18.05.1916	18.12.1917	1919 nach Hongkong. 1923 Reserveflottille Hongkong. März 1930 verkauft.
L 3	Vickers, Barrow-in-Furness	21.06.1916	31.01.1918	1923 Reserveflottille Hongkong. Februar 1931 verkauft. Abgebrochen in Charlestown.
L 4	Vickers, Barrow-in-Furness	21.06.1916	26.12.1918	20.10.1927 rettete vor Hongkong SS IRENE vor Piraten. 24.02.1934 verkauft. Abgebrochen in Charlestown.
L 5	Swan/Hunter, Wallsend-on-Tyne	23.08.1916	15.05.1918	1931 verkauft. Abgebrochen in Charlestown.
L 6	William Beardmore, Dalmuir/Glasgow	? 10.1916	03.07.1918	Januar 1935 verkauft, Newport.
L 7	Cammell/Laird, Birkenhead	? 05.1916	? 12.1917	26.02.1930 verkauft, Blyth.
L 8	Cammell/Laird, Birkenhead	28.05.1916	12.03.1918	1919 nach Hongkong. 1923 Reserveflottille Hongkong. 07.10.1930 verkauft. Verschrottet in Newport.
Gruppe 2				
L 9	William Denny, Dumbarton/Glasgow	? 10.1916	27.05.1918	18.08.1923 gesunken im Taifun, Hafen von Hongkong. 06.09.1923 geborgen und wieder in Dienst gestellt. 30.06.1927 verkauft, Hongkong.
L 10	William Denny, Dumbarton/Glasgow	26.02.1917	04.06.1918	04.10.1918 versenkt durch Artillerie des deutschen Zerstörers *S 33*, den *L 10* zuvor torpediert hatte. Keine Überlebenden.
L 11	Vickers, Barrow-in-Furness	17.01.1917	27.06.1918	Februar 1932 verkauft.
L 12	Vickers, Barrow-in-Furness	22.01.1917	30.06.1918	09.07.1929 Kollision mit *H 47* vor Milford Haven, Wales. Boot wieder aufgetaucht und nach Milford Haven zurückgekehrt. Drei Tote. 16.02.1932 verkauft, Newport.
L 13	-	-	-	Nicht in Auftrag gegeben.
L 14	Vickers, Barrow-in-Furness	19.01.1917	-	Mai 1934 verkauft, Newport.
L 15	Fairfield, Govan/Clyde	16.11.1916	-	Februar 1932 verkauft, Newport.
L 16	Fairfield, Govan/Clyde	21.11.1916	-	Februar 1934 verkauft, Granton.
L 17	Vickers, Barrow-in-Furness	24.01.1917	-	Februar 1934 verkauft, Pembroke-Dock.
L 18	Vickers, Barrow-in-Furness	22.06.1917	-	Oktober 1936 verkauft, Pembroke-Dock.
L 19	Vickers, Barrow-in-Furness	18.07.1917	-	12.04.1937 verkauft, Pembroke-Dock.
L 20	Vickers, Barrow-in-Furness	26.07.1917	28.01.1919	1919 nach Hongkong. 1923 Reserveflottille Hongkong. 07.01.1935 verkauft, Newport.
L 21	Vickers, Barrow-in-Furness	15.09.1917	-	Februar 1939 verkauft. Aufgelaufen während der Fahrt zur Abbruchwerft.
L 22	Vickers, Barrow-in-Furness	28.11.1917	-	30.08.1935 verkauft, Newport.
L 23	Vickers, Barrow (1919 fertig gestellt Marinewerft Chatham)	29.08.1917	-	Mai 1946 gesunken auf dem Weg zur Abbruchwerft in Nova Scotia/Kanada.
L 24	Vickers, Barrow-in-Furness	13.02.1919	-	10.01.1924 gesunken nach Kollision mit Schlachtschiff HMS RESOLUTION vor Portland Bill, Kanal. Besatzung Gesamtverlust.
L 25	Vickers, Barrow-in-Furness	25.02.1918	-	1935 verkauft, Newport.
L 26	Vickers, Barrow (1919 fertig gestellt Marinewerft Portsmouth)	31.01.1917	-	März 1929 beschädigt, Mittelmeer, repariert in Gibraltar. 1940-1942 Schulboot. 1944 U-Jagdausbildung, Kanada. 1946 verschrottet, Kanada.
L 27	Vickers, Barrow (fertig gestellt Marinewerft Sheerness)	30.01.1918	-	Schulboot bis Mai 1945. 1944 abgebrochen, Kanada.
L 28	-	-	-	Annulliert.
L 29	-	-	-	Annulliert.
L 30	-	-	-	Annulliert.
L 31	-	-	-	Annulliert.
L 32	Vickers, Barrow-in-Furness	-	-	01.03.1920 Unvollendeter Bootskörper zum Verschrotten verkauft.
L 33	Swan/Hunter, Wallsend-on-Tyne	26.09.1917	-	Februar 1932 verkauft, Sunderland.
L 34	-	-	-	Annulliert.
L 35	Marinewerft Pembroke-Dock	-	-	Annulliert.
L 36	-	-	-	Annulliert.
L 37–L 49	-	-	-	Nicht in Auftrag gegeben.
L 50	Cammell/Laird, Birkenhead	-	-	Annulliert.
L 51	Cammell/Laird, Birkenhead	-	-	Annulliert.
Gruppe 3				
L 52	Armstrong/Whitworth, Newcastle-upon-Tyne	16.05.1917	-	September 1935 zum Verschrotten verkauft. Schiffbruch vor Barry, Südwales.
L 53	Armstrong/Whitworth, Newcastle-upon-Tyne (fertig gestellt Marinewerft Chatham)	19.06.1917	-	23.01.1939 verkauft.
L 54	William Denny, Dumbarton/Glasgow (fertig gestellt Marinewerft Devonport)	14.05.1917	-	02.02.1939 verkauft, Pembroke-Dock.
L 55	Fairfield, Govan/Clyde	21.09.1917	19.12.1918	09.06.1919 versenkt durch Artillerie der bolschewistischen Zerstörer GAVRIL und ASARD, Kaporskij-Bucht/Finnischer Meerbusen. 1928 geborgen. 07.08.1931 als sowjetisches *L 55* wieder in Dienst gestellt. Schulboot bis Sommer 1941.
L 56	Fairfield, Govan/Clyde	16.10.1917	14.08.1918	25.03.1938 verkauft.
L 57	Fairfield, Govan/Clyde	-	-	Annulliert.
L 58	Fairfield, Govan/Clyde	-	-	Annulliert.
L 59	William Beardmore, Dalmuir/Glasgow	-	-	Annulliert.
L 60	Cammell/Laird, Birkenhead	-	-	Annulliert.
L 61	Cammell/Laird, Birkenhead	-	-	Annulliert.
L 62	Fairfield, Govan/Clyde	-	-	Annulliert.
L 63	Scott's, Greenock	-	-	Annulliert.
L 64	Scott's, Greenock	-	-	Annulliert.
L 65	Swan/Hunter, Wallsend-on-Tyne	-	-	Annulliert.
L 66	Swan/Hunter, Wallsend-on-Tyne	-	-	Annulliert.
L 67	Armstrong/Whitworth, Newcastle-upon-Tyne	-	-	1927 fertig gestellt als HRABRI für Jugoslawien.* April 1941 erbeutet von den Italienern. Schicksal unbekannt.
L 68	Armstrong/Whitworth, Newcastle-upon-Tyne	-	-	1927 fertig gestellt als *NEBOJŠA* für Jugoslawien.* April 1941 erbeutet von den Italienern. Schicksal unbekannt.
L 69	William Beardmore, Dalmuir/Glasgow (fertig gestellt Marinewerft Rosyth)	07.07.1917	-	Februar 1939 verkauft.
L 70	William Beardmore, Dalmuir/Glasgow	-	-	Annulliert.
L 71	Scott's, Greenock	29.08.1917	23.12.1919	25.03.1938 verkauft, Milford Haven.
L 72	Scott's, Greenock	-	-	Annulliert.
L 73	William Denny, Dumbarton/Glasgow	-	-	Annulliert.
L 74	William Denny, Dumbarton/Glasgow	-	-	Annulliert.
L 75	William Denny, Dumbarton/Glasgow	-	-	Annulliert.

* Die Namen bedeuten »Tapfer« und »Fürchtenichts«. HRABRI führte auf dem Turm ein zweites Geschütz.

US-Marine: Hochseeunterseeboote der *O*-Klasse 1917/18

Aufgrund der Lehren aus der vorherigen *L*-Klasse entworfen, bestand die *O*-Klasse der US-Marine aus robusteren Booten mit größerer Antriebsleistung und Seeausdauer für ozeanische Patrouillen. Wenn auch in einem rascheren Bautempo gefertigt – die gesamte Klasse wurde noch 1918 in Dienst gestellt –, stießen die Boote der Gruppe 2 erst kurz vor oder nach Ende des 1. Weltkrieges zur Flotte. Acht Einheiten der Gruppe 1 wurden 1941 als Schulboote wieder in Dienst gestellt und blieben bis 1945 im aktiven Dienst. Die ersten U-Boote dieser Klasse führten nach der Indienststellung U-Jagdaufgaben vor der Ostküste der USA durch. Am 24. Juli 1918 nahm ein britisches Handelsschiff im Atlantik *O-4* und *O-6* unter Beschuss, wobei der Dampfer den Turm und den Druckkörper von *O-4* mit sechs Treffern beschädigte, ehe dieser die Identität der U-Boote erkannte. Glücklicherweise erlitt es keine schweren Schäden, da sie zumeist Granatsplitter verursacht hatten. *O-3*–*O-10* gehörten zu einem 20 Einheiten starken U-Bootverband der US-Marine, der am 2. November 1918 aus Newport/Rhode Island zu den Azoren auslief, aber neun Tage später nach Unterzeichnung des Waffenstillstandsvertrages zurückgerufen wurde. Unmittelbar nach der Indienststellung ergaben sich bei der Gruppe 2 Probleme, die vor allem die Elektrik der Boote betrafen. Nur wenige Monate später musste *O-11* für fünf Monate zur Überholung in die Marinewerft Philadelphia. Noch vor der Indienststellung versenkte *O-13* das Patrouillenboot MARY ALICE bei Tauchversuchen vor Long Island durch Rammstoß. Auch *O-15* absolvierte eine Werftliegezeit und wurde danach in den Reservestatus versetzt, ehe das Boot in den aktiven Dienst nach Coco Solo/Panamakanal-Zone versetzt wurde, der eine weitere Überholung erforderte. *O-16* musste im Dezember 1919 nach einem größeren Brand im Kommandoturm ins Trockendock. Es ist daher kaum überraschend, dass alle Boote der Gruppe 2 bis auf *O-12* im Juni 1924 außer Dienst gestellt und unter den Bedingungen des Londoner Flottenvertrages im Juli 1930 verschrottet wurden. In NAUTILUS umbenannt, wurde *O-12* abgerüstet und von Sir Hubert Wilkins bei seiner Arktis-Expedition eingesetzt. Nach Rückkehr in die US-Marine wurde das Boot im November 1931 in einem norwegischen Fjord selbst versenkt. Die Boote der Gruppe 1 erwiesen sich als zufrieden stellend. Im Oktober 1923 rammte ein Frachter *O-5* in der Nähe des Panamakanals, wobei das Boot unmittelbar danach sank (3 Tote). Die restlichen Boote wurden Anfang 1941 wieder in Dienst gestellt und dienten in New London/Connecticut der Ausbildung von U-Bootbesatzungen. Im Juni 1941 sank *O-9* 15 sm vor Portsmouth/New England bei Tieftauchversuchen in mehr als 120 m Wassertiefe (33 Tote).

Oben: 1918 zu spät an die Front kommend, leistete eine Anzahl Boote bis Kriegsende 1945 Ausbildungsdienst.

	Gruppe 1	Gruppe 2
Länge über alles:	52,53 m	53,34 m
Breite (max.):	5,49 m	5,06 m
Wasserverdrängung:		
Über Wasser:	521 ts	491 ts
Unter Wasser:	625 ts	565 ts
Höchstgeschwindigkeit:		
Über Wasser:	14 kn	14 kn
Unter Wasser:	10 kn	11 kn
Bewaffnung:	4 x 45,7-cm-Bugrohre	4 x 45,7-cm-Bugrohre
Torpedos:	4 Reserve	4 Reserve
Geschütze:	1 x 7,6-cm-Flak	1 x 7,6-cm-Flak
Motorenanlage und Fahrbereich:		
Wellen:	zwei	zwei
Dieselmotoren:	2 x Niseco/850 PS	2 x Busch-Sulzer/ 800 PS
Über Wasser:	5000 sm bei 11 kn	5000 sm bei 11 kn
E-Motoren:	2 x 740 PS	2 x 740 PS
Tauchtiefe (max.):	45 m	45 m
Besatzungsstärke:	29	29

US-Marine: Hochseeunterseeboote der O-Klasse

Boot:	**Bauwerft:**	**Kiellegung:**	**Indienststellung:**	**Schicksal:**
Gruppe 1				
0-1 (SS-62)	Marinewerft Portsmouth, Portsmouth/ New Hampshire	26.03.1917	05.11.1918	11.06.1931 außer Dienst gestellt, New London/Connecticut. 18.05.1938 gestrichen. Verschrottet.
0-2 (SS-63)	Marinewerft Puget Sound, Washington	27.07.1917	19.10.1918	26.07.1945 außer Dienst gestellt, New London/Connecticut. 16.11.1945 verkauft.
0-3 (SS-64)	Fore River Shipbuilding, Quincy/Massachusetts	02.12.1916	13.06.1918	11.09.1945 außer Dienst gestellt, Portsmouth/New Hampshire. 04.09. 1946 verkauft.
0-4 (SS-65)	Fore River Shipbuilding, Quincy/Massachusetts	04.12.1916	29.05.1918	20.09.1945 außer Dienst gestellt, Portsmouth/New Hampshire. Februar 1946 verschrottet.
0-5 (SS-66)	Fore River Shipbuilding, Quincy/Massachusetts	08.12.1916	08.06.1918	28.10.1923 gesunken nach Rammstoß durch den Dampfer ABANGAREZ vor Panama. 3 Tote. 12.12.1924 gehoben und zum Verschrotten verkauft.
0-6 (SS-67)	Fore River Shipbuilding, Quincy/Massachusetts	06.12.1916	12.06.1918	11.09.1946 außer Dienst gestellt, Portsmouth/New Hampshire. 1946 verschrottet.
0-7 (SS-68)	Fore River Shipbuilding, Quincy/Massachusetts	14.02.1917	04.07.1918	02.07.1945 außer Dienst gestellt, New London/Connecticut. Januar 1946 verkauft.
0-8 (SS-69)	Fore River Shipbuilding, Quincy/Massachusetts	27.02.1917	11.07.1918	11.09.1945 außer Dienst gestellt, Portsmouth/New Hampshire. 04.09.1946 verkauft.
0-9 (SS-70)	Fore River Shipbuilding, Quincy/Massachusetts	15.02.1917	27.07.1918	20.06.1941 gesunken bei Tieftauch-versuchen 15 sm vor Portsmouth/ New Hampshire. 29 Tote.
0-10 (SS-71)	Fore River Shipbuilding, Quincy/Massachusetts	27.02.1917	17.08.1918	10.09.1945 außer Dienst gestellt, Portsmouth/New Hampshire. 21.08.1946 verkauft.
Gruppe 2				
0-11 (SS-72)	Lake Torpedo Boat Co., Bridgeport/Connecticut	06.03.1916	19.10.1918	21.06.1924 außer Dienst gestellt, Philadelphia. 30.07.1930 verkauft.
0-12 (SS-73)	Lake Torpedo Boat Co., Bridgeport/Connecticut	06.03.1916	18.10.1918	29.07.1930 gestrichen. Als NAUTILUS bei Arktis-Expedition verwendet. 20.11. 1931 selbst versenkt in einem norwegischen Fjord.
0-13 (SS-74)	Lake Torpedo Boat Co., Bridgeport/Connecticut	06.03.1916	27.11.1918	11.06.1924 außer Dienst gestellt, Philadelphia. 30.07.1930 verkauft.
0-14 (SS-75)	California Shipbuilding, Long Beach/California	06.07.1916	01.10.1918	17.06.1924 außer Dienst gestellt, Philadelphia. 30.07.1930 verkauft.
0-15 (SS-76)	California Shipbuilding, Long Beach/California	21.09.1916	27.08.1918	11.06.1924 außer Dienst gestellt, Philadelphia. 30.07.1930 verkauft.
0-16 (SS-77)	California Shipbuilding, Long Beach/California	07.10.1916	01.08.1918	21.06.1924 außer Dienst gestellt, Philadelphia. 30.07.1930 verkauft.

U-Jagdunterseeboote der britischen *R*-Klasse 1917–1919

Hauptsächlich infolge der Krise, die 1917 die von den deutschen U-Booten herbeigeführten Handelsschiffsverluste verursachten, wurde diese Klasse als U-Jagdunterseeboote entworfen, die den Spitznamen »Die kleinen Arthurs« erhielten. Mit zwei Dieselmotoren von schwacher Antriebsleistung für Überwasserfahrt, aber mit zwei starken E-Motoren ausgerüstet und mit einem stromlinienförmigen Bootskörper ausgestattet, waren die Boote dieser Klasse entworfen worden, um bei Tauchfahrt höhere Geschwindigkeiten zur Verfolgung ihrer Ziele unter Wasser als an der Wasseroberfläche zu entwickeln. Mit der hauptsächlichen Betonung ihrer Unterwasserleistung war die *R*-Klasse der Vorfahr aller heutigen nuklear angetriebenen U-Jagdunterseeboote. Der fischähnlich gestaltete Bootskörper, entworfen für eine Konstruktionsgeschwindigkeit unter Wasser von 15 kn, der innen gelegene Tauchzellen aufwies, um ein schnelles Tauchen zu unterstützen, bot nur Raum für eine einzige Propellerwelle. Ein großes Heckruder sowie große Tiefenruderflächen sollten ebenfalls ein rasches Tauchen unterstützen, sobald ein feindliches U-Boot gesichtet worden war. Die Boote der *R*-Klasse besaßen 23,5 % Auftriebsreserve – eine beträchtliche Verbesserung gegenüber den 16,6 % der *H*-Klasse. Einige dieser Boote waren mit fünf starken Unterwassermikrofonen zur Verfolgung feindlicher U-Boote ausgestattet. Ein Bericht bemerkte hierzu: »Sie konnten sich einem Gegner nähern und seine Position ausmachen, ohne das Sehrohr zu benutzen.« Doch die schwachen Dieselmotoren waren unzureichend, um die Batterien der Boote mit ihrer vergrößerten Kapazität aufzuladen. Dies musste längsseits einer Aufladestation im Hafen erfolgen – und erforderte einen ganzen Tag. Die mangelhaften See-Eigenschaften bei Überwasserfahrt gestalteten das Manövrieren bei dieser Klasse schwierig; sie rollten in einer Dwarssee beträchtlich. Bei einem dieser Boote – *R 4* – führten Ergänzungen der Bootsverkleidung Anfang der 1930er Jahre eine leichte Verbesserung der See-Eigenschaften herbei, verringerten jedoch die Unterwassergeschwindigkeit auf 13 kn. Im Ersten Weltkrieg kam die *R*-Klasse zu spät, um den U-Bootkrieg zu beeinflussen; denn bis zum Ende der Feindseligkeiten waren nur sechs Einheiten der Front zugelaufen, stationiert in Blyth im Nordwesten Englands und in Killybegs, Donegal (heute Republik Irland). Nur von *R 7* wird ein Angriff auf ein deutsches U-Boot berichtet. Das Boot schoss aus seinen Bugrohren einen Fächer aus sechs Torpedos, die bis auf einen ihr Ziel verfehlten – dieser traf zwar, detonierte jedoch nicht. Das deutsche U-Boot tauchte, als sich ein Handelsschiff näherte. *R 4* blieb bei der 6. U-Flottille in Portland/Dorset und erhielt infolge seiner mangelhaften See-Eigenschaften bei Überwasserfahrt den Spitznamen »Lahme Ente«.

Länge über alles:	49,91 m
Breite (max.):	4,74 m
Wasserverdrängung:	
Über Wasser:	420 ts
Unter Wasser:	503 ts
Höchstgeschwindigkeit:	
Über Wasser:	9,5 kn
Unter Wasser:	15 kn (Konstruktionsgeschwindigkeit), 14,25 kn (im Dienst)
Bewaffnung:	6 x 45,7-cm-Bugrohre (6 Reservetorpedos)
Motorenanlage:	eine Welle
Dieselmotoren:	2 x 240 PS
E-Motoren:	2 x 1200 PS
Hilfsmotor:	1 x 25 PS
Fahrbereich:	
Über Wasser:	2000 sm bei 9 kn
Unter Wasser:	15 sm bei 14,25 kn
Tauchtiefe:	45 m
Besatzungsstärke:	22

U-Jagdunterseeboote der britischen *R*-Klasse

Boot:	Bauwerft:	Kiellegung:	Indienststellung:	Schicksal:
R 1	Marinewerft Chatham	04.02.1917	14.10.1918	20.01.1923 verkauft.
R 2	Marinewerft Chatham	04.02.1917	20.12.1918	21.02.1923 verkauft.
R 3	Marinewerft Chatham	04.02.1917	17.03.1919	September 1919 außer Dienst gestellt. 21.02.1923 verkauft.
R 4	Marinewerft Chatham	04.02.1917	23.08.1919	26.05.1934 verkauft, Sunderland.
R 5	Marinewerft Pembroke-Dock	-	-	28.08.1919 annulliert.
R 6	Marinewerft Pembroke-Dock	-	-	28.08.1919 annulliert.
R 7	Vickers, Barrow-in-Furness	? 11.1917	29.06.1918	21.02.1923 verkauft.
R 8	Vickers, Barrow-in-Furness	? 11.1917	26.07.1918	21.02.1923 verkauft.
R 9	Armstrong/Whitworth, X Newcastle-upon-Tyne	? 12.1917	14.10.1918	21.02.1923 verkauft.
R 10	Armstrong/Whitworth, Newcastle-upon-Tyne	07.12.1917	12.04.1918	19.02.1929 verkauft, Newport.
R 11	Cammell/Laird, Birkenhead	? 12.1917	08.08.1918	21.02.1923 verkauft.
R 12	Cammell/Laird, Birkenhead	? 12.1917	29.10.1918	21.02.1923 verkauft.

Unten: Eine neue Kategorie »Unterseeboote« trat 1918 erstmals in Erscheinung: das U-Jagdunterseeboot. Es hatte die Aufgabe, feindliche U-Boote rechtzeitig über Wasser zu entdecken – daher der hohe Kommandoturm –, unter Wasser zu verfolgen und zu vernichten. Doch die Boote der *R*-Klasse kamen zu spät, um 1918 noch eine Rolle spielen zu können.

Oben: Die *R*-Klasse war eine neue Generation der Unterseeboote – die Ahnherrin unserer heutigen U-Boote. Sie war ihrer Zeit um mindestens 30 Jahre voraus und erst 1944 folgte mit dem deutschen Typ XXI (siehe oben S. 104) eine Folgeentwicklung. Charakteristisch war der stromlinienförmige, schlanke Bootskörper mit seiner Fischähnlichkeit, eine einzige Welle mit Propeller, großflächige Tiefenruder und starke E-Motoren mit großer Batteriekapazität. Dies verlieh den Booten zusammen mit guten See-Eigenschaften eine höhere Geschwindigkeit unter als über Wasser. Dementsprechend waren und sind die See-Eigenschaften bei Überwasserfahrt mangelhaft. Die Geschwindigkeit von 14,25 kn unter Wasser der *R*-Klasse erreichten erst die deutschen U-Boote des Typs XXI wieder. Leider hatten die U-Boote der *R*-Klasse zu schwache Dieselmotoren und es mangelte ihnen an guten Ortungsgeräten unter Wasser. So wurden sie in ihrer Zeit als Missgriff betrachtet.

Die »Katastrophen-K's« und die »Schlacht von May Island«

Die unheilvolle *K*-Klasse entstand aus dem Traum der britischen Admiralität heraus, ein Unterseeboot zu haben, dass schnell genug war, um die Schlachtflotte bei ihren Operationen zu begleiten. Im Gefolge des Verlustes des Schlachtschiffes FORMIDABLE, torpediert am 1. Januar 1915 durch *U 24* vor Portland, erhielt der Direktor der Marinekonstruktionsabteilung die Weisung, ein U-Boot zu entwerfen, das imstande war, mindestens 20 kn über Wasser zu laufen – schnell genug, um mit den stark gepanzerten Einheiten Schritt zu halten. Nach viel Entwurfsarbeit wurde verhängnisvollerweise die Dampfkraft ausgewählt, diese Forderung zu erfüllen, obwohl sich das einzige britische Experiment auf diesem Gebiet, die SWORDFISH *(S 1)*, als Enttäuschung erwiesen hatte. Die Klasse sollte sich für hohe Geschwindigkeiten als gelungen erweisen: *K 13* erzielte im Januar 1917 während der See-Erprobungen 23,5 kn – aber der Entwurf erwies sich im Hinblick auf Besatzungen und Boote als kostspielig. Es dauerte durchschnittlich fünf Minuten, um die Kessel stillzulegen, den Kesselraum zu räumen und die Ventilatoren zu schließen, ehe das Boot tauchen

	Gruppe 1	**Gruppe 2**
Länge über alles:	103,02 m	107,14 m
Breite (max.):	8,14 m	8,53 m
Wasserverdrängung:		
Über Wasser:	1980 ts	2140 ts
Unter Wasser:	2566 ts	2770 ts
Höchstgeschwindigkeit:		
Über Wasser:	24 kn	23,5 kn
Unter Wasser:	9 kn	9 kn
Bewaffnung:	8 x 45,7-cm-Torpedorohre (4 Bug, 4 querab)	4 x 53,3-cm-Bug-, 4 x 45,7-cm-Torpedorohre (querab)
Geschütze:	1-2 x 10,2 cm, 1 x 7,6-cm-Flak*	3 x 10,2 cm
	1 x Wasserbombenwerfer	-
Antriebsanlage und Fahrbereich:		
Wellen:	zwei	zwei
Dampfantrieb:	2 x 5250-PS-Getriebeturbinen durchweg	
Dieselmotor:	1 x 800-PS-Hilfsmotor durchweg	
Über Wasser:	800 sm bei Höchstgeschwindigkeit, 12.500 sm bei 10 kn durchweg	
E-Motoren:	4 x 350 PS durchweg	
Unter Wasser:	30 sm bei 4 kn	30 sm bei 4 kn
Besatzungsstärke:	59	65

* Nach dem Umbau des Bugs wurden vorn zwei Geschütze entfernt, aber die Boote behielten je eines unterhalb und achteraus des Turms. *K 17* führte zum Zeitpunkt des Untergangs ein 14-cm-Geschütz. Ferner wurden in den Aufbauten zwei Torpedorohre entfernt und die Anzahl der mitgeführten Torpedos auf 16 verringert. Die ausgebauten Geschütze dienten der Bewaffnung von britischen Q-Schiffen.

K-KLASSE: LÄNGSSCHNITT

1 »Schwanenbug«
2 Torpedoraum
3 Reservetorpedos
4 Besatzungsraum
5 Funkantenne (teleskopartig)
6 Kran
7 Haupttauchzellen
8 Brücke
9 Oberer Kommandostand
10 Funkraum
11 Zentrale
12 Batterien
13 Ausgleichstank (Reglerzelle)
14 Kiel
15 Außenhülle
16 10,2-cm-Geschütz
17 Lafette
18 Schornstein (teleskopartig)
19 Außenklappen zum Verschließen der Schornsteinöffnungen
20 Innenklappen zum Verschließen der Schornsteinöffnungen
21 Kessel
22 Heizöl
23 Druckkörper
24 Turbine
25 Getriebekasten
26 E-Motoren
27 Hilfs-Dieselmotor
28 Vorräte
29 Heckruder
30 Propeller

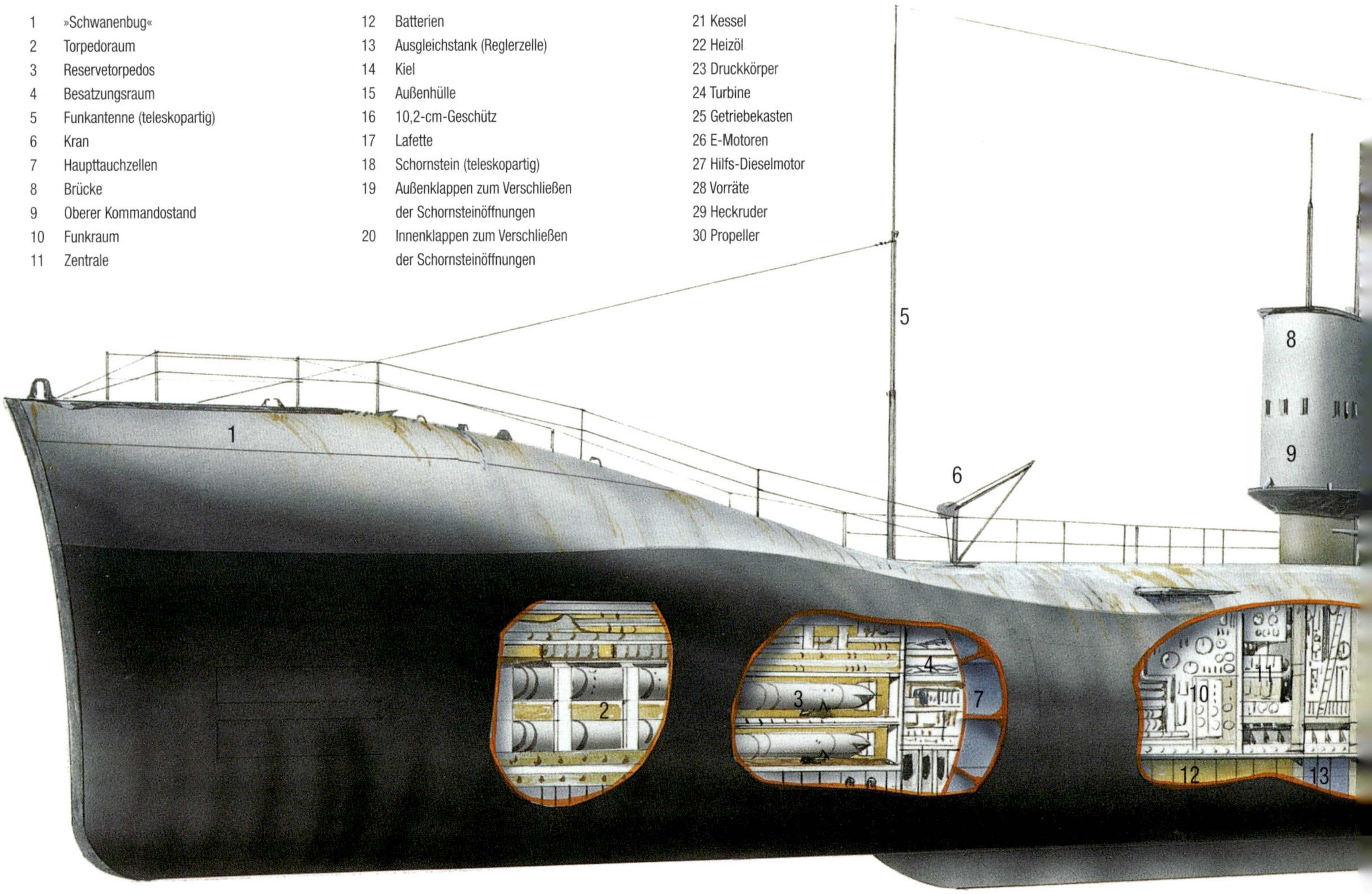

Oben: K 26, das einzige fertig gestellte U-Boot der Gruppe 2 der *K*-Klasse (1923), erkennbar an seinen drei 10,2-cm-Geschützen.

konnte. Die schnellste Zeit erreichte *K 8* mit 3 Minuten und 25 Sekunden. Mehrere Male schwappten Seen durch die Schornsteine herein, löschten die Kesselbefeuerungen und ließen die Boote vorübergehend hilflos zurück. Ende Januar 1915 wurde der Bau der ersten acht Einheiten der *K*-Klasse zu einem Preis von £ 300.000 pro Boot gebilligt. Weitere 10 Einheiten sollten im Mai bestellt werden. Der Entwurf war von Anbeginn an zum Scheitern verurteilt; denn mit 12 Luken und Hunderten von Ventilen war die Sinksicherheit stets ein Problem gewesen. (Ein *K*-Bootfahrer: »Sie hatten allzu viele Löcher!«) Der Bootskörper mit dem flachen, ebenen Bug verführte dazu, die *K*-Boote kopflastig zu trimmen, die dann aus eigenem Antrieb tauchten. Deshalb wurde der Bug hochgezogen und in eine wulstige, schwanenartige Form umgewandelt _ als erstes Boot wurde *K 6* modifiziert. Dies geschah nicht zu früh; denn als erstes Boot dieser Klasse ging *K 3* mit dem zukünftigen König Georg VI. als Gast an Bord in ein unkontrolliertes Tauchmanöver über und stieß mit dem Bug in 45 m Tiefe auf Grund, während das Heck mit den durchdrehenden Propellern aus den Wellen ragte. Es dauerte 20 ängstliche Minuten, um den Bug des U-Bootes aus dem Schlamm des Meeresbodens zu befreien und glücklich wieder aufzutauchen. *K 13* verhielt sich bei den abschließenden Taucherprobungen in Gareloch in ähnlicher Weise und kam nicht wieder hoch. Es dauerte über 48 Stunden, um Löcher in den Bootskörper zu schneiden und die 67 Seeleute zu befreien. 31 der Eingeschlossenen waren bereits ertrunken. Das Boot wurde geborgen und die abergläubische Admiralität stellte es als *K 22* wieder in Dienst. Die Klasse blieb vom Unglück verfolgt. Doch der Eintritt des schlimmsten Ereignisses geschah bei der Erfüllung ihrer vorgesehenen Aufgabe. Ein Vorgeschmack dessen, was noch kommen sollte, widerfuhr *K 1* von der 12. U-Flottille, als das Boot im Dezember 1917 zusammen mit dem Leichten Kreuzer BLONDE vor der dänischen Küste operierte. BLONDE musste scharf nach Backbord abdrehen, um drei Einheiten des 46. Leichten Kreuzergeschwaders auszuweichen, die ihren Bug kreuzten.Achteraus von ihr liefen *K 1*, *K 3*, *K 4* und *K 7* und in der sich dem Kurswechsel anschließenden Verwirrung wurde *K 1* von *K 4* in Höhe des Turms gerammt. *K 1* begann zu sinken, und nachdem die Besatzung gerettet war, versenkte die BLONDE das Boot mit Artilleriefeuer. Die sog.

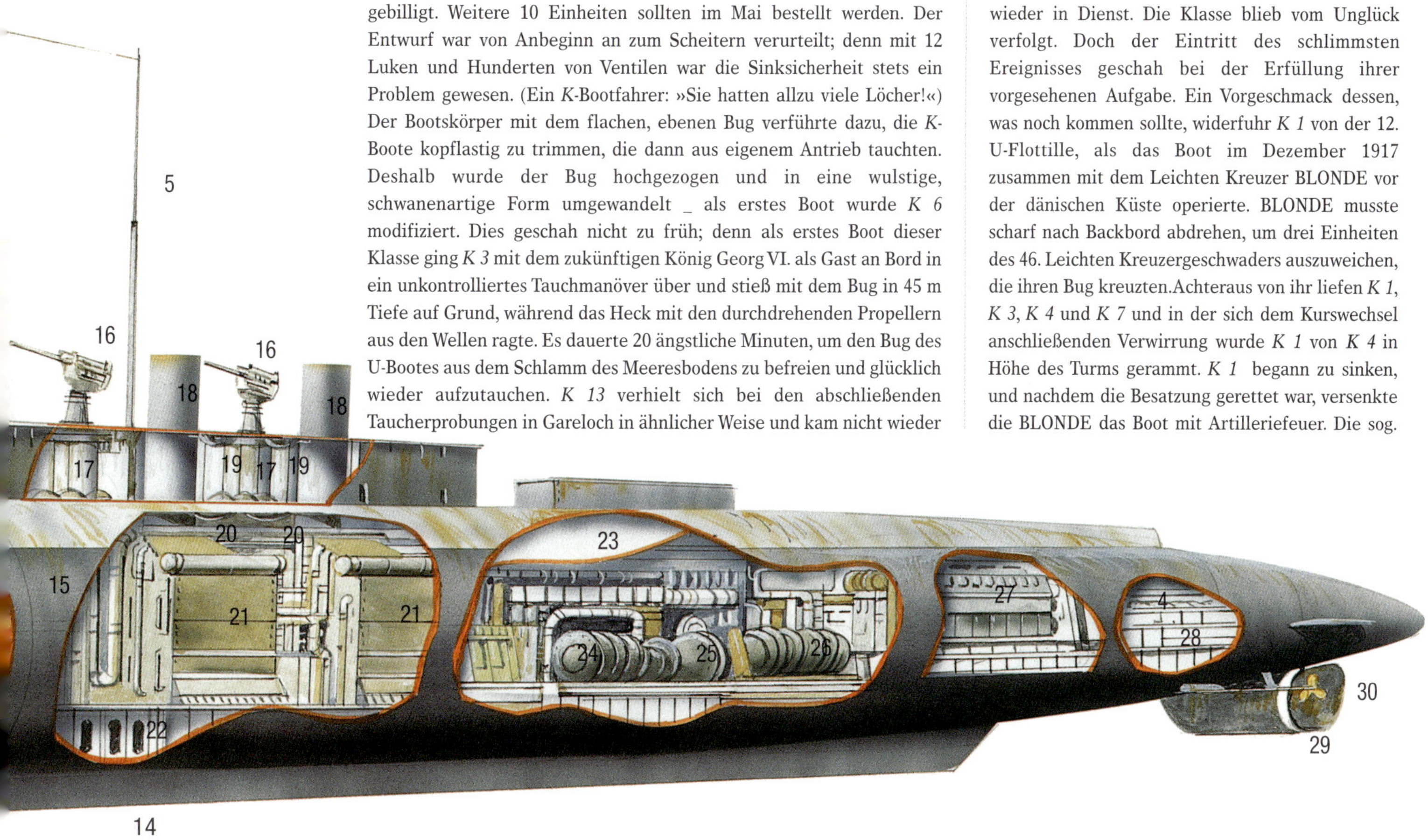

Die »Katastrophen-K's« und die »Schlacht von May Island«

Flottenunterseeboote der britischen K-Klasse 1915 - 1918

Boot:	Bauwerft:	Kiellegung:	Indienststellung:	Schicksal:
Gruppe 1				
K 1	Marinewerft Portsmouth	13.11.1915	? 05.1917	18.11.1917 versenkt durch Artilleriebeschuss (10,2 cm) des britischen Leichten Kreuzers BLONDE nach Kollision mit *K 4* vor der dänischen Küste. Besatzung gerettet.
K 2	Marinewerft Portsmouth	13.11.1915	? 02.1917	? 01.1917 Explosion und Brand während der ersten Taucherprobungen bei Portsmouth. 10.01.1924 Kollision mit *K 12* beim Auslaufen aus Portland zu Flottenmanövern. 07.11.1924 Kollision mit *H 29* während einer Übung. 13.07. 1926 verkauft, Newport.
K 3	Vickers, Barrow-in-Furness	21.05.1915	04.08.1916	? 12.1916 plötzlich getaucht bei 45 m Wassertiefe, Bug in den Schlamm am Meeresboden gebohrt, erfolgreich aufgetaucht, Stokes Ba, Gosport. 09.01. 1917 Überschwappen einer See in beide Schornsteine und Überfluten des Kesselraums, Nordsee. 02.05.1918 unkontrolliertes Tauchen in 81 m Tiefe, Teile des Bootskörpers zerdrückt. 26.10.1921 verkauft, London.
K 4	Vickers, Barrow-in-Furness	28.06.1915	01.01.1917	17.11.1917 Kollision mit *K 1* vor der dänischen Küste. 31.01.1918 Kollision mit *K 6* vor May Island, Firth of Forth, fast zur Hälfte aufgeschlitzt, gesunken ohne Überlebende.
K 5	Marinewerft Portsmouth	13.11.1915	19.05.1917	? 06.1920 unkontrolliert im Firth of Forth getaucht, Bug in den Schlamm gebohrt, erfolgreich aufgetaucht. ? 07.1920 Kollision mit veraltetem Zerstörer im Schlepp. 20.01.1921 gesunken während eines Übungstauchens, Tor Bay vor Torquay. Besatzung Gesamtverlust.
K 6	Marinewerft Devonport	08.11.1915	? 05.1917	Auftauchen verweigert während einer Taucherprobung im North-Dock, Devonport. 30.01.1918 Kollision mit *K 4* vor May Island, Firth of Forth. 30.07. 1926 verkauft, Newport.
K 7	Marinewerft Devonport	08.11.1915	? 07.1917	09.09.1921 verkauft, Sunderland.
K 8	Vickers, Barrow-in-Furness	28.06.1915	06.03.1917	11.10.1923 verkauft.
K 9	Vickers, Barrow-in-Furness	28.06.1915	09.05.1917	1921 versetzt in den Reservestatus. 23.07.1926 verkauft, Charlestown.
K 10	Vickers, Barrow-in Furness	28.06.1915	26.06.1917	04.11.1921 verkauft. 10.01.1922 gesunken im Schlepp.
K 11	Armstrong/Whitworth, Newcastle-upon-Tyne	? 10.1915	? 02.1917	1917 Brand an Bord zwang zum Auftauchen während Feindfahrt, Nordsee. Zerstörer brachte das Boot im Schlepp ein. 04.11.1921 verkauft.
K 12	Armstrong/Whitworth, Newcastle-upon-Tyne	? 10.1915	? 08.1917	11.01.1924 Kollision mit *K 2* beim Auslaufen aus Portland, vordere Verkleidung aufgerissen. 1926 in Charlestown verschrottet.
K 13	Fairfield, Govan/Clyde	21.05.1915	-	29.01.1917 abschließende Taucherprobung in Gareloch, konnte nach Überfluten des Kesselraums nicht auftauchen. Durch Schneiden von Löchern in den Rumpf 67 Mann geborgen, 31 von ihnen tot. 15.03.1917 geborgen und als *K 22* wieder in Dienst gestellt.
K 14	Fairfield, Govan/Clyde	? 11.1915	22.05.1917	31.01.1918 Kollision mit *K 22* vor May Island, Firth of Forth. beschädigter Bug. 2 Tote. 16.02.1926 verkauft, Granton.
K 15	Scott's, Greenock	19.04.1916	30.04.1918	25.06.1921 gesunken längsseits des Leichten Kreuzers CANTERBURY, Hafen Portsmouth. Juli 1921 geborgen. August 1924 verkauft, Upnor.
K 16	William Beardmore, Dumbarton/ Glasgow	? 06.1916	13.04.1918	? plötzlich getaucht nach Fehler beim Tiefensteuern, erfolgreich aufgetaucht, Gareloch. 12.12.1920 außer Dienst gestellt. 22.08.1924 verkauft. ? 09.1924 weiterverkauft, Charlestown.
K 17	Vickers, Barrow-in-Furness	? 05.1916	20.09.1917	31.01.1918 gesunken nach Kollision mit dem Leichten Kreuzer FEARLESS vor May Island, Firth of Forth. 48 Tote.
K 18	Vickers, Barrow-in-Furness	13.07.1916	-	Umbau zum U-Monitor *M 1* (siehe unten).
K 19	Vickers, Barrow-in-Furness	13.07.1916	-	Umbau zum U-Monitor *M 2* (siehe unten).
K 20	Armstrong/Whitworth, Newcastle-upon-Tyne	04.12.1916	-	Umbau zum U-Monitor *M 3* (siehe unten).
K 21	Armstrong/Whitworth, Newcastle-upon-Tyne	-	-	Auf Kiel gelegt als *M 4*. 30.11.1921 annulliert. Verkauf des unvollendeten Rumpfes.
K 22 (ex-*K 13*)	Fairfield, Govan/Clyde	21.05.1915	18.10.1917	In Dienst gestellt als *K 22*. 31.01. 1918 gerammt durch Schlachtkreuzer INFLEXIBLE vor May Island, sicher nach Rosyth zurückgekehrt. 16.12.1926 verkauft, Sunderland. 1926 verschrottet.
K 23	Armstrong/Whitworth, Newcastle-upon-Tyne	-	-	Annulliert.
K 24	Armstrong/Whitworth, Newcastle-upon-Tyne	-	-	Annulliert.
K 25	Armstrong/Whitworth, Newcastle-upon-Tyne	-	-	Annulliert.
Gruppe 2				
K 26	Vickers, Barrow/Marinewerft Chatham	? 06.1918	28.06.1923	März 1931 verschrottet, Malta.*
K 27	Vickers, Barrow-in-Furness	-	-	Annulliert.
<K 28	Vickers, Barrow-in-Furness	-	-	Annulliert.

* Die ASDIC-Anlage des Bootes erhielt im November 1931 *L 26*.

Rechts: Das auf der Königlichen Marinewerft Devonport 1915-1917 gebaute *K 7* nach dem späteren Umbau des Vorschiffes. Nach ihrer Fertigstellung zeigten die Boote der *K*-Klasse die Neigung, unerwartet und unkontrolliert über den Bug wegzutauchen, wie dies auch mit *K 3* geschah, das den späteren König Georg VI an Bord hatte. Um ein besseres Seeverhalten zu erreichen, bekamen die Boote ein neues Vorschiff: Den hochgezogenen, wulstförmigen »Schwanenbug«, der das Problem verringerte.

Unten: Einem solchen Tauchunfall fiel noch vor der Indienststellung auch *K 13* zum Opfer, wobei 31 Seeleute ums Leben kamen. Nachdem das Boot gehoben und wieder instandgesetzt worden war, wurde es mit der neuen Kennung *K 22* in Dienst gestellt. Am 31. Januar 1918 rammte der Schlachtkreuzer INFLEXIBLE in der sog. »Schlacht von May Island« das Boot, das zum Glück nicht unterging.

»Schlacht von May Island« sollte das Operieren durch Dampf angetriebener U-Boote mit der Schlachtflotte als Schwachsinn entlarven. Am 31. Januar 1918 wurde die *Operation ECI* in Gang gesetzt, ein Manöver, an dem die Schlachtgeschwader der *Grand Fleet* aus Scapa Flow und Rosyth beteiligt waren. Die vom Leichten Kreuzer ITHURIEL geführte 13. U-Flottille bestand aus *K 11*, *K 17*, *K 14*, *K 12* und *K 22*, während die vom Leichten Kreuzer FEARLESS geführte 12. U-Flottille *K 4*, *K 3*, *K 6* und *K 7* umfasste. Alle U-Boote liefen bei Dunkelheit mit hoher Fahrt.

Oben: K 22 beim Zusammenklappen der Schornsteine vor dem Tauchen, erkennbar das 10,2-cm- und das 7,6-cm-Geschütz.

Zuerst kam die 13. U-Flottille vor der Insel May im Firth of Forth in Schwierigkeiten, als sie unerwartet auf mehrere Minensuch-Trawler stieß; denn plötzlich klemmte bei *K 14* das Ruder. *K 11* und *K 17* versuchten ein Ausweichmanöver, aber das achteraus folgende *K 22* rammte *K 14* hinter dem vorderen Torpedoraum. Hierbei starben zwei Seeleute. 27 Minuten später schlitzte der 20.000 ts große Schlachtkreuzer INFLEXIBLE, das letzte Schiff in der Linie seines Schlachtgeschwaders, den Bug von *K 22* auf, während das Boot noch bewegungslos im Wasser lag. Glücklicherweise ging das U-Boot nicht unter. Die 12. U-Flottille mit der FEARLESS lief immer noch hohe Fahrt, als sie auf die U-Boote der 13. U-Flottille stießen, die ihren Kurs kreuzten und im Wasser nach Überlebenden der vorhergehenden Kollision suchten. Hierbei rammte FEARLESS *K 17*, das dritte Boot der Linie, vor dem Turm und beschädigte das Vorschiff schwer. Das U-Boot sank in genau acht Minuten und riss 48 Mann seiner Besatzung mit in die Tiefe. Achteraus der FEARLESS hörte *K 4* das warnende Heulen ihrer Sirene, stoppte die Maschinen und vermied nur knapp eine Kollision mit *K 3*. Hingegen rannte *K 6* in *K 4* hinein, schnitt das Boot faktisch in zwei Hälften und fügte sich selbst schwere Schäden zu. Mit dem Bug überfuhr *K 7* noch das sinkende *K 4*, deren gesamte Besatzung umkam. Das Ergebnis dieser gerade 75 Minuten dauernden Übung mit der Schlachtflotte bestand in zwei gesunkenen und drei schwer beschädigten U-Booten sowie im Verlust von 105 Seeleuten. Die Gefahren von Übungen mit schweren Einheiten zeigten sich 1924 in den ersten Stunden eines gemeinsamen Manövers mit der Atlantikflotte erneut, als *K 2* mit *K 12* kollidierte, während sie aus dem Hafen von Portland ausliefen. *K 2* zerschlug die vordere Verkleidung des Schwesterbootes und verbog deren Bug um etwa 1,8 m.

Q-Schiffe und Seelöwen: Der Kampf um die Seeherrschaft im 1. Weltkrieg

Die Besatzung des britischen U-Bootes *H 24* in deutschen Uniformen 1927 bei Dreharbeiten zu einem Film über *Q*-Schiffe.

Als am 4. August 1914 zwischen Großbritannien und Deutschland der Krieg ausbrach, hatte die deutsche Hochseeflotte in der Nordsee 20 U-Boote im Einsatz, aufgestellt in einer dünnen Verteidigungslinie. Die zahlreicheren britischen U-Boote waren zur örtlichen Verteidigung der Häfen am Kanal und an der Ostküste konzentriert:[1] 7 Boote der *C*-Klasse in Dover, je 6 in Sheerness und im Humber sowie 12 in Leith. 10 Boote der *E*-Klasse zusammen mit 4 der *D*-Klasse in Harwich. Die Boote der veralteten *A*- und *B*-Klasse waren in Adrossan, Devonport und auf Malta stationiert. Bis der Krieg am 11. November 1918 zu Ende war, sollten beide U-Bootwaffen erschreckende Verluste erleiden. Doch bis dahin würde sich das Unterseeboot auch als eine überzeugende und ernst zu nehmende Kriegswaffe erwiesen haben. Seinen strategischen Wert sollten der deutsche U-Boothandelskrieg und der britische U-Booteinsatz in der Ostsee und in den Dardanellen demonstrieren. Die Briten wären fast in die Knie gezwungen worden, stranguliert durch die 1917 von den deutschen U-Booten verursachten hohen Verluste, die 3.660.000 BRT an Handelsschiffsraum aus einem Gesamtverlust von mehr als 6 Millionen BRT in diesem einen Jahr ausmachten. Von insgesamt 14.721 umgekommenen Seeleuten der britischen Handelsmarine verloren 6500 allein 1917 ihr Leben.

Von den in Verlust geratenen 12.618.283 BRT an Handelsschiffsraum im 1. Weltkrieg gingen etwa 11.135.460 BRT – 88 %[2] – auf das Konto der deutschen U-Bootwaffe. Zudem ergaben sich im Verlauf des Krieges wichtige taktische Erkenntnisse, die von der des Zweiten Weltkrieges wirksam genutzt wurden. Der erfolgreichste deutsche U-Bootkommandant (*U 35*, *U 139*) aller Zeiten und Marinen war Kptlt. Lothar v. Arnauld de la Periére (1886-1941). Er versenkte 194 Handelsschiffe mit insgesamt 453.716 BRT. Durch deutsche U-Boote verloren die Alliierten 39 größere Kriegsschiffe (Zerstörer und darüber), darunter neun Schlachtschiffe (fünf britische, drei französische und ein italienisches) sowie sieben Kreuzer (sechs britische und ein italienischer).

Den ersten Erfolg erzielte die *Royal Navy*, als der Kreuzer BIRMINGHAM (5440 ts) der CHATHAM-Klasse am 9. August *U 15* im Fair-Isle-Kanal zwischen den Orkney- und den Shetland-Inseln durch Rammstoß mit der gesamten Besatzung versenkte. Auf deutscher Seite ergab sich der erste Erfolg am 5. September 1914, als *U 21* den Leichten Kreuzer PATHFINDER (3000 ts) bei St. Abb's Head vor dem Firth of Forth torpedierte. 18 Tage später versenkte *U 9* in nur 75 Minuten die drei älteren Panzerkreuzer ABOUKIR, HOGUE und CRESSY (12.000 ts) unter dem Verlust von 1460 britischen Seeleuten vor Hoek van Holland. Und rund einen Monat später versenkte *U 17* am 20. Oktober das erste Handelsschiff des U-Bootkrieges: den britischen Dampfer GLITRA (866 BRT) vor Südnorwegen, dessen Besatzung in die Rettungsboote ging. Am 4. Februar 1915 erklärte die deutsche Regierung die Gewässer rund um die Britischen Inseln zur Kriegszone und warnte, dass vom 18. Februar an »jedes darin angetroffene gegnerische Handelsschiff ... vernichtet werden wird, ohne dass es stets möglich ist, alle Gefahren für Besatzung und Passagiere zu vermeiden«. Die Warnung galt auch für die neutrale Schifffahrt, die das erste Opfer bringen musste. Am 19. Februar torpedierte *U 16* ohne Warnung das belgische Schiff BELRIDGE im Kanal, während am 25. März das neutrale holländische Schiff MEDEA versenkt wurde, das angehalten und untersucht worden war. Wiederum ohne Warnung torpedierte *U 30* am 1. Mai die amerikanische GULF-LIGHT vor den Scilly-Inseln. Sechs Tage später versenkte *U 20* den britischen Liner LUSITANIA (30.000 BRT) unter dem Verlust von 1198 Menschen mit einem einzigen Torpedoschuss. In den 12 Monaten bis einschl. Dezember 1915 waren nahezu 900.000 BRT an britischem Handelsschiffsraum versenkt worden, darunter auch 94 Schiffe durch Minen, gelegt durch die *UC*-Boote der U-Flottille Flandern, die in den eroberten belgischen Häfen Brügge und Zeebrügge stationiert waren. Für die *Royal Navy* waren die Anzeichen und Vorboten bitter. Obwohl die Anzahl der versenkten U-Boote stieg, baute sie die leistungsfähige deutsche Werftindustrie in stets steigender Zahl: 1915 wurden 52 U-Boote gebaut und 19 versenkt, 1916 standen 108 Neubauten gegen 22 Versenkungen. Die britische Admiralität stand im Begriff, das Zahlenspiel zu verlieren. Sie griff zu neuen Taktiken, um U-Boote in Fallen zu locken. Trawler als Köder schleppten getaucht Boote der *C*- und *E*-Klasse und wenn ein deutsches U-Boot das Schiff über Wasser angriff, sollte es das britische U-Boot nach Lösen der Schleppverbindung torpedieren. Diese Taktik war anfänglich erfolgreich: *C 24* versenkte am 23. Juni 1915 *U 40* und *C 27* einen knappen Monat später *U 23*. Doch das Unheil sollte folgen. Am 4. August erhielt *C 33* bei Operationen mit dem bewaffneten Trawler MALTA einen Minentreffer und am 29. August ging *C 29* verloren, als sein Trawler in eine Minensperre geriet. Die Taktik wurde aufgegeben. Neue Ausrüstung und neue Techniken mussten entwickelt werden. So wurde die U-Bootfalle – das *Q*-Schiff – geboren. Hierbei handelte es sich um ältere Überwasserschiffe mit Geschützen, die unter Deckshaus-

Ursachen der Unterseebootsverluste im 1. Weltkrieg

Ursache	Australien	Österr.-Ung.	Großbritannien	Frankreich	Deutschland	Italien	Russland	USA
Wasserbomben:	-	-	-	-	22	-	-	-
Artillerie:	-	-	4	3	23	1	2	-
Rammstoß:	-	1	-	1	20	-	-	-
Feindminen:	-	3	11	1	38	1	-	-
Eigene Minen:	-	-	2	-	10	-	-	-
Flugzeuge:	-	-	1	1	6	-	-	-
Feindl. U-Boote:	-	1	5	3	19	2	-	-
Eig. Torpedo:	-	-	-	-	2	-	-	-
Selbst versenkt:	1	1	9	2	17	-	12	-
Interniert:	-	-	1	-	9	-	-	-
Schiffbruch:	1	-	4	-	8	-	-	-
Unfall:	-	-	9	2	2	-	2	2
Andere:	-	2	3	-	8	2	-	-
Unbekannt:	-	1	7	1	25	1	4	-
Kapituliert:	-	-	-	-	175	-	-	-
Erbeutet:	-	-	-	-	1	1	8	-
Insgesamt:	**2**	**9**	**56**	**14**	**385**	**8**	**28**	**2**

Anmerkung: Die Rubrik »Andere« umfasst auch durch »Eigenen Beschuss« versenkt: **Deutschland:** 1, **Großbritannien:** 3, **Italien:** 2. (*H 5:* 15.04.1918 versenkt irrtümlich durch britisches *H 1* vor Cattaro (Kotor), Adria. ALBERTO GUGLIELMOTTI: ? 03.1917 versenkt irrtümlich durch einen britischen Zerstörer vor Sardinien.)

Erster Weltkrieg: Gesamtverlust an Handelsschiffsraum (In Bruttoregistertonnen: BRT)

	ALLIIERTE				NEUTRALE			
	Großbritannien einschl. Empire	USA*	Andere Alliierte**	Alliierte insgesamt	USA*	Andere Neutrale	Neutrale insgesamt	Insgesamt
1914	252.738	-	18.548	271.286	-	48.480	48.480	319.766
1915	885.471	-	213.067	1.098.538	16.154	197.424	213.578	1.312.116
1916	1.231.867	-	468.819	1.700.686	14.720	590.163	604.883	2.305.569
1917	3.660.054	148.424	986.419	4.794.897	17.538	1.265.687	1.283.225	6.078.122
1918	1.632.228	142.230	475.258	2.249.716	-	352.994	352.994	2.602.710
INSGESAMT	7.662.358	290.654	2.162.111	10.115.123	48.412	2.454.748	2.503.160	12.618.283

* Der Kriegseintritt der USA gegen Deutschland erfolgte am 6. April 1917. Schiffsverluste vor diesem Zeitpunkt sind in der Rubrik »Neutrale« und danach getrennt unter »Alliierte« erfasst. Der Gesamtverlust an US-Handelsschiffsraum betrug 339.066 BRT.

** Der Friedensvertrag von Brest-Litowsk vom 3. März 1918 beendete die russische Teilnahme am Krieg. Danach eingetretene russische Schiffsverluste sind in der Rubrik »Neutrale« enthalten.

Attrappen versteckt waren. Sie sollten ein U-Boot zu einem Angriff auf nahe Entfernung verleiten, um dann das Feuer zu eröffnen. Insgesamt 193 ältere Trampdampfer und unschuldig aussehende Schoner wurden hierzu von der Marine beschlagnahmt. Nur die am 27. August 1917 vom Stapel gelaufene HYDERABAD wurde als *Q*-Schiff zweckgebaut. Den ersten Erfolg erzielte am 24. Juli 1915 die PRINCE CHARLES (270 BRT), ein Kohlendampfer, der 10 sm WSW von North Rona/Hebriden *U 36* versenkte. Dann versenkte am 11. August 1915 der bewaffnete Fischdampfer INVERLYON (93 BRT) *UB 4* vor Great Yarmouth in der Nordsee. Bis zum Ende des Krieges versenkten die *Q*-Schiffe 14 U-Boote und beschädigten weitere 60. Vier *Q*-Schiffe versenkten jedes zwei U-Boote: FARNBOROUGH (Q 5) *U 68* am 22. März 1916 vor der Küste von Kerry/Irland und *UB 83* am 17. Februar 1917 vor der irischen SW-Küste; PRIVET (Q 19) *U 85* am 12. März 1917 südl. von Start Point/Kanal (sie sank selbst nach dem Gefecht, wurde aber am nächsten Tag geborgen) und zusammen mit *ML 155* am 9. November 1918 *U 34* in der Straße von Gibraltar; BARALONG[3] *U 27* am 19. August 1915 vor den Scilly-Inseln und *U 41* am 24. September 1915 SW der Scilly-Inseln; PENHURST (Q 7)[4], 1191 BRT, *UB 19* am 30. November 1916 18 sm NW des *Casquets*-Leuchtfeuers, Kanal, und *UB 37* am 14. Januar 1917 20 sm vor Cherbourg, Kanal. Andererseits versenkten die U-Boote über 20 *Q*-Schiffe.

Die Briten suchten nach weiteren technischen Möglichkeiten, um der deutschen U-Bootgefahr zu begegnen. Im Juli 1915 richtete die Admiralität das »Amt für Forschung und Erfindungen« ein, dass eine Unmenge verschiedener Techniken und Taktiken untersuchte. Zur Ortung der Kurse wurden Seemöwen genauso wie Seelöwen vorgeschlagen – Vorläufer von Vorgehensweisen in den USA und der Sowjetunion, die in den 1970er Jahren mit Delphinen untersucht wurden. Zwei erfolglose Experimente mit Seelöwen fanden am 7. Januar und 17. Mai 1917 im schottischen Gareloch statt. Doch 1916 tauchte mit der »ASDIC« (*Anti-Submarine Detector Investigation Committee*) genannten Anlage eine wirkungsvolle, potenzielle Waffe zur Ortung von U-Booten auf – der Vorläufer des »Sonars«. Erste Versuche benutzten hinter einem Schiff geschleppte passive Horchgeräte, um das U-Bootsgeräusch aufzufassen. Die Asdic-Anlage sandte einen Schallimpuls oder »Ping« aus, den das Wasser übertrug und der ein Echo erzeugte, wenn er auf ein Unterwasserobjekt traf. Die Richtung des Echos und die Zeit, die bis zu seiner Rückkehr vergangen war, gaben Entfernung, Tiefe und Peilung an. Erste Versuche mit dem Asdic begannen am 5. Juni 1917 in Harwich – zu spät, um den U-Bootkrieg noch zu beeinflussen. Horchgeräte orteten jedoch den tapferen, aber erfolglosen Angriff von *UB 116* am 28. Oktober 1918 auf Scapa Flow, den britischen Ankerplatz der *Grand Fleet* in den Orkneys. Das U-Boot sank durch Minentreffer. Die Seeminen waren wirkungsvolle U-Abwehrwaffen; auf ihr Konto kamen 38 deutsche U-Boote (siehe Tabelle). Eine im Winter 1917 gelegte neue Minensperre (die »Zareba«) am Ostausgang des Kanals sperrte dieses Seegebiet für die von den belgischen Häfen aus operierenden U-Boote und 1917/18 fielen ihr 14 U-Boote zum Opfer. Da das blutige Patt an der Westfront anhielt, entschied das deutsche Oberkommando im Februar 1917, den »uneingeschränkten U-Bootkrieg« einzuführen. Neue U-Kreuzer zusammen mit den zu U-Kreuzern umgebauten Handels-U-Booten kamen im Atlantik vor allem vor der Ostküste der USA zum Einsatz. Mit 100 in See stehenden U-Booten stieg der versenkte Handelsschiffsraum steil nach oben: 540.000 BRT im Februar, 593.840 BRT im März und mit 881.000 BRT im April 1917 auf den Höhepunkt. In diesem Monat gingen 423 britische Schiffe verloren, darunter allein am 19. April elf Handelsschiffe und acht Fischdampfer. Nach Schätzung der Admiralität konnte dieses Ausmaß an Verlusten höchstens fünf Monate durchgehalten werden. Die Rechnung schien für die Deutschen aufzugehen. Obwohl die *Royal Navy* in der napoleonischen Zeit das Geleitzugsystem erfolgreich angewendet hatte, waren die Lehren vergessen worden. Angesichts der steigenden Verluste versuchte die Admiralität, das System zum Schutz der Handelsschifffahrt versuchsweise einzuführen, und am 10. Mai 1917 lief ein erster Geleitzug mit den beiden *Q*-Schiffen MAVIS und RULE als Sicherung von Gibraltar nach England aus.

[1] Das Gros der französischen U-Bootflotte war ebenfalls zur Hafenverteidigung in Cherbourg konzentriert.
[2] Die übrigen Verluste ergaben sich zu 8 % durch Minen und zu 4 % durch Überwasser-Kriegsschiffe.
[3] A.d.Ü.: Die BARALONG vernichtete *U 27* am 19.08.1915 durch einen überraschenden Feuerüberfall. 11 überlebende U-Bootfahrer wurden von den Briten zum Teil im Wasser schwimmend oder auf dem US-Dampfer NICOSIAN, auf den sie sich gerettet hatten, unter den Augen der entsetzten Amerikaner erschossen. Diese unter Missachtung des Völkerrechtes begangenen Kriegsverbrechen verübte die BARALONG unter neutraler US-Flagge. Ähnliche Umstände waren bei *U 41* der Fall.
[4] Durch *U 110* am 24.12.1917 im Bristol-Kanal versenkt. Insgesamt gingen 38 *Q*-Schiffe verloren.

Eine Woche später richtete die Admiralität einen Geleitzug-Ausschuss ein und am 24. Mai ging ein weiterer Geleitzug versuchsweise von Newport News/USA in See, gesichert durch den alten Panzerkreuzer ROXBURGH (10.850 ts).[5] Am 17. Juni 1917 billigte die Admiralität die Pläne für das Geleitzugsystem und suchte aus den in Bedrängnis befindlichen Zerstörerflottillen die Sicherungseinheiten zusammen, bis die 39 *Sloops* der neuen *Flower*-Klasse (1290 ts) zwischen August 1917 und Juni 1918 eilends gebaut wurden und den Druck abschwächten.[6] Mit vier 10,2-cm- oder zwei 7,6-cm-Fla-Geschützen und vier Wasserbombenwerfern waren sie die ersten zweckgebauten Überwasserschiffe zur U-Jagd. Der erste regulär gesicherte Geleitzug aus Handelsschiffen verließ am 2. Juli 1917 Hampton Roads/Virginia. Danach verringerten sich 1918 die Verluste auf 44 % der hohen Verlustzahlen von 1917. Die Zahl der durch Feindeinwirkung versenkten U-Boote stieg von 57 (1917) auf 65 (1918), darunter drei aufgetauchte U-Boote *(UB 20, UB 32, UC 36)* durch britische Fliegerbomben. Das Wagnis des U-Bootkrieges war gescheitert. Der erfolglose Angriff am 7. November auf die SARPEDON war der letzte gegen ein Handelsschiff und die *Royal Navy* verlor als letztes Schiff den Minensucher ASCOT (810 ts) am 10. November vor den Farne-Inseln durch *UB 67*.

Während des Krieges waren 210 deutsche U-Boote mit nahezu 5000 Besatzungsangehörigen auf See geblieben. Bei Kriegsende waren noch 175 einsatzfähige Boote[7] vorhanden und weitere 224 Boote waren im Bau. Erstere mussten ausgeliefert werden, beginnend am 19. November 1918 in Harwich, wobei fünf Boote unterwegs sanken. Der Vertrag von Versailles diktierte 1919 in Art. 191: »Der Bau und Erwerb aller Unterwasserfahrzeuge, selbst zu Handelszwecken, ist Deutschland untersagt.«

5) ROXBURGH versenkte *U 89* am 12. Februar 1918 vor Malin Head an der irischen Nordküste.
6) 20 *Sloops* dieser Klasse gingen während des Krieges verloren, darunter 12 durch U-Boot-Torpedo.
7) 65 Küstenboote des Typs UB, 42 Küstenminenleger des Typs UC, 60 Hochseeboote und 8 U-Kreuzer.

Unten: Der 1925 in Dienst gestellte britische U-Kreuzer *X 1* (3600 ts getaucht) besaß als Bewaffnung neben sechs 53,3-cm-Bugtorpedorohren auch zwei 13,2-cm-Zwillingsgeschütze an Oberdeck, entworfen, um auf den Ozeanen Handelskrieg zu führen. Sehr schön ist das *White Ensign* zu erkennen, die Kriegsflagge der *Royal Navy* mit dem roten St. Georgskreuz und dem *Union Jack* in der Gösch.

U-BOOTE DER ZWISCHENKRIEGSZEIT

NACH DEM ERSTEN WELTKRIEG ENTWARFEN DIE U-BOOTKONSTRUKTEURE Boote mit größerer Seeausdauer für Feindfahrten von großer Reichweite, vor allem den deutschen Typ VII B/C und die britische *T*-Klasse. Letztere war noch bis in die 1960er Jahre hinein in Dienst. Die großen Seemächte liebäugelten auch mit U-Kreuzern zur Führung des U-Boothandelskrieges, bewaffnet mit Geschützen größeren Kalibers. Den Höhepunkt dieser Entwicklung bildete die unglückliche SURCOUF Frankreichs.

Die Hochseeunterseeboote der sowjetischen DEKABRIST-Klasse 1927

Länge über alles:	76,57 m
Breite (max.):	6,37 m
Wasserverdrängung:	
Über Wasser:	940 t
Unter Wasser:	1240 t
Höchstgeschwindigkeit:	
Über Wasser:	15,3 kn
Unter Wasser:	8,7 kn
Bewaffnung:	8 x 53,3-Torpedorohre (6 Bug, 2 Heck)
Torpedos:	5 Reserve
Geschütze:	1 x 10,2-cm-Decksgeschütz B 2 vorn (120 Schuss), 1 x 4,5-cm-Fla-Geschütz 21 K achtern (500 Schuss)
Motorenanlage:	2 Wellen
Dieselmotoren:	2 x MAN/1100 PS (bei *D 1* und *D 2*), 2 x sowj. 42 B 6/1100 PS (bei *D 3 - D 6*)
E-Motoren:	2 x 525 PS
Fahrbereich:	
Über Wasser:	8950 sm bei 8,9 kn
Unter Wasser:	158 sm bei 2,9 kn
Tauchtiefe:	90 m (max.), 75 m (Dienst)
Besatzungsstärke:	53

Auf die Einsatzerfahrungen des 1. Weltkrieges gestützt, kam mit der *D-* oder DEKABRIST-Klasse von 1927 der erste Versuch der Sowjetunion eines heimischen U-Bootbaus zustande. Die Leitung des Konstruktionsamtes hatte der Ingenieur Boris Malinin, von dem 1916/17 die BARS-Klasse stammte, obwohl beharrlich von technischer Unterstützung Italiens berichtet wird. Zum erstenmal waren russische Boote durch wasserdichte Schotte unterteilt und mit großer Reichweite für den Angriff auf feindliche Handelswege entworfen worden. Im März 1927 wurden die ersten drei Boote auf Kiel gelegt. Sie hatten genietete Rümpfe aus Hochfestigkeitsstahl und reichliche 45 % Auftriebsreserve. Ursprünglich war geplant, die Klasse sollte je ein 10,2-cm-Decksgeschütz vorn und achtern führen, aber später wurde das achtere Geschütz durch eine 4,5-cm-Flak ersetzt. Während der Erprobungen im Juni 1930 erwies sich die DEKABRIST in der Handhabung als instabil und entfaltete die beunruhigende Neigung, dass sich das Flutventil des Schnelltauch- oder Reglertanks während der Tauchfahrt unerwartet öffnete. Technisch hinkte die Klasse zehn Jahre hinter dem westlichen Standard her und wurde 1938-1941 für den Kriegseinsatz in der Ostsee und im Schwarzen Meer modernisiert. NARODOVOLEC erhielt im Juni 1944 ein britisches Asdic vom Typ 129 und ein neues Torpedoabschuss-System. Doch der heimische U-Bootbau hatte mit dieser Klasse festen Fuß gefasst. Ihr folgte die *L-* oder LENINEC-Klasse mit sechs Minenlegern, deren Kiel von 1928-1930 gestreckt wurde. Sie beruhten auf dem gleichen Bootskörper, bewiesen jedoch eine geringere Leistungsfähigkeit.

Hochseeunterseeboote der sowjetischen DEKABRIST-Klasse

Boot:	Bauwerft:	Kiellegung:	Indienststellung:	Schicksal:
DEKABRIST (D 1)	Ordžonikidse-Werft, Leningrad*	05.03.1927	18.11.1930	? 11.1940 gesunken nach unerwartetem Fluten der Reglerzelle bei Übungen in der Ostsee.
NARODOVOLEC (D 2)	Ordžonikidse-Werft, Leningrad	05.03.1927	11.10.1931	11.08.1941 schwer beschädigt durch deutschen Luftangriff. ? 08.1956 als *UTS 6* Ausbildungsdienst. 05.03.1987 außer Dienst gestellt. Jetzt Ausstellung im Zentralen Marinemuseum, St. Petersburg.
KRASNOGVARDEEC (D 3)	Ordžonikidse-Werft, Leningrad	05.03.1927	11.11.1931	1935 gesunken bei Ostsee-Übungen. Gehoben und wieder in Dienst gestellt. ? 06.1942 versenkt vermutlich durch Minentreffer vor Norwegen.
REVOLJUCIONER (D 4)	Marti-Werft (Süd), Nikolajew*	14.04.1927	05.01.1931	04.12.1943 versenkt durch Wasserbomben der deutschen U-Jäger *UJ 103* und *UJ 102*.
SPARTAKOVEC (D 5)	Marti-Werft (Süd), Nikolajew	14.04.1927	17.05.1931	1957 verschrottet.
JAKOBINEC (D 6)	Marti-Werft (Süd), Nikolajew	14.04.1927	12.06.1931	12.11.1941 versenkt durch deutschen Luftangriff in Sewastopol.

* Werft 189; vor 1918 und heute Baltische Werft, St. Petersburg. Werft 444; Andre-Marti-Werft (Süd), heute Nosenko-Südwerft, Nikolajew.

Bei dieser 1933 in Dienst gestellten Klasse wurden die beiden Hecktorpedorohre durch waagerechte, wasserdichte Schächte für 20 Grundminen ersetzt.

Links: Oben, Mitte und unten: Die *D-* oder DEKABRIST-Klasse zeigte sich als sehr seetüchtig, manövrierfähig und schnell tauchend, beeinträchtigt nur durch schlechte Wartung und ständige Reparaturen. Die Linien des Bootskörpers verrieten, dass die Entwurfsgrundlage aus dem 1. Weltkrieg stammte. Doch diese erprobte Herkunft erwies sich auch als Ursache für die ausgezeichneten See-Eigenschaften. Auf dem Bild in der Mitte ist am Heck des Bootes die sowjetische Kriegsflagge zur See zu erkennen: Auf weißem Grund ein roter Stern sowie daneben Hammer und Sichel ebenfalls in Rot mit einem hellblauen Balken als Abschluss nach unten.

Rechts: Die OSWALD der Gruppe 3, 1940 durch Rammstoß eines italienischen Zerstörers im Mittelmeer versenkt. Die Boote der *O-* oder OBERON-Klasse hatten verstärkte Druckkörper, einen Rammbug (links im Bild deutlich zu erkennen) und eine Plattform unmittelbar vor dem hohen Turm mit einem 10,2-cm-Decksgeschütz. Infolge der hohen Bunkerkapazität lief bei ihnen der Tauchvorgang gefährlich schnell ab und war schwierig zu beherrschen.

Die britische *O*-Klasse 1924–1928 für den Einsatz in Fernost

Die britische *O*- oder OBERON-Klasse, entworfen für Operationen mit langer Seeausdauer im Fernen Osten, trug als erste statt Anfangsbuchstabe der Klasse und Bootsnummer einen Namen. Erreicht wurde die gegenüber der früheren *L*-Klasse gesteigerte Reichweite durch ein Boot mit außen gelegenen Satteltanks und einer Bunkerkapazität von fast 200 ts Treiböl. Leider litten diese genieteten Tanks an häufiger Undichtigkeit, die bei Tauchfahrt eine verräterische Ölspur hinterließen. Zwei Boote von etwas unterschiedlichem Entwurf – *AO 1* und *AO 2* – baute Vickers für die *Royal Australian Navy* (RAN). Sie verließen im Februar 1928 England, wurden aber im Mai 1930 infolge von Haushaltsbeschränkungen außer Dienst gestellt und erhielten Reservestatus. Im April 1931 erfolgte in Sydney als OXLEY und OTWAY eine Wiederindienststellung für die *Royal Navy*. Drei weitere Boote, die bis Ende der 1950er Jahre in Dienst blieben, erhielt die chilenische Marine. OXLEY war der erste britische U-Bootsverlust des 2. Weltkrieges, als das Boot am 10. September 1939 außerhalb des zugewiesenen Operationsgebietes irrtümlich von HMS/m TRITON vor Obrestad/Norwegen torpediert wurde. Es gab nur zwei Überlebende. ODIN, OLYMPUS, ORPHEUS und OTUS dienten in Fernost, 1930-1939 entweder in Singapur oder Hongkong stationiert. Unmittelbar nach Kriegsausbruch verlegten sie ins Mittelmeer, unterbrochen durch eine kurze Dienstzeit in Colombo. 1942 wurden sie aus der Front gezogen und in den Ausbildungsdienst versetzt. OXLEY, OLYMPUS, OSWALD, ODIN und ORPHEUS waren Kriegsverluste. Die letzteren drei Boote wurden von italienischen Zerstörern versenkt. Die anschließende *P*- oder PARTHIAN-Klasse aus sechs Einheiten war eine verbesserte Version der *O*-Klasse (Gruppe 3) und 1,83 m länger. Vier dieser Boote dienten ebenfalls vor dem Krieg auf der China-Station und verlegten nach Kriegsausbruch wie die der *O*-Klasse ins Mittelmeer.

	Gruppe 1	Gruppe 2
Länge über alles:	83,82 m*	86,41 m
Breite (max.):	8,53 m	9,14 m
Wasserverdrängung:		
Über Wasser:	1311 ts*	1781 ts
Unter Wasser:	1892 ts	2030 ts
Höchstgeschwindigkeit:		
Über Wasser:	15,5 kn	17,5 kn
Unter Wasser:	9 kn	9 kn
Bewaffnung:	8 x 53,3-cm-Torpedorohre (6 Bug, 2 Heck) durchweg	
Torpedos:	8 Reserve	6 Reserve
Geschütze:	1 x 10,2-cm-Decksgeschütz, 2 x 7,69-mm-Lewis-MGs durchweg	
Motorenanlage:	2 Wellen durchweg	
Dieselmotoren:	2 x 3000 PS	2 x 4400 PS
E-Motoren:	2 x 1350 PS	2 x 1320 PS
Fahrbereich:		
Über Wasser:	8400 sm bei 10 kn durchweg	
Unter Wasser:	70 sm bei 4 kn durchweg	
Tauchtiefe:	90 m durchweg	
Besatzungsstärke:	54 durchweg	

* OXLEY und OTWAY, die beiden ex-RAN-Boote, verdrängten 1349 ts aufgetaucht und 1872 ts getaucht. Die Länge über alles dieser Boote betrug 84,89 m. Sie liefen über Wasser 15 kn.

Hochsee-Patrouillen-U-Boote der britischen *O*-Klasse

Boot:	Bauwerft:	Kiellegung:	Indienststellung:	Schicksal:
Gruppe 1				
OBERON (ex-*O 1*)	Marinewerft Chatham	22.04.1924	24.08.1927	14.08.1945 verkauft.
OXLEY (ex-*AO 1*)	Vickers, Barrow-in-Furness	24.08.1925	22.07.1927	? 02.1928 nach Australien. ? 05.1930 Reservestatus. ? 04. 1931 Wiederindienststellung für RN, Sydney. 10.09.1939 irrtümlich versenkt durch britisches U-Boot TRITON vor Obrestad, Norwegen.
OTWAY (ex-*AO 2*)	Vickers, Barrow-in-Furness	24.08.1925	09.09.1927	Februar 1928 - April 1931 siehe OXLEY. 14.08.45 verkauft und verschrottet.
Gruppe 2				
OSIRIS	Vickers, Barrow-in-Furness	12.05.1927	27.02.1929	? 09.1946 verschrottet in Südafrika.
OTUS	Vickers, Barrow-in-Furness	31.05.1927	05.07.1929	? 05.1946 verkauft, Südafrika. ? 09.1949 selbst versenkt vor Durban.
OSWALD	Vickers, Barrow-in-Furness	30.05.1927	05.07.1929	01.08.1940 versenkt durch Rammstoß des italienischen Zerstörers UGOLINO VIVALDI vor Kap Spartivento/ Südspitze Kalabriens. 52 Überlebende.
ODIN	Marinewerft Chatham	23.06.1927	21.12.1929	13.06.1940 versenkt durch italienischen Zerstörer STRALE, Golf von Tarent.
OLYMPUS	William Beardmore, Dumbarton/Glasgow	14.04.1927	14.06.1930	1940 umgebaut zum Transport von Nachschub und Personen nach Malta. 08.05.1942 Minentreffer vor Malta. 9 Überlebende.
ORPHEUS	William Beardmore, Dumbarton/Glasgow	14.04.1927	23.09.1929	16.06.1940 versenkt durch italienischen Zerstörer TURBINE nördl. von Tobruk.
Für die chilenische Marine gebaute Boote:				
ALMIRANTE SIMPSON	Vickers, Barrow-in-Furness	15.11.1927	14.09.1929	1958 verschrottet.
CAPITAN O'BRIEN	Vickers, Barrow-in-Furness	15.11.1927	19.06.1929	1958 verschrottet.
CAPITAN THOMSON	Vickers, Barrow-in-Furness	15.11.1927	24.05.1929	1958 verschrottet.

S-Klasse: Die umfangreichste britische Klasse

Die britische *S*-Klasse wurde gebaut, um dem Bedürfnis nach einem Patrouillen-U-Boot von großer Reichweite nachzukommen. So entstand von 1930 bis 1945 in 13 Jahren in drei Gruppen gefertigt mit 62 Einheiten die umfangreichste U-Bootklasse, die je in Großbritannien gebaut wurde. Im Gegensatz zu den undichten Heizölbunker/ Tauchzellen in den genieteten, außen gelegenen Satteltanks der *O*-Klasse hatten die Konstrukteure der Admiralität bei den Booten der *S*-Klasse die Bunker bzw. Tauchzellen innen untergebracht. Die SPEARFISH war die erste britische Marineeinheit, die im 2. Weltkrieg angegriffen wurde, als ein deutsches U-Boot am 3. September 1939 um 11.04 Uhr – vier Minuten nach Inkrafttreten der Kriegserklärung Großbritanniens an Deutschland – erfolglos einen Torpedo schoss. Mit der Versenkung des deutschen Vorpostenbootes *V 209* (428 BRT) am 20. November 1939 erzielte die STURGEON den ersten britischen U-Booterfolg. Eine Wiederholung des unheilvollen Angriffs der TRITON auf die OXLEY ereignete sich am 14. September, als die STURGEON vor der Küste Norwegens einen Dreierfächer auf ihr Schwesterboot SWORDFISH schoss. Zum Glück gingen

	Gruppe 1	Gruppe 2	Gruppe 3
Länge über alles:	61,70 m	63,58 m	66.08 m
Breite (max.):	7,28 m	7,28 m	7,19 m
Wasserverdrängung:			
Über Wasser:	730 ts	768 ts	865 ts
Unter Wasser:	927 ts	960 ts	990 ts
Höchstgeschwindigkeit:			
Über Wasser:	13,5 kn	13,5 kn	14,5 kn
Unter Wasser:	10 kn	10 kn	9 kn
Bewaffnung:	6 x 53,3-cm-Bugtorpedorohre durchweg (Gruppe 3 plus ein Heckrohr)		
Torpedos:	6 Reserve durchweg (Gruppe 1 und 2 alternativ 12 Minen M 2)		
Decksgeschütze:	1 x 7,6 cm	1 x 7,6 cm	1 x 10,2 cm*
Motorenanlage:	2 Wellen (Gruppe 1: eine)		
Dieselmotoren:	2 x 1550 PS	2 x 1550 PS	2 x 1900 PS
E-Motoren:	2 x 1300 PS	2 x 1300 PS	2 x 1440 PS
Fahrbereich:			
Über Wasser:	3700 sm bei 10 kn	3800 sm bei 10 kn	6000 sm bei 10 kn
Unter Wasser:	?	?	?
Tauchtiefe:	95 m	95 m	110 m
Besatzungsstärke:	38	40	49

* Gruppe 3: Alternativ auch ein 7,6-cm-Geschütz. Alle Gruppen: 1944 erhielten einige Boote während der Werftliegezeit eine 2-cm-Oerlikon-Fla-Einzellafette.

Oben: HMS/m SARACEN, ein Boot der Gruppe 3, kurze Zeit nach dem Auftauchen. Die vorderen Tiefenruder sind noch ausgeklappt, darüber ist ihr Schutz für den eingeklappten Zustand zu erkennen. Vor dem Turm führt das U-Boot statt des 10,2-cm-Geschützes ein 7,6-cm-Decksgeschütz. Auf dem Turm sind die beiden miteinander verbundenen Verkleidungen für die Sehrohre zu sehen. Am achteren, etwas ausgefahrenen Sehrohr weht der *Jolly Rodger* aus. Einer »Piratenflagge« nachempfunden, kündet er bei der Rückkehr des Bootes zum Stützpunkt von einem Versenkungserfolg. Zu diesem Zweck setzen die U-Boote der *Royal Navy* den *Jolly Rodger* bis zum heutigen Tag. Hinter dem Turm befindet sich eine Rahmenantenne. Die am 26. Juni 1942 in Dienst gestellte SARACEN fiel bereits im August 1943 vor Korsika italienischen Korvetten zum Opfer.

Links: Eines der ersten U-Boote der *S*-Klasse nach seiner Indienststellung. Auf dem Turm ist achtern der Funkmast ausgefahren. Bei den Booten der Gruppe 1 bilden die vorderen Tiefenruder mit dem Oberdeck eine Linie, die achtern einen Absatz aufweist (noch kein Heckrohr).

S-Klasse: Die umfangreichste je für die *Royal Navy* gebaute Klasse

diesmal alle Torpedos vorbei. Nach diesem zweiten Angriff auf ein eigenes U-Boot innerhalb von vier Tagen vergrößerte die Admiralität den Abstand zwischen den Einsatzgebieten der britischen U-Boote vor Norwegen von vier auf 16 sm. Auf das Konto dieser Klasse ging die Versenkung von sechs deutschen und zwei italienischen U-Booten. Zudem erzielte SALMON je einen Torpedotreffer auf den Leichten Kreuzern NÜRNBERG und LEIPZIG während deutscher Minenunternehmen am 13. Dezember 1939 vor der Tyne-Mündung. LEIPZIG hatte einen Treffer im Vorschiff, der fünf Monate Reparatur erforderte, und die NÜRNBERG einen schweren Treffer mittschiffs, der zu einem einjährigen Werftaufenthalt führte. Kurz nach Mitternacht torpedierte SPEARFISH am 11. April 1940 nördlich von Kap Skagen den Schweren Kreuzer LÜTZOW beim Rückmarsch vom Norwegen-Einsatz und beschädigte ihn an Propellern und Ruder so schwer, dass er für ein Jahr in die Werft musste. U-Boote dieser Klasse waren an einigen Angriffen mit den Klein-U-Booten vom Typ *X-Craft* auf deutsche Großkampfschiffe und Marine-Einrichtungen beteiligt. STUBBORN gehörte zu mehreren Booten der *S*- und *T*-Klasse, welche die Klein-U-Boote bei einem verwegenen Angriff am 22. September 1943 gegen die Schlachtschiffe TIRPITZ und SCHARNHORST im nordnorwegischen Altafjord unterstützten. Sie schleppte *X 7* in den Einsatzraum, das seine Sprengladungen erfolgreich unter der TIRPITZ anbringen konnte, die das Schlachtschiff bis zum April 1944 außer Gefecht setzten. Bei der Operation *Heckle* schleppte die SCEPTRE im September 1944 *X 24* zu einem erfolgreichen Angriff, dem das Schwimmdock (8000 t) im norwegischen Bergen zum Opfer fiel. STUBBORN verzeichnete im Februar 1944 mit 165 m die größte Tauchtiefe nach einem Angriff auf einen deutschen Geleitzug vor Trondheim, Norwegen, wobei zwei feindliche Schiffe versenkt wurden. Der nachfolgende Wasserbombenangriff führte zum Verklemmen der achteren Tiefenruder und des Heckruders und das Boot fiel auf 122 m durch, ehe es wieder auftauchte, um unmittelbar darauf erneut unkontrolliert zu tauchen. Diesmal schlug es auf dem Meeresboden auf. Nach mehreren Stunden auf dem Grund bei weiteren Wasserbombenverfolgungen wurden mit der letzten noch vorhandenen Druckluft die Haupttauchzellen ausgeblasen und das Boot durchbrach mit dem Bug voran im Winkel von 70° die Wasseroberfläche. Acht Tage später lief die STUBBORN sicher in den Hafen ein. Die SERAPH war das U-Boot, das bei einem sorgfältig geplanten Täuschungsunternehmen

HMS SWORDFISH: LÄNGSSCHNITT

1 Heckruder
2^ Propeller
3 Trimmzelle
4 Rudermaschinenraum
5 Fahrstand
6 Welle
7 E-Motoren
8 Hauptschalttafel
9 Dieselmotoren
10 Treibölbunker
11 Tauchzelle
12 Kondenstank
13 Auspuff
14 Außenhülle
15 Funkraum
16 Horchraum
17 Bilgenpumpe
18 Zulufteinlass
19 Funkmast
20 Beobachtungssehrohr
21 Angriffssehrohr
22 Brücke
23 Kommandoturm
24 7,6-cm-Decksgeschütz
25 Zentrale
26 Batterien
27 Reglerzellen
28 Druckkörper
29 Hauptspant
30 Reservetorpedos
31 Druckluftbehälter
32 Torpedorohre
33 Mannschaftsbereich/ Kombüse
34 Unteroffiziersmesse
35 Offiziersmesse
36 Vordere Tiefenruder

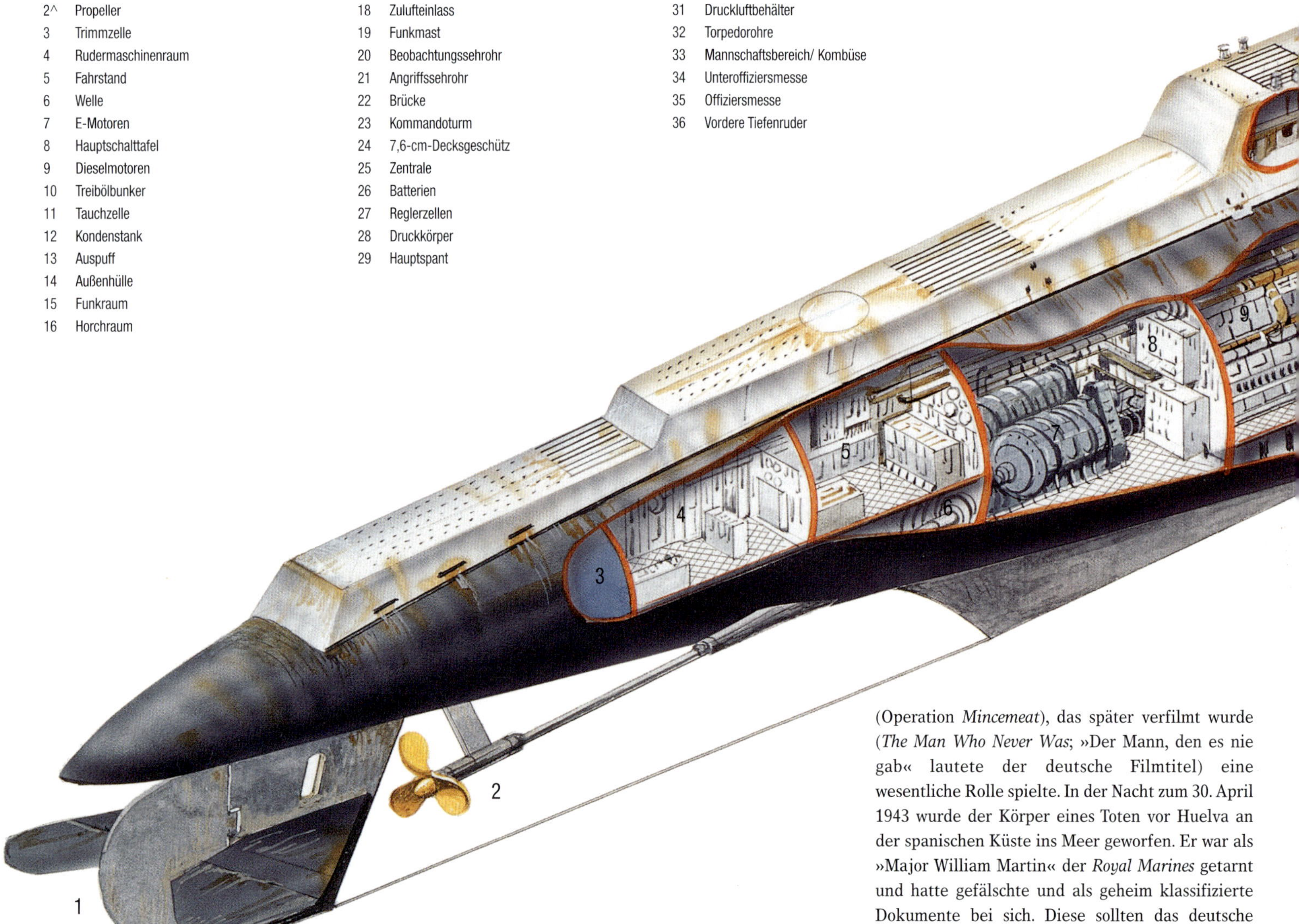

(Operation *Mincemeat*), das später verfilmt wurde (*The Man Who Never Was*; »Der Mann, den es nie gab« lautete der deutsche Filmtitel) eine wesentliche Rolle spielte. In der Nacht zum 30. April 1943 wurde der Körper eines Toten vor Huelva an der spanischen Küste ins Meer geworfen. Er war als »Major William Martin« der *Royal Marines* getarnt und hatte gefälschte und als geheim klassifizierte Dokumente bei sich. Diese sollten das deutsche Oberkommando hinsichtlich der alliierten Landungen auf Sizilien täuschen, was auch gelang.[1] Im

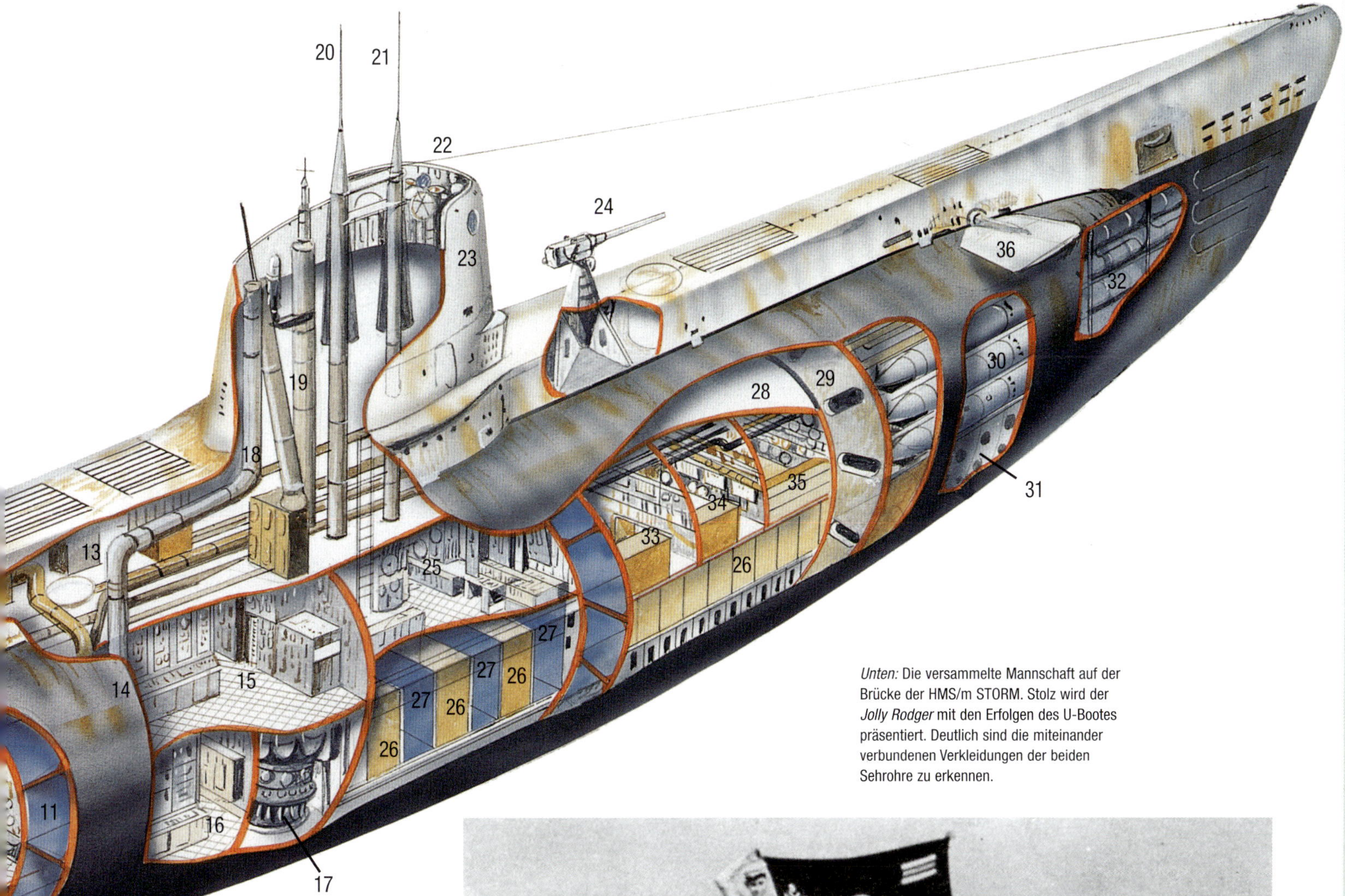

Unten: Die versammelte Mannschaft auf der Brücke der HMS/m STORM. Stolz wird der *Jolly Rodger* mit den Erfolgen des U-Bootes präsentiert. Deutlich sind die miteinander verbundenen Verkleidungen der beiden Sehrohre zu erkennen.

Oktober 1945 hatte SANGUINE eine »Schnorchel«-Attrappe erhalten. Bei U-Jagdübungen vor der Isle of Man hatte sie ein deutsches U-Boot zu simulieren. Drei Tage nach der Kapitulation Japans schoss STATESMAN den letzten Torpedo des 2. Weltkrieges, mit dem ein verlassen treibendes Schiff vernichtet wurde. Nach dem Kriege wurde STOIC bei Zerstörungs-Erprobungen aufgebraucht. Sein Bootskörper wurde 18 sm nördlich von Kyle vor der westschottischen Küste soweit abgesenkt, bis er bei 183 m zerdrückt wurde. Auch SCOTSMAN wurde in der Kames-Bucht der Isle of Bute mit Absicht versenkt, um 1964 Clyde-Bergungsschiffen als Übungsobjekt zu dienen. SEA SCOUT gehörte zu den U-Booten der *S*-Klasse, die am längsten in Dienst waren: vom Mai 1944 bis Dezember 1963.

1) Im Film spielte die SCYTHIAN die Rolle der SERAPH.

Hochsee-Patrouillen-U-Boote der britischen S-Klasse

Boot:	Bauwerft:	Kiellegung:	Indienststellung:	Schicksal:
Gruppe 1 (4 Einheiten)				
SWORDFISH	Marinewerft Chatham	01.12.1930	16.09.1932	07.11.1940 Minentreffer vor der Isle of Wight. 1983 Wrack in 2 Hälften gefunden.
STURGEON	Marinewerft Chatham	01.01.1931	15.12.1932	11.10.43-14.09.1945 Leihgabe an niederl. Marine: ZEEHOND. Rückkehr zur RN. ? 01. 1946 abgebrochen, Granton.
SEAHORSE	Marinewerft Chatham	14.09.1931	26.07.1933	07.01.1940 versenkt durch Wasserbomben deutscher Minensucher, Deutsche Bucht.
STARFISH	Marinewerft Chatham	26.09.1931	03.07.1933	09.01.1940 versenkt durch Wasserbomben des deutschen Minensuchers *M 7*, Deutsche Bucht. Besatzung gefangen.
Gruppe 2 (8 Einheiten)				
SHARK	Marinewerft Chatham	12.06.1933	05.10.1934	05.07.1940 beschädigt durch deutsche Flugzeuge vor Skudeneshavn, Norwegen. 06.07.1940 gesunken im Schlepp deutscher Minensucher. 2 Tote, 19 Verwundete.
SALMON	Cammell/Laird, Birkenhead	15.06.1933	08.03.1935	09.07.1940 Minentreffer SW von Stavanger, Norwegen.
SEALION	Cammell/Laird, Birkenhead	16.05.1933	21.12.1934	03.03.1945 aufgebraucht als Asdic-Ziel vor Arran.
SNAPPER	Marinewerft Chatham	18.09.1933	14.06.1935	11.02.1941 versenkt vermutlich durch Minentreffer, Golf v. Biskaya.
SPEARFISH	Cammell/Laird, Birkenhead	23.05.1935	11.12.1936	01.08.1940 torpediert durch ***U 34***, SW von Stavanger/Norwegen. 1 Überlebender.
SEAWOLF	Scott's, Greenock/Clyde	25.05.1934	12.03.1936	? 11.1945 verschrottet Montreal/ Kanada.
SUNFISH	Marinewerft Chatham	22.07.1935	02.07.1937	30.05.1944 Übergabe an Sowjetmarine: *V 1*.[1] 27.07.1944 versenkt irrtümlich durch Bomben einer *Liberator* der RAF unterwegs nach Murmansk.
Gruppe 3 (50 Einheiten)				
SAFARI (ex-P 61, P 211)	Cammell/Laird, Birkenhead	05.06.1940	15.02.1942	07.01.1946 verkauft, Newport. 08.01.1946 gesunken im Schlepp zum Abbruch.
SAHIB (ex-P 62, P 212)	Cammell/Laird, Birkenhead	05.07.1940	30.05.1942	24.04.1943 beschädigt durch ital. Korvetten GABBIANO u. EUTERPE, Torpedoboot CLIMENE und dt. Ju 88 vor Kap Milazzo/Sizilien. Selbst versenkt.
SARACEN (ex-P 63, P 213, P 247)	Cammell/Laird, Birkenhead	16.07.1940	27.06.1942	18.08.1943 versenkt durch ital. Korvetten MINERVA und EUTERPE vor Bastia/Korsika. 4 Tote.
SATYR (ex-P 64, P 214)	Scott's, Greenock/Clyde	08.06.1940	28.09.1942	? 02.1952-? 08.1961 Leihgabe an frz. Marine: SAPHIR. ? 06.1962 abgebrochen, Charlestown/Fife.
SCEPTRE (ex-P 65, P 215)	Scott's, Greenock/Clyde	25.07.1940	? 01.1943	? 09.1949 verkauft, Gateshead.
SEADOG (ex-P 66, P 216)	Cammell/Laird, Birkenhead	31.12.1940	24.09.1942	24.12.1947 verkauft. ? 08.1948 verschrottet, Troon.
SIBYL (ex-P 67, P 217)	Cammell/Laird, Birkenhead	31.12.1940	16.08.1942	? 03.1948 verschrottet, Troon.
SEA ROVER (ex-P 68, P 218)	Scott's, Grennock, fertig gestellt Vickers, Barrow	14.02.1941 (25.02.1943)	07.07.1943	? 10.1949 verschrottet, Faslane.
SERAPH (ex-P 69, P 219)	Vickers, Barrow-in-Furness	16.08.1940	27.05.1942	Verkauft. 14.12.1965 losgerissen für 24 Std. bei Schlepp zum Abbruch. ? 12.1965 verschrottet, Swansea.
SHAKESPEARE (ex-P 71, P 221)	Vickers, Barrow-in-Furness	13.11.1940	10.07.1942	03.01.1945 beschädigt durch Artillerie und Bomben N von Sumatra. Im Schlepp durch STYGIAN nach Ceylon. Nicht repariert. 14.07. 1946 verkauft zum Abbruch.
P 222	Vickers, Barrow-in-Furness	10.08.1940	03.11.1942	12.12.1942 vermisst während Feindfahrt vor Neapel.
SEA NYMPH (ex-P 223)	Cammell/Laird, Birkenhead	06.05.1941	29.07.1942	? 06.1946 verschrottet, Troon.
SICKLE (ex-P 74, P 224)	Cammell/Laird, Birkenhead	08.05.1941	01.12.1942	18.06.1944 Minentreffer im Antikithera-Kanal, Ägäis.
SIMOON (ex-P 75, P 225)	Cammell/Laird, Birkenhead	14.07.1941	28.11.1942	15.08.1943 versenkt vermutlich durch *U 565* (oder Minentreffer) vor Kos, Agäis.
SIRDAR (ex-P 76, P 226)	Scott's, Greenock, fertig gestellt Vickers, Barrow	24.04.1941 (26.03.1943)	18.08.1943	31.05.1955 verschrottet.
SPITEFUL (ex-P 77, P 227)	Scott's, Greenock/Clyde	19.09.1941	06.10.1943	25.01.1952 Übergabe an die frz. Marine: SIRèNE. 24.10.1958 Rückkehr zur RN. 1963 verschrottet, Faslane.
SPLENDID (ex-P 78, P 228)	Marinewerft Chatham	07.03.1941	04.08.1942	21.04.1943 selbst versenkt nach Beschädigung durch Wasserbomben des dt. Zerstörers HERMES (ex-VASILEFS GEORGIOS) W von Korsika. 18 Tote, Rest gefangen.
SPORTSMAN (ex-P 79, P 229)	Marinewerft Chatham	01.07.1941	21.12.1942	1951 Übergabe an die frz. Marine: SYBILLE. 24.09.1952 gesunken vor Toulon. Besatzung Gesamtverlust.
STOIC (ex-P 231)	Cammell/Laird, Birkenhead	18.06.1942	31.05.1943	1948 versenkt bei Wasserbomben-Erprobungen. ? 07.1950 gehoben und zum Verschrotten verkauft, Dalmuir.
STONEHENGE (ex-P 232)	Cammell/Laird, Birkenhead	04.04.1942	15.06.1943	? 03.1944 vermisst zwischen Sumatra und den Nikobaren.
STORM (ex-P 233)	Cammell/Laird, Birkenhead	23.06.1942	09.07.1943	? 11.1949 verschrottet, Troon.
STRATAGEM (ex-P 234)	Cammell/Laird, Birkenhead	15.04.1942	14.08.1943	22.11.1943 versenkt durch Wasserbomben des japanischen Patrouillenbootes 35, Malakka-Straße.
STRONGBOW (ex-P 235)	Scott's, Greenock/Clyde	27.03.1942	17.11.1943	? 04.1946 verschrottet, Preston.
SPARK (ex-P 236)	Scott's, Greenock/Clyde	10.10.1942	28.04.1944	28.10.1949 verkauft. Abgebrochen in Faslane.
SCYTHIAN (ex-P 237)	Scott's, Greenock/Clyde	21.02.1943	11.07.1944	08.08.1960 verschrottet, Charlestown.
STUBBORN (ex-P 88, P 238)	Cammell/Laird, Birkenhead	10.09.1941	20.02.1943	30.04.1946 aufgebraucht als Asdic-Ziel vor Malta.
SURF (ex-P 239)	Cammell/Laird, Birkenhead	02.10.1941	18.11.1943	28.10.1948 verkauft. Verschrottet in Faslane.
SYRTIS (ex-P 241)	Cammell/Laird, Birkenhead	14.10.1941	24.03.1943	28.03.1944 Minentreffer vor Bodö, Norwegen.
SCOTSMAN	Scott's Greenock/Clyde	15.04.1943	27.10.1944	1961 Reservestatus, Gareloch. 1964 versenkt bei Auftriebs-Erprobungen. ? 06.1964 gehoben. 19.11.1964 verkauft, Troon. Abgebrochen.
SHALIMAR	Marinewerft Chatham	17.04.1942	03.04.1944	? 07.1950 verschrottet, Isle of Bute.
SPIRIT (ex-P 245)	Cammell/Laird, Birkenhead	27.10.1942	-	04.01.1950 verkauft. Verschrottet.
STATESMAN (ex-P 246)	Cammell/Laird, Birkenhead	02.11.1942	13.12.1943	1952 Übergabe an die frz. Marine: SULTANE. 05.11.1959 Rückkehr zur RN. 03.11.1961 verschrottet,
Portsmouth.				
STURDY (ex-P 248)	Cammell/Laird, Birkenhead	22.12.1942	29.11.1943	? 09.1957 verkauft, Malta. ? 05.1958 verschrottet, Dunton.
STYGIAN (ex-P 249)	Cammell/Laird, Birkenhead	06.01.1943	29.02.1944 S	28.10.1949 verkauft. Verschrottet in Faslane.
SUBTLE (ex-P 251)	Cammell/Laird, Birkenhead	01.02.1943	11.03.1944	? 06.1958 verkauft. ? 07.1959 verschrottet, Charlestown.
SUPREME (ex-P 252)	Cammell/Laird, Birkenhead	15.02.1943	20.05.1944	17.06.1947 umgebaut zu Schiffsziel-Erprobungen. Druckkörper hierbei zusammengebrochen. Gehoben und untersucht. 12.07.1949 verkauft. Verschrottet, Troon.
SEA SCOUT	Cammell/Laird, Birkenhead	01.04.1943	15.05.1944	? 12.1963 ausgeschlachtet zum Verkauf. 09.12.1965 verkauft. 14.12.1965 verschrottet, Swansea.
SELENE	Cammell/Laird, Birkenhead	16.04.1943	10.06.1944	06.06.1961 verschrottet, Gateshead.
SEA DEVIL	Scott's, Greenock/Clyde	05.05.1943	31.03.1945	15.12.1965 verschrottet.
SLEUTH	Cammell/Laird, Birkenhead	30.06.1943	02.09.1944	15.09.1958 verschrottet, Charlestown.
SIDON	Cammell/Laird. Birkenhead	07.07.1943	24.10.1944	16.06.1955 schwer beschädigt gesunken nach Explosion eines H2O2-angetriebenen Torpedos längsseits MAIDSTONE, Portland. 13 Tote. 23.06.1955 gehoben. 14.06.1957 aufgebraucht als Asdic-Ziel vor Portland.
SPEARHEAD	Cammell/Laird, Birkenhead	18.08.1943	21.11.1944	? 08.1948 verkauft an die portug. Marine: NEPTUNO. 01.09.1967 außer Dienst. 1967 verschrottet.
SENESCHAL	Scott's, Greenock/Clyde	01.09.1943	31.07.1945	23.08.1960 verschrottet, Dunton.
SOLENT	Cammell/Laird, Birkenhead	07.09.1943	29.7.1944	28.08.1961 verschrottet, Troon.
SENTINEL	Scott's, Greenock/Clyde	15.11.1943	28.11.1945	28.02.1962 verkauft. Verschrottet in Gillingham.
SPUR	Cammell/Laird, Birkenhead	01.01.1944	06.01.1945	30.11.1958 verkauft an die portug. Marine: NARVAL. Verschrottet in Israel.
SANGUINE	Cammell/Laird, Birkenhead	10.01.1944	15.02.1945	23.02.1959 verkauft an die israel. Marine: RAHAV. 1969 abgebrochen in Haifa.
SAGA	Cammell/Laird, Birkenhead	05.04.1944	27.05.1945	11.10.1948 verkauft für £ 129.000 an die portug. Marine: NAUTILO. 25.01. 1969 außer Dienst gestellt. Verschrottet.
SPRINGER	Cammell/Laird, Birkenhead	08.05.1944	02.07.1945	21.09.1958 verkauft an die israel. Marine: TANIN. 1972 verschrottet in Israel.
SCORCHER	Cammell/Laird, Birkenhead	14.12.1944	06.02.1945	? 08. 1962 abgebrochen in Charlestown/ Fife.
SEA ROBIN	Cammell/Laird, Birkenhead	-	-	Annulliert.
SPRIGHTLY	Cammell/Laird, Birkenhead	-	-	Annulliert.
SURFACE	Cammell/Laird, Birkenhead	-	-	Annulliert.
SURGE	Cammell/Laird, Birkenhead	-	-	Annulliert.

1) URSULA, UNBROKEN und UNISON wurden ebenfalls an die sowjetische Marine übergeben.

U-Minenleger der britischen PORPOISE-Klasse

	PORPOISE	GRAMPUS ff.
Länge über alles:	87,78 m	89,31 m
Breite (max.):	9,08 m	7,77 m
Wasserverdrängung:		
Über Wasser:	1500 ts	1520 ts
Unter Wasser:	2053 ts	2117 ts
Höchstgeschwindigkeit:		
Über Wasser:	15,5 kn	16 kn
Unter Wasser:	9 kn	9 kn
Bewaffnung:	6 x 53,3-cm-Bugtorpedo-rohre durchweg	
Torpedos:	6 Reserve durchweg	
Geschütze:	1 x 10,2 L/40, 2 x 7,69-mm-Lewis-MGs durchweg	
Minen:	50 durchweg	
Motorenanlage:	2 Wellen durchweg	
Dieselmotoren:	2 x 650 PS durchweg	
E-Motoren:	2 x 630 PS durchweg	
Fahrbereich:		
Über Wasser:	11.500 sm bei 8 kn durchweg	
Unter Wasser:	64 sm bei 4 kn durchweg	
Tauchtiefe (max.):	90 m	90 m
Besatzungsstärke:	55	59

U-Minenleger der britischen PORPOISE-Klasse

Boot:	Bauwerft:	Kiellegung:	Indienststellung:	Schicksal:
PORPOISE	Vickers, Barrow-in-Furness	22.09.1931	25.04.1933	16.01.1945 versenkt durch Bomben japanischer Flugzeuge, Malakka-Straße. Letzter britischer U-Bootverlust im 2. Weltkrieg.
GRAMPUS	Marinewerft Chatham	20.08.1934	10.03.1937	16.06.1940 versenkt durch Wasserbomben der ital. Torpedoboote CIRCE und CLIO vor Syrakus, Sizilien.
NARWHAL	Vickers, Barrow-in-Furness	29.05.1934	28.02.1936	30.07.1940 versenkt durch deutsche Flugzeuge vor Kristiansand-Süd, Norwegen.
RORQUAL	Vickers, Barrow-in-Furness	01.05.1935	21.11.1936	17.03.1946 verkauft. Verschrottet.
SEAL	Marinewerft Chatham	12.09.1936	28.01.1939	04.05.1940 Explosion eigener Mine im Kattegat, später aufgebracht durch zwei dt. Seeflugzeuge Arado Ar 196. 30.11. 1940 als deutsches UB in Dienst gestellt. 31.07.1941 außer Dienst. 03.05.1945 selbst versenkt, Heikendorfer Bucht. Geborgen und verschrottet.
CACHALOT	Scott's, Greenock/Clyde	12.05.1936	15.08.1938	30.07.1941 versenkt durch Rammstoß des ital. Torpedobootes GENERALE ACHILLE PAPA vor Bengasi, Libyen.
(P 411)	Scott's, Greenock/Clyde	-	-	Annulliert.
(P 412)	Scott's, Greenock/Clyde	-	-	Annulliert.
(P 413)	Scott's, Greenock/Clyde	-	-	Annulliert.

Die PORPOISE-Klasse war die erste und einzige Klasse zweckgebauter U-Minenleger für die *Royal Navy*, beruhend auf den Erfahrungen, die mit dem umgebauten *M 3* gemacht worden waren. Die Boote besaßen eine Ablaufschiene, ähnlich einem Förderband, in einer langen, hohen Verkleidung über dem Druckkörper und mit Hilfe eines Kettenmechanismus legten sie die Minen durch Hecktore. Der Bau weiterer Boote war geplant gewesen, wurde aber aufgegeben, als ein neuer Typ Grundmine entwickelt wurde, der durch die 53,3-cm-Torpedorohre gelegt werden konnte. Immerhin führte die PORPOISE-Klasse den Großteil der englischen U-Minenunternehmen 1939-45 durch und legte mehr als 3000 Minen. Allein die RORQUAL warf 2284 Minen – das einzige Boot der Klasse, das den Krieg überstand. Im Juli und August 1940 wurden Minenoperationen vor den Biskaya-Häfen und im April bis Oktober desselben Jahres vor Norwegen und Dänemark sowie im Kattegat durchgeführt. Danach wurden die Mineneinsätze ins Mittelmeer verlegt. Während eines Mineneinsatzes im Kattegat wurde die SEAL von den Deutschen vor Læsø erbeutet. Das Boot war am 29. April 1940 aus Immingham ausgelaufen, um vor den Ostsee-

Unten: Ein Minenleger der PORPOISE-Klasse. Links im Bild sind über der Wasserlinie die Hecktore des frei flutenden Minendecks zu erkennen.

U-Minenleger der britischen PORPOISE-Klasse

zugängen eine Minensperre quer zum Transitweg ins besetzte Norwegen zu legen. Am 4. Mai beschädigte eine Minenexplosion das Heck des Bootes, das auf 30 m Tiefe sank. Nach 23 Stunden tauchte die SEAL wieder auf und der Kommandant entschied, infolge der Schäden das neutrale Schweden anzulaufen und sich internieren zu lassen.

Mit beschädigtem Ruder und einem späteren Motorenschaden war das U-Boot hilflos, als zwei deutsche Seeflugzeuge vom Typ Arado Ar 196

Unten und oben: Die PORPOISE war der 77. und letzte Verlust eines britischen U-Bootes im 2. Weltkrieg. Bei den Booten dieser Klasse befindet sich über der Wasserlinie und dem Druckkörper das frei flutende Minendeck für 50 Minen, die über das Heck geworfen werden. Daher hat das Boot einen sehr hohen Freibord und zahlreiche große Flutschlitze (als dunkle Rechtecke sichtbar) dienen beim Auftauchen dem raschen Wasserabfluss. Im achteren Teil des Turms ist der ausgefahrene Funkmast und vor dem Turm das 10,2-cm-Decksgeschütz zu sehen.

mit Bordwaffen angriffen und zwei Bomben abwarfen. Das U-Boot kapitulierte und wurde im Schlepp nach Frederikshavn und später zur Reparatur nach Kiel geschleppt. Die deutsche Marine stellte die SEAL am 30. November 1940 als *UB* in Dienst. Doch vom Propagandaerfolg abgesehen, diente es der Kriegsmarine als Versuchsboot, wurde am 31. Juli 1941 wieder außer Dienst gestellt, ausgeschlachtet und am 3. Mai 1945 beim Herannahen der alliierten Truppen selbst versenkt. Die Klasse erzielte einen achtbaren Erfolg, indem sie drei feindliche U-Boote versenkte: PORPOISE versenkte am 16. April 1940 vor Südnorwegen *U 1*, RORQUAL am 31. März 1941 das italienische U-Boot PIER CAPPONI südlich von Stromboli und CACHALOT am 20. August 1941 im Golf von Biskaya *U 51*.Als 77. und letzter Verlust eines britischen U-Bootes im 2. Weltkrieg wurde die PORPOISE am 16. Januar 1945 von japanischen Flugzeugen in der Malakka-Straße mit Bomben versenkt.

Die japanische Klasse KD 6 – die schnellsten U-Boote

Die Flottenunterseeboote der japanischen Klasse KD 6

Boot:*	Bauwerft:	Stapellauf:	Indienststellung:	Schicksal:
Variante KD 6A				
I 168 (ex-I 68)	Marinewerft Kure	26.06.1933	31.07.1934	27.07 1943 versenkt durch USS SCAMP (SS-277) 60 sm vor Neuirland, Bismarck-Archipel.
I 169 (ex-I 69)	Mitsubishi-Werft, Kobe	15.02.1934	28.09.1935	04.04.1944 Tauchunfall: gesunken vor der Truk, Karolinen, als der Verschluss eines Torpedorohrs offen blieb.
I 170 (ex-I 70)	Marinewerft Sasebo	14.06.1934	09.11.1935	10.12.1941 versenkt durch Flugzeuge des Trägers USS ENTERPRISE 200 sm NO vor Oahu, Hawaii.
I 171 (ex-I 71)	Kawasaki-Werft, Kobe	25.08.1934	24.12.1935	01.12.1944 versenkt durch Zerstörer USS HUDSON und USS GUEST 15 sm westl. der Insel Buka, Salomonen.
I 172 (ex-I 72)	Mitsubishi-Werft, Kobe	06.04.1935	07.07.1937	10.11.1942 versenkt durch Wasserbomben des Minensuchers USS SOUTHARD nahe Guadalcanal, Salomonen.
I 173 (ex-I 73)	Kawasaki-Werft, Kobe	20.06.1935	07.07.1937	27.08.1942 torpediert bei Rückkehr von Feindfahrt zur Westküste der USA durch USS GUDGEON (SS-211) 230 sm westlich Midway.
Variante KD 6B				
I 174 (ex-I 74)	Marinewerft Sasebo	28.03.1937	15.08.1938	03.04.1944 vermisst im Zentralpazifik.
I 175 (ex-I 75)	Mitsubishi-Werft, Kobe	16.09. 1936	18.12.1938	01.02.1944 versenkt durch Zerstörer USS WALKER im Südpazifik.

*20. Mai 1942 neue Kennung.

Japans U-Bootklasse KD 6, gefertigt 1934-1938, hatte die höchste Geschwindigkeit aller U-Boote ihrer Zeit über Wasser und erwies sich im 2. Weltkrieg als durchaus erfolgreich. *I 70* war der erste größere Kriegsverlust der Japaner, als Flugzeuge des Trägers USS ENTERPRISE am 10. Dezember 1941 – nur drei Tage nach dem Angriff auf Pearl Harbor – das Boot nordöstlich von Oahu versenkten. Von den acht Einheiten der Klasse waren sieben Kriegsverluste, während *I 174* am 3. April 1944 zusätzlich verloren ging, als der Verschluss eines Torpedorohrs offen blieb. *I 168* versenkte am 7. Juni 1942 den beschädigten Träger USS YORKTOWN und einen US-Zerstörer. Ein Jahr später wurde das Boot am 23. Juli 1943 von USS SCAMP (SS-277) im Pazifik selbst versenkt, nachdem es noch einen Viererfächer geschossen hatte. 1943 schickte *I 175* auch den Geleitträger USS LISCOMBE BAY in die Tiefe. Zwei Boote der Klasse – *I 171* und *I 174* – erfuhren unter Wegfall des 12-cm-Geschützes einen Umbau zum Transport-U-Boot. Sie hatten 1943 Landungsboote an Bord und versorgten die isolierten japanischen Inselbesatzungen in den Salomonen mit Nachschub.

Typ *Kaidai:*	**Variante KD 6A**	**Variante KD 6B**
Länge über alles:	104,67 m	105,00 m
Breite (max.):	8,23 m	8,23 m
Wasserverdrängung:		
Über Wasser:	1785 ts	1805 ts
Unter Wasser:	2440 ts	2560 ts
Höchstgeschwindigkeit:		
Über Wasser:	23 kn	23 kn
Unter Wasser:	8,25 kn	8,25 kn
Bewaffnung:	6 x 53,3-cm-Torpedorohre (4 Bug, 2 Heck) durchweg	
Torpedos:	8 Reserve durchweg	
Geschütze:	1 x 10-cm-Decksgeschütz L/65*, 2 x 13-mm- oder 2 x 25-mm-Fla-MGs durchweg	
Motorenanlage:	2 Wellen durchweg	
Dieselmotoren:	2 x 4500 PS durchweg	
E-Motoren:	2 x 900 PS durchweg	
Fahrbereich:		
Über Wasser:	14.000 sm bei 10 kn	10.000 sm bei 16 kn
Unter Wasser:	65 sm bei 3 kn	65 sm bei 3 kn
Tauchtiefe:	75 m	75 m
Besatzungsstärke:	70	70

* Bei *I 171* und *I 173* - *I 175* 10-cm-Geschütz durch 1 x 12 cm L/50 ersetzt.

Unten: Der Fahrbereich und die eindrucksvolle Bewaffnung der Klasse KD 6 machte diese U-Boote zu einer leistungsfähigen Kriegswaffe, der es nur an einer größeren Einsatztauchtiefe mangelte. Alle sechs Einheiten gingen im Verlauf des Krieges verloren.

Japanische Giganten – U-Kreuzer des Typs *Junsen*, Variante J 3

Die beiden U-Kreuzer der Variante J 3 des *Junsen*-Typs waren vor 1939 die größten U-Boote der Kaiserlich Japanischen Marine (KJM). Als Führungsboote entworfen, beruhten sie auf den Varianten KD 3/4 des *Kaidai*-Typs, waren Zweihüllenboote und besaßen einen Hangar für ein Seeflugzeug. Während des japanischen Überraschungsangriffs auf Pearl Harbor patrouillierten die beiden Boote vor Hawaii. Ende August 1943 lief das aus Japan kommende *I 8*, das zuvor im Indischen Ozean aus *I 10* noch einmal versorgt worden war, den Biskayahafen Lorient an. Unterwegs hatte es bei den Azoren von *U 161* ein FuMB (Radarwarngerät) erhalten. Unter starker Sicherung marschierte *I 8* anschließend nach Brest weiter und traf dort am 5. September 1943 ein. Neben Chinin hatte es eine Besatzung für die Überführung eines U-Boot vom Typ IX C/40 an Bord, das die KJM von der Kriegsmarine erhielt.[1)] *I 7* war zuletzt an der Evakuierung von Kiska/Alëuten beteiligt, während *I 8* Ende 1944 umgebaut wurde. Die Flugzeugausrüstung und das Decksgeschütz wurden entfernt, um vier *Kaiten* (Einmann-Torpedos für Kamikazeeinsätze) zu transportieren. Beide Einheiten überstanden den Krieg nicht.

[1)] *U 1224* wurde am 15. Februar 1944 mit der japanischen Besatzung als *Ro 501* in Dienst gestellt. Während der Überführungsfahrt versenkte der Geleitzerstörer USS FRANCIS M. ROBINSON am 13. Mai 1944 das U-Boot im Mittelatlantik NW der Kapverden.

Länge über alles:	109,27 m
Breite (max.):	9,07 m
Wasserverdrängung:	
Über Wasser:	2525 ts
Unter Wasser:	3583 ts
Höchstgeschwindigkeit:	
Über Wasser:	23 kn
Unter Wasser:	8 kn
Bewaffnung:	6 x 53,3-cm-Bugtorpedorohre (14 Reserve)
Geschütze:	1 x 14-cm-Decksgeschütz L/50, 2 x 13-mm-Fla-MGs*
Flugzeugausrüstung:	1 Katapult, 1 Seeflugzeug
Motorenanlage:	2 Wellen
Dieselmotoren:	2 x 5600 PS
E-Motoren:	2 x 1400 PS
Fahrbereich:	
Über Wasser:	14.500 sm bei 16 kn
Unter Wasser:	60 sm bei 3 kn
Tauchtiefe:	100 m
Besatzungsstärke:	80

* Ein MG durch zwei 2,5-cm-Fla-Geschütze in Doppellafette ersetzt.

Oben: Aus Japan kommend, läuft der U-Kreuzer *I 8* am 5. September 1943 in Brest ein. Trägerflugzeuge der US-Marine und US-Zerstörer versenkten ihn Ende März 1945 vor Okinawa.

U-Kreuzer des japanischen Typs *Junsen*, Variante J 3

Boot:	Bauwerft:	Stapellauf:	Indienststellung:	Schicksal:
I 7	Marinewerft Kure	12.09.1934	31.03.1937	22.06.1943 beschädigt durch den Zerstörer USS MONAGHAN. 05.07.1943 erneut durch US-Flugzeug beschädigt, selbst versenkt vor den Alëuten.
I 8	Kawasaki-Werft, Kobe	20.07.1936	15.10.1938	31.03.1945 versenkt durch die Zerstörer USS MORRISON und USS STOCKTON, SO von Okinawa.

US-Marine: SALMON-Klasse – Feindschiff mit Sehrohr versenkt

Länge über alles:	93,88 m
Breite (max.):	8,00 m
Wasserverdrängung:	
Über Wasser:	1435 ts
Unter Wasser:	2198 ts
Höchstgeschwindigkeit:	
Über Wasser:	21 kn (Konstruktion), 17 kn (Einsatz)
Unter Wasser:	9 kn
Bewaffnung:	8 x 53,3-cm-Torpedorohre (4 Bug, 4 Heck)
Torpedos:	16 Reserve (davon 4 in Oberdecks-behältern)
Geschütze:	1 x 7,6 L/50 (Deck), 2 x 12,7-mm- und 2 x 7,69-mm-Fla-MGs, auf einigen Booten 2 x 2-cm-Fla-Geschütze
Motorenanlage:	2 Wellen
Dieselmotoren:	2 x 2750 PS
E-Motoren:	2 x 1650 PS
Fahrbereich:	
Über Wasser:	11.000 sm bei 10 kn
Unter Wasser:	100 sm bei 5 kn
Tauchtiefe:	80 m
Besatzungsstärke:	55

Heckansicht eines der großen U-Boote der SALMON-Klasse. Im Bild ist der Propellerschutz zu erkennen. Alle sechs Einheiten überstanden den Krieg.

Eine Einheit der SALMON-Klasse hatte den Ruf, einem japanischen Frachter mit dem Sehrohr ein Leck in den Rumpf geschlagen und ihn versenkt zu haben. SEAL überwachte die Seeverbindungen rund um die Palau-Inseln östlich der Philippinen und griff am 16. November 1942 einen Geleitzug aus fünf Frachtern an, der in zwei Kolonnen fuhr und von einem Zerstörer gesichert wurde. Nachdem das U-Boot Torpedos aus seinen Bugrohren auf den führenden Frachter geschossen hatte, kam es zur Kollision mit einem weiteren Schiff, die zum Ausfall des Sehrohres führte. Nach einer erfolglosen Wasserbombenverfolgung tauchte der Kommandant der SEAL einige Stunden später wieder sicher auf und stellte fest, dass sein Sehrohr im rechten Winkel nach hinten umgebogen und die Radarantenne abgebrochen worden waren. Reis und Gemüse hatten sich unter den hölzernen Grätings verfangen, die den Belag der Brücke bildeten. Das Sehrohr hatte in den Rumpf des japanischen Frachters BOSTON MARU (3500 BRT) ein Leck geschlagen und ihn in die Tiefe geschickt. Auch für das Schwesterboot STINGRAY erwies sich das Sehrohr während einer Feindfahrt als nützlich, um im Juni 1944 abgeschossene Flieger der US-Marine bei den Luftangriffen auf Guam in den Marianen zu retten. Von einem der Flieger war gemeldet worden, dass er nur etwa 400 m vor dem feindlichen Strand in der See niedergegangen war. STINGRAY unternahm getaucht und unter Beschuss vier Anläufe in dem Versuch, ihn ausfindig zu machen. Beim letzten Anlauf gelang es dem Piloten, an einem ihrer Sehrohre festen Halt zu finden, und er wurde durch den Artilleriebeschuss in Sicherheit geschleppt. Im Oktober 1944 kam es während eines Angriffs auf einen beschädigten Tanker zu einem waghalsigen Überwassergefecht der seit 1943 mit zwei 2-cm-Fla-Geschützen ausgerüsteten SALMON gegen japanische U-Jagdfahrzeuge in den Ryukyu-Inseln vor Japan. Nachdem die SALMON durch eine grimmige Wasserbombenverfolgung von vier Geleitsicherungsfahrzeugen in eine Wassertiefe von 152 m gezwungen worden war, musste das Boot durch Wassereinbrüche infolge von Undichtigkeiten im

US-Marine: SALMON-Klasse – Feindschiff mit Sehrohr versenkt

Druckkörper eilends auftauchen. Als sich die japanischen Schiffe näherten, um der SALMON den Garaus zu machen, schwang sie auf die Backbordseite eines der U-Jagdfahrzeuge herum und ließ aus nur 60 m Entfernung einen Geschosshagel aus ihren 2-cm-Waffen auf die Aufbauten des Japaners niedergehen. Das feindliche Schiff blieb bewegungslos im Wasser liegen und die übrigen zogen sich aus Furcht vor nachfolgenden Torpedoangriffen zurück. SALMON entkam mit geringen Schäden, verursacht durch kleinere Kaliber. Während ihrer Einsätze im Pazifik versenkten die sechs U-Boote dieser Klasse 33 feindliche Schiffe, ehe ihr Werdegang mit der Verwendung bei Ausbildungsaufgaben und als Zielboote endete.

US-Marine: Flottenunterseeboote der SALMON-Klasse

Boot:	Bauwerft:	Kiellegung	Indienststellung:	Schicksal:
SALMON (SS-182)	Electric Boat, Groton/Connecticut	15.08.1936	15.03.1938	? 04.1946 verschrottet.
SEAL (SS-183)	Electric Boat, Groton/Connecticut	25.05.1936	30.04.1937	? 05.1957 verschrottet, New York.
SKIPJACK (SS-184)	Electric Boat, Groton/Connecticut	22.07.1936	30.06.1938	Juli 1946 gesunken als Zielboot für die Atombomben-versuche, Bikini-Atoll. Gehoben. ? 08.1948 versenkt als Ziel bei Raketenabschuss-Versuchen vor der Küste Kaliforniens.
SNAPPER (SS-185)	Marinewerft Portsmouth, Portsmouth/New Hampshire	23.07.1936	15.12.1937	18.05.1948 verkauft zum Verschrotten, New York.
STINGRAY (SS-186)	Marinewerft Portsmouth, Portsmouth/New Hampshire	01.10.1936	15.03.1938	03.07.1946 aus der Flottenliste gestrichen. 1947 verschrottet.
STURGEON (SS.187)	Marinewerft Mare Island, Vallejo/California	27.10.1936	25.06.1938	12.06.1948 verkauft zum Verschrotten, New York.

Links: SEAL kollidierte im Zuge eines Angriffs auf einen japanischen Geleitzug mit dem Frachter BOSTON MARU (3500 BRT), während das U-Boot getaucht fuhr. Der Zusammenprall knickte das Sehrohr im rechten Winkel um, brach die Radarantenne ab und riss den Rumpf des Frachters auf, der kurze Zeit später sank. Nach dem Auftauchen fanden sind Reste von Reis und Gemüse in den Holzgrätings, die den Belag des Brückendecks im Turm bildeten. SALMON führte sogar ein waghalsiges Überwassergefecht mit Geleitsicherungsfahrzeugen und STINGRAY (im Bild) rettete auf abenteuerliche Weise einen abgeschossenen US-Piloten vor Guam.

Unten: SALMON gab der Klasse den Namen. Die Gruppe 1 umfasste 6 Einheiten, während die Gruppe 2 (im engeren Sinne auch als SARGO-Klasse bezeichnet: siehe unten Seite 89) aus 10 Einheiten bestand, die noch etwas größere Abmessungen aufwiesen. Angesichts der riesigen Entfernungen im Pazifik brauchte die US-Marine große U-Boote mit einer starken Bewaffnung: 8 x 53,3-Torpedorohre mit insgesamt 24 Torpedos (je vier Bug und Heck), achteraus des Turms 1 x 7,6-cm-Decksgeschütz L/50 und mehrere Fla-MGs.

Flotten-U-Boote der britischen T-Klasse, modifiziert und von langer Seeausdauer

Zahlreichen Modifizierungen für den Kriegseinsatz und die Patrouillenfahrten im »Kalten Krieg« unterzogen: Die langlebige *T*-Klasse der *Royal Navy* – Kiellegung des ersten Bootes 1936 und Außerdienststellung des letzten im August 1969. Entworfen, um die *O*-, *P*- und *R*-Klasse zu ersetzen, war jedoch ihr Deplacement absichtlich (unter das dieser drei Klassen) verringert worden, um innerhalb der Tonnagegrenzen des Londoner Flottenvertrags mehr Boote bauen zu können. Die Gruppen 1 und 2 hatten genietete Bootskörper mit sechs wasserdichten Abteilungen, die ihre Einsatztauchtiefe begrenzten, sowie innen gelegene Treibölbunker. Hinzu kam eine erhöhte Anzahl Torpedorohre: acht im Bug und zwei mittschiffs gelegen. Erstere erzwangen leider den hohen Wulstbug, der nicht nur eine auffallende Bugwelle aufwarf, sondern auch die Tiefensteuerung erschwerte. Aufgetaucht erzielte TRITON bei der Meilenfahrt 16,29 kn.

Die Kriegserfolge der Klasse waren bemerkenswert. Die Gruppe 1 vernichtete fünf feindliche U-Boote, darunter vier italienische im Mittelmeer und in der Biskaya.[1] TUNA versenkte das deutsche U-Boot – *U 644* – am 7. April 1943 vor Jan Mayen. Hinzu kamen Erfolge gegen Überwasser-Kriegsschiffe: Am 10. April sichtete TRUANT den Leichten Kreuzer KARLSRUHE vor Kristiansand-Süd, gesichert von drei T-Booten, und schoss einen Zehnerfächer, der den Kreuzern achtern so schwer beschädigte, dass er aufgegeben und vom Torpedoboot GREIF versenkt werden musste. Am 23. Februar 1942 torpedierte TRIDENT vor Trondheim den Schweren Kreuzer PRINZ EUGEN und

	Gruppe 1	Gruppe 2	Gruppe 3
Länge über alles:	83,97 m	83,36 m	83,30 m
Breite (max.):	8,11 m	8,11 m	8,11 m
Wasserverdrängung:			
Über Wasser:	1325 ts[1]	1327 ts	1327 ts
Unter Wasser:	1573 ts	1571 ts	1571 ts
Höchstgeschwindigkeit:			
Über Wasser:	15,25 kn	15,75 kn	15,75 kn
Unter Wasser:	8,75 kn	8,75 kn	8,75 kn
Bewaffnung:	10 x 53,3-cm-Torpedorohre[4]	10 x 53,3-cm-Torpedorohre[4]	11 x 53,3-cm-Torpedorohre
Anordnung:	6 Bug innen, darüber 2 Bug außen,	2 mittschiffs außen durchweg.	Gruppe 3: plus 1 Heck außen
Torpedos:	6 Reserve durchweg		
Minen (ggf.):	18 Mk.I	12 Mk.II	12 Mk.II
Geschütze:	1 x 10,2 cm SK Mk.XII,[2]	3 x 7,69-mm-MGs[3/5] durchweg	(Gruppe 3: plus 1 x 2-cm-Flak)
Motorenanlage:	2 Wellen durchweg		
Dieselmotoren:	2 x 1250 PS durchweg		
E-Motoren:	2 x 725 PS durchweg		
Fahrbereich:			
Über Wasser:	8000 sm bei 10 kn[6]	8000 sm bei 10 kn	11.000 sm bei 10 kn
Unter Wasser:	80 sm bei 4 kn	80 sm bei 4 kn	80 sm bei 4 kn
Tauchtiefe:	90 m	90 m	90 m[7]
Besatzungsstärke:	62	61	63

[1] Ausgenommen TRITON: 1330 ts über und 1585 ts unter Wasser.
[2] Ausgenommen TABARD, TALENT (III), TAPIR, TEREDO und THERMOPYLAE, die ein Mk.XXII führten.
[3] Gruppe 1: Ausgenommem THUNDERBOLT. Einige bekamen 1942 zusätzlich 1 x 2-cm-Oerlikon-Flak.
[4] Ein außen gelegenes Heckrohr erhielten 1942: TAKU, THUNDERBOLT, TIGRIS, TORBAY, TRIBUNE, TRIDENT, TRUANT und TUNA.
[5] Gruppe 2: THRASHER und TRUSTY ab 1943: 1 x 2-cm-Oerlikon-Flak.
[6] TORBAY und TRIDENT hatten aufgetaucht einen Fahrbereich von 11.000 sm bei 10 kn.
[7] Ausgenommen Boote mit voll geschweißtem Bootskörper (von TIPTOE an aufwärts), die eine Tauchtiefe von 110 m aufwiesen.

Rechts: Die glücklose THETIS sank im Juni 1939 während der Abnahmefahrt vor Liverpool (99 Tote). Die Besatzung war 36 Stunden eingeschlossen und konnte bis auf vier Mann nicht gerettet werden. Das Boot wurde später gehoben und in THUNDERBOLT umbenannt.

Links: Die außen gelegenen Torpedorohre bei der *T*-Klasse im Bug, mittschiffs und am Heck sind gut zu erkennen. Viele dieser Boote waren zwei Jahrzehnte im Dienst und erfuhren mehrfach Umbauten.

[1] Am 27. Juni 1941 versenkte TRIUMPH das ital. U-Boot SALPA vor Marsa Matruk durch Artillerie.

Flottenunterseeboote der britischen T-Klasse

Boot:	Bauwerft:	Kiellegung:	Indienststellung:	Schicksal:
Gruppe 1 (15 Einheiten)				
TRITON	Vickers, Barrow-in-Furness	28.08.1936	09.11.1938	18.12.1940 versenkt durch italienisches Torpedoboot CLIO, südliche Adria.
THUNDERBOLT (ex-THETIS)	Cammell/Laird, Birkenhead	21.12.1936	? 04.1940	01.06.1939 bei Abnahmefahrt auf Grund gesunken, Mersey-Bucht. 99 Tote. 4 Überlebende. November 1939 gehoben, als THUNDERBOLT wieder in Dienst gestellt. 14.03.1943 versenkt durch ital. Korvette CICOGNA vor Kap St.Vito, Sizilien.
TRIDENT	Cammell/Laird, Birkenhead	12.01.1937	01.10.1939	17.02.1946 verkauft zum Verschrotten, Neapel.
TRIBUNE	Scott's, Greenock/Clyde	03.03.1937	17.10.1939	? 07.1947 verkauft zum Verschrotten.
TRIUMPH	Vickers, Barrow-in-Furness	19.03.1937	02.05.1939	14.01.1942 Minentreffer vor Milos, Südägäis.
TARPON	Scott's, Greenock/Clyde	05.10.1937	08.03.1940	14.04.1940 versenkt durch Wasserbomben des deutschen Minensuchers *M 6*, Nordsee.
TAKU	Cammell/Laird, Birkenhead	18.11.1937	03.10.1940	? 11.1946 verkauft zum Verschrotten, Südwales.
THISTLE	Vickers, Barrow-in-Furness	07.12.1937	04.07.1939	10.04.1940 torpediert durch *U 4* vor Skudenæs, NW von Stavanger/Norw.
TRUANT	Vickers, Barrow-in-Furness	24.03.1938	31.10.1939	19.12.1945 verkauft. 09.12.1946 gesunken unterwegs zur Abbruchwerft, Normandie.
TRIAD	Vickers, Barrow-in-Furness	24.03.1938	16.09.1939	15.10.1940 versenkt durch das italienische U-Boot ENRICO TOTI vor Libyen.
TIGRIS	Marinewerft Chatham	11.05.1938	20.06.1940	10.03.1943 Minentreffer, Golf von Tunis.
TUNA	Scott's, Greenock/Clyde	13.06.1938	01.08.1940	24.06.1946 verschrottet.
TETRARCH	Vickers, Barrow-in-Furness	24.08.1938	15.02.1940	02.11.1941 Minentreffer in der Straße v.Sizilien beim Marsch Malta–Gibraltar.
TALISMAN	Cammell/Laird, Birkenhead	27.09.1938	29.06.1940	16.09.1942 Minentreffer in der Straße von Sizilien.
TORBAY	Marinewerft Chatham	21.11.1938	14.01.1941	19.12.1945 verkauft zum Verschrotten.
Gruppe 2 (7 Einheiten)				
THRASHER	Cammell/Laird, Birkenhead	14.11.1939	14.05.1941	09.03.1947 verschrottet.
TEMPEST	Cammell/Laird, Birkenhead	06.01.1940	06.12.1941	13.02.1942 torpediert durch ital. Torpedoboot CIRCE, Golf von Tarent. Später im Schlepp gesunken.
TRAVELLER	Scott's, Greenock/Clyde	17.01.1940	14.04.1942	08.12.1942 Minentreffer im Golf von Tarent.
THORN	Cammell/Laird, Birkenhead	20.01.1940	26.08.1941	14.08.1942 versenkt durch Wasserbomben des italienischen Torpedobootes PEGASO vor Kreta.
TRUSTY	Vickers, Barrow-in-Furness	15.03.1940	30.07.1941	? 07.1947 verschrottet, Milford Haven.
TURBULENT	Vickers, Barrow-in-Furness	15.03.1940	02.12.1941	14.03.1943 vermutl. versenkt durch Wasserbomben ital. Schiffe vor Sardinien (Minentreffer ?).
TROOPER	Scott's, Greenock/Clyde	26.03.1940	29.08.1942	10.10.1943 Minentreffer bei Leros, Ägäis
Gruppe 3 (33 Einheiten)				
*P 311**	Vickers, Barrow-in-Furness	25.04.1941	07.08.1942	31.12.1942 Minentreffer vor La Maddalena, Sardinien.
TRESPASSER (ex-P 92, P 312)	Vickers, Barrow-in-Furness	08.09.1941	25.09.1942	26.09.1961 verschrottet.
THULE (ex-P 325)	Marinewerft Devonport	20.09.1941	13.05.1944	18.11.1960 beschädigt durch Kollision mit RFA BLACK RANGER, Kanal. 14.09.1962 verschrottet.
TUDOR (ex-P 326)	Marinewerft Devonport	20.09.1941	16.01.1944	23.07.1963 verschrottet.
TAURUS (ex-P 93, P 313, P 339) . DOLFIJN	Vickers, Barrow-in-Furness	30.09.1941	03.11.1942	04.06.1948 Leihgabe an die KNiedM, 07.12. 1953 Rückgabe an RN. ? 04.1960 verschrottet.
TIRELESS	Marinewerft Portsmouth	30.10.1941	18.04.1945	Modernisiert: Stromlinienform. ? 11.1968 verschrottet.
TOKEN (ex-P 238)	Marinewerft Portsmouth	06.11.1941	15.12.1945	Modernisiert: Stromlinienform. ? 03.1970 verkauft zum Verschrotten, Portsmouth.
TACTICIAN	Vickers, Barrow-in-Furness	13.11.1941	29.11.1942	06.12.1962 verkauft. Verschrottet Newport.
TRUCULENT (ex-P 95, P 315)	Vickers, Barrow-in-Furness	04.12.1941	31.12.1942	12.01.1950 gesunken nach Kollision mit MV DVINA in der Themse-Mündung. 15 Tote, 58 Überlebende. 14.03.1950 gehoben. 12.05.1950 verkauft zum Verschrotten.
TEMPLAR (ex-P 96. P 316)	Vickers, Barrow-in-Furness	28.12.1941	15.02.1943	1950 versenkt als Zielboot, Loch Striven. 04.12.1958 gehoben. 17.07.1959 verschrottet.
TRADEWIND (ex-P 329)	Marinewerft Chatham	11.02.1942	18.10.1943	14.12.1955 verschrottet.
TALLY HO (ex-P 97, P 317)	Vickers, Barrow-in-Furness	25.03.1942	12.04.1943	10.02.1967 verschrottet.
TRENCHANT (ex-P 98, P 318)	Marinewerft Chatham	09.05.1942	26.02.1944	23.07.1963 verschrottet.
TANTALUS (ex-P 98, P 318 [sic])	Vickers, Barrow-in-Furness	06.06.1942	02.06.1943	? 11.1950 verschrottet.
TANTIVY (ex-P 99, P 319)	Vickers, Barrow-in-Furness	04.07.1942	25.07.1943	1951 versenkt als Zielboot, Cromarty Firth.
TELEMACHUS (ex-P 321)	Vickers, Barrow-in-Furness	25.08.1942	25.10.1943	? 08.1961 verschottet, Charlestown/Fife.
TALENT (I) (ex-P 322)	Vickers, Barrow-	13.10.1942	04.12.1943	23.03.1943 verkauft an die KNiedM. 23.11. 1943 in Dienst gestellt als ZVAARDVISCH. 1950 umbenannt in ZWAARDVIS. 11.12.1962 außer Dienst gestellt. 12.07.1963 verschrottet, Antwerpen.
TERRAPIN (ex-P 323)	Vickers, Barrow-in-Furness	19.10.1942	21.01.1944	19.05.1945 schwer beschädigt durch japanische Wasserbomben, Java-See. Konstruktiver Totalverlust. Letzter U-Boot-verlust der RN im 2. Weltkr. ? 06.1964 verschrottet.
TOTEM	Marinewerft Devonport	22.10.1942	09.01.1945	1950/51 Umbau. 10.11. 1967 verkauft an die israelische Marine, Indienststellung als DAKUR. 26.01.1968 vermisst, 270 sm NW der Küste Israels (Kollision mit Handelsschiff?). 69 Tote.
THOROUGH	Vickers, Barrow-in-Furness	26.10.1942	01.03.1944	29.06.1961 verschrottet.
TRUNCHEON	Marinewerft Devonport	05.11.1942	25.05.1945	1950/51 Umbau. 09.01 1968 verkauft an die israelische Marine: DOLPHIN ?.08.1975 außer Dienst gest. Verwendet als Pier, Sinai-Küste
TIPTOE	Vickers, Barrow-in-Furness	10.11.1942	12.04.1944	1950/51 Umbau, 29.08.1969 als letztes Boot der *T*-Klasse außer Dienst gestellt. 1975 verschrottet
TRUMP	Vickers, Barrow-in-Furness	13.12.1942	08.07.1944	1950/51 Umbau. 1971 verschrottet.
TACITURN	Vickers, Barrow-in-Furness	09.03.1943	08.10.1944	1950/51 Umbau, 12.03. 1951 Wiederindienststellung 1971 verschrottet
TAPIER (ex-P 335)	Vickers, Barrow-in-Furness	29.03.1943	30.12.1944	18.06.1948 - 16.07.1953 modernisiert: Stromlinien-form. 16.12.1953 Leihgabe an die KNiedM: ZEEHOND, ? 02.1966 verschrottet
THOR	Marinewerft Portsmouth	05.04.1943	-	1945 annulliert.
TIARA	Marinewerft Portsmouth	09.04.1943	-	1945 annulliert.
TURPIN	Marinewerft Portsmouth	24.05.1943	18.12.1944	1950/51 Umbau 1967 verkauft an die israelische Marine: LEVIATHAN ? 12.1973 versenkt bei Torpedo-Erprobungen als Zielboot.
TARN (ex-P 336)	Vickers, Barrow-in-Furness	12.06.1943	07.04.1945	28.03.1945 Übergabe an die KNiedM: TIJGERHAAI. 1961/62 Stromlinienform. 29.09.1964 außer Dienst gestellt. 05.11.1965 verkauft zum Verschrotten.
THERMOPYLAE	Marinewerft Chatham	16.10.1943	05.12.1945	1950/51 Umbau. Gesunken im Loch Striven bei Ausbildungsübung, gehoben. ? 07.1970 verschrottet, Troon.
TALENT (III) (ex-TASMAN, P 337)	Vickers, Barrow-in-Furness	21.03.1944	27.07.1945	Modernisiert: Stromlinienform. Umbenannt in TALENT. ? 12.1966 außer Dienst gestellt. 28.02.1970 verkauft zum Verschrotten, Troon.
TEREDO (ex- P 338)	Vickers, Barrow-in-Furness	17.04.1944	21.01.1946	Modernisiert: Stromlinienform. 05.06.1965 verschrottet.
TABARD	Scott's, Greenock/Clyde	06.09.1944	25.06.1945	1950/51 Umbau. 27.03. 1962 Überholung, Sydney, und Wiederindienststellung bei der RAN. 1968 Rückkehr nach Gosport als Ausstellungsstück. 14.03.1974 verschrottet.
TYPHOON	-	-	-	Nicht als Auftrag vergeben.
THREAT	Vickers, Barrow-in-Furness	-	-	1944 annulliert.
THEBAN	Vickers, Barrow-in-Furness	-	-	1944 annulliert.
TALENT (II)	Vickers, Barrow-in-Furness	-	-	1944 annulliert.

*Sollte den Namen TUTANKHAMEN erhalten.

Flotten-U-Boote der britischen T-Klasse, modifiziert und von langer Seeausdauer

beschädigte ihn achtern schwer. Am 26. August 1941 beschädigte die TRIUMPH den italienischen Schweren Kreuzer BOLZANO nördlich von Sizilien und am 3. Januar 1943 versenkten in einem verwegenen Angriff von der THUNDERBOLT und der TROOPER herangebrachte *Chariot*-Torpedoreiter im Hafen von Palermo den Leichten Kreuzer ULPIO TRAIANO. Zu den Erfolgen der Gruppe 2 gehören die Versenkung der italienischen U-Boote PIETRO MICCA (Minenleger) am 29. Juli 1943 in der Straße von Otranto (mit nur einem Torpedo) durch TROOPER und der MEDUSA am 30. Januar 1942 südlich der Insel Brioni/Adria durch THORN. Ein Teil der Boote der Gruppe 3 war voll geschweißt. Mit zusätzlichen Treibölreserven für eine größere Seeausdauer versehen, verlegten sie in den Fernen Osten. Im Übrigen waren alle Boote dieser Gruppe mit dem kombinierten Luft/Seeraum-Überwachungsradar Typ 291 W ausgerüstet, das gegen Kriegsende durch den Typ 267 W ersetzt wurde. Auf das Konto der Fernost-Boote kamen vier U-Boote: *I 34* am 13. November 1943 in der Malakka-Straße (TAURUS), *I 166* am 17. Juli 1944 im selben Seegebiet (TELEMACHUS), *UIT 23*[2)] am 14. Februar 1944 vor Penang/Malaya (TALLY HO) und *U 859* am 23. September 1943 ebenfalls vor Penang (TRENCHANT). Im Nordatlantik wurden zwei deutsche U-Boote versenkt: U 308 am 4. Juni 1943 nördlich von Trondheim (TRUCULENT) und U 486 am 12. April 1945 NW von Bergen (TAPIR). TALLY HO versenkte vor Penang in der Malakka-Straße am 11. Januar 1944 auch den japanischen Leichten Kreuzer KUMA, der eine sehr große Anzahl Truppen als Verstärkung für Singapur an Bord hatte. An der Innenseite einer alliierten Minensperre am Eingang zur Bank-Straße liegend, torpedierte TRENCHANT am 8. Juni 1945 vor Palembang/Sumatra den japanischen Schweren Kreuzer ASHIGARA (12.700 ts, NACHI-Klasse) mit einem Achterfächer, aus dem fünf Torpedos trafen und den Bug des Japaners zerrissen. Während des Krieges erhielt die KNiedM zwei Boote der T-Klasse. Von diesen versenkte die ZWAARDVISCH am 6. Oktober 1944 vor der Nordküste Javas *U 168* aus 800 m Entfernung mit einem Sechserfächer. Sie rettete 27 Überlebende, von denen drei aus 37 m Tiefe ohne Tauchretter entkamen. Nach dem Kriege erfuhren später gebaute Boote der Klasse eine Reihe Modifizierungen. Fünf der genieteten Boote (TAPIR, TIRELESS, TALENT (III), TEREDO und TOKEN) erhielten ähnlich dem US-Programm »Guppy« Stromlinienform, eine moderne Sonaranlage und einen hohen, schmalen Turm vom »Fin«-Typ. 1949-1956 wurden acht geschweißte Boote vollständig umgebaut (siehe Kasten). Sie bekamen eine neue Sektion eingesetzt, um den Druckkörper um 3,7-6 m zu verlängern, sowie Dieselmotoren mit 150 PS stärkerer Leistung, ein zweites Paar E-Motoren und einen vierten Batterieraum. Die Satteltanks und das Decksgeschütz wurden entfernt. Der neue Turm erhielt zwei Radar- und zwei »Schnorchel«-Masten sowie einen Funkmast. THOROUGH umrundete als erstes Unterseeboot die Erde und kehrte am 16. Dezember 1957 nach Portsmouth zurück. TIPTOE wurde als letzte Einheit der T-Klasse am 29. August 1969 außer Dienst gestellt. Eine Anzahl T-Boote wurde an andere Marinen verkauft oder ausgeliehen: vier an die Niederlande, drei an Israel und eines an Australien.

Vollständig umgebaute Boote der T-Klasse

	Gruppe A[1)]	Gruppe B[2)]
Länge über alles:	87,02 m3)	89,46 m
Breite (max.):	unverändert	unverändert
Wasserverdrängung:		
Über Wasser:	1544 ts	1535 ts
Unter Wasser:	1696 ts	1734 ts
Höchstgeschwindigkeit:		
Über Wasser:	14,2 - 15,4 kn	14,2 - 15,4 kn
Unter Wasser:	8,75 kn	8,75 kn
Bewaffnung:	6 x 53,3-cm-Bugrohre (Torpedos oder Minen Mk.II) durchweg	
Motorenanlage:	zwei Wellen durchweg	
Dieselmotoren:	2 x 1900 PS durchweg	
E-Motoren:	2 x zwei 725 PS durchweg	
Tauchtiefe:	110 m	110 m
Besatzungsstärke:	68	68

1) TACITURN. THERMOPYLAE, TOTEM, TURPIN.
2) TABARD, TIPTOE, TRUMP, TRUNCHEON.
3) TACITURN hatte eine Länge von 87,63 m.

Unten: HMS/m TRUCULENT (Gruppe 3) sank nach einer Kollision im Januar 1950 in der Themse-Mündung (15 Tote). Im Bild das kurz zuvor gehobene Boot, wie der mit Luft gefüllte Bergungswulst längsseits erkennen lässt. An Backbord steht das außen gelegene Torpedorohr im Wulst des Bugs offen.

2) Das von der Kriegsmarine übernommene ex-italienische U-Boot REGINALDO GUILIANI.

Unten: Die TRUCULENT in Fahrt. Im Turmvorbau steht das 10,2-cm-Decksgeschütz SK L/40 Mk.XII und über der Verkleidung des vorderen Sehrohrs befindet sich die Antenne des Luft/Seeraum-Überwachungsradars Typ 291 W (später Typ 267 W).

SARGO-Klasse – die ersten U-Boote der US-Marine im Pazifikkrieg

Länge über alles:	94,64 m
Breite (max.):	8,25 m
Wasserverdrängung:	
Über Wasser:	1450 ts
Unter Wasser:	2350 ts
Höchstgeschwindigkeit:	
Über Wasser:	20 kn
Unter Wasser:	8,75 kn
Bewaffnung:	8 x 53,3-cm-Torpedorohre (4 Bug, 4 Heck)
Torpedos:	12 Reserve + 4 in Oberdecksbehältern (später entfernt)
Geschütze:	1 x 7,6 cm L/50 (später einige 10,2 cm), 2 x 12,7-mm- und 2 x 7,69-mm-MGs
Motorenanlage:	2 Wellen
Dieselmotoren:	2 x 2750 PS
E-Motoren:	2 x 1650 PS
Fahrbereich:	
Über Wasser:	11.000 sm bei 10 kn
Unter Wasser:	100 sm bei 5 kn
Tauchtiefe:	80 m
Besatzungsstärke:	55

Oben: Diese U-Boote gehörten zu den ersten, die nach Pearl Harbor gegen die Japaner zum Einsatz kamen. Torpedoversager vereitelten zunächst größere Erfolge.

Die Flotten-U-Boote der SARGO-Klasse (Gruppe 2 der SALMON-Klasse: siehe oben) gingen nach den japanischen Angriffen am 7. Dezember 1941 auf die US-Marinebasis Pearl Harbor als erste in den Kampf. Sieben dieser U-Boote liefen am nächsten Tag zur Feindfahrt aus. Allein SARGO fuhr acht Angriffe gegen feindliche Schiffe im Südchinesischen Meer, obwohl keiner ihrer Torpedos Mk. 14 sein Ziel traf; entweder waren es Irrläufer oder sie steuerten zu tief – eine bekannte und enttäuschende Situation zu Anfang des Pazifischen Krieges. SEALION und SEADRAGON wurden am 10. Dezember Opfer eines japanischen Luftangriffs auf die Marinewerft Cavite/Philippinen. SEALION erhielt einen Volltreffer auf den Turm, eine zweite Bombe durchschlug den Druckkörper und detonierte im Motorenraum. Das Boot sank sofort. Trotz erlittener Schäden wurde SEADRAGON durch den U-Boottender PIGEON aus der brennenden Werft geschleppt. Auf das Konto der SARGON-Klasse kamen 73 versenkte feindliche Schiffe, darunter ein japanisches U-Boot und der Geleitträger CHUYO. Als dieser am 4./5. Dezember 1943 durch die SAILFISH 250 sm südöstlich von Yokosuka/Japan torpediert wurde, befanden sich leider 21 Gerettete der SCULPIN-Besatzung an Bord, von denen nur einer überlebte. SQUALUS begann am 12. Mai 1939 nach der Indienststellung mit dem Prüfungstauchen vor Portsmouth/New Hampshire. Als das Boot am nächsten Tag erneut vor der Isle of Shoals tauchte, versagte ein Flutventil, der Motorenraum lief voll und die SQUALUS sank auf 73 m Tiefe. Sie ließ eine Seenotboje mit einer roten Rauchbombe aufsteigen. Die neu entwickelte McCann-Rettungstaucherglocke brachte 33 Überlebende sicher nach oben – das erste erfolgreiche Rettungsunternehmen der US-Marine aus dieser Tiefe. 26 Tote blieben im Motorenraum eingeschlossen, bis die SQUALUS geborgen und zurück in die Marinewerft Portsmouth geschleppt worden war. Nach der Reparatur erfolgte die erneute Indienststellung am 15. Mai 1940 als SAILFISH. Neben der SEALION gingen drei weitere Boote dieser Klasse verloren: SCULPIN, die einen großen Geleitzug angegriffen hatte, versenkte sich am 19. November 1943 nach heftigen Wasserbombenverfolgungen japanischer Zerstörer selbst. Cmdr. John Cromwell, der Führer der U-Bootgruppe, ging lieber mit dem U-Boot unter, als das Risiko einzugehen, im Verhör seine Kenntnisse von bevorstehenden Angriffen auf pazifische Inseln preiszugeben. SWORDFISH sank auf seiner 13. Feindfahrt Anfang Februar 1945 bei Okinawa. SEAWOLF wurde vermutlich das Opfer eines irrtümlichen Angriffs am 3. Oktober 1944 durch Trägerflugzeuge der USS MIDWAY und des Zerstörers RICHARD M. ROWELL bei Morotai/Molukken im heutigen Indonesien. Die restlichen Boote dienten nach dem Kriege der Ausbildung. SEARAVEN war 1946 Zielboot bei einem Atombombenversuch im Bikini-Atoll. Ihre Schäden wurden als »unwesentlich« bezeichnet und sie wurde später als Zielboot aufgebraucht. SAILFISH sollte bei derselben Testserie als Zielboot dienen und wurde 1948 verschrottet.

Oben: SEADRAGON (SS-194) überstand in den ersten Kriegstagen mit einigen Schäden einen japanischen Luftangriff auf Cavite/Philippinen.

US-Marine: Flottenunterseeboote der SARGO-Klasse

Boot:	Bauwerft:	Kiellegung:	Indienststellung:	Schicksal:
SARGO (SS-188)	Electric Boat Co., Groton/Connecticut	12.05.1937	07.02.1939	22.06.1946 außer Dienst gestellt. 19.05.1947 verkauft zum Verschrotten.
SAURY (SS-189)	Electric Boat Co., Groton/Connecticut	28.06.1937	03.04.1939	22.06.1946 außer Dienst gestellt. ? 10.1948 verschrottet.
SPEARFISH (SS-190)	Electric Boat Co., Groton/Connecticut	09.09.1937	17.07.1939	22.06.1946 außer Dienst gestellt, Mare Island. ? 10. 1947 verschrottet.
SCULPIN (SS-191)	Marinewerft Portsmouth/New Hampshire	07.09.1937	16.01.1939	19.12.1944 selbst versenkt nach Wasserbomben und Artilleriebeschuss japanischer Zerstörer. 42 Überlebende gefangen.
SAILFISH (SS-192, ex-SQUALUS)	Marinewerft Portsmouth/New Hampshire	18.10.1937	01.03.1939	12.05.1939 gesunken und voll gelaufen bei Tauchversuchen. 26 Tote, 33 Überlebende. 23.05.1939 gehoben. 15.05.1940 als SAILFISH wieder in Dienst gestellt. 27.10. 1945 außer Dienst gestellt. 18.06.1948 verkauft zum Verschrotten.
SWORDFISH (SS-193)	Marinewerft Mare Island, Vallejo/California	27.10.1937	22.07.1939	? 02.1945 vermisst bei Okinawa/Japan.
SEADRAGON (SS-194)	Electric Boat Co., Groton/Connecticut	18.04.1938	23.10.1939	29.10.1946 außer Dienst gestellt, Reserveflotte Atlantik. 02.07.1948 verkauft zum Verschrotten.
SEALION (SS-195)	Electric Boat Co., Groton/Connecticut	20.06.1938	27.11.1939	10.12.1941 zwei Volltreffer bei japanischem Luftangriff, Cavite/Philippinen. Vier Tote. 25.12.1941 Wrack gesprengt.
SEARAVEN (SS-196)	Marinewerft Portsmouth/New Hampshire	09.08.1938	02.10.1939	1946 Zielboot beim Atombombenversuch, Bikini-Atoll. Geringe Schäden. 11.12.1946 außer Dienst gestellt. 11.09.1948 versenkt als Zielboot.
SEAWOLF (SS-197)	Marinewerft Portsmouth/New Hampshire	27.09.1938	01.12.1939	03.10.1944 irrtümlich versenkt durch Flugzeuge des Geleitträgers USS MIDWAY und Wasserbomben des Zerstörers RICHARD M. ROWELL bei Morotai/Molukken, Indonesien.

Wölfe des Atlantik: Der deutsche Typ VII B 1937–1941

Länge über alles:	66,50 m
Breite (max.):	6,20 m
Wasserverdrängung:	
Über Wasser:	753 t
Unter Wasser:	857 t
Höchstgeschwindigkeit:	
Über Wasser:	17,9 kn
Unter Wasser:	8,0 kn
Bewaffnung:	5 x 53,3-cm-Torpedorohre (4 Bug, 1 Heck)
Torpedos:	9 Reserve
Geschütze:	1 x 8,8 cm L/45, 1-2 x 2-cm-Flak C/30 bzw. C/38
Minen:	bis 26 Minen Typ TMA (statt Torpedos)
Motorenanlage:	2 Wellen
Dieselmotoren:	2 x 1600 PS
E-Motoren:	2 x 375 PS
Fahrbereich:	
Über Wasser:	8700 sm bei 10 kn
Unter Wasser:	90 sm bei 4 kn
Tauchtiefe:	100 m (Dienst), 200 m (max.)
Besatzungsstärke:	4 Offiziere, 40 Mann

Der deutsche U-Boottyp VII B stellte eine wesentliche Verbesserung gegenüber den zehn Einheiten des vorhergehenden Typs VII A dar, gebaut 1935-1937. Größere Motorenleistung und ein zusätzliches zweites Heckruder erbrachten eine bessere Manövrierfähigkeit. Wichtiger war jedoch eine zusätzliche Treibölkapazität in den äußeren Satteltanks, die zusätzlich 2500 sm bei Marschfahrt (10 kn) für Atlantikunternehmungen lieferten. 1939-1943 versenkten die auf drei Werften von 1937–1941 gebauten 24 Einheiten 277 Schiffe mit insgesamt 1.549.884 BRT und beschädigten weitere 37 Schiffe mit insgesamt 253.384 BRT. Die danach noch vorhandenen Boote dienten der Ausbildung. Zu diesem Typ gehörte auch das erfolgreichste U-Boot des 2. Weltkrieges: Zwischen September 1939 und Juni 1941 versenkte *U 48* in zwölf Feindfahrten 54 Schiffe. Am 14. Oktober 1939 griff *U 47* (Kptlt. Günther Prien) das Schlachtschiff HMS ROYAL OAK an und versenkte es in der Sicherheit des Ankerplatzes Scapa Flow der *Royal Navy* in den Orkney-Inseln, vermutlich die wagemutigste Tat eines U-Bootes des 2. Weltkrieges. Ab 7. März 1941 galt *U 47* als vermisst, vermutlich durch Minentreffer nördlich von Rockall im Nordatlantik gesunken. Am 11. August 1942 versenkte *U 73* während der Operation *Pedestal* – Durchbringen eines Geleitzuges mit Nachschub für das belagerte Malta – den britischen Flugzeugträger EAGLE mit einem Viererfächer südlich von Mallorca. *U 100* (Kptlt. Joachim Schepke) wurde am 17. März 1941 auf Höhe der Färöer-Inseln versenkt, nachdem das Boot der Zerstörer HMS VANOC mit Radar geortet hatte – die erste Radarortung eines deutschen U-Bootes. Auf dem Entwurf von Typ VII B beruhte der Typ VII C, das »Arbeitspferd« der deutschen U-Bootwaffe des 2. Weltkrieges mit einer etwas geringeren Geschwindigkeit. Dieser Bootstyp trug die Hauptlast in der »Schlacht im Atlantik« und von 1940-1945 wurden über 600 Einheiten gebaut und in Dienst gestellt, darunter auch der Typ VII C/41 (22 Boote) mit verstärktem Bootskörper und größerer Tauchtiefe sowie Typ VII D (6 Minenleger) und VII F (4 Torpedo-Versorger). Ab 1943 wurden zahlreiche geplante Einheiten zugunsten des Baus der modernen Boote vom Typ XXI und XXIII annulliert.

Ein U-Boot des Typs VII B in Fahrt – vermutlich *U 52* bei einer Übung. Beachte die 2-cm-Flak achteraus des Turms vor dem offenen Kombüsenluk. Auch *U 99* war ein VII-B-Boot, geführt von KKpt. Otto Kretschmer, des erfolgreichsten U-Bootkommandanten des 2. Weltkrieges, der bei der Versenkung seines Bootes am 17. März 1941 in Gefangenschaft geriet. Nach Prien *(U 47)* und Schepke *(U 100)* das dritte »U-Bootass«, das der U-Bootwaffe mit einem VII-B-Boot verloren ging.

Hochseeunterseeboote des deutschen Typs VII B

Boot:	Bauwerft:	Kiellegung:	Indienststellung:	Schicksal:
U 45	Germaniawerft, Kiel	26.02.1937	25.06.1939	14.10.1939 versenkt am Geleit KJF.3 durch Wasserbomben der Zerstörer HMS INGLEFIELD, IVANHOE, INTREPID und ICARUS SW von Irland.
U 46	Germaniawerft, Kiel	25.02.1937	02.11.1938	04.05.1945 selbst versenkt (»Regenbogen«), Neustadt i.H.
U 47	Germaniawerft, Kiel	27.02.1937	17.12.1938	07.03.1941 vermisst (vermutlich Minentreffer) S von Island, Nordatlantik (irrtüml. Wasserbomben des Zerstörers HMS WOLVERINE am 08.03.41).
U 48	Germaniawerft, Kiel	11.11.1936	22.04.1939	03.05.1945 selbst versenkt (»Regenbogen«), Neustadt i.H.
U 49	Germaniawerft, Kiel	15.09.1938	12.08.1939	15.04.1940 versenkt durch Wasserbomben des Zerstörers HMS FEARLESS vor Narvik/Nordnorwegen.
U 50	Germaniawerft, Kiel	03.11.1938	12.12.1939	06.04.1940 versenkt durch Minentreffer nördl. Terschelling, Nordsee (NW der Shetlands ?).
U 51	Germaniawerft. Kiel	10.02.1937	06.08.1938	20.08.1940 torpediert durch das britische U-Boot CACHALOT westl. von Nantes, Biskaya.
U 52	Germaniawerft, Kiel	04.03.1937	04.02.1939	03.05.1945 selbst versenkt (»Regenbogen«), Kiel.
U 53	Germaniawerft, Kiel	13.03.1937	24.06.1939	23.02.1940 versenkt durch Wasserbomben des Zerstörers HMS GURKHA südl. der Färöer-Inseln, Nordatlantik.
U 54	Germaniawerft, Kiel	13.09.1937	23.09.1939	13.02.1940 versenkt durch Minentreffer, Nordsee.
U 55	Germaniawerft, Kiel	02.11.1938	21.11.1939	30.01.1940 versenkt durch Wasserbomben der Kriegsschiffe HMS WHITSHED, FOWEY und Bomben der »Sunderland« Y/228.RAF-Sqn. 90 sm SW der Scilly-Inseln (Geleit OA.80 G).
U 73	Bremer Vulkan, Bremen-Vegesack	05.11.1939	30.09.1940	16.12.1943 versenkt durch Wasserbomben der US-Zerstörer WOOLSEY und TRIPPE nördl. von Oran, Mittelmeer. 34 Gefangene.
U 74	Bremer Vulkan, Bremen-Vegesack	05.11.1939	31.10.1940	02.05.1942 versenkt durch Wasserbomben der Zerstörer HMS WISHART, WRESTLER und Bomben der »Catalina« C/202.RAF-Sqn. östl. von Cartagena, Mittelmeer.
U 75	Bremer Vulkan, Bremen-Vegesack	15.12.1939	19.12.1940	28.12.1941 versenkt durch Wasserbomben des Zerstörers HMS KIPLING vor Marsa Matruk/Ägypten. 30 Gefangene.
U 76	Bremer Vulkan, Bremen-Vegesack	28.12.1939	03.12.1940	05.04.1941 versenkt durch Wasserbomben des Zerstörers HMS WOLVERINE und der Sloop HMS SCARBOROUGH südl. von Island, Nordatlantik (Geleit SC.26).
U 83	Flender-Werke, Lübeck	05.10.1939	08.02.1941	04.03.1943 versenkt durch Wasserbomben der »Hudson« V/500.RAF-Sqn. SO von Cartagena, Mittelmeer.
U 84	Flender-Werke, Lübeck	09.11.1939	29.04.1941	? 08.1943 vermisst, Nordatlantik (irrtüml. Geleitträger USS CORE).
U 85	Flender-Werke, Lübeck	18.12.1939	07.06.1941	14.04.1942 versenkt durch Artillerie des Zerstörers USS ROPER vor Kap Hatteras, USA.
U 86	Flender-Werke, Lübeck	20.01.1940	08.07.1941	? 12.1943 vermisst, Nordatlantik (irrtüml. Geleitträger USS BOGUE).
U 87	Flender-Werke, Lübeck	18.04.1940	19.08.1941	04.03.1943 versenkt durch Wasserbomben der kanadischen Korvette SHEDIAC und des Zerstörers ST.CROIX, Nordatlantik (Geleit KMS.10).
U 99	Germaniawerft, Kiel	31.03.1939	18.04.1940	17.03.1941 versenkt durch Wasserbomben des Zerstörers HMS WALKER SO von Island, Nordatlantik (Geleit HX.112). 40 Gefangene.
U 100	Germaniawerft, Kiel	22.05.1939	30.05.1940	17.03.1941 versenkt durch Wasserbomben der Zerstörer HMS VANOC und WALKER; SO von Island, Nordatlantik. Erste Ortung eines U-Bootes durch Radar.
U 101	Germaniawerft, Kiel	31.03.1939	11.03.1940	03.05.1945 selbst versenkt (»Regenbogen«), Neustadt i.H.
U 102	Germaniawerft, Kiel	22.05.1939	27.04.1940	01.07.1940 versenkt durch Wasserbomben des Zerstörers HMS VANSITTART SW von Irland, Nordatlantik.

Giganten des Ozeans: Die U-Monitore der britischen M-Klasse

Die grotesken Monitore der *M*-Klasse wurden entworfen, um dem Waffenarsenal der Unterseeboote schwere Artillerie hinzuzufügen. Sie sollten als Handelsstörer dienen und die aus dem gesunkenen Schlachtschiff FORMIDABLE geborgenen 30,5-cm-Geschütze MK.IX mit der Mündung über Wasser gegen Handelsschiffe einsetzen, während das U-Boot 3,5 - 6 m halb getaucht fuhr. Ein Korn auf der Mündung sollte es ermöglichen, das Geschütz durch das Sehrohr zu richten. Der Nutzen war sehr begrenzt; denn das Geschütz war nicht schwenkbar und zum Laden musste das Boot auftauchen. *M 1* wurde am 17. April 1918 in Dienst gestellt und sichtete 24 Stunden später in Begleitung des Zerstörers DOVE und der U-Boote *L 2* und *L 8* ein großes, nicht identifiziertes deutsches U-Boot aufgetaucht in der Irischen See – aber es tauchte, ehe *M 1* sein Geschütz einsetzen konnte. Im Juni verlegte der U-Monitor zur Beschießung von Konstantinopel ins Mittelmeer, aber das Unternehmen wurde abgesagt. Nach einer Zeitspanne in Reserve erfolgte im August 1920 die Wiederindienststellung – zu Artillerie-Schießversuchen gegen ausgemusterte U-Boote und versenkte zwei. *M 2* diente 1923 verschiedenen Experimenten, darunter Tieftauchversuche und Beteiligung an einem Giftgasangriff über Wasser. 1925 begann die

Oben: Da das 30.5-cm-Geschütz dieser U-Monitore nicht den Bestimmungen des Washingtoner Flottenabkommens entsprach, wurde es später durch einen Flugzeughangar (*M 2*) oder ein Minendeck (*M 3*) ersetzt.

	M 1 - M 3	M 3 (nach dem Umbau)
Länge über alles:	90,15 m	90,15 m
Breite (max.):	6,20 m	6,20 m
Wasserverdrängung:		
Über Wasser:	1594 ts	1670 ts
Unter Wasser:	1946 ts	2006 ts
Höchstgeschwindigkeit:		
Über Wasser:	15 kn	15 kn
Unter Wasser:	8,5 kn	8,5 kn
Bewaffnung:	1 x 30,5 cm L/35 Mk.IX (M 1), 50 Schuss	100 Seeminen Typ B
Fla-Geschütz:	1 x 7,6 cm Mk.2	1 x 7,6 cm Mk.2
Torpedorohre:	4 x 45,7 cm Bug	4 x 45,7 cm Bug
Torpedos:	4 Reserve	4 Reserve
Seeflugzeug:	1 x Parnall »Peto« (M 2)	-
Motorenanlage:	zwei Wellen	zwei Wellen
Dieselmotoren:	2 x 1200 PS	2 x 1200 PS
E-Motoren:	2 x 800 PS	2 x 800 PS
Fahrbereich:		
Über Wasser:	4500 sm bei 10 kn	4500 sm bei 10 kn
Unter Wasser:	80 sm bei 2 kn	80 sm bei 2 kn
Tauchtiefe:	60 m[1)]	60 m
Besatzungsstärke:	64[2)]	60

1) Bei einem unkontrolliertem Tauchen 1923 erreichte M 2 eine Tiefe von 73 m.

2) Nach dem Umbau zum Seeflugzeugträger hatte M 2 eine Besatzung von 55 Mann, darunter zwei RAF-Offiziere.

U-Monitore der britischen M-Klasse

Boot:	Bauwerft:	Kiellegung:	Indienststellung:	Schicksal:
M 1 (ex-K 18)	Vickers, Barrow-in-Furness	13.07.1916	17.04.1918	12.11.1925 gesunken nach Kollision mit dem schwedischen Kohlendampfer VIDAR während eines Tauchmanövers vor Start Point/ Devon. Besatzung Gesamtverlust.
M 2 (ex-K 19)	Vickers, Barrow-in-Furness	13.07.1916	? 04.1920	26.01.1932 gescheitertes Auftauchmanöver in der West Bay vor Portland. Besatzung Gesamtverlust.
M 3 (ex-K 20)	Armstrong/Whitworth, Newcastle-upon-Tyne	04.12.1916	? 07.1920	16.02.1932 verkauft. ? 04.1932 verschrottet, Newport.
M 4 (ex-K 21)	Armstrong/Whitworth, Newcastle-upon-Tyne	?-		Annulliert. 30.11.1921 verkauft als unfertiger Bootskörper.

Unten: Die glücklose *M 2*, fertig gestellt mit Hangar, Derrick-Kran zum Wieder-an-Bord-Nehmen und Startrampe für ein Seeflugzeug. 1923 geriet das Boot nach dem Tauchen infolge eines Wassereinbruchs durch ein offenes Luk vor Lerwick außer Kontrolle und geriet in 70 m Tiefe auf Grund. Ein ähnlicher Vorfall mag im Januar 1932 zum Verlust geführt haben.

Marinewerft Chatham, das Boot mit einem Kostenaufwand von £ 60.000 zu einem Seeflugzeugträger umzubauen.

Hierfür wurde ein Seefluzeug vom Typ Parnall »Peto« als Aufklärungsflugzeug speziell entworfen und dem Vorgang des Starts und des Wieder-an-Bord-Nehmens dienten ein Hangar, eine Startrampe und ein Derick-Kran. Das 30,5-cm-Geschütz wurde ausgebaut. *Bei M 3* kam das Geschütz ebenfalls von Bord, als die Marinewerft Chatham 1927/28 das Oberdeck in eine hohe Verkleidung umbaute, die über dem Druckkörper ein Minendeck mit Hecktoren für 80 und später für 100 Minen ähnlich der späteren PORPOISE-Klasse (siehe oben) erhielt. Alle Boote der *M*-Klasse bekamen 1924 einen anderen Anstrich, um ihr Erkennen vom Flugzeug aus zu untersuchen: *M 1* einen graugrünen, *M 2* einen dunkelgrauen und *M 3* einen dunkelblauen Anstrich. Am 12. November 1925 lief *M 1* zusammen mit *M 3* aus Plymouth zu einer Übung aus, die einen Kreuzerangriff auf einen Truppenkonvoi zum Inhalt hatte, den ein U-Boot sicherte. Das Boot war beim Simulieren von Angriffen zu sehen, als es mit der Mündung seines 30,5-cm-Geschützes die Wasseroberfläche durchbrach. Danach verschwand es. Ein Hinweis auf sein Schicksal ergab sich acht Tage später, als der schwedische Kohlendampfer VIDAR (2000 BRT) in Stockholm mit Schäden am Bug vor Anker ging. Sein Kapitän berichtete aus dem Übungsgebiet von zwei schweren Schlägen vorn und hatte angenommen, dass es »U-Boot-Bomben« waren. Ein Bergungsschiff entdeckte das Wrack von *M 1* im September 1967 und Tauchgänge im Juli 1999 demonstrierten, dass die Kollision das Geschützrohr weggerissen und den Einbauring in den Druckkörper getrieben hatte, wobei die Geschosskammer voll gelaufen war. Die 58 ts wiegende Lafette und das eingedrungene Wasser ließen das Boot in 73 m Tiefe auf Grund sinken. *M 2* lief am 26. Januar 1932 zu einer Übung in der West Bay 15 sm westlich von Portland aus. Auch dieses Boot verschwand. Vermutlich sank es beim Tauchen nach dem Start des Seeflugzeuges, weil das Hangartor nicht korrekt verschlossen war. *M 2* dient noch heute als Ziel bei der Ausbildung von Sonargasten. Während des Generalstreiks vom 9.-15. Mai 1926 diente *M 3* der Stromerzeugung für die *Royal Victoria & Albert-* und die *King George V-Docks* in London. Der Minenleger erwies sich als gelungen und die gewonnenen Erfahrungen dienten dem Entwurf der britischen PORPOISE-Klasse.

Oben: M 2 1928 beim Start des Seeflugzeuges Parnell »Peto«. Der Hangar steht noch offen.

Rechts: Das Ende der *M 1* am 12. November 1925. Nach simulierten Artillerieangriffen rammte der Kohlendampfer VIDAR das Geschütz. Das Boot lief voll und sank in 73 m Tiefe auf Grund.

U-Kreuzer – schwer bewaffnete Handelsstörer?

Während des Ersten Weltkrieges baute Deutschland drei starke U-Kreuzer *(U 139 - U 141)*, entworfen zur Handelskriegsführung: mit zwei 15-cm-Geschützen, einer Geschwindigkeit über Wasser von 15,8 kn und einem Fahrbereich von 12.630 sm bei 8 kn. Ihre Leistungsfähigkeit beeindruckte die alliierten Mächte. Daher fertigten Großbritannien, Frankreich und die USA Entwürfe für Boote mit ähnlicher Aufgabenstellung, von der Bewaffnung her durch den Flottenvertrag begrenzt. Die *Royal Navy* baute das Versuchsboot *X 1*, das zum Einsatz gegen bewaffnete Handelsschiffe mit dem neuen halbautomatischen 13,2-cm-SK-Geschütz L/42 Mk.1 in zwei wulstförmigen Doppeltürmen vor und hinter dem Turm bewaffnet war. Die Dotierung pro Geschütz betrug 104 Schuss. Das 1925 in Dienst gestellte Zweihüllenboot war im Haushalt mit £ 942.000 veranschlagt, kostete jedoch nach einer Reihe von Unglücksfällen einschl. eines Maschinenraumbrandes während der Bauzeit letztlich £ 1.044.158. Das Boot brauchte eine große Besatzung mit 58 Mann allein für die Geschütze, deren Nachladen mit Hilfe der Munitionsaufzüge Probleme verursachte. Berichte über Motorenstörungen waren vermutlich von offizieller Seite übertrieben. Andererseits ließ sich das Boot über und unter Wasser gut manövrieren. 1936 legte es die Admiralität auf und verschrottete es Ende des Jahres. Frankreich war inzwischen zur selben Ansicht gelangt und baute die monströse SURCOUF

	X 1	SURCOUF	ARGONAUT	Typ XI
Länge über alles:	110,80 m	110 m	116,13 m	114,96 m
Breite (max.):	9,09 m	9,00 m	10,31 m	9,50 m
Wasserverdrängung:				
Über Wasser:	2780 ts	3304 ts	2710 ts	3140 t
Unter Wasser:	3600 ts	4218 ts	4080 ts	3930 t
Höchstgeschwindigkeit:				
Über Wasser:	20 kn	18 kn	15 kn	23,25 kn
Unter Wasser:	9 kn	8,5 kn	8 kn	7 kn
Bewaffnung:				
Geschütze:	4 x 13,2 cm (2 x 2)	2 x 20,3 cm (1 x 2)	2 x 15,2 cm (2 x 1)	4 x 12,7 cm (2 x 2)
Flak:	2 x 7,69-mm-MGs	2 x 3,7 cm, 2 x 13,2-mm-Zwillings-MGs	-	2 x 3,7 cm, 1 x 2 cm
Flugzeug:	-	1 x Besson MB 411	-	1 x Arado Ar 231
Torpedorohre:	6 x 53,3 cm (Bug/6 Reserve)	8 x 55 cm (4 Bug/6 Reserve, 4 mittschiffs), 4 x 40 cm (Heck)	6 x 53,3 cm (4 Bug, 2 Heck[1]), 10 Reserve)	6 x 53,3 cm (4 Bug, 2 Heck, 6 Reserve)
Motorenanlage:	2 Wellen durchweg			
Dieselmotoren:	2 x 5445 WPS[2])	4 x 1900 PS	4 x 1500 PS	8 x 2200 PS
E-Motoren:	2 x 1300 PS	2 x 1700 PS	2 x 1200 PS	2 x 1100 PS
Fahrbereich:				
Über Wasser:	12.400 sm bei 12 kn	10.000 sm bei 10 kn	16.000 sm bei 8 kn	20.600 sm bei 10 kn
Unter Wasser:	50 sm bei 4 kn	70 sm bei 4,5 kn	10 sm bei 8 kn	50 sm bei 4 kn
Tauchtiefe:	60 m	80 m	95 m	120 m
Besatzungsstärke:	109	120	89	7/103

1) Torpedorohre stammen von einem annullierten Boot der L-Klasse.
2) Ein MAN-Hilfsdieselmotor (1200 PS) stammt von dem 1918 ausgelieferten deutschen U-Minenkreuzer U 126.

Links: X 1, der einzige U-Kreuzer der *Royal Navy* – ein Versuchsboot. Vor und hinter dem Kommandoturm sind die beiden 13,2-cm-Zwillingstürme zu erkennen. Die Munitionszufuhr erfolgte über Aufzüge, die erhebliche Probleme verursachten, so dass der U-Kreuzer Ende 1936 verschrottet wurde.

mit einem Doppelturm vor dem Kommandoturm. Zum Einbau kam das neue, für Überwasserkreuzer entworfene Geschütz 20,3 cm L/50 Modell 1924. Es verschoss eine 123-kg-Granate auf 31.400 m, wobei eine Feuergeschwindigkeit von drei Schuss pro Minute erreicht wurde. Die Dotierung betrug 600 Schuss, aber kein einziger Schuss fiel auf SURCOUF im Ernstfall. In einem Hangar hinter dem Turm führte sie ein Aufklärungs-Seeflugzeug Besson/ANF Mureaux MB 411 zur Artilleriebeobachtung mit. Zudem konnte SURCOUF bei Bedarf 40 Gefangene – Besatzungen erbeuteter Prisen – unterbringen.

SURCOUF befand sich gerade zur Überholung in Brest, als im Juni 1940 deutsche Truppen Frankreich besetzten. Mit nur einem betriebsbereiten Motor entkam sie aufgetaucht nach Plymouth. Am 3. Juli enterten britische Kommandos um 03.00 Uhr alle französischen Schiffe, die in britischen Häfen Zuflucht gesucht hatten, um sie zu besetzen und einem deutschen Zugriff zu entziehen (Operation *Catapult*). Als die Besatzung der SURCOUF Widerstand leistete, fanden zwei britische Marineoffiziere und ein Franzose den Tod. Im Dezember 1940 war sie an der umstrittenen freifranzösischen Operation zur Besetzung der Inseln St. Pierre und Miquelon vor der kanadischen Atlantikküste beteiligt. Am 18. Februar 1941 wurde die SURCOUF unterwegs ins freifranzösische Tahiti vor dem Panamakanal vom US-Transportschiff THOMSON LYKES gerammt und mit 159 Mann an Bord versenkt – die weltweit schlimmste U-Boot-katastrophe. Auch die US-Marine war an schwer bewaffneten U-Kreuzern interessiert. Die von Vertragsbeschränkungen befreite ARGONAUT war im Wesentlichen als Minenleger entworfen und führte vor und hinter dem Turm je ein ungeschütztes 15,2-cm-Geschütz. Sie erwies sich beim Tauchen als sehr langsam und manövrierte unter Wasser schwerfällig. Während eines Angriffs auf einen japanischen Geleitzug aus fünf Frachtern am 10. Januar 1943 zwischen Neubritannien und Bougainville wurde die ARGONAUT von der Geleitsicherung durch Wasserbomben zum Auftauchen gezwungen und mit Artillerie vernichtet. Die deutsche Marine entwarf 1938 mit dem Typ XI einen Tauchkreuzer mit je einem 12,7-cm-Doppelturm (ursprünglich 15 cm) vor und hinter dem Kommandoturm. Hiermit sollte ein solches Boot unmittelbar nach dem Auftauchen einen Hilfskreuzer mit einem schnellen Feuerüberfall auf eine Entfernung von mehr als 25 km außer Gefecht setzen. Zur Artilleriebeobachtung war ein Kleinstflugzeug Ar 231 vorgesehen. Der Z-Plan vom Januar 1939 sah bis Ende 1941 sieben dieser Boote vor und am 17. Januar 1939 erhielt die A.G. »Weser« in Bremen den Auftrag für *U 112 - U 115*. Seine Annullierung im Mai 1940 führte zum Abbruch der unfertigen Bootskörper.

U-Kreuzer zwischen den Kriegen

Boot:	Bauwerft:	Kiellegung	Indienststellung:	Schicksal:
X 1	Marinewerft Chatham	02.11.1921	? 12.1925	1933 Reservestatus. 1936 gestrichen. 12.12.1936 verschrottet.
SURCOUF	Marinewerft Cherbourg	? 12.1927*	? 05.1934	18.02.1941 versenkt durch Kollision mit dem US-Transporter THOMSON LYKES.
ARGONAUT (ex-V 4)	Marinewerft Portsmouth, Portsmouth/New Hampshire	01.05.1925	02.04.1928	10.01.1943 versenkt durch Wasserbomben und Artillerie beim Angriff auf einen japanischen Geleitzug zwischen Neubritannien und Bougainville, Pazifik.
U-Kreuzer des deutschen Typs XI				
U 112	A.G. »Weser«, Bremen	?	-	17.01.1939 Auftrag. ? 05.1940 annulliert.
U 113	A.G. »Weser«, Bremen	?	-	17.01.1939 Auftrag. ? 05.1940 annulliert.
U 114	A.G. »Weser«, Bremen	?	-	17.01.1939 Auftrag. ? 05.1940 annulliert.
U 115	A.G. »Weser«, Bremen	?	-	17.01.1939 Auftrag. ? 05.1940 annulliert.

* Stapellauf am 18.10.1929.

SURCOUF in glücklicheren Tagen vor dem Krieg. Beachte die beiden hohen Funkmasten. Sehr gut sind die beiden 20,3-cm-Geschütze L/50 Modell 1924 in einem wasserdichten Turm zu sehen. Auf ihm befindet sich vor der Brücke eine 4-m-E-Messbasis.

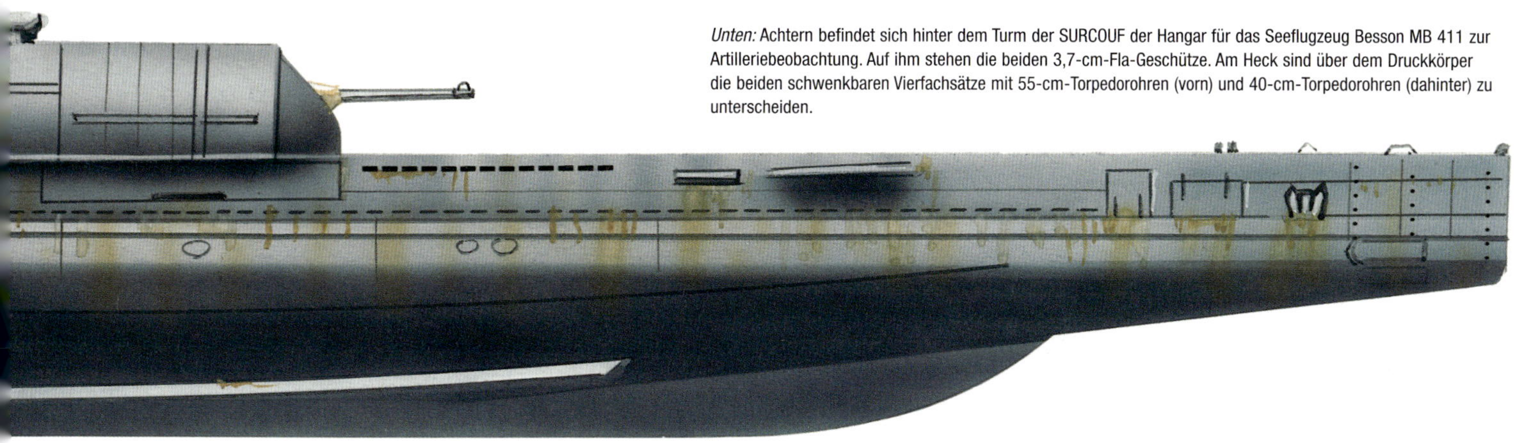

Unten: Achtern befindet sich hinter dem Turm der SURCOUF der Hangar für das Seeflugzeug Besson MB 411 zur Artilleriebeobachtung. Auf ihm stehen die beiden 3,7-cm-Fla-Geschütze. Am Heck sind über dem Druckkörper die beiden schwenkbaren Vierfachsätze mit 55-cm-Torpedorohren (vorn) und 40-cm-Torpedorohren (dahinter) zu unterscheiden.

Unten: Die GATO-Klasse (Serie 1) der US-Marine, ergänzt ab 1942 durch die BALAO-Klasse (Serie 2), war der Standardtyp der amerikanischen Unterseeboote des 2. Weltkrieges; sie trugen die Hauptlast des Pazifischen Krieges. Diese großen Boote mit ihrer den Weiten des Pazifiks angepassten Seeausdauer führten eine starke Bewaffnung: 10 x 53,3-cm-Torpedorohre sowie 7,6-cm- und später sogar 10,2-cm- und 12,7-cm-Geschütze. Auf dem Turm sind zwei 12,7-mm-MGs eingebaut (später durch 2 cm Oerlikon oder 4 cm Bofors ersetzt). Neben den beiden Sehrohren sind der Funkmast sowie der Mast mit der Antenne des Luft/Seeraum-Überwachungsradars und einer einziehbaren Peitschenantenne zu sehen. Die Sehrohrverkleidungen und der Funkmast sind durch zwei kleine Ausguckbrücken verbunden.

Die U-boote des Zweiten Weltkrieges

ALS SICH DER KRIEG ZUR SEE VERSCHÄRFTE, WURDEN UNTERSEEBOOTE NACH neuen Entwürfen auf schnellstem Wege gebaut – einige wie die GATO-Klasse der US-Marine sehr gelungen, andere wie die mangelhaft konzipierten Flak-U-Boote misslungen. Diese gaben den wichtigsten Vorteil des Unterseebootes preis – die Fähigkeit, sich zu verstecken –, um Feindflugzeuge über Wasser zu bekämpfen. Unvermeidlicherweise musste das Unterseeboot verlieren.

Der deutsche Typ IX B: Erfolgreich in ozeanischer Handelskriegsführung

Der Typ IX B war ein sehr erfolgreicher deutscher U-Boottyp: Auf sein Konto kam die Versenkung von 282 Schiffen mit insgesamt 1.526.510 BRT. *U 107* unter Kptlt. Günter Heßler führte vom 29. März - 2. Juli 1941 die erfolgreichste Feindfahrt dieses Typs durch. Das Boot versenkte zwischen den Kanaren und der Westküste Afrikas 14 Schiffe mit insgesamt 86.699 BRT. *U 123* gehörte zu den fünf Booten des Typs IX, die als erste Welle am Unternehmen »Paukenschlag« im Januar 1942 vor

Länge über alles:	76,50 m
Breite (max.):	6,76 m
Wasserverdrängung:	
Über Wasser:	1051 t
Unter Wasser:	1178 t
Höchstgeschwindigkeit:	
Über Wasser:	18,2 kn
Unter Wasser:	7,3 kn
Bewaffnung:	6 x 53,3-cm-Torpedorohre (4 Bug, 2 Heck)
Torpedos:	16 Reserve
Geschütze:	1 x 10,5 cm L/45, 1 x 3,7 cm, 1 x 2 cm
Minen:	statt Torpedos bis zu 44 TMA oder 66 TMB
Motorenanlage:	2 Wellen
Dieselmotoren:	2 x 2200 PS
E-Motoren:	2 x 500 PS
Fahrbereich:	
Über Wasser:	12.000 sm bei 10 kn
Unter Wasser:	64 sm bei 4 kn
Tauchtiefe:	100 m (Dienst), 200 m (max.)
Besatzungsstärke:	4 Offiziere, 44 Mannschaften

Rechts: In Anwesenheit von Veteranen stellt Kptlt. v. Rosenstiel *U 502* vom Typ IX C am 31. Mai 1941 in Dienst: »Heißt Flagge und Wimpel!« Es ist Skagerrak-Gedenktag, wie die kaiserliche Kriegsflagge am Turm beweist. Die Varianten IX C und C/40 waren die zahlenmäßig stärkste Gruppe, während die Varianten IX D_1, D_2 und D/42 mit ca. 1800 t die größten Boote dieses Typs waren.

der Ostküste der USA teilnahmen.
Am 11. Januar versenkte das Boot mit der CYCLOPS das erste Schiff vor den USA und als am 6. Februar die erste Phase der Operation endete, hatte *U 123* neun Schiffe mit 52.173 BRT versenkt.[1)]

Der Typ IX B hatte infolge eines größeren Ölbestandes einen um 1500 sm erweiterten Fahrbereich. Hinzu kam, dass ab 1942 U-Tanker (sog. »Milchkühe«) auf Höhe der Bermudas bereit standen, die eine Feindfahrt um acht Wochen verlängerten. Von diesem Typ überstand nur *U 123* den Krieg und fuhr als französische BLAISON weiter. Britische Kriegsschiffe brachten *U 110* am 9. Mai 1941 beim Angriff auf den Geleitzug OB.318 südlich von Island auf. Nach einer Wasserbombenverfolgung durch die Korvette AUBRETIA musste das Boot auftauchen und wurde aufgegeben, als der Zerstörer BULLDOG zum Rammstoß andrehte, aber dann ein Enterkommando übersetzte. Hierbei erbeuteten die Briten wichtige Schlüsselunterlagen und die Schlüsselmaschine »Enigma«, die zum Bruch des deutschen »Marinefunkschlüssels M« in Bletchley Park beitrugen. *U 110* sank am übernächsten Tag im Schlepp. Eines der seltsamsten Ereignisse betraf *U 111*, das am 4. Oktober 1941 WSW von Teneriffa/Kanaren aufgetaucht versenkt wurde. Vor dem bewaffneten Trawler LADY SHIRLEY (470 ts) tauchte das Boot, wurde aber auf 1600 m mit Asdic geortet und mit fünf Wasserbomben angegriffen, die das U-Boot zum Auftauchen zwangen. *U 111* eröffnete mit der 2-cm-Flak das Feuer, der aber bald durch Treffer die Munition ausging. Während das 10,5-cm-Geschütz Ladehemmung hatte, erwiderte der Trawler mit seinem 10,2-cm-Geschütz den Beschuss und erzielte neun Treffer, die acht Mann töteten und achtern den Druckkörper beschädigten. Danach sank *U 111* über das Heck, 45 Mann wurden jedoch gerettet.

1) Die erste Phase erbrachte 25 Schiffe mit 156.940 BRT. Insgesamt wurden beim Unternehmen »Paukenschlag« bis zum 19. Juli 1942 über 400 Schiffe mit mehr als 2 Millionen BRT versenkt, wobei ca. 5000 Seeleute der US-Handelsmarine umkamen. 7 U-Boote gingen verloren und im Mai richtete die US-Marine Geleitzüge ein.

Der deutsche Typ IX B für den ozeanischen Einsatz

Boot:	Bauwerft:	Kiellegung:	Indienststellung:	Schicksal:
U 64	A.G. »Weser«, Bremen	15.12.1938	16.12.1939	13.04.1940 versenkt durch Bomben der »Swordfish« der 700 Sqn./FAA, Bordflugzeug des Schlachtschiffes WARSPITE, im Herjangsfjord bei Narvik/ Nordnorwegen. 1957 Wrack gehoben, sank aber im Schlepp vor Norwegen. 1957 erneut gehoben und wieder im Schlepp vor Norwegen gesunken.
U 65	A.G. »Weser«, Bremen	06.12.1938	15.02.1940	28.04.1941 versenkt durch Wasserbomben des Zerstörers HMS DOUGLAS (nicht Korvette HMS GLADIOLUS) SO von Island.
U 103	A.G. »Weser«, Bremen	06.09.1939	05.07.1940	03.05.1945 (?) selbst versenkt (»Regenbogen«), Kiel.
U 104	A.G. »Weser«, Bremen	10.11.1939	19.08.1940	28.11.1940 (?) Minentreffer NW von Island.
U 105	A.G. »Weser«, Bremen	16.11.1939	10.09.1940	02.06.1943 versenkt durch Wasserbomben des frz. Flugbootes »141-Antares« W von Dakar, Mittelatlantik.
U 106	A.G. »Weser«, Bremen	26.11.1939	24.09.1940	02.08.1943 versenkt durch Wasserbomben der »Sunderland« N/228.RAF-Sqn. und M/461.RAF-Sqn., NW von Kap Ortegal.
U 107	A.G. »Weser«, Bremen	06.12.1939	08.10.1940	18.08.1944 versenkt durch Wasserbomben der »Sunderland« W/201.RAF-Sqn. SW von St.Nazaire, Biskaya.
U 108	A.G. »Weser«, Bremen	27.12.1939	22.10.1940	11.04.1944 versenkt durch RAF-Luftangriff, Stettin. Gehoben. 24.04.1945 selbst versenkt, Swinemünde (?).
U 109	A.G. »Weser«, Bremen	09.03.1940	05.12.1940	04.05.1943 versenkt durch Wasserbomben der »Liberator« P/86.RAF-Sqn. S von Irland, Nordatlantik.
U 110	A.G. »Weser«, Bremen	01.02.1940	21.11.1940	09.05.1941 aufgebracht nach Wasserbomben der Korvette HMS AUBRETIA und der Zerstörer HMS BULLDOG und BROADWAY beim Angriff auf OB.318 östl. von Kap Farewell. 11.05.1941 gesunken im Schlepp der BULLDOG. 15 Tote, 32 Gerettete.
U 111	A.G. »Weser«, Bremen	20.02.1940	19.12.1940	04.10.1941 versenkt durch Artillerie des Trawlers HMT LADY SHIRLEY WSW von Teneriffa/Kanaren. 8 Tote, 44 Gerettete.
U 122	A.G. »Weser«, Bremen	05.03.1939	30.03.1940	22.06.1940 (?) vermisst SW von Irland, Nordatlantik.
U 123	A.G. »Weser«, Bremen	15.04.1939	30.05.1940	17.06.1944 außer Dienst, aufgelegt im U-Bootbunker Lorient. Mai 1945 frz. Beute als BLAISON. 15.08.1959 außer Dienst und als *Q 165* verschrottet.
U 124	A.G. »Weser«, Bremen	11.08.1939	11.06.1940	02.04.1943 versenkt durch Wasserbomben der Korvette HMS STONECROP und der Sloop HMS BLACK SWAN westl. von Porto, Nordatlantik.

Links und unten: Nur *U 123* überstand im Inneren des U-Bootbunkers Lorient den Krieg und fuhr als frz. BLAISON weiter. Viele U-Boote fanden in den Boxen dieser Bunker (im Bild) in den U-Stützpunkten Deckung vor Luftangriffen.

»U-Flak«-Boote – Geschützplattformen zur Abwehr alliierter Flugzeuge

Oben: Trotz der schwer bewaffneten Flak-U-Boote (im Bild *U 441*, die *U-Flak 1*), um die U-Boote aufgetaucht durch die Biskaya zu geleiten, nahmen 1943 die Verluste durch Flugzeuge nicht ab.

In der Biskaya sah das Jahr 1943 steigende – und nicht hinnehmbare – Verluste von U-Booten, die von den alliierten Flugzeugen in dieser Todeszone angegriffen wurden, während sie aus ihren Stützpunkten in Brest, Lorient, St. Nazaire und Bordeaux ausliefen oder dorthin zurückkehrten. Allein im Jahr 1943 gingen in diesem Seegebiet– von den U-Bootbesatzungen als »Tal des Todes« bezeichnet – 28 U-Boote verloren, d.h. 11 % der Gesamtverluste dieses Jahres. Bis zum Kriegsende stiegen die Verluste auf 65 Boote, als die Biskaya immer mehr zum erfolgreichen Jagdgrund der Patrouillenflugzeuge wurde, zu denen sich später noch Überwasser-U-Jagdgruppen gesellten. Um der Flugzeugbedrohung zu begegnen, entschloss sich die Führung der Kriegsmarine, vier VII-C-Boote in Geschützplattformen umzubauen, um die U-Boote beim Transit durch die Biskaya zu eskortieren. *U 441* wurde nach drei Feindfahrten von Brest aus im April/Mai 1943 zum »U-Flak«-Boot umgebaut. Bei dem durch einen Luftangriff im Juli 1942 beschädigten *U 256* begann der Umbau im Mai zur selben Zeit wie bei *U 953*. Bei *U 621*, dem vierten »U-Flak«-Boot, dauerte der Umbau von Anfang Juni bis zum 7. Juli. Die Umbauarbeiten begannen noch bei weiteren drei VII-C-Booten – *U 211*, *U 263*, *U 271* –, wurden aber eingestellt, als sich die Taktik als verfehlt erwies. Die Änderungen ergaben: Einbau einer 2-cm-Vierlingsflak 38/43 U mit Schild zum Schutz der Bedienung auf dem erweiterten »Wintergarten«, Anbau einer ebensolchen Plattform mit einem zweiten 2-cm-Vierling vor dem Turm, Anbau einer weiteren, tiefer gelegenen Plattform hinter dem »Wintergarten« mit einer 3,7-cm-Flak SK C/30 sowie Einbau mehrerer MG 42 auf der Brücke. Hinzu kamen Werfer für 8,6-cm-Raketen mit Stahlseilen gegen Tiefflieger – eine unwirksame Waffe. Die Besatzungsstärke stieg von 48 auf 67 Mann und jede Brückenwache musste statt der üblichen vier aus 14 Mann (zusätzliche Ausgucks und Kanoniere) bestehen. Die Torpedobewaffnung wies nur noch vier Bug- und ein Heckrohr (ohne Reservetorpedos) zur Selbstverteidigung auf. *U 441*, jetzt als *U-Flak 1* bezeichnet, lief am 22. Mai 1943 aus Brest zur ersten Feindfahrt nach dem Umbau aus. Zwei Tage später beschädigten Wasserbomben das Boot, abgeworfen von einem »Sunderland«-Flugboot der RAF, ehe es Augenblicke danach abstürzte. Diese Maschine blieb das einzige Flugzeug, das im Gefecht mit einem Flakboot verloren ging. Die *U-Flak 1* war gezwungen, nach Brest zur Reparatur zurückzukehren. Durch das Gefecht ermutigt, befahl die U-Bootführung, die Boote sollten die Biskaya aufgetaucht in Gruppen durchqueren. Eine verhängnisvolle Fehlentscheidung; denn die Verluste stiegen weiter an. Das reparierte *U 441* lief am 8. Juli 1943 erneut aus Brest aus und wurde drei Tage später von drei »Beaufighter« der 248. RAF-Sqn. aus drei Richtungen angegriffen. Die Brückenwache und die Flak-Bedienungen hatten 10 Tote und 13 Verwundete in einem Gefecht, das nur wenige Minuten dauerte, ehe das U-Boot gezwungen war zu tauchen, um zu entkommen. Danach hinkte *U 441* nach Brest zurück. Das am 16. August 1943 wieder in Dienst gestellte *U 256* (U-Flak 2) sollte zusammen mit *U 271* das atlantische Seegebiet nordwestl. der Azoren zur Versorgung der U-Boote sichern. Dieses Boot wie auch *U 621* (U-Flak 3) und *U 953* (U-Flak 4) unternahmen nur eine einzige Feindfahrt als Flakboot. Der deutschen Marineführung wurde schmerzlich bewusst, dass Flakboote allein keine Antwort auf die überwältigende Stärke der in Gruppen angreifenden alliierten Flugzeuge in dem für U-Boote tödlichen Seegebiet der Biskaya darstellten. KKpt. Adolf Piening, der Kommandant von *U 155*, ersann eine Route von und zu den atlantischen Stützpunkten entlang der Küsten Frankreichs und des neutralen Spaniens. Doch Großbritannien übte politischen Druck auf Spanien aus, seine Gewässer von U-Booten freizuhalten. Zudem wurden aus Überwasser-Kriegsschiffen bestehende U-Jagdgruppen aufgestellt, um die Route vor der französischen Küste zu blockieren. Erste Erfolge für diese U-Jagdgruppen stellten sich am 24. Juni 1943 ein, als die Sloops HMS WILD GOOSE, WOODPECKER und KITE *U 449* versenkten und das Schwesterschiff HMS STARLING in der Biskaya *U 119* mit Wasserbomben angriff und rammte. Das Flakboot-Konzept wurde aufgegeben, als alle U-Boote neue Fla-Geschütze erhielten, darunter auch die 2-cm-Zwillingsflak 38 M II für die VII-C-Boote. Deutsche U-Boote schossen während des 2. Weltkrieges insgesamt 125 alliierte Flugzeuge ab. Allein die RAF versenkte 218 U-Boote. Dies veranschaulicht die Wirksamkeit von Luftangriffen auf Unterseeboote. Nachdem die Frontboote 1944 mit dem »Schnorchel« ausgerüstet worden waren, gingen die Verluste durch Flugzeuge zurück, denn die Boote verbrachten aufgetaucht weniger Zeit. Alle Flakboote wurden im November 1943 wieder zurückgebaut.

US-Marine: GATO-Klasse – die »Streitrösser« des Pazifik

Ende 1940 ging die GATO-Klasse (Serie 1) der US-Marine mit 73 Einheiten beschleunigt in die Fertigung – der Vorläufer und Standardtyp aller US-Unterseeboote des Zweiten Weltkrieges, gefolgt von der BALAO-Klasse (Serie 2) mit 104 Einheiten. Die GATO-Klasse versenkte über 1,7 Millionen BRT japanischen Schiffsraums, d.h. über 30 % des insgesamt vernichteten Schiffsraums. Angesichts des eskalierenden Krieges in Europa musste die US-Marine die Fertigungsraten für U-Boote erhöhen. Die *Electric Boat Co.* in Groton/Connecticut, bei der über die Hälfte der Klasse gebaut wurden, erhielt daher als neue Nordwerft drei zusätzliche Helligen und auch die Marinewerften Portsmouth und Mare Island bekamen weitere Helligen. Ab Juni 1941 kam als weitere Bauwerft die *Manitowoc Shipbuilding Co.* in Manitowoc/Wisconsin (in Lizenz der *Electric Boat*) hinzu. Die hier gebauten Boote wurden für den Transit auf Leichter bzw. Schwimmdocks verladen und über den *Chicago Drainage Canal* und den Mississippi hinunter nach New Orleans zur Endausrüstung gebracht. Obwohl der Pazifik der Haupteinsatzraum der Klasse war, operierten GATO-Boote zeitweilig auch in der Karibik und im Atlantik, vor allem zur Unterstützung der alliierten Landungen 1942 in Nordafrika (Operation *Torch*) und zum Abfangen deutscher Blockadebrecher. Die US-Marine schrieb HERRING (SS-233) die Versenkung von *U 163* am 21. März 1943 NW von Kap Finisterre zu.[1)] DORADO (SS-248) ging im Oktober 1943 auf der ersten Feindfahrt verloren, möglicherweise durch ein in Guantanamo Bay/Kuba stationiertes Patrouillenflugzeug der US-Marine versenkt. Im Pazifik führten die GATO-Boote Handelskrieg gegen die japanische Schifffahrt. In der Erfolgsliste bestätigter Versenkungen durch U-Boote der US-Marine nimmt die GATO-Klasse die ersten drei Plätze ein: FLASHER (SS-249): 100.231 BRT, RASHER (SS-269): 99.901 BRT und BARB (SS-220): 96.928 BRT. Lt.-Cdr. Dudley von der WAHOO (SS-238) behauptete, 17 Schiffe mit 100.000 BRT versenkt zu haben, aber die US-Marine bestätigte aufgrund der Nachkriegsanalyse japanischer Akten 19 Schiffe mit nur 55.000 BRT. In einem Gefecht mit einem japanischen Kanonenboot verlor GROWLER (SS-215) ihren tapferen Kommandanten, nachdem das japanische MG-Feuer die Brücke bestrichen hatte. Schwer verwundet, ließ Lt.-Cdr. Howard Gilmore die Brücke räumen und befahl Alarmtauchen, um das Boot zu retten – obwohl ihm selbst keine Zeit blieb, nach unten zu gelangen. Boote der GATO-Klasse versenkten drei japanische U-Boote: SCAMP (SS-277) am 27. Juli 1943 mit einem Viererfächer *I 168*[2)], BLUEFISH (SS-222) am 15. Juli 1945 das *I 351* und SAWFISH (SS-276) am 18. Juli 1944 ebenfalls mit einem Viererfächer das aufgetauchte *I 29*, das infolge einer inneren Explosion binnen Minuten sank. Umgekehrt war CORVINA (SS-226) das einzige US-Boot, das von *I 176* am 16. November 1943 südlich von Truk auf seiner ersten Feindfahrt mit zwei Torpedos versenkt wurde.

Unten: HERRING (SS-233), ein typischer Vertreter der GATO-Klasse, war als erstes Boot mit einem Bathothermograph für U-Boote (SBT) für geheime Operationen und Angriffe ausgerüstet.

Länge über alles:	95,02 m
Breite (max.):	8,31 m
Wasserverdrängung:	
Über Wasser:	1826 ts
Unter Wasser:	2424 ts
Höchstgeschwindigkeit:	
Über Wasser:	20,25 kn (Konstruktion), 17 kn (durchschnittl. im Dienst)
Unter Wasser:	8,75 kn
Bewaffnung:	10 x 53,3-cm-Torpedorohre (6 Bug, 4 Heck)
Torpedos:	14 Reserve
Geschütze:	1 x 7,6 cm Deck L/50,[1)] 2 x 12,7-mm-MGs, 2 x 7,69-mm-MGs[2)]
Motorenanlage:	2 Wellen
Dieselmotoren:	4 x 1350 PS
E-Motoren:	4 x 685 PS
Fahrbereich:	
Über Wasser:	12.000 sm bei 10 kn
Unter Wasser:	95 sm bei 5 kn
Tauchtiefe:	95 m[3)]
Besatzungsstärke:	60 Offiiere und Mannschaften

1) Ein 10,2-cm-Decksgeschütz führten GRUNION, BARB, BLUEFISH, BONEFISH, BASHAW, BLUEGILL, WAHOO, ROCK und TULLIBEE. Ein 12,7-cm-Decksgeschütz führten ANGLER, GABIAN, LAPON, POGY, POMPON und TUNNY. Zusätzliche 4-cm-Bofors-Fla-Geschütze führten ANGLER, POMPON, PUFFER, ROCK und TUNNY. Zusätzliche 2-cm-Oerlikon-Fla-Geschütze führten ALBACORE, GROWLER und TUNNY. Zu seiner 4-cm-Flak führte ROCK 2 x 2-cm-Fla-Geschütze. WAHOO führte 3 x 2-cm-Fla-Geschütze.
2) Einige führten nur 2 x 12,7-mm- und 2 x 7,69-mm-MGs.
3) ALBACORE tauchte 137 m tief, nachdem das U-Boot am 10. November 1943 von einem US-Flugzeug irrtümlich im Pazifik mit Wasserbomben angegriffen worden war.

1) Nach anderen Berichten versenkte die kanadische Korvette PRESCOTT U 163 am 13. März 1943 NW von Kap Finisterre mit Wasserbomben.
2) WAHOO behauptete auch, I 2 versenkt zu haben, nachdem das U-Boot aus 800 m Entfernung drei Torpedos geschossen hätte. Dies wurde jedoch offiziell nicht bestätigt.

US-Marine: GATO-Klasse – die »Streitrösser« des Pazifik

US-Marine: Die Flottenunterseeboote der GATO-Klasse

Boot:	Bauwerft:	Kiellegung:	Indienststellung:	Schicksal:
GATO (SS-212)	Electric Boat Co., Groton/Connecticut	05.10.1940	31.12.1941	01.03.1960 aus der Flottenliste gestrichen. 25.07.1960 verkauft zum Verschrotten.
GREENLING (SS-213)	Electric Boat Co., Groton/Connecticut	12.11.1940	21.01.1942	16.06.1960 verkauft zum Verschrotten.
GROUPER (SS-214)	Electric Boat Co., Groton/Connecticut	28.12.1940	12.02.1942	17.05.1958 Umbau zum Forschungsboot. ? 11.1959 Umklassifizierung zum AGSS-214. 1970 verschrottet.
GROWLER (SS-215)	Electric Boat Co., Groton/Connecticut	10.02.1941	20.03.1942	08.11.1944 vermisst nach Angriff auf Geleitzug bei Luzon/Philippinen.
GRUNION (SS-216)	Electric Boat Co., Groton/Connecticut	01.03.1941	11.04.1942	05.10.1942 vermisst vor Kiska/Aleuten, Nordpazifik. Ursache unbekannt.
GUARDFISH (SS-217)	Electric Boat Co., Groton/Connecticut	01.04.1941	08.05.1942	13.06.1960 aus der Flottenliste gestrichen. 10.10.1961 versenkt als Zielboot bei Torpedo-Erprobungen vor New London/Connecticut.
ALBACORE (SS-218)	Electric Boat Co., Groton/Connecticut	21.04.1941	01.06.1942	07.11.1944 Minentreffer nordöstl. von Hokkaido, Japan.
AMBERJACK (SS-219)	Electric Boat Co., Groton/Connecticut	15.05.1941	19.06.1942 ?	16.02.1943 versenkt durch Wasserbomben in den Salomonen, SW-Pazifik.
BARB (SS-220)	Electric Boat Co., Groton/Connecticut	07.06.1941	08.07.1942	05.02.1954 außer Dienst gestellt zum Umbau nach »Guppy«-Standard. 03.08.1954 Wiederindienststellung. 13.12.1954 außer Dienst gestellt. Leihgabe an Italien als ENRICO TAZZOLI (511). 1975 verschrottet.
BLACKFISH (SS-221)	Electric Boat Co., Groton/Connecticut	01.07.1941	22.07.1942	05.05.1949 - 02.02.1954 Reserve-Ausbildung. 1960 verschrottet.
BLUEFISH (SS-222)	Electric Boat Co., Groton/Connecticut	05.06.1942	24.05.1943	20.11.1953 außer Dienst gestellt. 1960 verschrottet.
BONEFISH (SS-223)	Electric Boat Co., Groton/Connecticut	18.06.1945		vermisst vor Toyama Wan, Honshu/Japan.
COD (SS-224)	Electric Boat Co., Groton/Connecticut	21.07.1942	21.06.1943	22.06.1946 außer Dienst gestellt. Museumsboot in Cleveland/Ohio.
CERO (SS-225)	Electric Boat Co., Groton/Connecticut	24.08.1942	04.07.1943	23.12.1953 außer Dienst gestellt. 1971 verschrottet.
CORVINA (SS-226)	Electric Boat Co., Groton/Connecticut	21.09.1942	06.08.1943	16.11.1943 torpediert durch jap. U-Boot *I 176* auf der ersten Feindfahrt südl. von Truk/Karolinen, Zentralpazifik.
DARTER (SS-227)	Electric Boat Co., Groton/Connecticut	20.10.1942	07.09.1943	24.10.1944 aufgelaufen, Bombay Shoal in der Palawan-Passage/Philippinen. Versuch zur Selbstversenkung gescheitert, danach durch Bomben jap. Flugzeuge vernichtet. Besatzung von DACE (SS-247) gerettet.
DRUM (SS-228)	Marinewerft Portsmouth, Portsmouth/New Hampshire	11.09.1940	01.11.1941	16.02.1946 außer Dienst gestellt. Reserve-Ausbildung bis 1962. Heute Museumsboot in Mobile/Alabama.
FLYING FISH (SS-229)	Marinewerft Portsmouth, Portsmouth/New Hampshire	06.12.1940	10.12.1941	29.11.1950 umklassifiziert zum Hilfsfahrzeug AGSS-229. 28.05.1954 außer Dienst gestellt. 11.05.1959 verkauft zum Verschrotten.
FINBACK (SS-230)	Marinewerft Portsmouth, Portsmouth/New Hampshire	05.02.1941	31.01.1942	21.04.1950 außer Dienst gestellt, New London/Connenticut. 1960 verschrottet.
HADDOCK (SS-231)	Marinewerft Portsmouth, Portsmouth/New Hampshire	31.03.1941	14.03.1942	? 08.1948 Reserve-Ausbildungsboot. ? 06.1956 aus der Flottenliste gestrichen. 23.08.1960 verkauft zum Verschrotten.
HALIBUT (SS-232)	Marinewerft Portsmouth, Portsmouth/New Hampshire	16.05.1941	10.04.1942	14.11.1944 schwer beschädigt durch Wasserbomben bei Angriff auf Geleitzug in der Luzon-Straße nördl. der Philippinen. 18.07.1945 außer Dienst gestellt. 10.01.1947 verkauft zum Verschrotten.
HERRING (SS-233)	Marinewerft Portsmouth, Portsmouth/New Hampshire	14.07.1941	04.05.1942	01.06.1944 versenkt durch Artilleriebeschuss jap. Küstenbatterien, Matsuwa-Inseln/Kurilen.
KINGFISH (S-234)	Marinewerft Portsmouth, Portsmouth/New Hampshire	29.08.1941	20.05.1942	09.03.1946 außer Dienst gestellt. 06.10. 1960 verkauft zum Verschrotten.
SHAD (SS-235)	Marinewerft Portsmouth, Portsmouth/New Hampshire	24.10.1941	12.06.1942	Reserve-Ausbildung bis 1960. 01.04.1960 aus der Flottenliste gestrichen. ? 07.1960 verkauft zum Verschrotten.
SILVERSIDES (SS-236)	Marinewerft Mare Island, Vallejo/California	04.11.1940	15.12.1941	06.11.1962 umklassifiziert zum Hilfsfahrzeug AGSS-236. 30.06.1969 aus der Flottenliste gestrichen. 1973 Museumsboot in Muskegon/Michigan.
TRIGGER (SS-237)	Marinewerft Mare Island, Vallejo/California	01.02.1941	30.01.1942	28.03.1945 versenkt durch Wasserbomben vor Okinawa.
WAHOO (SS-238)	Marinewerft Mare Island, Vallejo/California	28.06.1941	15.05.1942	11.10.1943 versenkt durch Bomben jap. Flugzeuge in der La Pérouse-Straße, N von Hokkaido/Japan.
WHALE (SS-239)	Marinewerft Mare Island, Vallejo/California	28.06.1941	01.06.1942	01.03.1960 gestrichen aus der Flottenliste. 29.09.1960 verkauft zum Verschrotten, New Orleans.
ANGLER (SS-240)	Electric Boat Co., Groton/Connecticut	09.11.1942	01.10.1943	? 02.1953 umbezeichnet in SSK-240. 1963 umklassifiziert in Hilfsfahrzeug AGSS-240. 15.12.1971 aus der Flottenliste gestrichen. 01.02.1974 verkauft zum verschrotten.
BASHAW (SS-241)	Electric Boat Co., Groton/Connecticut	04.12.1942	25.10.1943	18.02.1953 umbezeichnet in SSK-241. 1973 verschrottet.
BLUEGILL (SS-242)	Electric Boat Co., Groton/Connecticut	07.12.1942	11.11.1943	02.05.1953 nach Umbau wieder in Dienst gestellt, umbezeichnet in SSK-242. 1971 verschrottet.
BREAM (SS-243)	Electric Boat Co., Groton/Connecticut	05.02.1943	24.02.1944	18.02.1953 nach Umbau umbezeichnet in SSK-243. ? 11.1969 versenkt als Zielboot.
CAVALLA (SS-244)	Electric Boat Co., Groton/Connecticut	04.03.1943	29.02.1944	18.02.1953 umklassifiziert in SSK-244. 15.08.1959 zurückklassifiziert zu SS-244. Heute Museumsboot in Pelican Island, Galveston/Texas.
COBIA (SS-245)	Electric Boat Co., Groton/Connecticut	17.03.1943	29.03.1944	19.03.1954 außer Dienst gestellt. Heute Museumsboot in Manitowoc/Wisconsin.
CROAKER (SS-246)	Electric Boat Co., Groton/Connecticut	01.04.1943	21.04.1944	09.04.1953 umklassifiziert in SSK-246.20.12.1971 aus der Flottenliste gestrichen. Heute Museumsboot in Groton/Connecticut.
DACE (SS-247)	Electric Boat Co., Groton/Connecticut	22.07.1942	23.07.1943	1955 an die ital. Marine übergeben: DA VINCI. 15.10.1972 aus der Flottenliste gestrichen. 1978 verschrottet.
DORADO (SS-248)	Electric Boat Co., Groton/Connecticut	27.08.1942	28.08.1943	12.10.1943 versenkt auf der ersten Feindfahrt vermutlich irrtümlich durch US-Flugzeug aus Guantanamo Bay/Kuba.
FLASHER (SS-249)	Electric Boat Co., Groton/Connecticut	30.09.1942	25.09.1943	16.03.1946 außer Dienst gestellt. 1964 verschrottet.
FLIER (SS-250)	Electric Boat Co., Groton/Connecticut	30.10.1942	18.10.1943	13.08.1944 versenkt durch Minentreffer in der Balabac-Straße, Philippinen. 13 Überlebende.
FLOUNDER (SS-251)	Electric Boat Co., Groton/Connecticut	05.12.1942	29.11.1943	1960 verschrottet.
GABILAN (SS-252)	Electric Boat Co., Groton/Connecticut	05.12.1942	28.12.1943	23.02.1946 außer Dienst gestellt. 15.12.1959 verkauft zum Verschrotten.
GUNNEL (SS-253)	Electric Boat Co., Groton/Connecticut	21.07.1941	20.08.1942	01.09.1958 außer Dienst gestellt. 01.12.1959 verkauft zum Verschrotten.
GURNARD (SS-254)	Electric Boat Co., Groton/Connecticut	02.09.1941	18.09.1942	Reserve-Ausbildungsboot. ? 09.1961 verkauft zum Verschrotten.
HADDO (SS-255)	Electric Boat Co., Groton/Connecticut	09.10.1942	08.10.1942	außer Dienst gestellt. 30.04.1959 verkauft zum Verschrotten.
HAKE (SS-256)	Electric Boat Co., Groton/Connecticut	01.11.1941	30.10.1942	06.11.1962 umklassifiziert zum Hilfsfahrzeug AGSS-256. 1972 verschrottet.
HARDER (SS-257)	Electric Boat Co., Groton/Connecticut	01.12.1941	02.12.1942	24.08.1944 versenkt durch Wasserbomben an vor der Dasol-Bucht, Philippinen.
HOE (SS-258)	Electric Boat Co., Groton/Connecticut	02.01.1942	16.12.1942	07.08.1946 außer Dienst gestellt. 23.08.1960 verkauft zum Verschrotten.
JACK (SS-259) aus der	Electric Boat Co., Groton/Connecticut	02.02.1942	06.01.1943	08.06.1944 außer Dienst gestellt. 21.01.1945 - 1958 Leihgabe an die griech. Marine: AMFITRITI. 01.09.1967 Flottenliste gestrichen. ? 09.1967 aufgebraucht als Zielboot.
LAPON (SS-260)	Electric Boat Co., Groton/Connecticut	21.02.1942	23.01.1943	25.07.1946 Reservestatus. 08.08.1967 Leihgabe an die griech. Marine: POSEIDON. ? 04.1976 verkauft an Griechenland für Ersatzteile.
MINGO (SS-261)	Electric Boat Co., Groton/Connecticut	21.03.1942	12.02.1943	? 01.1947 außer Dienst gestellt. 15.08.1955 Leihgabe an die jap. Marine: KUROSHIO. 31.03.1966 außer Dienst gestellt.
MUSKALLUNGE (SS-262)	Electric Boat Co., Groton/Cnnecticut	07.04.1942	15.03.1943	29.01.1947 außer Dienst gestellt. 18.01.1967 Leihgabe an die brasil. Marine: HUMAITA. ? 03.1968 Rückkehr zur USN und als Zielboot versenkt.
PADDLE (SS-263)	Electric Boat Co., Groton/Connecticut	01.05.1942	29.03.1943	01.02.1946 außer Dienst gestellt. 18.01.1957 übergeben an brasil. Marine: RIACHUELO. ? 03.1968 außer Dienst gestellt. 30.06.1968 aus der Flottenliste gestrichen. 1969 verschrottet.
PARGO (SS-264)	Electric Boat Co., Groton/Connecticut	21.05.1942	26.04.1943	12.06.1946 außer Dienst gestellt. 17.04.1961 verkauft zum Verschrotten.
PETO (SS-265)	Manitowoc Shipbuilding, Manitowoc/Wisconsin	18.06.1941	21.11.1942	25.06.1946 Reservestatus. ? 11.1956 Reserve-Ausbildungsboot. 01.08.1960 aus der Flottenliste gestrichen. 1 0.11.1960 verkauft zum Verschrotten.

US-Marine: Die Flottenunterseeboote der GATO-Klasse

Boot:	Bauwerft:	Kiellegung:	Indienststellung:	Schicksal:
POGY (SS-266)	Manitowoc Shipbuilding, Manitowoc/Wisconsin	15.09.1941	10.01.1943	20.07.1946 Reservestatus. 01.05.1959 verkauft zum Verschrotten.
POMPON (SS-267)	Manitowoc Shipbuilding, Manitowoc/Wisconsin	26.11.1941	17.03.1943	11.05.1946 Reservestatus. 11.12.1951 umgebaut zum Radarüberwachungsboot SSR-267. 01.04.1960 aus der Flottenliste gestrichen. 25.11.1960 verkauft zum Verschrotten.
PUFFER (SS-268)	Manitowoc Shipbuilding, Manitowoc/Wisconsin	16.02.1942	27.04.1943	28.06.1946 Reservestatus. 1946 - 1960 Reserve-Ausbildungsboot. 04.11.1960 verkauft zum Verschrotten.
RASHER (SS-269)	Manitowoc Shipbuilding, Manitowoc/Wisconsin	04.05.1942	08.06.1943	22.07.1953 nach Umbau zum Radarüberwachungsboot SSR-269 wieder in Dienst gestellt. 01.07.1960 umklassifiziert zum Hilfsfahrzeug AGSS-269. 27.05.1967 außer Dienst gestellt. 20.12.1971 aus der Flottenliste gestrichen. 1975 verschrottet.
RATON (SS-270)	Manitowoc Shipbuilding, Manitowoc/Wisconsin	29.05.1942	13,07.1943	11.03.1949 außer Dienst gestellt. 1952 umgebaut zum Radarüberwachungsboot. 21.09.1953 als SSR-270 wieder in Dienst gestellt. 01.07.1960 umklassifiziert zum Hilfsfahrzeug AGSS-270. 1969 außer Dienst gestellt. Hulk als Artillerieziel versenkt.
RAY (SS-271)	Manitowoc Shipbuilding, Manitowoc/Wisconsin	20.07.1942	27.07.1943	? 12.1950 umgebaut zum Radarüberwachungsboot. 13.08.1952 als SSR-271 wieder in Dienst gestellt. 30.09.1958 Reservestatus. 18.12.1960 verkauft zum Verschrotten.
REDFIN (SS-272)	Manitowoc Shipbuilding, Manitowoc/Wisconsin	03.09.1942	31.08.1943	1951 umgebaut zum Radarüberwachungsboot. 09.01.1953 als SSR-272 wieder in Dienst gestellt. 28.06.1963 umklassifiziert als Hilfsfahrzeug AGSS-272. 01.07.1970 aus der Flottenliste gestrichen. 03.03.1971 verkauft zum Verschrotten.
ROBALO (SS-273)	Manitowoc Shipbuilding, Manitowoc/Wisconsin	24.10.1942	28.09.1943	26.07.1944 versenkt durch Minentreffer oder Batterie-Explosion vor der Insel Palawan, Philippinen. 4 Überlebende.
ROCK (SS-274)	Manitowoc Shipbuilding, Manitowoc/Wisconsin	23.12.1942	26.10.1943	1951 Umbau zum Radarüberwachungsboot. 12.10.1953 als SSR-274 wieder in Dienst gestellt. 31.12.1959 umklassifiziert zum Hilfsfahrzeug AGSS-274. 13.09.1969 außer Dienst gestellt. Versenkt als Zielboot.
RUNNER (SS-275)	Marinewerft Portsmouth, Portsmouth/New Hampshire	08.12.1941	30.07.1942	? 07.1943 versenkt durch Minentreffer (?) vor Honshu (Hokkaido ?), Japan.
SAWFISH (SS-276)	Marinewerft Portsmouth, Portsmouth/New Hampshire	20.01.1942	26.08.1942	20.06.1946 außer Dienst gestellt. Reserve-Ausbildungsboot. 01.04.1960 aus der Flottenliste gestrichen und zum Verschrotten verkauft.
SCAMP (SS-277)	Marinewerft Portsmouth, Portsmouth/New Hampshire	06.03.1942	18.09.1942	versenkt durch Wasserbomben südlich der Bucht von Tokio/Japan.
SCORPION (SS-278)	Marinewerft Portsmouth, Portsmouth/New Hampshire	20.03.1942	01.10.1942 (?)	27.02.1944 versenkt durch Minentreffer, Pazifik.
SNOOK (SS-279)	Marinewerft Portsmouth, Portsmouth/New Hampshire	17.04.1942	24.10.1942	?.04.1945 vermisst im Pazifik. Ursache unbekannt.
STEELHEAD (SS-280)	Marinewerft Portsmouth, Portsmouth/New Hampshire	01.06.1942	07.12.1942	01.04.1960 aus der Flottenliste gestrichen. 1962 verschrottet.
SUNFISH (SS-281)	Marinewerft Mare Island, Vallejo/California	26.06.1941	15.07.1942	26.12.1945 außer Dienst gestellt. ? 05.1960 aus der Flottenliste gestrichen. 1961 verschrottet.
TUNNY (SS-282)	Marinewerft Mare Island, Vallejo/California	10.11.1941	01.09.1942	1953 Umbau zum Führen von »Regulus«-Flugkörpern. 06.03.1953 als SSG-282 wieder in Dienst gestellt. ? 05.1965 wieder zum SS-282 zurückklassifiziert. 1967 Umbau zum Truppentransportboot APSS-282. 28.06.1969 außer Dienst gestellt. 19.06.1970 versenkt als Torpedoziel.
TINOSA (SS-283)	Marinewerft Mare Island, Vallejo/California	21.02.1942	15.01.1943	02.12.1953 außer Dienst gestellt. 01.09.1958 aus der Flottenliste gestrichen. ? 11.1960 selbst versenkt vor Hawaii.
TULLIBEE (SS-284)	Marinewerft Mare Island, Vallejo/California	01.04.1942	15.02.1943	26.03.1944 versenkt durch eigenen Torpedotreffer (Kreisläufer) vor den Palau-Inseln/Karolinen. Ein Überlebender.

Die Boote dieser Klasse hatten zahlreiche Probleme mit den Torpedos – entweder die Tiefensteuerung funktionierte nicht oder sie detonierten vorzeitig. Insgesamt gab es 19 Kriegsverluste. TULLIBEE (SS-284) wurde während eines Angriffs auf ein Transportschiff am 26. März 1944 vor den Palau-Inseln von einem eigenen Torpedo (Kreisläufer) versenkt. Nur ein Mann überlebte, der sich gerade auf der Brücke befand. GREENLING (SS-213) erlitt am 18. Oktober 1942 bei einem Angriff auf einen großen Frachter fast dasselbe Schicksal: Sein zweiter Torpedo schlug einen Vollkreis und ging nur knapp vorbei. Im Juli 1944 verfehlte ein eigener Torpedo nach einem Angriff im Ochotskischen Meer nur knapp das Heck der POMPON (SS-267). Noch vor Kriegsende und auch danach kam bei dieser Klasse einiges an neuer Ausrüstung an Bord: HERRING (SS-233) demonstrierte erfolgreich den Bathothermograph für U-Boote bei geheimen Operationen; HADDOCK (SS-231) erhielt das erste Seeraum-Überwachungsradar Typ SJ und MUSKALLUNGE (SS-262) die ersten Torpedos mit Elektro-Antrieb; BARB (SS-220) setzte als erstes U-Boot Raketen zur Küstenbeschießung ein, als sie im Juni 1945 mit 12,7-cm-Raketensalven drei japanische Städte angriff;[3] und GROUPER (SS-214) bekam 1946 ein erstes, einfaches Gefechts-Informationszentrum und ein Jahr später eine Ausrüstung, um bei Tauchfahrt Kampfschwimmer abzusetzen und wieder aufzunehmen. Nach dem Krieg wurden einige Boote zur Radarüberwachung umgebaut, ehe sie Ausbildungsaufgaben (Marinereserve) erhielten. Doch RASHER (SS-269) kam bei der 7. US-Flotte 1966 vor Vietnam zum Einsatz, während TUNNY (SSG-282) zum Führen des Flugkörpers (FK) »Regulus« mit Atomsprengkopf umgebaut wurde und von 1953-1965 im Pazifik stationiert war. Nach 1956 diente REDFIN (SS-272) zur Erprobung des Systems der Funkträgheitssteuerung für die SSBN mit »Polaris«-FKs. Das letzte aktive Boot – ROCK (SS-274) – wurde im September 1969 außer Dienst gestellt und als Zielboot versenkt.

Unten: GATO (SS-212), das Typboot der Klasse. Sein Entwurf war der Prototyp für die erfolgreiche GATO/BALAO-Klasse. Mit der Eskalation des Krieges in Europa wurde der Bau dieser Klasse 1940 beschleunigt. Die Werftkapazitäten wurden erweitert und sogar die *Manitowoc Shipbuilding Co.* in Wisconsin baute 10 Boote in Lizenz für die *Electric Boat Co.*, Groton.

[3] BARB setzte auch Freiwillige an Land, die einen Eisenbahnzug sprengten.

Der deutsche Typ XXI: Die ersten echten Unterseeboote kamen zu spät

Typ XXI – die »Elektro-U-Boote« mit ihrer gewaltig gesteigerten Batteriekapazität, um im Kampf gegen die alliierten Geleitzüge unter Wasser höhere Fahrtstufen einzusetzen. Wären sie früher gebaut worden, hätte ihr Einfluss auf den Ausgang des Krieges beträchtlich sein können. Doch ihre Technik revolutionierte die U-Bootentwürfe und wurde zum Vorläufer der Unterseeboote der 1950er und der frühen 1960er Jahre.

Bis Kriegsende wurden insgesamt 119 Boote vom Typ XXI in Dienst gestellt – ein Tribut an die neue Sektionsbauweise, wobei drei Großwerften die vorgefertigten Sektionen zusammenbauten: Gesamtbauzeit fünfeinhalb Monate. Da jedoch die lange Ausbildungszeit durch die Minenoperationen der RAF in der Ostsee ständig unterbrochen wurde, gab es bei Kriegsende nur zwei einsatzfähige U-Boote: *U 2511* und *U 3008*. Das taktische Konzept beruhte in der Erforderlichkeit größerer Seeausdauer und Geschwindigkeiten unter Wasser, um den Angriffen der alliierten Geleitsicherung zu entgehen. Die Antwort bestand in der Installation einer gesteigerten Batteriekapazität (dreimal stärker als beim Typ VII C): 3 x 124 Zellen AFA 44 MAL 740 E mit 33.900 A/h. Sie gestattete eine Unterwasserfahrt von 51 Std. bei voller oder 100 Std. bei halber Leistung und erlaubte unter Wasser Geschwindigkeiten von über 17 kn, ausreichend, um jedem Geleitsicherungsfahrzeug zu entkommen. Beim Typ XXI genügten drei Stunden »Schnorchel«-Marschfahrt pro Tag, um die Batterien wieder aufzuladen. Der Entwurf des neuen Typs wurde im Juli 1943 gebilligt und die Arbeit an Booten früherer Entwürfe gestoppt, um alle Ressourcen dem Typ XXI zuzuführen. Die erste Einheit, *U 2501*, wurde am 3. April 1944 auf Kiel gelegt, lief am 12. Mai vom Stapel und wurde am 27. Juni in Dienst gestellt. Ausgestattet waren die Boote mit neuen passiven und aktiven Schallortungsgeräten, neuer Tiefensteuerungs-Ausrüstung, neuen Funkmessgeräten zur aktiven und passiven (Radar-)Ortung sowie einem Schnellnachladesystem, um die 6 Bugtorpedorohre in ca. 15 Minuten nachzuladen. Zur Ablieferung im Mai 1945 waren über 380 Boote des Typs XXI vorgesehen, aber ein Zusammenwirken von Störungen durch die zahlreichen alliierten Luftangriffe und einigen Entwurfsproblemen bedeuteten, dass sich am 8. Mai 1945 nur 98 Boote in der Ausbildung oder Ausrüstung befanden. Als über Funk die Einstellung der Kampfhandlungen am 4. Mai 1945 durchkam, befanden sich *U 2511* und *U 3008* in See. Ersteres sichtete den Schweren Kreuzer HMS SUFFOLK und näherte sich ihm innerhalb des Sicherungsschirms der Zerstörer auf Schussweite, ohne anzugreifen. Letzteres ortete einen Geleitzug und fuhr unter ihm hindurch. *U 2540* versenkte sich am 4. Mai 1945 selbst (Stichwort »Regenbogen«), wurde aber 1957 gehoben, in Kiel zum Versuchsboot WILHELM BAUER umgebaut und am 1. September 1960 von der Bundesmarine in Dienst gestellt. Am 15. Dezember 1982 außer Dienst gestellt, ist das U-Boot seit 1984 im Deutschen Schifffahrtsmuseum in Bremerhaven zu besichtigen.

Länge über alles:	76.70 m
Breite (max.):	8,00 m
Wasserverdrängung:	
Über Wasser:	1621 t
Unter Wasser:	1819 t
Höchstgeschwindigkeit:	
Über Wasser:	15,75 kn
Unter Wasser:	17,2 kn
Bewaffnung:	6 x 53,3-cm-Bugtorpedorohre (17 Reserve)
Geschütze:	4 x 2 cm in 2 Doppel-Fla-Türmen vor und hinter der Brücke
Motorenanlage:	2 Wellen
Dieselmotoren:	2 x 2000 PS
E-Motoren:	2 x 2400 PS (Normalfahrt), 2 x 113 PS (Schleichfahrt)
Fahrbereich:	
Über Wasser:	15.500 sm bei 10 kn
Unter Wasser:	30 sm bei 15 kn, 110 sm bei 10 kn, 385 sm bei 5 kn
Tauchtiefe:	260 m (Zerstörungstiefe: 365 m)
Besatzungsstärke:	5 Offiziere, 52 Mann

Links: U 2518 (Kptlt. Friedrich Weidner) vom Typ XXI gehörte im April 1945 zur 11. U-Flottille im norwegischen Bergen. Deutlich sind die Stromlinienform und die beiden 2-cm-Fla-Doppeltürme vor und hinter der Brücke zu erkennen.
Unten: Nochmals *U 2518*: Dieses Boot ging nie auf Feindfahrt und wurde 1947 als Kriegsbeute der Marine Frankreichs übergeben, die es als ROLAND MORILLOT in Dienst stellte und erst 1967 aus der Flottenliste strich.

Hochseeunterseeboote des deutschen Typs XXI (»Elektro-U-Boote«)

Boot:	Bauwerft:	Kiellegung:	Indienststellung:	Schicksal:
U 2501	Blohm & Voss, Hamburg	03.04.1944	27.06.1944	03.05.1945 selbst versenkt, Hamburg.
U 2502	Blohm & Voss, Hamburg	25.04.1944	19.07.1944	03.06.1945 von Horton. 03.01. 1946 versenkt vor Irland (*Deadlight*).
U 2503	Blohm & Voss, Hamburg	20.05.1944	01.08.1944	04.05.1945 versenkt durch RAF vor Horsens/Dänemark. 13 Tote.
U 2504	Blohm & Voss, Hamburg	20.05.1944	12.08.1944	03.05.1945 selbst versenkt, Hamburg.
U 2505	Blohm & Voss. Hamburg	23.05.1944	07.11.1944	03.05.1945 selbst versenkt U-Boot-bunker »Elbe II«, Hamburg.
U 2506	Blohm & Voss. Hamburg	29.05.1944	31.08.1944	17.06.1945 von Bergen. 05.01.1946 Versenkt vor Irland (*Deadlight*).
U 2507	Blohm & Voss. Hamburg	04.06.1944	08.09.1944	05.05.1945 selbst versenkt, Geltinger Bucht.
U 2508	Blohm & Voss, Hamburg	13.06.1944	26.09.1944	03.05.1945 selbst versenkt, Kiel.
U 2509	Blohm & Voss, Hamburg	17.06.1944	21.09.1944	08.04 1944 versenkt durch RAF-Luftangriff, Hamburg.
U 2510	Blohm & Voss, Hamburg	05.07.1944	27.09.1944	02.05.1945 selbst versenkt, Travemünde.
U 2511	Blohm & Voss, Hamburg	07.07.1944	29.09.1944	17.06.1945 von Bergen. 07.01.1946 versenkt vor Irland (*Deadlight*).
U 2512	Blohm & Voss, Hamburg	13.07.1944	10.10.1944	03.05.1945 selbst versenkt, Eckern-förder Bucht.
U 2513	Blohm & Voss, Hamburg	19.07.1944	12.10.1944	03.06.1945 von Horton. 06.08.1945 an US-Marine. 07.10.1951 versenkt bei U-Jagd-FK-Erprobungen vor Key West
U 2514	Blohm & Voss, Hamburg	24.07.1944	17.10.1944	08.04.1945 versenkt durch RAF-Luftangriff, Hamburg.
U 2515	Blohm & Voss, Hamburg	28.07.1944	19.10.1944	17.01.1945 versenkt durch US-Luftangriff, Hamburg.
U 2516	Blohm & Voss, Hamburg	03.08.1944	24.10.1944	09.04.1944 versenkt durch RAF-Luftangriff, Hamburg.
U 2517	Blohm & Voss, Hamburg	08.08.1944	31.10.1944	05.05.1945 selbst versenkt, Geltinger Bucht.
U 2518	Blohm & Voss, Hamburg	16.08.1944	04.11.1944	03.06.1945 von Horton. 13.02.1946 übergeben an frz. Marine als Kriegs-beute. 09.04.1951 in Dienst gestellt: ROLAND MORILLOT. 12.10.1967 außer Dienst gestellt.
U 2519	Blohm & Voss, Hamburg	24.08.1944	15.11.1944	03.05.1945 selbst versenkt, Kiel.
U 2520	Blohm & Voss, Hamburg	24.08.1944	14.11.1944	03.05.1945 selbst versenkt, Kiel.
U 2521	Blohm & Voss, Hamburg	31.08.1944	21.11.1944	04.05.1945 versenkt durch »Typhoon« 184.RAF-Sqn., Flensburger Förde.
U 2522	Blohm & Voss, Hamburg	28.08.1944	22.11.1944	05.05.1945 selbst versenkt, Geltinger Bucht.
U 2523	Blohm & Voss, Hamburg	06.09.1944	26.12.1944	17.01.1945 versenkt durch US-Luftangriff, Hamburg
U 2524	Blohm & Voss, Hamburg	06.09.1944	16.01.1945	03.05.1945 versenkt durch RAF östl. von Fehmarn, Ostsee.
U 2525	Blohm & Voss. Hamburg	13.09.1944	12.12.1944	05.05.1945 selbst versenkt, Geltinger Bucht.
U 2526	Blohm & Voss, Hamburg	16.09.1944	15.12.1944	02.05.1945 selbst versenkt, Travemünde.
U 2527	Blohm & Voss, Hamburg	20.09.1944	23.12.1944	02.05.1945 selbst versenkt, Travemünde.
U 2528	Blohm & Voss, Hamburg	25.09.1944	09.12.1944	02.05.1945 selbst versenkt, Travemünde.
U 2529	Blohm & Voss, Hamburg	29.09.1944	22.02.1945	03.06.1945 von Kristiansand. In Dienst gestellt als HMS/m *N 27*. 06.12.1945 an UdSSR als *N 27* Baltische Flotte. 1972 verschrottet.
U 2530	Blohm & Voss, Hamburg	01.10.1944	30.12.1944	31.12.1944 versenkt durch US-Luftangriff, gehoben. 17.01.1945 durch US-Luftangriff erneut versenkt, Hamburg.
U 2531	Blohm & Voss, Hamburg	03.10.1944	10.01.1945	02.05.1945 selbst versenkt, Travemünde.
U 2532	Blohm & Voss, Hamburg	10.10.1944	-	31.12.1944/17.01.1945 versenkt durch US-Luftangriffe in der Werft.
U 2533	Blohm & Voss, Hamburg	13.10.1944	18.01.1945	02.05.1945 selbst versenkt, Travemünde.
U 2534	Blohm & Voss. Hamburg	23.10.1944	17.01.1945	03.05.1945 selbst versenkt, östl. von Fehmarn.
U 2535	Blohm & Voss, Hamburg	19.10.1944	28.01.1945	02.05.1945 selbst versenkt, Travemünde.
U 2536	Blohm & Voss, Hamburg	21.10.1944	06.02.1945	02.05.1945 selbst versenkt, Travemünde.
U 2537	Blohm & Voss, Hamburg	22.10.1944	-	31.12.1945 zerstört durch US-Luftangriff in der Werft.
U 2538	Blohm & Voss, Hamburg	24.10.1944	16.02.1945	08.05.1945 selbst versenkt vor SW-Küste Aerö, Ostsee.
U 2539	Blohm & Voss, Hamburg	27.10.1944	21.02.1945	03.05.1945 selbst versenkt, Kiel.
U 2540	Blohm & Voss, Hamburg	28.10.1944	24.02.1945	04.05.1945 selbst versenkt nahe Flensburg-Feuerschiff. 1957 gehoben. 01.09.1960 Bundesmarine: WILHELM BAUER. 1984 Museumsboot im Dt. Schifffahrtsmuseum, Bremerhaven.
U 2541	Blohm & Voss, Hamburg	31.10.1944	01.03.1945	05.05.1945 selbst versenkt, Geltinger Bucht.
U 2542	Blohm & Voss, Hamburg	10.11.1944	05.03.1945	03.04.1945 versenkt durch US-Luftangriff, Kiel.
U 2543	Blohm & Voss, Hamburg	13.11.1944	07.03.1945	03.05.1945 selbst versenkt, Kiel.
U 2544	Blohm & Voss, Hamburg	15.11.1944	10.03.1945	05.05.1945 selbst versenkt, Kattegat.
U 2545	Blohm & Voss, Hamburg	17.11.1944	08.04.1945	03.05.1945 selbst versenkt, Kiel.
U 2546	Blohm & Voss, Hamburg	20.11.1944	21.03.1945	03.05.1945 selbst versenkt, Kiel.
U 2547	Blohm & Voss, Hamburg	27.11.1944	-	11.03.1945 zerstört durch US-Luft-angriff in der Werft.
U 2548	Blohm & Voss, Hamburg	30.11.1944	09.04.1945	03.05.1945 sebst versenkt, Kiel.
U 2549	Blohm & Voss, Hamburg	03.12.1944	-	03.05.1945 erbeutet durch brit. Truppen in der Werft.
U 2550	Blohm & Voss, Hamburg	05.12.1944	-	20.03./08.04.45 zerstört durch Luftangriffe in der Werft.
U 2551	Blohm & Voss, Hamburg	08.12.1944	24.04.1945	05.05.1945 selbst versenkt, Flensburg.
U 2552	Blohm & Voss, Hamburg	10.12.1944	20.04.1945	03.05.1945 selbst versenkt, Kiel.
U 2553	Blohm & Voss, Hamburg	12.12.1944	-	03.05.1945 erbeutet durch brit. Truppen in der Werft.
U 2554	Blohm & Voss, Hamburg	14.12.1944	-	03.05.1945 siehe *U 2553*.
U 2555	Blohm & Voss, Hamburg	20.12.1944	-	03.05.1945 siehe *U 2553*.
U 2556	Blohm & Voss, Hamburg	23.12.1944	-	03.05.1945 siehe *U 2553*.
U 2557	Blohm & Voss. Hamburg	30.12.1944	-	03.05.1945 siehe *U 2553*.
U 2558	Blohm & Voss, Hamburg	01.02.1945	-	03.05.1945 siehe *U 2553*.

Unten: Der Typ XXI wies erstmals seit der britischen *R*-Klasse getaucht eine höhere Geschwindigkeit als über Wasser auf. Die Seeausdauer war beachtlich. Für den Fronteinsatz kam der Typ zum Glück für die Alliierten zu spät. Neuartig war die Bauweise in acht Sektionen: 32 Stahlbaufirmen fertigten die Rohsektionen, die auf elf U-Bootwerften ausgerüstet und auf drei Großwerften zusammengebaut wurden.

Der deutsche Typ XXI: Die ersten echten Unterseeboote kamen zu spät

Hochseeunterseeboote des deutschen Typs XXI (»Elektro-U-Boote«)

Boot:	Bauwerft:	Kiellegung:	Indienststellung:	Schicksal:
U 2559	Blohm & Voss, Hamburg	04.02.1945	-	03.05.1945 siehe *U 2553.*
U 2560	Blohm & Voss, Hamburg	12.02.1945	-	03.05.1945 siehe *U 2553.*
U 2561	Blohm & Voss, Hamburg	15.02.1945	-	03.05.1945 siehe *U 2553.*
U 2562	Blohm & Voss, Hamburg	24.02.1945	-	03.05.1945 siehe *U 2553.*
U 2563	Blohm & Voss, Hamburg	25.02.1945	-	03.05.1945 siehe *U 2553.*
U 2564	Blohm & Voss, Hamburg	29.03.1945	-	03.05.1945 siehe *U 2553.*
U 3001	A.G.«Weser«, Bremen	15.04.1944	20.07.1944	05.05.1945 selbst versenkt, NW von Wesermünde.
U 3002	A.G.«Weser«, Bremen	23.04.1944	06.08.1944	02.05.1945 selbst versenkt, Travemünde.
U 3003	A.G.«Weser«, Bremen	27.05.1944	22.08.1944	04.04.1945 versenkt durch US-Luftangriff, Kiel.
U 3004	A.G.«Weser«, Bremen	04.06.1944	30.08.1944	03.05.1945 selbst versenkt, Hamburg.
U 3005	A.G.«Weser«, Bremen	21.06.1944	20.09.1944	05.05.1945 selbst versenkt, W von Weserm..
U 3006	A.G.«Weser«, Bremen	12.06.1944	05.10.1944	05.05.1945 selbst versenkt, Wilhelmshaven.
U 3007	A.G.«Weser«, Bremen	09.07.1944	22.10.1944	24.02.1945 versenkt durch US-Luftangriff, Bremen.
U 3008	A.G.«Weser«, Bremen	02.07.1944	19.10.1944	21.05.1945 von Kiel, US-Kriegsbeute. 06.08. 1945 Versuchsboot in den USA. 15.09.1955 verkauft zum Verschrotten.
U 3009	A.G.«Weser«, Bremen	21.07.1944	10.11.1944	05.05.1945 selbst versenkt, W von Wesermünde.
U 3010	A.G.«Weser«, Bremen	13.07.1944	11.11.1944	02.05.1945 selbst versenkt, Travemünde.
U 3011	A.G.«Weser«, Bremen	14.08.1944	21.12.1944	02.05.1945 selbst versenkt, Travemünde.
U 3012	A.G.«Weser«, Bremen	26.08.1944	04.12.1944	03.05.1945 versenkt durch US-Luftangriff, östl. von Fehmarn (?).
U 3013	A.G.«Weser«, Bremen	18.08.1944	22.11.1944	02.05.1945 selbst versenkt, Travemünde.
U 3014	A.G.«Weser«, Bremen	28.08.1944	17.12.1944	03.05.1945 selbst versenkt, Neustadt i.H.
U 3015	A.G.«Weser«, Bremen	25.08.1944	17.12.1944	05.05.1945 selbst versenkt, Geltinger Bucht.
U 3016	A.G.«Weser«, Bremen	06.09.1944	05.01.1945	02.05.1945 selbst versenkt, Travemünde.
U 3017	A.G.«Weser«, Bremen	02.09.1944	05.01.1945	03.06.1945 von Horton, brit. Kriegsbeute: HMS/m *N 41.* 1949 verschrottet.
U 3018	A.G.«Weser«, Bremen	18.09.1944	07.01.1945	02.05.1945 selbst versenkt, Travemünde.
U 3019	A.G.«Weser«, Bremen	10.09.1944	23.12.1944	02.05.1945 selbst versenkt, Travemünde.
U 3020	A.G.«Weser«, Bremen	01.10.1944	23.12.1944	02.05.1945 selbst versenkt, Travemünde.
U 3021	A.G.«Weser«, Bremen	26.09.1944	12.01.1945	02.05.1945 selbst versenkt, Travemünde.
U 3022	A.G.«Weser«, Bremen	06.10.1944	22.01.1945	03.05.1945 selbst versenkt, Kiel.
U 3023	A.G.«Weser«, Bremen	03.10.1944	22.01.1945	02.05.1945 selbst versenkt, Travemünde.
U 3024	A.G.«Weser«, Bremen	14.10.1944	13.01.1945	03.05.1945 selbst versenkt, Neustadt i.H.
U 3025	A.G.«Weser«, Bremen	12.10.1944	20.01.1945	02.03.1945 selbst versenkt, Travemünde.
U 3026	A.G.«Weser«, Bremen	19.10.1944	22.01.1945	02.05.1945 selbst versenkt, Travemünde.
U 3027	A.G.«Weser«, Bremen	18.10.1944	25.01.1945	02.05.1945 sekbst versenkt, Travemünde.
U 3028	A.G.«Weser«, Bremen	26.10.1944	27.01.1945	03.05.1945 selbst versenkt, Kiel.
U 3029	A.G.«Weser«, Bremen	28.10.1944	05.02.1945	03.05.1945 selbst versenkt, Kiel.
U 3030	A.G.«Weser«, Bremen	02.11.1944	14.02.1945	08.05.1945 versenkt durch »Typhoon« 184. RAF-Sqn., Kleiner Belt.
U 3031	A.G.«Weser«, Bremen	30.10.1944	28.02.1945	03.05.1945 selbst versenkt, Kiel.
U 3032	A.G.«Weser«, Bremen	09.11.1944	12.02.1945	03.05.1945 versenkt durch RAF, Kattegat.
U 3033	A.G.«Weser«, Bremen	06.11.1944	27.02.1945	05.05.1945 selbst versenkt, Flensburger Förde.
U 3034	A.G.«Weser«, Bremen	14.11.1944	31.03.1945	05.05.1945 selbst versenkt, Flensburger Förde.
U 3035	A.G.«Weser«, Bremen	11.11.1944	01.03.1945	31.05.1945 von Stavanger: HMS/m *N 28.* 16.12.1945 an UdSSR: *N 28,* Baltische Flotte. 09.06.1949: *B 28.* 1958 verschrottet.
U 3036	A.G.«Weser«, Bremen	22.11.1944	-	30.03.1945 zerstört durch US-Luftangriff in der Werft.
U 3037	A.G.«Weser«, Bremen	18.11.1944	03.03.1945	02.05.1945 selbst versenkt, Travemünde.
U 3038	A.G.«Weser«, Bremen	01.12.1944	04.03.1945	03.05.1945 selbst versenkt, Kiel.
U 3039	A.G.«Weser«, Bremen	29.11.1944	08.03.1945	03.05.1945 selbst versenkt, Kiel.
U 3040	A.G.«Weser«, Bremen	09.12.1944	08.03.1945	03.05.1945 selbst versenkt, Kiel.
U 3041	A.G.«Weser«, Bremen	07.12.1944	10.03.1945	03.06.1945 von Horton: HMS/m *N 29.* 12.12. 1945 an UdSSR: *N 29,* Baltische Flotte.
09.06.				1949: *B 29.* 1958 verschrottet.
U 3042	A.G.«Weser«, Bremen	11.12.1944	-	22.02.1945 beschädigt durch RAF-Luftangriff in der Werft.
U 3043	A.G.«Weser«, Bremen	14.12.1944	-	27.04.1945 erbeutet durch brit. Truppen in der Werft.
U 3044	A.G.«Weser«, Bremen	21.12.1944	27.03.1945	05.05.1945 selbst versenkt, Geltinger Bucht.
U 3045	A.G.«Weser«, Bremen	20.12.1944	-	30.03.1945 zerstört durch US-Luftangriff in der Werft.
U 3501	F.Schichau, Danzig	20.05.1944	29.07.1944	05.05.1945 selbst versenkt, W von Wesermünde.
U 3502	F.Schichau, Danzig	16.04.1944	19.08.1944	08.04.1945 beschädigt nach RAF-Luftangriff, Hamburg.
U 3503	F.Schichau, Danzig	07.06.1944	09.09.1944	08.05.1945 selbst versenkt im Kattegat
U 3504	F.Schichau, Danzig	30.06.1944	23.09.1944	05.05.1945 selbst versenkt, Wilhelmshaven.
U 3505	F.Schichau, Danzig	09.07.1944	07.10.1944	03.04.1945 versenkt durch US-Luftangriff, Kiel.
U 3506	F.Schichau, Danzig	14.07.1944	14.10.1944	03.05.1945 selbst versenkt, Hamburg.
U 3507	F.Schichau, Danzig	19.07.1944	19.10.1944	02.05.1945 selbst versenkt, Travemünde.
U 3508	F.Schichau, Danzig	25.07.1944	02.11.1944	30.03.1945 versenkt durch US-Luftangriff, Wilhelmshaven.
U 3509	F.Schichau, Danzig	29.07.1944	29.01.1945	05.05.1945 selbst versenkt, W von Wesermünde.
U 3510	F.Schichau, Danzig	06.08.1944	11.11.1944	05.05.1945 selbst versenkt, Geltinger Bucht.
U 3511	F.Schichau, Danzig	14.08.1944	18.11.1944	02.05.1945 selbst versenkt, Travemünde.
U 3512	F.Schichau, Danzig	15.08.1944	27.11.1944	08.04.1945 versenkt durch RAF-Luftangriff, Kiel.
U 3513	F.Schichau, Danzig	20.08.1944	02.12.1944	02.05.1945 selbst versenkt, Travemünde.
U 3514	F.Schichau, Danzig	21.08.1944	09.12.1944	12.02.1946 versenkt vor NW-Irland (*Deadlight*).
U 3515	F.Schichau, Danzig	27.08.1944	14.12.1944	03.06.1945 von Horton: HMS/m *N 30.* 02.02. 1946 an UdSSR: *N 30,* Baltische Flotte. 09.06. 1949: *B 30.* 1973 verschrottet.
U 3516	F.Schichau, Danzig	28.08.1944	18.12.1944	02.05.1945 selbst versenkt, Travemünde.
U 3517	F.Schichau, Danzig	12.09.1944	22.12.1944	02.05.1945 selbst versenkt, Travemünde.
U 3518	F.Schichau, Danzig	12.09.1944	29.12.1944	03.05.1945 selbst versenkt, Kiel.
U 3519	F.Schichau, Danzig	19.09.1944	15.12.1944	02.03.1945 versenkt durch Minentreffer, N von Warnemünde/Ostsee.
U 3520	F.Schichau, Danzig	20.09.1944	23.12.1944	31.01.1945 versenkt durch Minentreffer, Kieler Förde.
U 3521	F.Schichau, Danzig	24.09.1944	14.01.1945	02.05.1945 selbst versenkt, Travemünde.
U 3522	F.Schichau, Danzig	25.09.1944	21.01.1945	02,05.1945 selbst versenkt, Travemünde.
U 3523	F.Schichau, Danzig	07.10.1944	23.01.1945	06.05.1945 versenkt durch RAF., Skagerrak.
U 3524	F.Schichau, Danzig	08.10.1944	26.01.1945	05.05.1945 selbst versenkt, Geltinger Bucht.
U 3525	F.Schichau, Danzig	17.10.1944	31.01.1945	03.05.1945 selbst versenkt, Kiel.
U 3526	F.Schichau, Danzig	18.10.1944	22.03.1945	05.05.1945 selbst versenkt, Geltinger Bucht.
U 3527	F.Schichau, Danzig	25.10.1944	10.03.1945	05.05.1945 selbst versenkt, W von Wesermünde.
U 3528	F.Schichau, Danzig	26.10.1944	18.03.1945	05.05.1945 selbst versenkt, W von Wesermünde.
U 3529	F.Schichau, Danzig	02.11.1944	22.03.1945	05.05.1945 selbst versenkt, Geltinger Bucht.
U 3530	F.Schichau, Danzig	03.11.1944	22.03.1945	03.05.1945 selbst versenkt, Kiel.
U 3531	F.Schichau, Danzig	09.11.1944	-	März 1945 im Schlepp nach Kiel. 03.05.1945 selbst versenkt, Kiel.
U 3532	F.Schichau, Danzig	09.11.1944	-	März 1945 im Schlepp nach Brunsbüttel. Mai 1945 dort erbeutet von brit. Truppen.
U 3533	F.Schichau, Danzig	16.11.1944	-	März 1945 im Schlepp nach Kiel. 03.05.1945 selbst versenkt, Kiel.
U 3534	F.Schichau, Danzig	17.11.1944	-	März 1945 im Schlepp nach Kiel. 03.05.1945 selbst versenkt, Kiel.
U 3535	F.Schichau, Danzig	26.11.1944	-	30.03.1945 erbeutet von sowj. Truppen.
U 3536	F.Schichau, Danzig	27.11.1944	-	30.03.1945 erbeutet. Siehe *U 3535.*
U 3537 - U 3542				30.03.1945 erbeutet, 1947/48 versenkt bzw. verschrottet.

[1] Kiellegungen erfolgten keine mehr bei Blohm & Voss ab *U 2565*, bei der A.G.«Weser« ab *U 3064* und bei F.Schichau ab *U 3543.*– *U 3046* - *U 3063* wurden in der Werft zerstört, auf Helling abgebrochen oder selbst versenkt (*U 3047, U 3050* und *U 3051* W von Wesermünde).

[2] Die Selbstversenkung der deutschen U-Boote war auf den Befehl des OKM zurückzuführen, der dies für alle Einheiten der Kriegsmarine im Falle der Niederlage mit dem Stichwort »Regenbogen« anordnete. Der am 3. Mai von der Seekriegsleitung nochmals bestätigte Befehl wurde am 4. Mai aufgrund der alliierten Kapitulationsbedingungen von GAdm. Karl Dönitz widerrufen.

[3] Die von den Alliierten bei Kriegsende erbeuteten U-Boote wurden im Rahmen der Operation *Deadlight* zum Loch Ryan und nach Lisahalley bei Londonderry an der Küste Nordirlands gebracht und in zwei Gruppen (88 und 28 Boote) vor der Küste im Atlantik versenkt.

Der japanische *Sen-Toku*-Typ - gigantische U-Seeflugzeugträger

Länge über alles:	122,00 m
Breite (max.):	11,98 m
Wasserverdrängung:	
Über Wasser:	5223 ts
Unter Wasser:	6520 ts
Höchstgeschwindigkeit:	
Über Wasser:	18,75 kn
Unter Wasser:	6,5 kn
Bewaffnung:	8 x 53,3-cm-Bugtorpedorohre (12 Reserve)
Geschütze:	1 x 14-cm-Decksgeschütz L/50, 10 x 2,5-cm-Fla-Geschütze (3 x 3, 1 x 1)
Seeflugzeuge:	3 Aichi M 6 A 1 »Seiran«, bewaffnet mit je einem Torpedo oder einer 800-kg-Bombe
Motorenanlage:	2 Wellen
Dieselmotoren:	4 x 1925 PS
E-Motoren:	2 x 1200 PS
Fahrbereich:	
Über Wasser:	37.500 sm bei 14 kn
Unter Wasser:	60 sm bei 3 kn
Tauchtiefe:	100 m
Besatzungsstärke:	144 Offiziere und Mannschaften

Zur Bombardierung des Panamakanals und der Städte an der Westküste der USA entworfen, waren die Seeflugzeugträger des japanischen *Sen-Toku*-Typs die größten Unterseeboote des Krieges. Die Entwicklungsarbeit für die Giganten begann 1942 und die erste Einheit wurde im Januar 1943 auf Kiel gelegt. Den Druckkörper bildeten zwei nebeneinander liegende und sich überschneidende Zylinder – eine Anordnung, die 30 Jahre später bei der sowjetischen *Typhoon*-Klasse erneut auftauchte. Diese U-Schiffe hatten drei Seeflugzeuge Aichi M 6 A 1 »Seiran« mit den Einzelteilen für ein viertes an Bord. Die Flugzeuge standen zusammengefaltet in einem 35 m langen, zylindrischen Hangar, der sich nach vorn zur 24 m langen Katapult-Startrampe öffnen ließ, die direkt vor dem Bug endete. Der nach Backbord versetzte große Kommandoturm befand sich über dem Eingang zum Hangar, der in den wuchtigen Aufbauten untergebracht war. Der Startvorgang brauchte 45 Minuten. Zur Bewaffnung der Flugzeuge wurden vier Lufttorpedos, zwölf 250-kg- und drei 800-kg-Bomben mitgeführt. 18 Einheiten der Klasse waren geplant, aber 13 von ihnen (einschl. *I 403*) wurden noch vor Baubeginn im März 1943 annulliert, während auch der Weiterbau der beiden letzten Einheiten zum selben Zeitpunkt eingestellt wurde, darunter das zu 90 % fertig gestellte *I 404*. Die ersten beiden Einheiten sollten zusammen mit *Kaiten*-Einmanntorpedos am 17. August 1945 einen Angriff der Seeflugzeuge gegen den Ankerplatz der US-Flotte im Ulithi-Atoll durchführen. Doch die Operation wurde infolge der japanischen Kapitulation am 15. August aufgegeben. 1946 versenkte die US-Marine *I 400 - I 402* nach genauer Prüfung im Pazifik. Das Letztere war noch zu einem U-Tanker umgebaut worden, um den dringend benötigten Treibstoff von Ostindien nach Japan zu befördern, kam aber nicht mehr zum Einsatz. Japan begann 1938 U-Boote mit einem Hangar und einem Katapult für je ein Seeflugzeug zu bauen (fertig gestellt bis 1942): *I 9 - I 11* des Typs A 1 (2919 ts/4149 ts), beruhend auf dem Typ J 3 (siehe oben). Anschließend folgten 1944 das langsamere *I 12* des Typs A 2 sowie 1944/45 die wesentlich größeren *I 13* und *I 14* (3603 ts/4762 ts, 2 Seeflugzeug-Bomber)) des Typs A modifiziert. Parallel hierzu baute Japan 1939-1942/43 den Typ B 1 mit 20 Einheiten (2584 ts/3654 ts).[1] Die Boote besaßen einen Hangar und ein Katapult für je ein Seeflugzeug. Anschließend folgten bis 1944 der Typ B 2 mit sechs und der Typ B 3 mit drei Einheiten (ebenfalls mit je einem Seeflugzeug). Letzterer besaß eine größere Seeausdauer. Mehrere Boote des Typs B wurden 1944 durch Entfernen der Flugzeugeinrichtungen zu *Kaiten*-Trägern umgebaut. Von den 29 Booten dieses Typs gingen alle bis auf zwei durch Feindeinwirkung verloren. Ihre großen Erfolge errangen sie durch ihre Torpedowaffe. Sie versenkten 56 Handelsschiffe, den Träger WASP (*I 19*), die Kreuzer JUNEAU und INDIANAPOLIS, drei Zerstörer sowie ein U-Boot und beschädigten 14 Handelsschiffe, zwei Träger (SARATOGA, SANTEE), ein Schlachtschiff (NORTH CAROLINA) sowie einen Kreuzer (RENO).

U-Seeflugzeugträger des japanischen Typs Sen-Toku

Boot:	Bauwerft:	Kiellegung:	Indienststellung:	Schicksal:
I 400	Marinewerft Kure/Honshu	18.01.1943	30.12.1944	1945 ausgeliefert. 1946 versenkt durch US-Marine.
I 401	Marinewerft Sasebo/Kyushu	1944	08.01.1945	1945 ausgeliefert. 1946 versenkt durch US-Marine.
I 402	Marinewerft Sasebo/Kyushu	1944 (Stapellauf)	24.07.1945	1945 umgebaut zum U-Tanker. 1946 versenkt vor Insel Goto.
I 403	Kawasaki, Kobe/Honshu	-	-	März 1945 annulliert.
I 404	Marinewerft Kure/Honshu	07.07.1944	-	März 1945 Baustopp, abgebrochen.
I 405	Kawasaki, Kobe/Honshu	1944	-	März 1945 Baustopp, abgebrochen.

Unten: Das später zum U-Tanker umgebaute *I 402* nach der Fertigstellung.

[1] *I 15*, die erste Einheit dieser Klasse, wurde am 30. September 1940 fertig gestellt.

Die grimmige »Schlacht im Atlantik«

Mit Beginn des Krieges mit Deutschland 1939 war Großbritannien auf die uneingeschränkte U-Bootskriegsführung vorbereitet und zum Schutz der Handelsschifffahrt auf die Einführung des Geleitzugsystems festgelegt – auch wenn dies die potenziellen Importe um ein Drittel verringerte. Die Fähigkeit der *Royal Navy* zur U-Abwehrkriegsführung gegen die nur 57 einsatzfähigen U-Boote Deutschlands im September 1939 hatte sich durch die voll funktionstüchtige Asdic-Schallortung erhöht, aber der Vorteil der Radar-Ortung war noch nicht gegeben. Der erste britische Geleitzug verließ die USA am 6. September 1939: 36 langsam fahrende Handelsschiffe in neun parallelen Reihen zu je vier Schiffen, geschützt durch drei Geleitsicherungsfahrzeuge vor der Front und an den Flanken. Dies war ein Muster, das sich in den kommenden Jahren Hunderte von Malen wiederholen sollte. Nach dem Fall Frankreichs und der Schaffung neuer Stützpunkte an der französischen Küste, die zur Verkürzung der Transitwege zu den atlantischen Einsatzräumen führten, kam der U-Bootkrieg voll in Gang. Bis zum September 1940 standen ausreichend Frontboote zur Verfügung, um zur »Rudeltaktik« überzugehen, d.h. zum koordinierten Angriff durch aufgetaucht operierende U-Bootgruppen bei Nacht, um ein Entdecken zu verringern. Zwischen 1940 und 1943 wurden ca. 130 derartige Gruppen aufgestellt, die jeweils etwa zwei Wochen lang gemeinsam operierten und manchmal

bis zu 20 Boote umfassten. Bis zum Oktober 1940 erzielten die U-Boote eine Versenkungsrate von durchschnittlich 60.000 BRT Schiffsraum pro Monat und Boot. Vom 16. - 19. Oktober versenkte ein aus sechs Booten bestehendes »Wolfsrudel« 36 Schiffe aus zwei alliierten Geleitzügen mit insgesamt 79 Schiffen. Zu den neun im Vorjahr kamen 1940 nur 24 versenkte U-Boote hinzu. Die deutsche Strategie zeigte Wirkung: Die U-Boote begannen die Handelsschiffe schneller zu versenken als sie die Engländer bauen konnten.

Das Jahr 1941 sah eine neue Phase der »Schlacht im Atlantik«. Im Schnitt standen 35 U-Boote in See und versenkten über 400.000 BRT alliierten Schiffsraum. In diesem Jahr waren die erfolgreichsten U-Bootkommandanten Kptlt. Otto Kretschmer mit *U 99* (Typ VII B), der 30 Schiffe mit 175.804 BRT versenkte, gefolgt von Kptlt. Joachim Schepke mit dem Schwesterboot *U 100*, auf dessen Konto 24 Schiffe mit insgesamt 121.712 BRT kamen. Die erfolgreichste Feindfahrt mit 14 versenkten Schiffen (86.699 BRT) führte Kptlt. Günter Heßler vom 29.

1) Während einer Feindfahrt im September 1940 versenkte Schepke innerhalb von drei Stunden sieben Schiffe.

Radar-Ortung.
Rechts: Das luftgestützte britische Radar ASV II (Wellenbereich 1,5 m) erwies sich durch die Einführung des deutschen FuMB 1 »Metox« Mitte 1942 als nicht mehr wirksam. Das änderte sich mit dem neuen Gerät ASV III (dem 9-cm-Radar H2S), das sich zur Ortung aufgetauchter U-Boote als sehr leistungsfähig zeigte. Ende 1942 zum erstenmal in eine »Wellington« eingebaut, erfolgte mit ihm im März 1943 der erste Angriff.

Links oben: Dieses U-Boot sank binnen 26 Minuten, nachdem es 1944 von einer »Sunderland« des RAF-Küstenkommandos mit Wasserbomben angegriffen worden war.

Links unten: Dieses nicht identifizierte U-Boot wurde im Juni 1942 ebenfalls von einem »Sunderland«-Flugboot angegriffen. Sein letztliches Schicksal ist nicht bekannt, aber beim Wegtauchen hinterließ es eine deutliche Ölspur.

Rechts: **Einsatz des *Leigh-Light*.** Der optischen Beleuchtung des vom Flugzeug-Radar erfassten Zieles diente bei Nachtangriffen der unter dem Flugzeug einziehbar angebrachte *Leigh-Light*-Scheinwerfer mit 61 cm Durchmesser, benannt nach Squadron-Leader Humphry de Vere Leigh. *U 502* fiel am 6. Juli 1942 in der Biskaya als erstes U-Boot dieser neuen Taktik zum Opfer. Erst der die Tauchzeit verlängernde »Schnorchel« brachte Abhilfe.

März bis 2. Juli 1941 mit *U 107* (Typ IX B) durch. Doch den Alliierten kam eine neue Technik zu Hilfe. Am 17. März 1941 erfolgte die erste Ortung eines aufgetaucht fahrenden deutschen U-Bootes durch Radar, als HMS VANOC *U 100* und kurz darauf HMS WALKER *U 99* bei der Sicherung des Geleitzuges HX.112 südöstlich von Island versenkten. An einem einzigen Tag fielen der *Royal Navy* zwei der erfolgreichsten deutschen U-Boote und ihre Kommandanten zum Opfer. Nach einem Angriff auf den Geleitzug OB.318 brachten am 9. Mai 1941 im Nordatlantik Schiffe der Geleitsicherung *U 110* auf. Durch Glück erbeuteten sie eine »Enigma«-Schlüsselmaschine und wertvolles Schlüsselmaterial, die den britischen Codebrechern entscheidend dabei halfen, in den deutschen Marinefunkschlüssel einzudringen und den U-Bootfunkverkehr zu entziffern. Aber noch verlief das Geschehen zugunsten der U-Boote. 1942 war mit 1664 versenkten alliierten Schiffen ihr erfolgreichstes Jahr. Allein im Nordatlantik sanken 1097 Schiffe mit insgesamt 6.266.000 BRT. Nach dem Kriegseintritt der USA operierten die U-Boote vor der amerikanischen Ostküste. Um ihre Seeausdauer auf Feindfahrt zu verlängern, versorgten sie sog. »Milchkühe« – zur Versorgung zweckgebaute U-Boote des Typs XIV – mit Treiböl, Proviant und Torpedos. Erst am 14. Mai 1942 richtete die US-Marine das Geleitzugsystem ein und eine Anordnung zur Verdunkelung der Städte an der Ostküste der USA erging erst im Juni. Bis dahin boten die Schiffe leichte Ziele; denn ihre Silhouetten hoben sich gegen die hell erleuchtete Küste ab. Von Januar bis März wurden vor der Ostküste 216 Schiffe versenkt, hauptsächlich Tanker, und der Juni sah die schlimmsten Verluste des Krieges: 834.196 BRT versenkte Tonnage. Im August 1942 verlor der Geleitzug SC.94 durch Angriffe von 18 U-Booten ein Drittel seiner Schiffe. Die schlimmste Zeitspanne waren für die Geleitzüge die 4 - 5 Tage, die sie inmitten des Atlantik im sog. *Black Gap* zubringen mussten, als die U-Jagdflugzeuge noch nicht die erforderliche Reichweite besaßen. In Island und auf den Färöer-Inseln errichtete neue Flugplätze trugen schließlich dazu bei, diese Lücke zu schließen. Das galt auch für die Konferenz der alliierten Staatschefs im Januar 1943 in Casablanca, als die U-Abwehr höchste Priorität erhielt. Die USA stellten zur Überwachung des Atlantik 250 Flugzeuge bereit und wiesen der Geleitsicherung weitere Einheiten zu. Im März 1943 liefen die Geleitzüge HX.229 und SC.122 mit 88 Handelsschiffen und 15 Geleitsicherungsfahrzeugen aus New York über Halifax nach England aus. In der Mitte des Nordatlantiks griffen 45 U-Boote an und versenkten mit 90 Torpedos 21 Schiffe (141.000 BRT). Die Geleitsicherung verbrauchte 298 Wasserbomben, um ein U-Boot zu versenken und zwei weitere zu beschädigen. In diesem Monat sanken 627.377 BRT an alliiertem Schiffsraum. Die Alliierten brachten neue Technik und Taktik: Einsatz von Langstreckenflugzeugen vom Typ »Liberator« zur Luftsicherung, Einführung eines neuen Seeraum-Überwachungsradars sowie enges Überwachen der Seegebiete vor den U-Bootstützpunkten Brest, Lorient, St. Nazaire und Bordeaux

Die grimmige »Schlacht im Atlantik«

Der »Schnorchel«. Der 1938 zuerst von der KNiedM entwickelte Luftmast zum Ansaugen der Frischluft und zum Ableiten der Abgase gestattete das Fahren und das Aufladen der Batterien mit den Dieselmotoren auf Sehrohrtiefe. Bei Nichtbenutzung konnte der Mast beigeklappt werden.

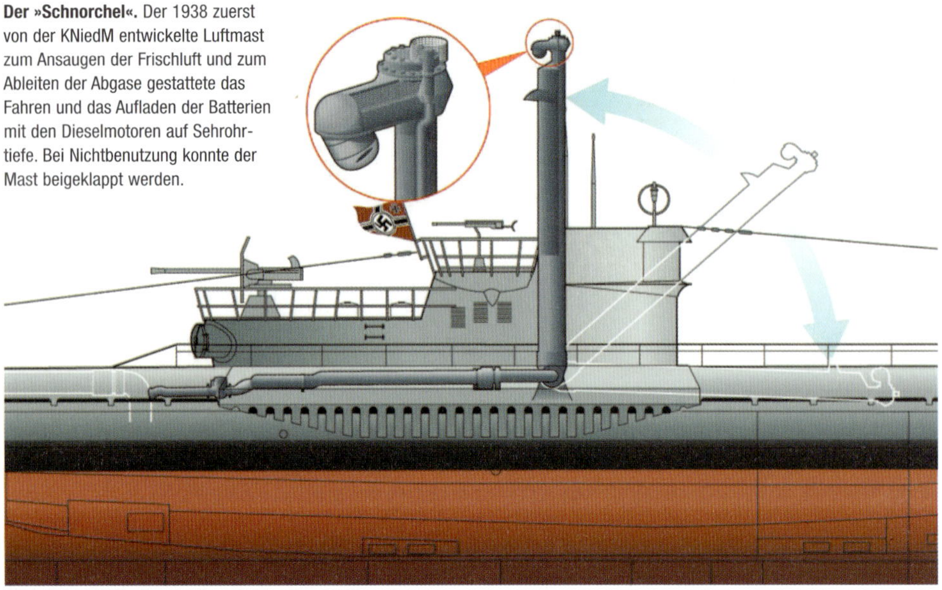

mit Flugzeugen und U-Jagdgruppen. Auf ihrem Transit durch die Biskaya gingen 1943 allein 28 U-Boote verloren, d.h. 11 % des Gesamtverlustes von 242 U-Booten in diesem Jahr. Im »Schwarzen Mai« verlor die U-Bootwaffe 43 Boote, das Zweifache ihres Ersatzes, gegenüber nur 34 versenkten Schiffen. Die Versenkungsrate an Handelsschiffen begann zu sinken: 327.943 BRT im April, 264.852 BRT im Mai und 95.753 BRT im Juni. Neue Waffen bereicherten das alliierte Arsenal. Bordgestützte, 1942 eingeführte Kurzwellenpeilgeräte konnten bei der Abgabe von Funksprüchen die Position der U-Boote einpeilen. Luftgestützt konnte das Magnetfeld-Ortungsgerät (MAD) getauchte U-Boote feststellen. Die US-Marine führte 1943 den akustischen Lufttorpedo Mk.24 »Fido« ein, dem am 17. Mai mit *U 657* ein erster Erfolg zufiel, dem schließlich weitere 36 Boote folgten. Letztlich feuerte der neue *Hedgehog*-Werfer 24 Wasserbomben über den Bug des Geleitsicherungsfahrzeuges voraus ab. Dies unterbrach weder wie seither die Ortung noch erhielt das getauchte U-Boot einen Hinweis auf die Angriffsrichtung. Die U-Bootführung konterte mit der Einführung des als »Schnorchel« bezeichneten Luftmastes, um mit den Dieselmotoren auf Sehrohrtiefe zu fahren. Von den U-Booten des Typs VII C und IX C erhielten von 1943 an bis Kriegsende zumindest 95 Einheiten diesen Luftmast. Er gestattete den U-Booten sowohl eine Verlängerung ihrer Seeausdauer als auch ausreichend Zeit, um während der Tauchfahrt ihre Batterien aufzuladen, ohne vom Radar erfasst zu werden. Bis Ende des Krieges waren 6439 Handelsschiffe mit insgesamt

Unten: April 1944. Die Besatzung eines getroffenen U-Bootes versucht mit Schlauchbooten und Flößen zu entkommen, während ihr Boot über das Heck sinkt.

21.570.000 BRT versenkt worden, darunter 3194 britische Schiffe mit 12.251.000 BRT. Von diesen waren 2775 Schiffe den deutschen U-Booten zum Opfer gefallen. Umgekehrt verlor Deutschland 782 U-Boote und die durchschnittliche Lebenserwartung eines U-Bootfahrers betrug gegen das Kriegsende hin etwa 30 Tage. Im Pazifik verlief der U-Bootkrieg völlig anders. Den japanischen U-Booten fehlten die Handelsschiffe. Sie mussten sich daher auf andere hochwertige Ziele wie Flugzeugträger und Schlachtschiffe konzentrieren. Andererseits waren die alliierten U-Boote besonders im Versenken japanischer Frachtschiffe wirksam – trotz der anhaltenden und heftigen U-Abwehrmaßnahmen der japanischen Geleitsicherungen. Japan verlor 1178 Schiffe mit insgesamt 5.053.491 BRT und bei Kriegsende waren nur noch 12 % seiner Handelsflotte vorhanden. Hiervon hatten die U-Boote der US-Marine über 55 % versenkt. Erst Anfang 1944 führte die japanische Marine das Geleitzugsystem für die Handelsschiffe ein und begann ein großes Bauprogramm für die Fertigung von über 150 Geleitsicherungsfahrzeugen. Dies kam jedoch zu spät; denn die US-Marine operierte inzwischen ebenfalls nach den Grundsätzen der Gruppentaktik.

Alliierte und neutrale Handelsschiffsverluste auf allen Kriegsschauplätzen (in BRT)

1939	**1940**	**1941**	**1942**	**1943**	**1944**	**1945**	**Ingesamt**	
Durch U-Boote:	421.156	2.186.156	2.171.754	6.266.215	2.586.905	773.327	281.716	14.687.231
Insgesamt:	**755.237**	**3.991.641**	**4.328.558**	**7.790.697**	**3.220.137**	**1.045.629**	**438.821**	**21.570.720**
%-Anteil der U-Boote:	55,76	54,77	50,17	80,43	80,34	73,96	64,20	68,09

Quelle: Offizielle britische Darstellung des 2. Weltkrieges: Roskill The War at Sea, London 1954-1961.

Rechts: Aus dem Sehrohr eines Unterseebootes der US-Marine betrachtet: Die letzten Augenblicke eines japanischen Handelsschiffes.

URSACHEN DER U-BOOTVERLUSTE IM ZWEITEN WELTKRIEG

	1. Sept.1939	Gebaut	URSACHEN: Überwasserschiffe	Gemeinsam: Landflugzeug/Schiff	Landflugzeuge	Bordflugzeuge	Unterseeboote	Minen	Vermisst	Unglücksfall	Andere	INSGESAMT	Selbst versenkt/ausgeliefert
Deutschland[1]	57	1162	247	50	245	45	21	35	56	25	58[2]	782	380
Italien	107	37	39	2	10	3	18	5	1	-	7	85	?
Japan	65	116	61	4	3	7	22	2	21	4	4	128	?
Großbritannien	69	147	27	-	5	-	3	19	9	8	5	76	1
USA	115	173	21	-	2	-	1	7	13	7[3]	1	52	-
Andere Alliierte[6]	68	-	?	-	?	-	?	?	?	4	?	22	41
Frankreich	77	-	?	-	?	-	?	?	?	5	?	23	21/9[5]
UdSSR	168	57	21	-	6	-	9	35	-	-	30[4]	101	8

1) Versenkt durch britische Streitkräfte: 521, durch US-Streitkräfte: 166, durch beide gemeinsam: 12.
2) Einschl. vier Boote bei der Marine Japans und zwei in Spanien internierte Boote. Über 60 Boote wurde bei alliierten Luftangriffen zerstört.
3) Einschl. zwei durch eigene Torpedos versenkte US-Boote: TULLIBEE (SS-284) und TANG (SS-306).
4) Einschl. Unglücksfälle und vermisste Boote.
5) Beim Fall Frankreichs befanden sich 36 Boote im Bau, von denen 1940 nur eines – L'AURORE – von der frz. Marine in Dienst gestellt wurde. Drei nicht fertig gestellte Boote wurden 1940 nach der Kapitulation von der Kriegsmarine übernommen: L'AFRICAINE als UF 1, L'ANDROMèDE als UF 2 und LA FAVORITE als UF 3. Von diesen wurde nur UF 2 im November 1942 als Schulboot in Dienst gestellt. Im Mai 1945 selbst versenkt, wurde das Boot zusammen mit den anderen nach dem Krieg der frz. Marine zurückgegeben.
6) Niederlande, Norwegen, Polen, Dänemark, Jugoslawien und Griechenland.

Abkürzungen in den folgenden Kapiteln

FK		Flugkörper
SEAL	Sea Air Land (Team)	Kampfschwimmer/Marineeinsatzkommandos der US-Marine
SDV	Swimmer Delivery Vehicle	Kampfschwimmer-Unterwasser-Transportfahrzeug
SLCM	Submarine Launched Cruise Missile	Von U-Booten gestarteter Marschflugkörper
SLBM	Submarine Launched Ballistic Missile	Von U-Booten gestarteter ballistischer Flugkörper
SNLE-NG	Sous-marin Nucléaire Lanceurs d'Engins, Nouvelle Génération	Atom-U-Boot der neuen Generation
SS	Sub Surfaced/Submarine	Unterseeboot/-schiff mit dieselelektrischem Antrieb
SSB	Submarine Ballistic	Strategisches U-Schiff (mit herkömmlichem Antrieb)
SSBN	Submarine, Ballistic, Nuclear	Atom-U-Boot für den Abschuss ballistischer Flugkörper
SSGN	Submarine, Guided Missile, Nuclear	Atom-U-Boot mit Marschflugkörpern
SSK	Submarine Killer	Dieselelektrisch angetriebenes Angriffs-U-Boot/Jagd-U-Boot
SSN	Submarine Nuclear	Atomgetriebenes Angriffs-U-Boot
SSNB	Submarine, Nuclear, Ballistic	Atom-U-Boot für den Abschuss ballistischer Flugkörper

Das Vermächtnis der deutschen U-Boote

Nach Ende des Zweiten Weltkrieges teilten die Sieger über 20 fertig gestellte neuartige deutsche U-Boote als Kriegsbeute zu Erprobungszwecken oder als Reparationen unter sich auf. Für die alliierten Marinen waren hierbei die technischen Fortschritte von besonderem Interesse, die sich aus den sog. »Elektrobooten« des Hochseetyps XXI und des kleineren Küstentyps XXIII ergaben. Dies schloss auch die Verwendung des »Schnorchels« mit ein, um die Batterien bei Tauchfahrt wieder aufzuladen

Das Vermächtnis der deutschen U-Boote

Der Gedanke, das flüchtige und leicht entzündliche Wasserstoffsuperoxid (H_2O_2) als luftunabhängiges Antriebssystem zu verwenden, faszinierte auch Briten und Amerikaner. Ihn entwickelte 1934 der deutsche Ingenieur Prof. Hellmuth Walter und die Kriegsmarine hatte zwischen 1940 und 1944 zehn Versuchsboote gebaut. 1944 hatte bei Erprobungsfahrten *U 794* vom Typ XVII A (Wk 202) eine Unterwassergeschwindigkeit von 25 kn erreicht. Noch ehe der Krieg endete, waren alle Boote selbst versenkt worden. Doch Briten und Amerikaner hoben in Cuxhaven zwei 312-t-Boote des Typs XVII B. *U 1406* wurde mit einem US-Transporter in die USA gebracht und von der US-Marine erprobt. Sie gab jedoch dieses Antriebsverfahren als zu gefährlich rasch auf. 1948 wurde das Boot in New York abgebrochen. *U 1407* stellten die Briten als Versuchsboot METEORITE in Dienst, das für den Betrieb einige verblüffende Erkenntnisse lieferte, ehe es 1949 verschrottet wurde. Wenn auch die *Royal Navy* das System für den Kampfeinsatz als zu gefährlich erachtete, baute sie zwei Versuchsboote, um das Verwenden von H_2O_2 zum Erhitzen des Wassers für Dampfturbinenantrieb zu beurteilen. Die stromlinienförmigen Boote EXPLORER (Spitzname »Exploder«) und EXCALIBUR dienten als Hochgeschwindigkeitsziele, die getaucht bis zu 30 kn erreichten, ehe die Versuche 1968 endeten. Schließlich zeigte sich H_2O_2 nicht nur als instabil, sondern der Atomantrieb erwies sich klar als der Weg, den der Antrieb für U-Boote in Zukunft nehmen würde. Eine Anzahl deutscher U-Boote wurde zu Waffenerprobungen und Versuchen eingesetzt. Die Briten übernahmen 10 Boote (*N*-Klasse), darunter *U 1105* vom Typ VII C als *N 16*, das mit einer schwarzen Gummischicht überzogen war, um das Absorbieren von Sonarimpulsen zu erproben. Sechs Boote, darunter fünf des Typs XXI, erhielt 1946/47 die Sowjetmarine, die sie bis Mitte der 50er Jahre zusammen mit vier direkt erbeuteten VII-C-Booten in Dienst behielt. Norwegen übernahm vier[1] und Frankreich drei Boote: ein Typ VII C, ein Typ XXIII und die ROLAND MORILLOT ex-U 2518 (Typ XXI). Neuerungen, weniger radikal als die H_2O_2-Technik, wurden eingeführt. Die US-Marine stellte in den USA *U 3008* (Typ XXI) am 24. Juli 1946 in Dienst –

Unten: Die TANG (SS-563) war das erste für eine bessere Leistungsfähigkeit unter als über Wasser nach deutschem Vorbild entworfene amerikanische U-Boot: Stromlinienform des Außenrumpfes, keine Decksgeschütze, Ersatz des runden durch einen schmalen, ovalen Turm (am. »Sail«), neue Propellerform, bessere Belüftung im Inneren, »Schnorchel«-Mast und Verdoppelung der Batteriekapazität.

Oben: Im Bild: IREX (SS-482). Binnen zwei Jahren nach Kriegsende hatte die US-Marine viele U-Boote für höhere Geschwindigkeiten unter Wasser umgebaut (»Guppy«-Programm), darunter »Schnorchel« und Stromlinienform.

Ursprung des 1946 begonnenen »Guppy«-Programms (*Greater Unterwater Propulsive Power*). Die Flotten-U-Boote ODAX (SS-484) und POMADON (SS-486) waren die ersten umgebauten Boote mit der Batteriekapazität des Typs XXI. Die Außenverkleidung des Bootskörpers und der Turm wurden stromlinienförmig und mit allen Merkmalen umgestaltet, die zu noch nie da gewesenen 18,2 kn unter Wasser beitrugen. Weitere 24 Umbauten einschl. der Ausrüstung mit dem »Schnorchel« erfolgten unter dem »Guppy II«-Programm. 1947 wurde mit der IREX (SS-482) das erste US-Boot mit dem Luftmast in Dienst gestellt. Letztlich kam es zur Modifizierung von 50 Booten, von denen einige an befreundete Marinen übergeben wurden, die noch 2002 im Dienst waren. In England war die 1947/48 abgelieferte neue *A*-Klasse mit dem »Schnorchel« ausgerüstet. Die durch den Typ XXI gewonnenen Erkenntnisse beeinflussten weiterhin die U-Bootentwürfe. Der erste US-Nachkriegsentwurf, die TANG-Klasse, hatte seine Konzeption aufgenommen und sich auf eine höhere Geschwindigkeit unter Wasser als über Wasser konzentriert. Frankreich verarbeitete die aus dem Typ XXI gezogenen Lehren Ende der 50er Jahre in der NARVAL-Klasse (6 Einheiten) und in der UdSSR begannen umfangreiche Bauprogramme nach U-Bootentwürfen, die durch deutsche U-Boote beträchtlich beeinflusst waren. Dies spiegelte sich bei den Booten großer Seeausdauer des Projekts 611 (»Zulu«) mit ihrer hohen Batteriekapazität wider, um die seitherigen Geschwindigkeiten unter Wasser zu verdoppeln. Die umfangreichste Klasse war das 1050 ts verdrängende Projekt 613 (»Whiskey«). 215 Einheiten gebaut, dem Typ XXI nachgeahmt. 1956 hob die deutsche Bundesmarine zwei »Elektroboote« des Küstentyps XXIII. *U 2365* war am 8. Mai 1945 im Kattegat selbst versenkt worden. Nach Hebung und Wiederinstandsetzung stellte die Bundesmarine das Boot am 15. August 1957 als *U Hai* in Dienst, es sank infolge Wassereinbruchs am 14. September 1966 in der Nordsee (19 Tote). *U 2367*, das zweite Boot, war am 9. Mai 1945 bei Schleimünde ebenfalls selbst versenkt worden. Gehoben und wieder instandgesetzt, wurde es vom 01.10.1957 - 30.09.1968 als *U Hecht* bei der Bundesmarine in Dienst gestellt.[2] Zur WILHELM BAUER ex-U 2540 (Typ XXI) siehe oben Seite 104. Mit der Klasse 212A entstanden deutsche U-Boote mit Brennstoffzellenanlage, die Wasserstoff und Sauerstoff geräusch- und abgaslos direkt in elektrische Energie umwandelt. Prof. Hellmuth Walter hätte seine Freude gehabt.

[1] U 995 vom Typ VII C diente bis 1965 als norwegische KAURA. Dann erwarb der Dt. Marinebund das Boot, das seit 1971 neben dem Marine-Ehrenmal Laboe zu besichtigen ist.
[2] Das erste deutsche U-Boot der Nachkriegszeit – U 1 des Typs 201 – wurde am 20. März 1962 in Dienst gestellt.

ALBACORE – Prototyp des modernen U-Bootentwurfs

Länge über alles:	62,12 m
Breite (max.):	8,31
Wasserverdrängung:	
Über Wasser:	1692 ts
Unter Wasser:	1908 ts
Höchstgeschwindigkeit:	
Über Wasser:	15 kn (Konstruktion), 26 kn (erreicht)
Unter Wasser:	25+ kn (Konstruktion), 30 kn (erreicht)
Bewaffnung:	Keine
Motorenanlage:	Verschiedenartige dieselelektrische Antriebe, 1 Welle
Fahrbereich:	Verschiedenartig über und unter Wasser
Tauchtiefe:	Keine Angaben
Besatzungsstärke:	36 Offiziere und Mannschaften

Neue Wege der U-Bootstechnik beschritt die US-Forschung ab 1944, als sie sich auf neue Rumpfformen und Antriebsverfahren konzentrierte. Ein Meilenstein war die Entwicklung der ALBACORE in der zweiten Hälfte der 40er Jahre, eines schwimmenden Prüfstandes, mit dem die charakteristische und außerordentlich leistungsfähige hydrodynamische »Tränen«-Rumpfform in die U-Bootentwürfe Eingang fand, die heute die meisten Marinen befürworten. Nach einer Unmenge von Versuchen im Windkanal führte der Entwurf zu einem Versuchsboot mit einem einzigen Propeller, das mit einem Kostenaufwand von 20 Millionen Dollar am 25. November 1950 bewilligt wurde. Die ALBACORE (AGSS-569) wurde am 15. März 1952 auf der Marinewerft Portsmouth in New Hampshire auf Kiel gelegt, lief am 1. August 1953 vom Stapel und wurde am 6. Dezember 1953 in Dienst gestellt. Der Rumpf bestand aus kohlenstoffarmen Formstahl (HY-80), wobei der Turm, nunmehr als Sail bezeichnet, eine Position einnahm, die ein Drittel der Gesamtlänge vom Bug entfernt lag. Das Boot besaß große Heckruder und die achteren

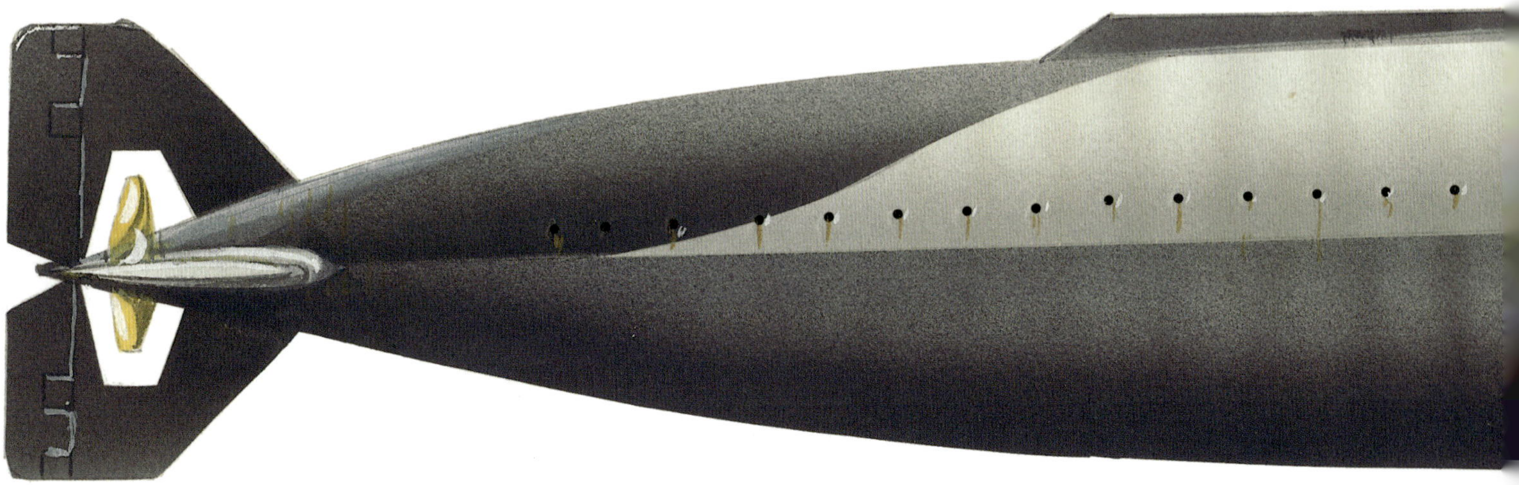

Links: 1950 erprobte Langley im Windkanal die Merkmale dessen in verkleinerter Originalform, was damals das schnellste Unterseeboot der Welt ergeben sollte: die ALBACORE. Luftstrom von hoher Geschwindigkeit kann Wasserstrom von geringer Geschwindigkeit für viele Zwecke simulieren. 1/1/1958, NASA.

Rechts: Das Versuchsboot ALBACORE (AGSS-569) führte die unverwechselbare »Tränen«-Form des Bootskörpers ein, die alle folgenden U-Bootentwürfe beeinflusste. Dieser Entwurf brachte als Fortschritt Geräuschverringerung, höhere Fahrtstufen unter Wasser und die Verwendung des kohlenstoffarmen Formstahls (HY-80). 1953 erprobte das Boot auch den ersten Glasfiber-Sonardom.

Tiefenruder befanden sich achteraus des kleinen Propellers. An der Achterkante des Turms war ein zusätzliches Tiefenruder angebracht. Die Erprobungen des Entwurfs ergaben schnelle Fahrtstufen unter Wasser und erwiesen einen geräuschärmeren Betrieb als erwartet. Im Dezember 1955 kehrte die ALBACORE zur Durchführung geplanter Änderungen nach Portsmouth zurück: Umgestalten des Hecks mit Verlegen der Tiefenruder vor den Propeller und Entfernen des Zusatzruders am Turm.

Zur Geräuschverringerung wurden die Motoren mit Gummipolstern vom Rumpf isoliert und die frei flutenden Bereiche mit dem neuen das Geräusch dämpfenden elastischen Material »Aquaplas« überzogen. 1959 erhielt das Boot einen neuen Propeller (4,27 m) und die vorderen Tiefenruder wurden entfernt, um das Kavitationsgeräusch zu verringern. Am 21. November 1960 begann ALBACORE bei der Marinewerft Portsmouth eine große Werftliegezeit: Umbau des Hecks von der Kreuz- zur X-Form (bessere Wendigkeit), Anbau eines neuen Bugs mit Bugdom für das Aktivsonar BQS-4A und das Passivsonar BQR-2B sowie Einbau eines Schleppsonars. Nach weiteren Erprobungen begann am 7. Dezember 1967 in Portsmouth ein weiterer Umbau: Ersatz des einzelnen Propellers durch ein Paar konzentrische, gegenläufige Propeller, Einbau eines stärkeren Dieselmotors und Austausch der Bleiakkumulatoren gegen hochleistungsfähige Silber-Zink-Batterien. Im Gefolges des Verlustes der USS TRESHER (SSN-593) wurde ein neues Ballastkontrollsystem erprobt. Der letzte Umbau begann am 1. Januar 1968 mit weiteren Modifizierungen des Antriebssystems, um noch höhere Unterwassergeschwindigkeiten zu erzeugen. Schließlich wurde die ALBACORE am 9. Dezember 1972 außer Dienst gestellt und am 1. Mai 1980 aus der Flottenliste gestrichen. Sie kann heute im *Portsmouth Maritime Museum*, New Hampshire, besichtigt werden. Als Ergebnis der ALBACORE-Erprobungen hat die »Tränen«-Form alle modernen U-Bootentwürfe beeinflusst. Diese Form des Bootskörpers tauchte zum erstenmal bei der aus drei Einheiten bestehenden BARBEL-Klasse (SS-580ff.) auf, den letzten dieselelektrischen U-Booten, die von der US-Marine gebaut wurden.

Unten: Die ALBACORE (AGSS-569) der US-Marine im Aussehen der Fertigstellung. Auffallend die bekannte »Tränen«-Form (»tear drop« shape) aller Bootskörper heutiger U-Boote.

USS NAUTILUS (SSN-571) – das erste nuklear angetriebene Unterseeboot

Länge über alles:	98,68 m
Breite (max.):	8,43 m
Wasserverdrängung:	
Über Wasser:	3533 ts
Unter Wasser:	4092 ts
Höchstgeschwindigkeit:	
Über Wasser:	22 kn
Unter Wasser:	25 kn
Bewaffnung:	6 x 53,3-cm-Bugtorpedorohre (18 Reserve)
Antriebsanlage:	1 x S2Wa-Reaktor mit Druckwasserkühlung, 2 Wellen
Tauchtiefe:	183 m
Besatzungsstärke:	105 Offiziere und Mannschaften

Das erste Atomunterseeboot der Welt wurde in den letzten Stadien des Zweiten Weltkriegs aus der Erkenntnis heraus geboren, dass dieses Antriebsverfahren den U-Bootkrieg revolutionieren würde – die Antriebsanlagen der Boote brauchten zum Betrieb keinen Sauerstoff mehr und die Treibölkapazität würde die Seeausdauer nicht einschränken. Die Reaktor-Abteilung für die Marine bei der US-Atomenergie-Kommission unter dem (damaligen) Capt. Hyman G. Rickover, USN, entwickelte erfolgreich einen Druckwasser-Reaktor (PWR: Pressured Water Reactor) und im Juli 1951 bewilligte der Kongress den Bau der NAUTILUS. Ihr Kiel wurde am 14. Juni 1952 auf der Werft der General Dynamic's Electric Boat Division's, Groton/Connecticut, gestreckt und ihre Indienststellung erfolgte am 21. Januar 1954. Das U-Boot brach die Rekorde für Seeausdauer und Geschwindigkeit: Auf der Fahrt nach Puerto Rico brachte sie getaucht 1381 sm in 89,8 Std. hinter sich. Am 3. August 1958 gelangte die NAUTILUS als erstes Schiff zum geografischen Nordpol und legte unter dem Eis insgesamt 1830 sm zurück – ein Hauptziel hierbei erreichend, indem sie die zukünftige Bedeutung der Polarregion für U-Bootoperationen mit strategischen ballistischen Flugkörpern ins Licht rückte. 1962 nahm das Boot an der Seeblockade Kubas während der Raketenkrise teil. Am 30. März 1980 stellte die Marine NAUTILUS außer Dienst, nachdem sie während ihres 25-jährigen Werdegangs eine halbe Million Seemeilen gefahren war. Der US-Innenminister bezeichnete sie daher am 20. Mai 1982 als ein »Nationalhistorisches Wahrzeichen«; sie wurde bei der Marinewerft

Links: Das Innere der Gefechts- oder Operationszentrale der NAUTILUS. Die Form der Verkleidung des Druckkörpers erinnert noch sehr an den deutschen Typ XXI; denn die Versuchsergebnisse der ALBACORE lagen noch nicht vor. Doch die Rudergänger sitzen bereits ähnlich wie Piloten im Cockpit eines Flugzeuges vor ihren Instrumenten. Die ALBACORE führte dann den Beweis, dass ein U-Boot mit der »Tränen«-Form des Bootskörpers dreidimensional wie ein Flugzeug »geflogen« werden konnte – unter Ausführung enger, kurzer Kehrtwendungen und sogar, wie verlautet, von Loopings.

Mare Island zum Museumsboot umgebaut und befindet sich seither in Groton/Conn.

USS SEAWOLF (SSN-575), das zweite Atomunterseeboot (3765 ts über und 4200 ts unter Wasser), erhielt zunächst einen Reaktor SIR Mk.II S2G mit Flüssignatriumkühlung, der am 25. Juni 1956 erstmals kritisch wurde. Doch in der Erprobungsphase ab Januar 1957 entwickelten sich bei SEAWOLF Dampflecks und der Reaktor wurde abgeschaltet. Nach Reparaturen und weiterer Erprobung wurde der zweijährige Betrieb beendet und der störanfällige S2G in Groton ausgebaut. SEAWOLF bekam stattdessen einen S2Wa-Reaktor.

Oben: USS NAUTILUS (SSN-571) vor der Skyline von Manhattan; sie verkörperte einen Wendepunkt im U-Bootprogramm der US-Marine. Dies war das erste nuklear angetriebene Unterseeboot der Welt, eine Verbesserung bei U-Bootentwürfen, die eine dramatische Steigerung der Reichweite und der operativen Flexibilität gestattete. Der NAUTILUS wird auch zugeschrieben, die Bauwerften zur Entwicklung eines verbesserten Programms zur Qualitätskontrolle gezwungen zu haben.

Unten: NAUTILUS schrieb Geschichte, als sie am 15. Januar 1955 als erstes U-Boot der Welt den historischen Funkspruch absetzte: »Unterwegs mit Atomantrieb!«

US-Marine: Die Angriffs-U-Boote der SKIPJACK-Klasse

Länge über alles:	76.72 m
Breite (max.):	9,60 m
Wasserverdrängung:	
Über Wasser:	3075 ts
Unter Wasser:	3513 ts
Höchstgeschwindigkeit:	
Über Wasser:	16 kn
Unter Wasser:	30+ kn
Bewaffnung:	6 x 53,3-cm-Bugtorpedorohre Mk. 59
Antriebsanlage:	1 x S5W-Reaktor mit Druckwasserkühlung (PWR), 15.000 WPS, 1 Welle
Tauchtiefe:	215 m
Besatzungsstärke:	93 Offiziere und Mannschaften

Bei der SKIPJACK-Klasse der US-Marine verbanden sich die Vorteile der hohen Geschwindigkeit und Seeausdauer des Atomantriebs mit der Stromlinienführung (»Tränen«-Form) des ALBACORE-Bootskörpers. Dies wurde zur Entwurfsgrundlage der meisten modernen SSNs. Im neuen Bauprogramm des Haushalts 1956 (FY 1956) wurde das Typschiff, die SKIPJACK, bewilligt und im April 1959 in Dienst gestellt. Jeder Bootskörper kostete ca. 40 Mio. Dollar. Der der SCORPION wurde zweimal auf Kiel gelegt; der ursprüngliche wurde zum »Polaris«-Unterseeboot GEORGE WASHINGTON (SSBN-598) und erst der zweite für SSN-589 verwendet. In ähnlicher Weise fand das Material der SCAMP zunächst beim Bau der PATRICK HENRY (SSBN-599) Verwendung und verzögerte das Programm.Die Klasse hatte gegenüber den zwei Wellen früherer Boote nur eine einzige Propellerwelle und die vorderen Tiefenruder waren an den Turm zurückverlegt. Infolge des spitz zulaufenden Hecks waren achtern keine Torpedorohre vorhanden. SCAMP war während des Vietnamkrieges bei Flottenoperationen 1967 vor der vietnamesischen Küste und in der ersten Hälfte des Jahres 1972 im Südchinesischen Meer im Einsatz. SNOOK befand sich zu einer späteren Zeit ebenfalls vor Vietnam. SCORPION ging im Mai 1968 bei der Verlegung von einem Einsatz im Mittelmeer nach Norfolk/Virginia 400 sm südwestlich der Azoren verloren (siehe Seite 122).

US-Marine: Die SSNs der SKIPJACK-Klasse

Boot:	Bauwerft:	Kiellegung:	Indienststellung:	Schicksal:
SKIPJACK (SSN-585)	General Dynamics Electric Boat, Groton/Connecticut	29.05.1956	15.04.1959	19.04.1990 außer Dienst gestellt. 17.03.1996 verschrottet, Puget Sound.
SCAMP (SSN-588)	Marinewerft Mare Island, Vallejo/California		23.01.1959	05.06.1961 28.04.1988 vorzeitig außer Dienst gestellt nach Beschädigung von Turm und Tiefenruder durch Frachter. 09.09.1994 verschrottet, Puget Sound
SCORPION (SSN-589)	General Dynamics Electric Boat, Groton/Connecticut	20.08.1958	29.07.1960	21.05.1968 gesunken 400 sm SW der Azoren. 99 Tote. Liegt in 3000 m Tiefe.
SCULPIN (SSN-590)	Ingalls Shipbuilding, Pascagoula/Mississippi		03.02.1958	01.06.1961 03.08.1990 außer Dienst gestellt. 30.09.1999 verschrottet, Puget Sound.
SHARK (SSN-591)	Newport News Shipbuilding, Newport News/Virginia		24.02.1958	09.02.1961 15.12.1989 außer Dienst gestellt. 28.06.1996 verschrottet, Puget Sound.
SNOOK (SSN-592)	Ingalls Shipbuilding, Pascagoula/Mississippi		07.04.1958	24.10.1961 08.10.1986 außer Dienst gestellt. ? 10.1996 verschrottet, Puget Sound.

Links: USS SKIPJACK (SSN-585) war das erste Atomunterseeboot, das nach dem Rumpfentwurf der ALBACORE gebaut wurde und das nur eine einzige Antriebswelle mit nur einem Propeller hatte. Außerdem führte sie als erstes U-Boot die vorderen Tiefenruder nicht mehr am Vorschiff, sondern in halber Höhe an der sich verjüngenden Vorderkante des Turms. Hierdurch verringerte sich das Strömungsgeräusch am Bugsonar. Die Fähigkeit zum Tieftauchen und zu hohen Fahrtstufen waren das Ergebnis des neuen Baustahls HY-80 und des neuen Reaktors S5W. Bis zur Indienststellung der LOS ANGELES-Klasse Mitte der 1970er Jahre war dies der standardmäßige Reaktor der US-Marine.

Rechts und Nebenbild: USS SKIPJACK aufgetaucht hohe Fahrt laufend (oben links) und beim Anlegemanöver. Deutlich sind Vor- und Achterspring zu erkennen. Hier dienen die beiden Tiefenruder mit aufgeriggter Reling als Brückennocken, um die gesamte Backbordseite des Bootes im Auge zu haben.

Unten: USS SCORPION (SSN-589) während der See-Erprobungen 1960. Sie ging am 21. Mai 1968 aus zunächst ungeklärter Ursache mit der gesamten Besatzung 400 sm südwestlich der Azoren verloren (99 Tote). Der Vorgang war mysteriös; denn die letzte bekannte Position der SCORPION war 250 sm westlich der Azoren. Es grenzte an ein kleines Wunder, dass das Wrack fünf Monate später überhaupt gefunden wurde. Im Gegensatz zur THRESHER (siehe unten), deren Wrackstücke in geringerer Tiefe lagen, war dieses Wrack durch den Wasserdruck in über 3000 m Tiefe nicht zerstört. Die Ursache wurde erst 1993 nach 25 Jahren von der US-Marine mitgeteilt. Ein defekter Torpedo Mk.37, ausgestattet mit einem aktiven akustischen Zielsuchkopf, hatte plötzlich zu laufen begonnen und das Torpedorohr des U-Bootes verlassen. Nachdem er eine bestimmte Strecke geradeaus zurückgelegt hatte, aktivierte er sich und »suchte sich das zunächst gelegene Ziel aus« – die glücklose SCORPION. Der Torpedo schlug einen Kreis und traf den Turm. Die Detonation des Gefechtskopfes verursachte ein Leck, wodurch das Boot voll lief und unzerstört auf den Grund des Atlantik sank; denn der hierdurch bewirkte Druckausgleich neutralisierte die zerstörerische Kraft der ozeanischen Tiefe.
Boote der SKIPJACK-Klasse konnten eine Kombination an Torpedos mitführen: Seezieltorpedos Mk.14 und Mk.16 (letzterer H_2O_2-Antrieb), der akustische U-Jagdtorpedo Mk.37 (Kal. 48,1 cm, mit Eigenantrieb aus dem Rohr schwimmend, Mod.0 und 3 frei laufend, Mod.1 und 2 drahtgelenkt) und der Mk.45 »Astor« mit nuklearem Gefechtskopf.

Die zweite britische OBERON-Klasse – die leiseste ihrer Art

Die Boote der gelungenen britischen OBERON-Klasse, entstanden aus der früheren PORPOISE-Klasse, hatten den Ruf, die leisesten Angriffsunterseeboote (SSK) der 1960er und 1970er zu sein. Kunststoff wurde bei den Aufbauten und Glasfiberfolie beim Turm (engl. »Fin«) vor und hinter der Brücke verwendet, ausgenommen bei ORPHEUS mit den Aufbauten aus einer leichten Aluminiumlegierung und bei OTTER mit Stahlverstärkung für seine Aufgabe als Zielboot. OBERON, die erste Einheit, wurde am 28. November 1957 in Chatham auf Kiel gelegt und mit einem Kostenaufwand von £ 2,43 Mio. gebaut, steigend auf £ 3,6 Mio. bis zur ONYX. Chilenische und brasilianische Boote erfuhren Verzögerungen bei der Ausrüstung infolge von Kabelbränden. So kam es bei TONELERO zu einem ernsten Brand auf der Vickers-Werft, der eine Neuverkabelung aller damals im Bau befindlichen OBERON-Boote nach sich zog. Auch auf HYATT gab es während der Ausrüstung bei Scott's-Lithgow in Greenock eine kleinere Explosion. Umfangreiche Modernisierungsprogramme verlängerten die Indiensthaltung aller Boote. Die 13 britischen Boote wurden, beginnend mit OPOSSUM, auf das Angriffssonar vom Typ 2051/CSU 3-41 umgerüstet, während der Torpedo Mk.24 »Tigerfish« und der Seeziel-FK (SSM) »Sub-Harpoon« die Bewaffnung verbesserten. OBERON

	RN/Australien	Kanada/Chile	Brasilien
Länge über alles:	90,00 m	90,00 m	90,00 m
Breite (max.):	8,08 m	8,08 m	8,08 m
Wasserverdrängung:			
Über Wasser:	2030 ts	2030 ts	2030 ts
Unter Wasser:	2410 ts	2410 ts	2410 ts
Höchstgeschwindigkeit:			
Über Wasser:	16 kn	12 kn	16 kn
Unter Wasser:	17 kn	16 kn	17 kn
Bewaffnung:			
Torpedorohre:	8 x 53,3 cm (6 Bug, 2 Heck)	8 x 53,3 cm (6 Bug, 2 Heck)1)	8 x 53,3 cm (6 Bug, 2 Heck)
Torpedos:	12 Reserve3)	22 Reserve	12 Reserve3
Flugkörper:	SSM »Sub-Harpoon«	SSM »Sub-Harpoon«2)	-
Antriebsanlage:	2 Wellen durchweg		
Dieselmotoren:	2 x 1840 PSe	2 x 1840 PSe	2 x 1840 PSe
E-Motoren:	2 x 3000 WPS	2 x 3000 WPS	2 x 3000 WPS
Fahrbereich:			
Über Wasser:	9000 sm bei 10 kn	9000 sm bei 10 kn	9000 sm bei 10 kn
Unter Wasser:	?	?	?
Tauchtiefe:	275 m	200 m	185 m
Besatzungsstärke:	694)	65	70

1) Heckrohre bei den kanadischen Booten entfernt, bei den chilenischen Booten nicht mehr in Gebrauch.
2) Nur Kanada.
3) Torpedos Mk.24 »Tigerfish« später in britischen und brasilianischen Booten.
4) 62 Offiziere und Mannschaften bei den australischen OBERON-Booten.

erhielt als erstes Boot eine abgeänderte tiefere Verkleidung, um Ausrüstung für die erste Ausbildung von SSN-Besatzungen unterzubringen. OLYMPUS bekam eine Schleuse von 4,88 m Länge für den Ausstieg von Kampfschwimmern. Die kanadischen Boote erfuhren 1982-1984 eine Modernisierung durch modernere Sonar- und Feuerleitanlagen. 1995 kam ein Schleppsonar hinzu. Auch die australischen Boote erhielten in den 1980er Jahren ein neues Angriffssonar sowie Torpedos Mk.48 Mod.8 und SSM »Sub-Harpoon«. Die letzten kanadischen und brasilianischen Boote stellten 2000 außer Dienst und das letzte chilenische wird 2006 außer Dienst gestellt, wenn das zweite französische SSK des *Scorpène*-Typs zur Flotte tritt.

Rechts: 1965-1968 wurde die kanadische U-Bootwaffe mit vier in England gebauten dieselelektrischen U-Jagdunterseebooten der OBERON-Klasse modernisiert. Hier befindet sich HMCS OJIBWA am 1. Februar 1967 vor der Küste Puerto Ricos zusammen mit anderen kanadischen und amerikanischen Einheiten bei einer Übung. Oberhalb des Bugs ist der Sonardom mit dem Aktiv/Passiv-Abtastsonar Typ 187 zu sehen.

Unten: Die ehemalige OTWAY (OBERON-Klasse) der Kgl. Australischen Marine 1995 während des Verschrottens. Der Turm (engl. »Fin« im Gegensatz zum »Sail« nach US-Brauch) ist bereits als Ausstellungsstück für ein Museum entfernt worden.

Die Angriffs-U-Boote der OBERON-Klasse, 1961-1978

Boot:	Bauwerft:	Kiellegung:	Indienststellung:	Schicksal:
Royal Navy (RN)				
OBERON	Marinewerft Chatham	28.11.1957	24.02.1961	1986 außer Dienst gestellt.
ODIN	Cammell/Laird, Birkenhead	27.04.1959	03.05.1962	18.09.1990 außer Dienst gestellt. ? 09.1991 verkauft zum Verschrotten, Griechenland.
ORPHEUS	Vickers, Barrow-in-Furness	16.04.1959	25.11.1960	? 09.1992 außer Dienst gestellt.
OLYMPUS	Vickers, Barrow-in-Furness	04.03.1960	07.07.1962	? 08.1989 außer Dienst gestellt: Reserve. Ab 1989 Schulboot in Kanada.
OSIRIS	Vickers, Barrow-in-Furness	26.02.1962	11.01.1964	28.05.1992 außer Dienst gestellt. 1992 verkauft an Kanada für Ersatzteile.
ONSLAUGHT	Marinewerft Chatham	08.04.1959	14.08.1962	1990 außer Dienst gestellt.
OTTER	Scott's Shipbuilding, Greenock/Clyde	14.01.1960	20.08.1962	31.07.1991 außer Dienst gestellt.
ORACLE	Cammell/Laird, Birkenhead	26.04.1960	14.02.1963	18.09.1993 außer Dienst gestellt.
OCELOT	Marinewerft Chatham	17.11.1960	31.02.1964	? 08.1991 außer Dienst gestellt. 1992 verkauft an Chatham Historic Dockyard, England.
OTUS	Scott's Shipbuilding, Greenock/Clyde	31.05.1961	05.10.1963	? 04.1991 außer Dienst gestellt.
OPOSSUM	Cammell/Laird, Birkenhead	21.12.1961	05.06.1964	26.08.1993 außer Dienst gestellt.
OPPORTUNE	Scott's Shipbuilding, Greenock/Clyde	26.10.1962	29.12.1964	02.06.1993 außer Dienst gestellt.
ONYX	Cammell/Laird, Birkenhead	16.11.1964	20.11.1967	1990 außer Dienst gestellt. Konserviert in Birkenhead, England.
Kanada				
OJIBWA (ex-ONYX)	Marinewerft Chatham	27.09.1962	23.09.1965	1998 außer Dienst gestellt.
ONONDAGA	Marinewerft Chatham	18.06.1964	22.06.1967	? 07.2000 außer Dienst gestellt.
OKANAGAN	Marinewerft Chatham	25.03.1965	22.06.1968	1998 außer Dienst gestellt.
Australien				
OXLEY	Scott's Shipbuilding, Greenock/Clyde	02.07.1964	18.05.1967	13.02.1992 außer Dienst gestellt. Verschrottet.
OTWAY	Scott's Shipbuilding, Greenock/Clyde	29.06.1965	23.04.1968	17.02.1994 außer Dienst gestellt. Verschrottet.
ONSLOW	Scott's Shipbuilding, Greenock/Clyde	04.12.1967	22.12.1969	1999 außer Dienst gestellt.
ORION	Scott's Shipbuilding, Greenock/Clyde	06.10.1972	15.06.1977	1996 außer Dienst gestellt. Zur Verschrottung.
OTAMA	Scott's Shipbuilding, Greenock/Clyde	25.05.1973	27.04.1978	1999 Reserve.
OVENS	Scott's Shipbuilding, Greenock/Clyde	17.06.1966	18.04.1969	Heute Museumsboot in Fremantle.
Brasilien				
HUMAITA	Vickers, Barrow-in-Furness	03.11.1970	18.06.1973	1997 außer Dienst gestellt.
TONELERO	Vickers, Barrow-in-Furness	18.11.1971	10.12.1977	2000 außer Dienst gestellt.
RIACHUELO	Vickers, Barrow-in-Furness	26.05.1973	12.03.1977	1997 außer Dienst gestellt. Heute Museumsboot.
Chile				
O'BRIEN	Scott's-Lithgow, Greenock/Clyde	17.01.1971	? 04.1976	Soll 2006 außer Dienst gestellt werden.
HYATT (ex-Condell)	Scott's-Lithgow, Greenock/Clyde	10.01.1972	27.09.1976	2004 außer Dienst gestellt.

Unten: Die schon etwas betagte HMS OCELOT läuft hier 1980 gerade aus Portsmouth aus. Das Leinenkommando ist noch an Oberdeck angetreten und am Flaggenmast steht der Posten zum Einholen des *White Ensign* bereit. Die vorderen Tiefenruder sind hochgeklappt. Dieses Boot stand bei der *Royal Navy* vom Februar 1964 bis zum August 1991 im aktiven Dienst. Seit 1992 ist es Museumsboot der *Chatham Historic Dockyard*, England.

Die Angriffs-U-Boote der japanischen YUSHIO-Klasse

Japans Entwurf und Bau von U-Booten nach 1945 begann mit der 1957 vom Stapel gelaufenen OYASHIO (1420 ts unter Wasser). Rasch übernahm die Marine der JMSDF (Japanische Selbstverteidigungsstreitkräfte) neue Techniken und ließ 1971-1978 die UZUSHIO-Klasse mit »Tränen«-förmigem Rumpf und einem einzigen Propeller bauen. Ihr folgte mit den 10 Einheiten der YUSHIO-Klasse eine vergrößerte Version mit Doppelhülle, höherer Unterwassergeschwindigkeit und verbesserter Tauchtiefe. Die erste Einheit stellte 1980 in Dienst. Der sehr hohe Turm wies die vorderen Tiefenruder auf. OKISHIO erhielt 1987 ein passives Niederfrequenz-Schleppsonar ZQR 1; bei den übrigen Einheiten erfolgte Nachrüstung. Ab NADASHIO wurden alle Einheiten zum Abschuss der SSM »Sub-Harpoon« ausgestattet. Im Bug befindet sich das Mittel-/Niederfrequenz-Aktiv/Passiv-Sonar Hughes/Oki ZQQ 5 für Überwachung und Angriff. Während YUSHIO bereits 1998 außer Dienst gestellt wurde, erfolgte nach einer Verwendung als Schulboot bis 2004 die Außerdienststellung weiterer vier Einheiten. Ab 1987 folgte dieser Klasse die HARUSHIO-Klasse (7 Boote, 2750 ts, noch leiser durch Unterstützung des echofreien Überzugs, Tauchtiefe 350 m) und dieser ab 1994 der noch nicht abgeschlossene Bau der OYASHIO-Klasse (10 Boote, 2900 ts).

Länge über alles:	76,00 m
Breite (max.):	9,90 m
Wasserverdrängung:	
Über Wasser:	2200 ts*
Unter Wasser:	2450 ts
Höchstgeschwindigkeit:	
Über Wasser:	12 kn
Unter Wasser:	24 kn
Bewaffnung:	6 x 53,3-cm-Torpedorohre mittschiffs
Torpedos/FK:	16 Torpedos vom Typ 89 bzw. (ab NADASHIO) Seeziel-FK (SSM) »Sub-Harpoon« Block 1C
Antriebsanlage:	1 Welle
Dieselmotoren:	2 x 3400 PS (m)
E-Motoren:	2 x 3600 PS (m)
Fahrbereich:	
Über Wasser:	Keine Angaben
Unter Wasser:	Keine Angaben
Tauchtiefe:	275 m
Besatzungsstärke:	75 Offiziere und Mannschaften

* MOCHISHIO, NADASHIO, HAMASHIO, AKISHIO, TAKESHIO, YUKISHIO und SACHISHIO: 2250 ts aufgetaucht. OKISHIO: 2300 ts aufgetaucht.

Links: Die OKISHIO (SS 576) beim Einlaufen in den Stützpunkt. Auf der Steuerbordseite ist in der Verkleidung mittschiffs die Öffnung für das Schleppsonar zu erkennen, das die OKISHIO als erstes Boot 1987 erhielt.

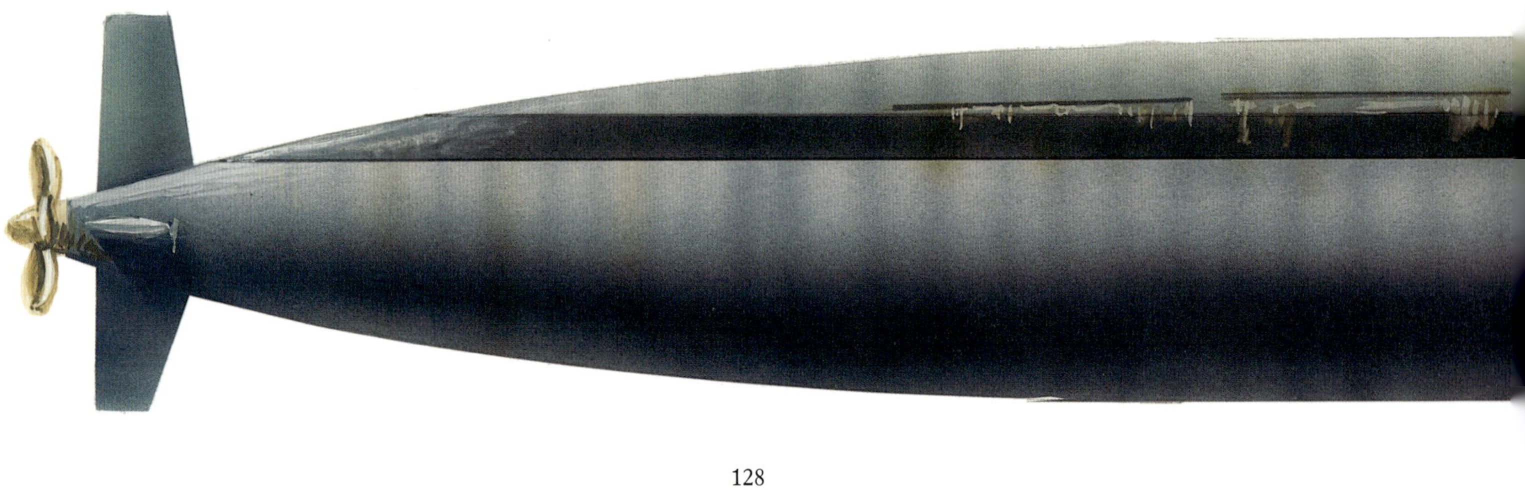

Die Angriffs-U-Boote der japanischen YUSHIO-Klasse

Boot:	Bauwerft:	Kiellegung:	Indienststellung:	Schicksal:
YUSHIO (SS 573)	Mitsubishi-Werft, Kobe	03.12.1976	26.02.1980	1998 außer Dienst gestellt.
MOCHISHIO (SS 574)	Kawasaki-Werft, Kobe	09.05.1978	05.03.1981	1997 Schulboot. 2000 außer Dienst gestellt.
SETOSHIO (SS 575)	Mitsubishi-Werft, Kobe	17.04.1979	17.03.1982	10.03.1999 Schulboot. 2002 außer Dienst gestellt.
OKISHIO (SS 576)	Kawasaki-Werft, Kobe	17.04.1980	01.03.1983	2000 Schulboot. 2003 außer Dienst gestellt.
NADASHIO (SS 577)	Mitsubishi-Werft, Kobe	16.04.1981	06.03.1984	2001 Schulboot. 2004 außer Dienst gestellt.
HAMASHIO (SS 578)	Kawasaki-Werft, Kobe	08.04.1982	05.03.1985	in Dienst.
AKISHIO (SS 579)	Mitsubishi-Werft, Kobe	15.04.1983	05.03.1986	in Dienst.
TAKESHIO (SS 580)	Kawasaki-Werft, Kobe	03.04.1984	03.03.1987	in Dienst.
YUKISHIO (SS 581)	Mitsubishi-Werft, Kobe	11.04.1985	11.03.1988	in Dienst.
SACHISHIO (SS 582)	Kawasaki-Werft, Kobe	11.04.1986	24.03.1989	in Dienst.

Oben: Etwa 1997: NADASHIO (SS 577) bei einer Schnellauftauch-Erprobung, wie sie nach Fertigstellung oder einer Werftliegezeit absolviert werden muss. Das U-Boot wurde inzwischen außer Dienst gestellt.

Unten: Die dieselelektrischen SSKs der YUSHIO-Klasse, die bis in die 1990er Jahre die U-Bootwaffe der Marine der Selbstverteidigungsstreitkräfte Japans (JMSDF) bildeten, waren mit ihrer hohen Geschwindigkeit unter Wasser und der großen Tauchtiefe ein gelungener Entwurf. Interessant ist, dass sich der Torpedoraum mittschiffs hinter der Bugsektion mit der großen Sonaranlage befindet, wobei die Rohre, je drei nach jeder Seite, um 10° seitwärts ausgewinkelt sind.

Die Angriffs-U-Boote der australischen COLLINS-Klasse

Länge über alles:	77,78 m
Breite (max.):	7,80 m
Wasserverdrängung:	
Über Wasser:	3051 ts
Unter Wasser:	3353 ts
Höchstgeschwindigkeit:	
Über Wasser:	10 kn
Unter Wasser:	20 kn
Bewaffnung:	6 x 53,3-cm-Bugtorpedorohre
Torpedos/FK:	23 Torpedos Mk.48 Mod. 4 bzw. Seeziel-FK (SSM) »Sub-Harpoon« Block 1C
Minen:	44 Minen anstelle von Torpedos
Antriebsanlage:	1 Welle
Dieselmotoren:	3 x Typ V-18B/14 zu je 2300 PS
E-Motoren:	1 x 7344 PS (m)
Hilfsmotoren:	3 Generatoren (4,3 MW), 1 Not-Hydraulik-motor
Fahrbereich:	
Über Wasser:	11.500 sm bei 10 kn
Unter Wasser:	400 sm bei 4 kn
Tauchtiefe:	300 m
Besatzungsstärke:	42 Offiziere und Mannschaften

Australiens neue SSK-Klasse, die COLLINS-Klasse, beruht auf dem Kockums-Entwurf Typ 471. Bug- und Mittschiffs-Sektionen der ersten beiden U-Boote wurden in Schweden gebaut. Als Ersatz für die veraltete OBERON-Klasse der RAN wurden sechs Boote in Auftrag gegeben. Infolge von Problemen mit dem Geräuschpegel bei hohen Fahrtstufen und der *Software* für das neue Kampfführungssystem verzögerte sich zunächst die volle Einsatzbereitschaft. Die COLLINS-Klasse vereint die Fähigkeit zu Küstenpatrouillen mit dem Erfordernis zu ozeanischen Operationen längerer Dauer von über 70 Tagen im Pazifik und Indik sowie in antarktischen Gewässern. Über dem halbkugelförmigen Bug des Rumpfes in Einhüllen-Bauweise ragt das Thomson/Sintra-Aktiv/Passiv-Angriffssonar heraus. Ein langes, dünnes Rohr auf zwei Stützen am Heck enthält das Schleppsonar: Kariwarra bei den ersten beiden Einheiten und Narama oder TB 23 bei den restlichen. Alle Boote sind mit einem Überzug aus echofreien Fliesen versehen, den COLLINS nachträglich erhielt. Auf einer Küstenbohrinsel ist der Kockums Stirling-Motor Mk.1, ein außenluftunabhängiger Antrieb (AIP: *Air-Independent Propulsion)*, erprobt worden und der COLLINS-Entwurf berücksichtigt die Möglichkeit, eine AIP-Anlage in den Rumpf einzubauen. AIP gestattet einem dieselelektrischen U-Boot bei langsamer Fahrt bis zu 5 kn über zwei Wochen getaucht zu bleiben, ohne »schnorcheln« zu müssen, um den Dieselantrieb in Gang zu halten. Hierbei speist ein luftabhängiger Dieselmotor Energie in ein sekundäres Bleiakkumulatoren-Batteriesystem oder in einen Energie-Umwandler ein.

Oben: HMAS COLLINS 1996 während der See-Erprobungen. Deutlich sind am Bug das Angriffssonar und am Heck das Kariwarra-Schleppsonar zu sehen.

Unten: Die sechs rechteckigen Ausbuchtungen entlang der Verkleidung, je drei auf jeder Seite, enthalten das Überwachungs- und Entfernungsmess-Flankensonar TSM 225. Charakteristisch für die COLLINS-Klasse sind der mittschiffs gelegene Turm, an dem sich die vorderen Tiefenruder in fast halber Höhe befinden, und das X-förmige Ruderkreuz.

Die Angriffs-U-Boote der australischen COLLINS-Klasse

Boot:	Bauwerft:	Kiellegung:	Indienststellung:	Schicksal:
COLLINS	Australian Submarine Corp., Adelaide	14.02.1990	27.07.1996	in Dienst.
FARNCOMB	Australian Submarine Corp., Adelaide	01.03.1991	31.01.1998	in Dienst.
WALLER	Australian Submarine Corp., Adelaide	19.03.1992	10.07.1999	in Dienst.
DECHAINEUX	Australian Submarine Corp., Adelaide	04.03.1993	? 06.2000	in Dienst.
SHEEAN	Australian Submarine Corp., Adelaide	17.02.1994	? 10.2000	in Dienst.
RANKIN	Australian Submarine Corp., Adelaide	12.05.1995	? ? 2003	in Dienst.

Oben: Die COLLINS 1993 noch vor der Ausrüstung mit dem Kariwarra-Schleppsonar am Heck. Der Anbau achtern am Turm ist eine Art »Sturzflugbremse«, um den Tauchvorgang zu kontrollieren. Am Flaggenmast weht (noch vor der Indienststellung?) die australische Kriegsflagge mit dem *Union Jack* in der Gösch und dem »Kreuz des Südens«.

Die russische »Kilo I/II«-Klasse – ein Exportschlager

Russlands »Kilo«- (NATO-Code) oder »Vaavjanka«-Klasse dieselelektrischer Patrouillen-U-Boote hat durch das hohe Überlebensvermögen und die flexiblen Waffensysteme des Entwurfs einer Reihe von Exportkunden überzeugende Fähigkeiten zur Machtentfaltung verschafft. 18 Boote des Typs 877 (»Kilo I) und 6 des verbesserten Typs 636 (»Kilo II«) blieben bei der russischen Flotte in Dienst, aber in den Export gingen: 5 an China (darunter 2 des Typs 636), 10 an Indien (mit 3 des Typs AMUR 1650 bestellt ?), 2 an Algerien, 3 an den Iran sowie je eines an Polen und Rumänien. Der Entwurf hat 32 % Auftriebsreserve (verglichen mit 13 % eines SSN der USN) und entspricht dem Erfordernis, mit einer Abteilung und zwei angrenzenden Haupttauchzellen schwimmfähig zu bleiben. Somit besteht ein hohes Überlebensvermögen, wenn der Druckkörper bei einem Angriff beschädigt wird. Ungewöhnlich ist die Unterbringung von über die Schulter abzufeuernden Luftziel-FKs (Fliegerfaust) in einem wasserdichten Bereitschaftsbehälter zwischen »Schnorchel«- und Funkmast im Turm: 8 x SA-N-5 »Strela« bei Booten vom Typ 877 und 6 x SA-N-8 »Gimlet« bei Booten des Typs 636. Wie die russischen »Kilo II«-Boote sollen auch die iranischen vom Typ 877 EKM das SAM-System SA-N-10 erhalten. Wie verlautet, sind bei den Exportversionen die drei Gruppen zu je 120 Batterien mit einer Kapazität von 9700 kWh ein Problembereich. Die Iraner haben sie durch die indischen Batterien ersetzt und die Inder durch solche eines deutschen Entwurfs. Türme und Verkleidungen der indischen Boote haben einen Überzug aus echofreien Fliesen. Eines der russischen »Kilo I«-Boote (Typ 877 V: *B-871*) im Schwarzen Meer soll seit 1998 einen Wasserstrahlantrieb haben. Die erste Einheit des Typs 877 lief 1979 vom Stapel und wurde am 12. September 1982 in Dienst gestellt. Ursprünglich wurden für die sowjetische Marine 24 Boote gebaut und die in Reserve befindlichen gingen nach einer Werftüberholung in den Export oder wurden für die eigene Marine reaktiviert. Typ 877 E war die Exportversion, während der Typ 877 EKM für die iranische und indische sowie zwei des Typs 877 KM für die russische Marine gebaut wurden. Von der indischen SINDHUSHASTRA wird angenommen, dass sie vom Typ 636 ist.

	Typ 877/KM/EKM (»Kilo I«)	**Typ 636 (»Kilo II«)**
Länge über alles:	72,60 m	73,80 m
Breite (max.):	9,90 m	9,90 m
Wasserverdrängung:		
Über Wasser:	2325 ts	2325 ts
Unter Wasser:	3076 ts	3120 ts
Höchstgeschwindigkeit:		
Über Wasser:	12 kn	12 kn
Unter Wasser:	17 kn	17 kn
Bewaffnung:	6 x 53,3-cm-Bugtorpedorohre (12 Reserve) durchweg*	
Luftziel-FK:	SA-N-5 »Strela 2«	SA-N-8 »Gimlet«**
Minen (statt Torpedos):	Bis zu 24 AM-1	bis zu 24 AM-1
Antriebsanlage und Fahrbereich:	1 Welle durchweg	
Propellerart:	6-Blatt-Propeller	7-Blatt-Propeller (abgeschrägt)
Dieselmotoren:	2 x 1500 PS	2 x 1500 PS
Fahrbereich mit »Schnorchel«:	6000 sm bei 7 kn	7500 sm bei 7 kn
E-Motoren:	1 x 5500 PS	1 x 5500 PS
Fahrbereich:	400 sm bei 3 kn	400 sm bei 3 kn
Schleichfahrt:	1 x 190-PS-E-Motor durchweg	
Reserve:	2 x 102-PS-Generatoren	
Tauchtiefe:	240 m (300 m max.) durchweg	
Besatzungsstärke:	52	52

* Drei indische Boote der SINDHUGHOSH-Klasse führen seit 1999 Marschflugkörper (SLCM) SS-N-27 »Novator«.
** Die russischen Boote des Typs 636 führen das SAM-System SA-N-10.

Oben: YUNES (SS 903) ist die dritte Einheit der »Kilo I«-Klasse des Iran (Typ 877 EKM). Das 1996 auf der Admiralitätswerft in St. Petersburg, Russland, fertig gestellte U-Boot befindet sich hier im Januar 1997 im Schlepp eines Unterstützungsschiffes im zentralen Mittelmeer auf dem Wege in den Iran. Die drei modernen iranischen Angriffsunterseeboote stellen im Persischen Golf und im Indischen Ozean einen nicht zu unterschätzenden Machtfaktor dar.

Links: Die ORZEL (SS 291), ein älteres Boot (1985), ist die einzige Einheit der »Kilo I«-Klasse (Typ 877 E) der polnischen Marine. Das Foto wurde beim Besuch des U-Bootes im deutschen Marinestützpunkt Kiel während gemeinsamer Manöver in der Ostsee aufgenommen. Links im Bild die schwedische Fregatte SUNDSVALL.

Rechts: Auf der Admiralitätswerft in St. Petersburg gebaut, wurde dieses U-Boot der »Kilo I«-Klasse fotografiert, als es für den Seetransport verladen wurde, um es bei seinem endgültigen Abnehmer, dem Iran, abzuliefern.

Unten: Ein nuklear angetriebenes U-Schiff (SSGN) der russischen »Oscar II«-Klasse, zu der auch die am 12. August 2000 gesunkene KURSK (K 141) gehörte. Diese gigantischen U-Schiffe (13.900 ts/18.300 ts) waren gebaut worden, um mit ihren Marschflugkörpern (SLCM/SSM) Flugzeugträger-Kampfgruppen anzugreifen.
A.d.Ü.: Im allgemeinen Sprachgebrauch zwar immer noch als »Unterseeboot« bezeichnet, ist diese Bezeichnung ab einer bestimmten Größe, die bei 3000 ts Verdrängung über Wasser angesetzt werden kann, nicht mehr angebracht und wird besser durch den Begriff »Unterseeschiff« ersetzt, zumal ihre Aufgabenstellung das SSN und das SSBN in die Rolle früherer Schlachtschiffe und -flotten rückt.

Atomzeitalter 1: Die Angriffsunterseeboote

Die »Nautilus« der US-Marine demonstrierte die Verlässlichkeit, Selbstständigkeit und lange Seeausdauer, die der Atomantrieb den Unterseebooten verleihen konnte. So dauerte es nicht lange und alle größeren Seemächte bauten ihre eigenen nuklear angetriebenen Angriffsunterseeboote (SSNs) mit einer großen Bandbreite der Ausstattung mit Waffen und Sensoren, die sowohl taktischen wie auch strategischen Zwecken gerecht wurden.

US-Marine: Die Angriffs-U-Boote der THRESHER/PERMIT-Klasse

Mit 400 m Einsatztauchtiefe und einer Zerstörungstiefe von 600 m wiesen die Angriffs-U-Boote (SSNs) der THRESHER-Klasse größere Tieftauchfähigkeiten als ihre Vorgänger auf. THRESHER, das Typschiff der Klasse, ging im April 1963 vor der Küste Neuenglands verloren. Noch während des Baus wurden FLASHER, GREENLING und GATO nach diesem Unfall modifiziert: eine stärkere Antriebsanlage und ein größerer Turmaufbau (6 m Höhe statt 4,2-4,5 m bei früheren Booten). JACK erhielt zur Geräuschverringerung versuchsweise eine Direkt-Antriebsanlage, zwei kleinere Propeller und eine gegenläufige Turbine. Das Erhöhen der Leistungsfähigkeit des Antriebs um 10 % ergab keine höhere Geschwindigkeit. Der Umbau erwies sich als misslungen und wurde beseitigt. PERMIT schoss als erstes U-Schiff im Januar erfolgreich die U-Jagdrakete »Subroc« ab. Die ursprüngliche Sonaranlage BQQ-2 im Bug (Kugelbasis), bestehend aus Aktiv- (BSQ-6) und Passivsonar (BSQ-7), wurde später durch die Anlage BQQ-5A-E ersetzt.

	Klasse	JACK	FLASHER/GREENLING/GATO
Länge über alles:	85,00 m	90,65 m	89,00 m
Breite (max.):	9,66 m	9,66 m	9,66 m
Wasserverdrängung			
Über Wasser:	3780 ts	4000 ts	4250 ts
Unter Wasser:	4470 ts	4470 ts	4770 ts
Höchstgeschwindigkeit:			
Über Wasser:	20+ kn	20+ kn	20+ kn
Unter Wasser:	30+ kn	30+ kn	30+ kn
Bewaffnung:	4 x 53,3-cm-Torpedorohre mittschiffs (12-18 Reserve) durchweg		
Seeziel-FK:	4 x SSM »Sub-Harpoon« durchweg*		
U-Jagd-FK:	6 x U-Jagdrakete »Subroc« durchweg		
Antriebsanlage:	1 x PWR S5W, 2 x Dampfturbinen, 15.000 WPS durchweg		
Wellen:	1 Welle*	1 Welle**	1 Welle*
Tauchtiefe:	400 m	400 m	400 m
Besatzungsstärke:	112 Offiziere und Mannschaften durchweg		

* Ausgenommen SSN-604 bis SSN-606, SSN-612, SSN-614 und SSN-615.
** JACK war mit einer Welle, zwei Propellern und einer gegenläufigen Turbine ausgestattet.

USS FLASHER (SSN-613), aufgenommen 1982. Auffallend ist der Tarnanstrich der Masten (von rechts): Beobachtungssehrohr, Angriffssehrohr, Funkmast mit EloUM- und FM-Antennen sowie der Mast mit dem Überwachungsradar BPS-15.

US-Marine: Die Angriffs-U-Boote der THRESHER/PERMIT-Klasse

Boot:	Bauwerft:	Kiellegung:	Indienststellung:	Schicksal:
THRESHER (SSN-593)	Marinewerft Portsmouth, Portsmouth/ New Hampshire	28.05.1958	03.08.1961	10.04.1963 gesunken bei Tieftauch-Erprobung 220 sm östlich von Boston. 129 Tote. U-Boot in 2560 m Tiefe zerstört.
PERMIT (SSN-594)	Marinewerft Mare Island, Vallejo/California	16.07.1959	29.05.1962	12.06.1991 außer Dienst gestellt. ? 05.1993 verschrottet, Puget Sound.
PLUNGER ex-POLLACK (SSN-595)	Marinewerft Mare Island, Vallejo/California	02.03.1960	21.11.1962	03.01.1990 außer Dienst gestellt. ? 03.1996 verschrottet, Puget Sound.
BARB ex-POLLACK ex-PLUNGER (SSN-596)	Ingalls Shipbuilding, Pascagoula/Mississippi	09.11.1959	24.08.1963	20.12.1989 außer Dienst gestellt. ? 03.1996 verschrottet, Puget Sound.
POLLACK ex-BARB (SSN-603)	New York Shipbuilding, Camden/New Jersey	14.03.1960	26.05.1964	01.03.1989 außer Dienst gestellt. ? 02.1995 verschrottet, Puget Sound.
HADDO (SSN-604)	New York Shipbuilding, Camden/New Jersey	09.09.1960	16.12.1964	12.06.1991 außer Dienst gestellt. ? 08.1992 verschrottet, Puget Sound.
JACK (SSN-605)	Marinewerft Portsmouth, Portsmouth/ New Hampshire	16.09.1960	31.03.1967	11.07.1990 außer Dienst gestellt. ? 09.1992 verschrottet, Puget Sound.
TINOSA (SSN-606)	Marinewerft Portsmouth, Portsmouth/ New Hampshire	24.11.1959	17.10.1964	15.01.1992 außer Dienst gestellt. ? 06.1992 verschrottet, Puget Sound.
DACE (SSN-607)	Ingalls Shipbuilding, Pascagoula/Mississippi	06.06.1960	04.04.1964	02.12.1988 außer Dienst gestellt. ? 01.1997 verschrottet, Puget Sound.
GUARDFISH (SSN-612)	New York Shipbuilding, Camden/New Jersey	28.02.1961	20.12.1966	04.02.1992 außer Dienst gestellt. ? 07.1992 verschrottet, Puget Sound.
FLASHER (SSN-613)	General Dynamics Electric Boat, Groton/Connecticut	14.04.1961	22.07.1966	14.09.1992 außer Dienst gestellt. ? 05.1994 verschrottet, Puget Sound.
GREENLING (SSN-614)*	General Dynamics Electric Boat, Groton/Connecticut	15.08.1961	03.11.1967	18.04.1993 außer Dienst gestellt. ? 09.1994 verschrottet, Puget Sound.
GATO (SSN-615)*	General Dynamics Electric Boat, Groton/Connecticut	15.12.1961	25.01.1968	25.04.1993 außer Dienst gestellt. ? 04.1996 verschrottet, Puget Sound.
HADDOCK (SSN-621)	Ingalls Shipbuilding, Pascagoula/Mississippi	24.04.1961	22.12.1967	07.04.1993 außer Dienst gestellt. ? verschrottet.

* GREENLING und GATO liefen in Groton vom Stapel und wurden im Schlepp zu General Dynamics, Qunicy/Massachusetts, gebracht, um verlängert und fertig gestellt zu werden.

Unten: USS PLUNGER (SSN-595) in Überwasserfahrt. Der schlanke, »Tear-drop«-förmige Bootskörper mit dem Ruderkreuz am Heck ist bei allen US-Unterseeschiffen der kommenden Jahrzehnte Standard. Ebenso die Anordnung der Torpedorohre mittschiffs unterhalb des Turms infolge des Bugsonars: je zwei beiderseits um 10° nach außen gewinkelt. Deutlich ist an Backbord fast über die gesamte Schiffslänge der Wulst zu sehen, unter dem sich das Schleppsonar TB-126 befindet.

Unten: USS THRESHER (SSN-593), das Typschiff der Klasse, in Fahrt. Sie ging am 19. April 1963 bei einer Tieftauch-Erprobung nach einer Werftüberholung 200 sm östlich von Boston mit der gesamten Besatzung verloren. Das Wrack wurde zerstört in 2560 m Tiefe gefunden. Ursache waren Mängel beim Schweißen des Hochfestigkeitsstahls HY-80, der beim Druckkörper für eine Tauchtiefe bis zu 400 m Verwendung fand.

US-Marine: Die Angriffs-U-Boote der STURGEON-Klasse

Die STURGEON-Klasse der USN war eine verbesserte Version der THRESHER-Klasse, ausgestattet mit einem Überzug aus echofreien Fliesen, um ein schwächeres Sonarziel zu bieten und das Eigengeräusch zu verringern. Obwohl für eine mindestens 30-jährige Einsatzdauer geplant, fiel ihr Bau in eine Zeit von Kürzungen der Militärausgaben, so dass Außerdienststellungen früher erfolgten. Verglichen mit der THRESHER-Klasse war der Turm höher. WHALE und PARGO führten im März/April 1969 Übungen im Packeis durch. WHALE tauchte am 6. April am geografischen Nordpol auf, dem 60. Jahrestag, als Peary dort eintraf. Die SSN-678 bis SSN-687 waren 3 m länger, um die Kugelbasis der Sonaranlage BQQ-5 im Bug einzubauen. ARCHERFISH, TUNNY, CAVALLA und L.MENDEL RIVERS wurden für Einsätze maritimer Sondereinheiten umgebaut, um in einem druckfesten Schutz auf dem Rumpf ein Unterwasserfahrzeug zum Absetzen von Kampfschwimmern (SDV), Schlauchboote oder eine SEAL-Einheit unterzubringen. Bei HAWKBILL, PINTADO, BILLFISH und WILLIAM H. BATES erfolgte ein Umbau, um ein Tieftauchrettungsfahrzeug (DSRV) zu transportieren und zu unterstützen, während PARCHE 1987-1991 eine Ausstattung für Tiefseesuch- und -bergungsoperationen erhielt.

	Klasse	**SSN-678 bis SSN-687**	**ausgen. PARCHE**
Länge über alles:	89,10 m	92,10 m	120,00 m
Breite (max.):	9,66 m	9,66 m	9,66 m
Wasserverdrängung:			
Über Wasser:	3640 ts	4460 ts	6140 ts
Unter Wasser:	4640 ts	4960 ts	7800 ts
Höchstgeschwindigkeit:			
Über Wasser:	20+ kn	20+ kn	15 kn
Unter Wasser:	30+ kn	30+ kn	28 kn
Bewaffnung:	4 x 53,3-cm-Torpedorohre mittschiffs durchweg		
Flugkörper:	SSM »Sub-Harpoon«, U-Jagd-FK »Subroc«		
Marsch-FK:	»Tomahawk«-Seeziel/Landzielversion T-ASM/T-LAM		
Anzahl:	15 Torpedos Mk.48 + 4 »Sub-Harpoon« oder bis zu 8 »Tomahawk«-FK statt der entsprechenden Anzahl Torpedos/ SSM/«Subroc«		
Minen:	Mk.67 »Mobile« bzw. Mk.60 »Captor« anstelle von Torpedos/FKs		
Antriebsanlage:	1 PWR S5W, 2 Dampfturbinen 11.2 MW, 15.000 WPS, 1 Welle durchweg		
Tauchtiefe:	400 m	400 m	?
Besatzungsstärke:	107	107	179

US-Marine: Angriffs-U-Boote der STURGEON-Klasse (37 SSNs)

Boot:	**Bauwerft:**	**Kiellegung:**	**Indienststellung:**	**Schicksal:**
STURGEON (SSN-637)	General Dynamics Electric Boat, Groton/Connecticut	10.08.1963	03.03.1967	? außer Dienst gestellt. 11.09.1995 verschrottet, Puget Sound.
WHALE (SSN-638)	General Dynamics, Quincy/Massachusetts	27.05.1964	12.10.1968	25.06.1996 außer Dienst gestellt. 29.09.1997 verschrottet, Puget Sound.
TAUTOG (SSN-639)	Ingalls Shipbuilding, Pascagoula/Mississippi	27.01.1964	17.08.1968	31.03.1997 außer Dienst gestellt. ? verschrottet, Puget Sound
GRAYLING (SSN-646)	Marinewerft Portsmouth, Portsmouth/New Hampshire	12.05.1964	11.10.1969	18.07.1997 außer Dienst gestellt. ? verschrottet, Puget Sound.
POGY (SSN-647)	Ingalls Shipbuilding, Pascagoula/Mississippi	04.05.1964	15.05.1971	04.01.1999 außer Dienst gestellt. ? verschrottet, Puget Sound.
ASPRO (SSN-648)	Ingalls Shipbuilding, Pascagoula/Mississippi	23.11.1964	20.02.1969	31.03.1995 außer Dienst gestellt. ? verschrottet, Puget Sound.
SUNFISH (SSN-649)	General Dynamics, Quincy/Massachusetts	15.01.1965	15.03.1969	31.03.1997 außer Dienst gestellt. ? verschrottet, Puget Sound.
PARGO (SSN-650)	General Dynamics Electric Boat, Groton/Connecticut	03.06.1964	05.01.1968	14.04.1992 außer Dienst gestellt. 14.04.1996 verschrottet, Puget Sound.
QUEENSFISH (SSN-651)	Newport News Shipbuilding, Newport News/Virginia	11.05.1964	06.12.1966	08.11.1991 außer Dienst gestellt. 07.04.1993 verschrottet, Puget Sound.
PUFFER (SSN-652)	Ingalls Shipbuilding, Pascagoula/Mississippi	08.02.1965	09.08.1969	12.08.1996 außer Dienst gestellt. ? 03.1997 verschrottet, Puget Sound.
RAY (SSN-653)	Newport News Shipbuilding, Newport News/Virginia	01.04.1965	12.04.1967	16.03.1993 außer Dienst gestellt. ? verschrottet, Puget Sound.
SAND LANCE (SSN-660)	Marinewerft Portsmouth, Portsmouth/New Hampshire	15.01.1965	25.9.1971	07.08.1998 außer Dienst gestellt. ? verschrottet, Puget Sound
LAPON (SSN-661)	Newport News Shipbuilding, Newport News/Virginia	26.07.1965	14.12.1967	? 08.1992 außer Dienst gestellt. ? verschrottet, Puget Sound.
GURNARD (SSN-662)	Marinewerft Mare Island, Vallejo/California	22.12.1964	06.12.1968	28.04.1992 außer Dienst gestellt. ? 10.1996 verschrottet, Puget Sound.
HAMMERHEAD (SSN-663)	Newport News Shipbuilding, Newport News/Virginia	29.11.1965	28.06.1968	05.04.1995 außer Dienst gestellt. ? 11.1995 verschrottet, Puget Sound.
SEA DEVIL (SSN-664)	Newport News Shipbuilding, Newport News/Virginia	12.04.1966	30.01.1969	16.10.1992 außer Dienst gestellt. ? 09.1999 verschrottet, Puget Sound.
GUITARRO (SSN-665)	Marinewerft Mare Island, Vallejo/California	09.12.1965	09.09.1972	29.05.1992 außer Dienst gestellt. ? 10.1994 verschrottet, Puget Sound.
HAWKBILL (SSN-666)	Marinewerft Mare Island, Vallejo/California	12.09.1966	04.02.1971	Umbau zum Transport eines DSRV. 1999 außer Dienst gestellt, ? verschrottet, Puget Sound.
BERGALL (SSN-667)	Marinewerft Mare Island, Vallejo/California	16.04.1966	13.06.1969	06.06.1996 außer Dienst gestellt. ? 09.1997 verschrottet, Puget Sound.
SPADEFISH (SSN-668)	Newport News Shipbuilding, Newport News/Virginia	21.12.1966	14.08.1969	11.04.1997 außer Dienst gestellt. ? 10.1997 verschrottet, Puget Sound.
SEAHORSE (SSN-669)	General Dynamics Electric Boat, Groton/Connecticut	13.08.1966	19.09.1969	11.04.1997 außer Dienst gestellt. ? 09.1996 verschrottet, Puget Sound.
FINBACK (SSN-670)	Newport News Shipbuilding, Newport News/Virginia	26.06.1967	04.02.1970	28.03.1997 außer Dienst gestellt. ? 01.1997 verschrottet, Puget Sound.
PINTADO (SSN-672)	Marinewerft Mare Island, Vallejo/California	27.10.1967	11.09.1971	Umbau zum Transport eines DSRV. 26.02.1998 außer Dienst gestellt. ? 10.1998 verschrottet, Puget Sound.
FLYING FISH (SSN-673)	General Dynamics Electric Boat, Groton/Connecticut	30.06.1967	29.04.1970	16.05.1996 außer Dienst gestellt. ?10.1996, Puget Sound.
TREPANG (SSN-674)	General Dynamics Electric Boat, Groton/Connecticut	28.10.1967	14.08.1970	01.07.1999 außer Dienst gestellt. ? verschrottet, Puget Sound.
BLUEFISH (SSN-675)	General Dynamics Electric Boat, Groton/Connecticut	13.03.1968	08.01.1971	01.07.1996 außer Dienst gestellt. ? verschrottet, Puget Sound.
BILLFISH (SSN-676)	General Dynamics Electric Boat, Groton/Connecticut	20.09.1968	12.03.1971	Umbau zum Transport eines DSRV. 31.05.1996 außer Dienst gestellt. ? verschrottet, Puget Sound.
DRUM (SSN-677)	Marinewerft Mare Island, Vallejo/California	20.08.1968	15.04.1972	31.03.1998 außer Dienst gestellt. ? verschrottet, Puget Sound.
ARCHERFISH (SSN-678)	General Dynamics Electric Boat, Groton/Connecticut	19.06.1969	17.12.1971	Umbau zum Transport eines DSRV. 31.03.1998 außer Dienst gestellt. ? 11.1998 verschrottet, Puget Sound.
SILVERSIDES (SSN-679)	General Dynamics Electric Boat, Groton/Connecticut	13.10.1969	05.05.1974	21.07.1994 außer Dienst gestellt. ? verschrottet, Puget Sound.
WILLIAM H.BATES ex-REDFISH (SSN-680)	Ingalls Shipbuilding, Pascagoula/Mississippi	04.08.1969	05.05.1973	Umbau zum Transport eines DSRV. ? ? 1999 außer Dienst gestellt. ? verschrottet, Puget Sound.
BATFISH (SSN-681)	General Dynamics Electric Boat, Groton/Connecticut	09.02.1970	01.09.1972	17.03.1999 außer Dienst gestellt. ? verschrottet, Puget Sound.
TUNNY (SSN-682)	Ingalls Shipbuilding, Pascagoula/Mississippi	25.05.1970	26.01.1974	Umbau für Einsätze mit Sonderverband SEALs. 13.03.1998 außer Dienst gestellt. ? 10.1998 verschrottet, Puget Sound.
PARCHE (SSN-683)	Ingalls Shipbuilding, Pascagoula/Mississippi	10.12.1970	17.08.1974	1987-1991 Umbau zur Tiefseesuche und -bergung bei Marinewerft Mare Island. In Dienst.
CAVALLA (SSN-684)	General Dynamics Electric Boat, Groton/Connecticut	04.06.1970	09.02.1973	1982 Umbau für *Special Forces*-Einsätze. 30.03.1998 außer Dienst gestellt. ? verschrottet, Puget Sound.
L.MENDEL RIVERS (SSN-686)	Newport News Shipbuilding, Newport News/Virginia	26.06.1971	01.02.1975	Umbau für Einsätze mit Sonderverband SEALs. Ende 2000 außer Dienst gestellt. ? verschrottet, Puget Sound.
RICHARD B.RUSSELL (SSN-687)	Newport News Shipbuilding, Newport News/Virginia	19.10.1971	16.08.1975	24.06.1994 außer Dienst gestellt. Ende 2001 verschrottet, Puget Sound

Links: USS HAWKBILL (SSN-666) während der SCICEX (Science Ice Expedition), aufgetaucht 1999 im arktischen Polareis. Ab der STURGEON-Klasse können die U-Schiffe die vorderen Tiefenruder senkrecht stellen (Bild), um das Polareis an schwächeren Stellen zum Auftauchen zu durchbrechen. Schon kurze Zeit nach Ende des Krieges 1945 begannen arktische Operationen. Seitdem sind fast jedes Jahr U-Schiffe der US-Marine in arktischen Gewässern im Einsatz, um ihr Leistungsvermögen bei arktischen Unternehmungen zu verbessern. Diese Eiseinsätze (oder ICEX-Missionen) dauern bis heute an. Im »Kalten Krieg« waren hier die sog. »Bastionen« für die sowjetischen SSBNs. 1993 entschied die US-Marine, die von ihren U-Schiffen bei den wissenschaftlichen Eis-Expeditionen (SCICEX) gesammelten Erkenntnisse mit der Fachwelt zu teilen. Die zum Transport eines Tieftauchrettungsbootes *(DSRV: Deep Submergence Rescue Vehicle)* umgebaute HAWKBILL wurde noch 1999 außer Dienst gestellt.

Unten: USS DRUM (SSN-677) am Liegeplatz. Die STURGEON-Klasse war eine vergrößerte und verbesserte Version der THRESHER/PERMIT-Klasse. Ihre 37 Einheiten trugen von Mitte der 1960er bis in die 1980er Jahre hinein die Hauptlast der Flottenoperationen, ehe sie von der LOS ANGELES-Klasse in größerer Anzahl abgelöst wurden.

Unten: USS GUITARRO (SSN-665) während eines Besuches 1983 in einem Stützpunkt der Königlich Australischen Marine (RAN: Royal Australian Navy). Das Leinenkommando bereitet sich auf das Anlegemanöver vor. Auf diesem und auf dem vorhergehenden Bild ist deutlich zu sehen, dass die vorderen Tiefenruder dieser Klasse im Gegensatz zur THRESHER/PERMIT-Klasse (siehe Seite 137) tiefer angesetzt sind, um die Steuerfähigkeit auf Sehrohrtiefe zu verbessern.

26
5

Die russische »Sierra I/II«-Klasse (SSGN) – Angriffs-U-Boote für große Tiefen

Russlands kleine und kostspielige »Sierra«-Klasse (Typ 945) war der Nachfolger der vom Pech verfolgten und inzwischen außer Dienst gestellten »Alfa«-Klasse (gebaut 1965-1981). Der leichte und zugleich starke Titan-Rumpf in Doppelhüllen-Bauweise gestattete, in großen Tiefen zu operieren, verringerte den ausgestrahlten Geräuschpegel und bedeutete ein stärkeres Widerstehen gegen Beschädigungen bei Torpedoangriffen. Die erste Einheit der »Sierra I«-Klasse wurde im Mai 1982 bei der Werft 112 in Gorkij auf Kiel gelegt, lief im August 1983 vom Stapel, wurde über den Weißmeerkanal nach Severodvinsk gebracht und dort ausgerüstet. Sie ist als KARP (B-239) seit 1997 aufgelegt. Die noch vorhandene KOSTROMA (B-276) lief im Juli 1986 vom Stapel und wurde im September 1987 in Dienst gestellt. Diese Klasse war als erste mit einer Rettungskugel für die Besatzung ausgestattet, abgedeckt mit einer V-förmigen Verkleidung auf der Backbordseite des Turms. Die Version »Sierra II« hat einen viel größeren, aber geduckten Turmaufbau (5 m länger) mit einer seltsam ebenen, rechtwinkligen Vorderkante, die hydrodynamisch dämpfen soll. Die Masten sind auf der Steuerbordseite angeordnet, um im Turm für zwei dieser Rettungskugeln Platz zu schaffen. Ein markanter und weitaus größerer Hohlkörper auf der Schwanzfinne des Ruderkreuzes beherbergt den Drahtspender für das passive »Skat 3«-Schleppsonar, das auf einer sehr niedrigen Frequenz (VLF) arbeitet. Zwei dieser U-Schiffe – PSKOV (B-336) und NIŠNYI-NOVGOROD (B-534) – sind noch bei der Nordflotte in Dienst und ein drittes – MARS – wurde im Juli 1992 vor der Fertigstellung verschrottet.

	»Sierra II«	»Sierra I«
Länge über alles:	111,00 m	107,00
Breite (max.):	14,20 m	12,50 m
Wasserverdrängung:		
Über Wasser:	6466 ts	5940 ts
Unter Wasser:	10.412 ts	9600 ts
Höchstgeschwindigkeit:		
Über Wasser:	16 kn	16 kn
Unter Wasser:	33 kn	33 kn
Bewaffnung:	2 x 65-cm- und 6 x 53,3-cm-Torpedorohre:Konventionelle Torpedos (einschl. Typ 65) oder akustische U-Jagdtorpedos (Typ 40 mit 90-kg-Sprengkopf) SLCM SS-N-21 »Sampson« mit nuklearem Gefechtskopf (200 kT) 53,3 cm: SS-N-15 »Starfish«-Wasserbombe (200 kT) 65 cm: SS-N-16 »Stallion« mit Suchtorpedo (200 kT)42 Seeminen anstelle von Torpedos	
Antriebsanlage:	1 Welle, 2 Propellernaben 1 x PWR, Leistung 190 MW, 2 x 1002-PS-Notaggregate	
Tauchtiefe:	750 m	750 m
Besatzungsstärke:	115 Offiziere und Mannschaften durchweg	

Unten und rechts: U-Schiffe der russischen »Sierra«-Klasse, von Seefernaufklärungsflugzeugen der NATO aufgenommen (unten »Sierra I«, rechts »Sierra II« mit den auf der Steuerbordseite des größeren Turmaufbaus angeordneten Masten). Auf der Schwanzfinne des Ruderkreuzes am Heck ist der Hohlkörper mit dem Drahtspender und dem Schleppsonar deutlich zu unterscheiden. Die Verwendung des Titans bei diesen U-Schiffen ermöglichte es, in bisher nicht gekannte Tiefen vorzustoßen. Insofern war die sowjetische Titan-Technologie dem Westen weit voraus; denn sie erforderte für einen gelungenen Schweißvorgang weniger Schweißlagen. Doch trotz der Vorteile, die Tauchtiefe und Unterwassergeschwindigkeit brachten, begrenzten die gewaltigen Kosten die zu bauenden U-Schiffe.

Die russische »Akula I-III«-Klasse: SSN (Typ 971/971 U)

Auf die große Zahl an SSNs der »Victor III«-Klasse folgte die »Akula«-Klasse, die einen beträchtlich verringerten Geräuschpegel aufwies. Erreicht wurde dies zum einen durch die Anwendung von Schalldämpfungs-Techniken, wie doppelte Lagen geräuschdämpfenden Materials rund um die Lärmquelle, und zum anderen durch aktives Ausschalten von Lärmursachen, die zum Teil auf kommerziellen Entwicklungen aus dem Westen beruhten. Die »Akula I«- und »Akula I Mod«-Schiffe haben bei langsamen Fahrtstufen Geräuschpegel, die den westlichen U-Booten ebenbürtig wenn nicht sogar besser sind. Von Juli 1984 - Dezember 1991 entstanden acht Stahlrümpfe, die »Akula I«-Gruppe, der von Mai 1992 - Juli 1995 weitere vier der »Akula I Mod«-Gruppe folgten. Eine letzte Einheit, die NERPA, lief im Mai 1994 vom Stapel. Alle führen auf der Schwanzfinne das Schleppsonar »Skat-3« und haben einen sehr langen, niedrigen, abgerundeten Turm, der in den Rumpf eingepasst ist und auch den U-förmigen Rettungskörper für Angehörige der Besatzung enthält. An der Turmvorderkante und auf der Verkleidung des Vorschiffs befinden sich bei den »Akula I Mod«-Schiffen eine Anzahl nicht akustischer Sensoren. Mit VEPR lief am 10. Dezember 1994 eine neue Variante (»Akula II«) vom Stapel, die im Juli 1995 in Dienst kam, gefolgt von einer weiteren Variante (»Akula III«): GEPARD, am 18. August 1999 vom Stapel gelaufen und im Juni 2000 in Dienst gestellt. Der Bau weiterer Einheiten ist nicht zu erwarten. Ab »Akula I Mod« sind die U-Schiffe mit 6 zusätzlichen 53,3-cm-Bugrohren vermutlich für den U-Jagd-FK SS-N-15 »Starfish« ausgerüstet. Diese befinden sich außerhalb des Druckkörpers und können offensichtlich von innen nicht nachgeladen werden. Die U-Schiffe führen möglicherweise eine größere Anzahl Reservetorpedos mit.

	»Akula I«	»Akula II/III«
Länge über alles:	109,76 m	113,45 m (GEPARD: ?)
Breite (max.):	13,70 m	13,80 m (GEPARD: ?)
Wasserverdrängung:		
Über Wasser:	7500 ts	8140 ts (GEPARD: 8170 ts)
Unter Wasser:	9300 ts	12.770 ts (GEPARD: 13.800 ts)
Höchstgeschwindigkeit:		
Über Wasser:	16 kn	18 kn
Unter Wasser:	28 kn	35 kn
Bewaffnung:	4 x 65-cm- und 4 bzw. 10 x 53,3-Torpedorohre:	
	Konventionelle Torpedos (einschl. Typ 65) oder akustische U-Jagdtorpedos (Typ 40 mit 90-kg-Sprengkopf)	
	SLCM SS-N-21 Sampson« mit nuklearem Gefechtskopf (200 kT)	
	53,3 cm: SS-N-15 »Starfish«-Wasserbombe (200 kT)	
	65 cm: SS-N-16 »Stallion« mit Suchtorpedo (200 kT)	
	SAM (Schulter-Abfeuerung) SA-N-5 »Strela«/SA-N-8 »Gimlet«	
Antriebsanlage:	1 Welle, 2 Propellernaben	
	1 PWR, Leistung 190 MW, 2 x 750-PS-Notaggregate	
Tauchtiefe:	450 m	450 m
Besatzungsstärke:	62 Offiziere und Mannschaften durchweg	

Unten und rechts: Auch diese Fotos von sowjetischen Angriffs-U-Schiffen der »Akula I«-Klasse stammen von Seefernaufklärern, 1988 von der US-Marine freigegeben. 14 U-Schiffe der »Akula«-Klasse gehören zur russischen Nord- und zur Pazifikflotte. Bisher sind vier dieser Einheiten außer Dienst gestellt worden.

Unten: Eines der ersten Aufnahmen eines sowjetischen »Akula I«-U-Schiffes vor dem Nordkap, die das Pentagon veröffentlichte.

Die russische »Oscar II«-Klasse: SSGN (Typ 949 A) – Leviathan der Tiefe

Als Nachfolger der »Echo II«-Klasse, der ersten U-Plattform für Marschflugkörper, entworfen, um große feindliche Überwasser-Kampfschiffe – besonders die Flugzeugträger – zu vernichten, waren die gewaltigen U-Schiffe der »Oscar«-Klasse mit einer überzeugenden Seeziel-Bewaffnung ausgestattet. Zwei erste U-Schiffe – ARCHANGELSK und MURMANSK – bildeten die 11 m kürzere und 1400 ts weniger verdrängende »Oscar I«-Klasse, die jetzt bei der Nordflotte aufgelegt sind. U-Schiffe der »Oscar II«-Klasse führen 24 Marsch-FK (SLCM/SSM) in zwei Bänken zu je 12 beiderseits des Turms. Mit Ausnahme des Typschiffs sind alle Einheiten auf der Ruderfinne mit einem Rohr als Drahtspender für das auf sehr niedriger Frequenz (VLF) arbeitende Passiv-Schleppsonar »Pelamida« ausgerüstet. Die weitere Sonarausstattung umfasst: »Shark Gill«, ein Passiv/Aktiv-Sonar für Suche und Angriff, das passive Flanken-Sonar »Shark Rib« und das aktive Hochfrequenz-Sonar »Mouse Roar« für den Angriff. Elf Einheiten wurden in Severodvinsk gebaut; von ihnen sind drei zur weiteren Verwendung aufgelegt. Eine 12. Einheit – BELGOROD – lief im August 1999 vom Stapel, wurde aber infolge finanzieller Engpässe nicht fertig gestellt. Vier sind bei der Nordflotte stationiert; von ihnen war die glücklose KURSK 1999 im Mittelmeer eingesetzt – seit einem Jahrzehnt der erste russische Einsatz dieser Art. Die anderen vier Einheiten gehören zur Pazifikflotte, stationiert in der Tarya-Bai. Gleichzeitig mit dem Mittelmeer-Einsatz wurde eines dieser U-Schiffe zur Westküste der USA entsandt, um Washington die noch vorhandene Einsatzfähigkeit der russischen Marine zu demonstrieren. Während einer Waffenerprobung in See sank die KURSK am 12. August 2000 (118 Tote). Über die Ursache wurde viel spekuliert: Sabotage, schlechte Wartung, Kollision mit einem westlichen U-Boot oder Verlust durch eine Mine aus dem 2. Weltkrieg. Doch dies schien alles unwahrscheinlich. Die KURSK war ein leistungsfähiges U-Schiff mit einem erfahrenen Kommandanten, der es seit 1995 führte. Kurz vor dem Unglück hatte sie erfolgreich einen SLCM/SSM SS-N-19 »Shipwreck« (*Chelomey Granit*) ohne Gefechtskopf aus einem seiner 24 äußeren Startschächte abgeschossen. Die nächste Phase der Erprobung kann der Abschuss eines Torpedos »Žkval WA III« mit Raketenantrieb gewesen sein – einer geheimen Waffe. Danach überschlugen sich die Ereignisse mit schrecklichen Folgen. Sonaraufzeichnungen der USS MEMPHIS (SSN-691) lassen als wahrscheinlichste Ursache der Katastrophe erkennen, dass der Torpedo in der vorderen Abteilung detonierte. Möglicherweise begann eine Nickel-Kadmium-Batterie »heiß« zu werden und eine Warnleuchte in der Zentrale löste den verzweifelten Versuch aus, den Torpedo aus dem Bugrohr mit seinem E-Motor ausschwimmen zu lassen. Hierbei kam es zu einer ersten Explosion, die teilweise den 210-kg-Gefechtskopf hochgehen ließ, als die Raketenmotoren mit dem instabilen Gemisch aus Kerosin und H_2O_2 vorzeitig zündeten, und der 135 Sekunden später eine zweite folgte, als die Gefechtsköpfe der übrigen Waffen in der Abteilung detonierten. Das Ergebnis war eine völlige Zerstörung des vorderen Teils des U-Schiffes. Alle, die sich vor der Reaktor-Abteilung aufhielten, wurden getötet, darunter auch die Besatzung der Zentrale. Es blieb keine Zeit, die Tauchzellen auszublasen, um aufzutauchen, während sich der Reaktor automatisch abschaltete. Als das zerstörte Vorschiff voll lief, ragte wahrscheinlich das Heck des U-Schiffes etwa 45 m aus dem Wasser, ehe es versank. Rund ein Dutzend Seeleute blieben vermutlich in den Räumen am Heck zwei Tage lang am Leben. Mit Ausnahme der unvollendeten BELGOROD (»Oscar II«) und der im Juni 2000 fertig gestellten GEPARD (»Akula III«) beschränkt sich der russische SSN-Bau auf den einer neuen SSGN-Klasse in Severodvinsk: »Jasen«-Klasse (Typ 855) mit 8600 ts (?) Verdrängung unter Wasser, bewaffnet mit dem SSM SS-N-27 in acht senkrechten Startschächten, dem U-Jagd-FK SS-N-15 »Starfish« und acht 53,3-cm-Torpedorohren. Die erste Einheit – SEVERODVINSK – wurde am 21. Dezember 1993 auf Kiel gelegt, ist aber noch nicht vom Stapel gelaufen. Wenn überhaupt, soll die Arbeit sehr langsam vorangehen. Auch wenn neue Geldmittel zur Verfügung stehen, ist mit einer Indienststellung nicht vor 2006/07 zu rechnen.

	»Oscar II«
Länge über alles:	154,00 m
Breite (max.):	18,20 m
Wasserverdrängung:	
Über Wasser:	13.900 ts
Unter Wasser:	18.300 ts
Höchstgeschwindigkeit:	
Über Wasser:	15 kn
Unter Wasser:	28 kn
Bewaffnung:	24 SLCM/SSM SS-N-19 »Shipwreck« mit nuklearem (500 kT) oder konventionellem (350 kg) Gefechtskopf.
	2 x 65-cm- und 4 x 53,3-cm-Torpedorohre: Konventionelle Torpedos (einschl. Typ 65) oder akustische U-Jagdtorpedos (Typ 40 mit 90-kg-Sprengkopf)
	53,3 cm: SS-N-15 »Starfish«-Wasserbombe (200 kT)
	65 cm: SS-N-16 »Stallion« mit Suchtorpedo (200 kT)
	32 Seeminen anstelle von Torpedos
Antriebsanlage:	1 x PWR, Leistung 380 MW
	2 Wellen, 2 Propellernaben
Tauchtiefe:	300 m
Besatzungsstärke:	107 Offiziere und Mannschaften

Rechts und unten: Die immense Größe der »Oscar II«-Klasse (154 m x 18,2 m) ist deutlich zu sehen. Backbord vorn befindet sich eines der vorderen Tiefenruder.

Die 24 SLCM/SSM SS-N-19 »Shipwreck« sind in zwei Bänken zu je 12 beiderseits des Turmaufbaus untergebracht. Die sechs großen, rechteckigen Luken von je 7 m Länge sind auf der Backbordseite deutlich zu sehen. Unter jeder Luke befinden sich zwei FK-Schächte, nach vorn um 40° abgewinkelt, außerhalb des 8,5 m breiten Druckkörpers in der mit 4 m beträchtlichen Lücke zwischen Innen- und Außenhülle. Die sich hieraus ergebende sehr große Breite des U-Schiffes dient auch der Fähigkeit, Gefechtsschäden hinzunehmen.

Die Angriffs-U-Boote der britischen TRAFALGAR-Klasse

Die überaus leisen Boote der TRAFALGAR-Klasse waren eine Weiterentwicklung der älteren SWIFTSURE-Klasse, die hinsichtlich Geschwindigkeit unter Wasser, Seeausdauer und Geräuschverringerung große Fortschritte gebracht hatte. Seit der Indienststellung der ersten Einheit 1983 ist die Klasse ständig modernisiert worden: neue Sonar-Ausstattung, der SLCM »Tomahawk« in der Landangriffs-Version und der neue Torpedo »Spearfish« (70 kn, 40 km), für den die TRAFALGAR Versuchsschiff war. Druckkörper und Außenflächen sind zur Geräuschverringerung mit einem echofreien Belag überzogen. 1998 wurde auf der TRENCHANT ein nicht den Druckkörper durchstoßender Optronik-Mast erprobt. Alle Einheiten sind für Operationen unter dem Polareis besonders ausgestattet: Sie haben einen verstärkten Turm, die vorderen Tiefenruder sind einziehbar und die Schalllote Typ 778 und Typ 780 sind zum Feststellen der Tiefe senkrecht angebracht. Bei der Modernisierung bekamen die U-Schiffe dieser Klasse ein Schleppsonar Typ 2046 sowie das neue Sonar vom Typ 2076, um im Bug das bisherige Passiv/Aktiv-Such- und Angriffssonar Typ 2074 zu ersetzen.

Länge über alles:	85,40 m
Breite (max.):	9,80 m
Wasserverdrängung:	
Über Wasser:	4740 ts
Unter Wasser:	5208 ts
Höchstgeschwindigkeit:	
Über Wasser:	12 kn
Unter Wasser:	32 kn
Bewaffnung:	5 x 53,3-cm-Bugtorpedorohre für: SLCM »Tomahawk« Block III C, Reichweite 918 sm SSM »Sub-Harpoon« Block I C, Reichweite 70 sm 20 Torpedos »Spearfish/Tigerfish« Mk.24 Mod. 2 Minenlege-Kapazität anstatt Torpedos für »Stonefish«-Minen
Antriebsanlage:	1 Welle 1 x Rolls-Royce-Reaktor PWR 1, 2 Getriebe-Dampfturbinen, 15.000 WPS 1 x Pumpenstrahlantrieb (ausgenommen TRAFALGAR) 1 x Dieselmotor für Notbetrieb
Fahrbereich:	
Über Wasser:	Keine Angaben
Unter Wasser:	Keine Angaben
Tauchtiefe:	300 m
Besatzungsstärke:	130 Offiziere und Mannschaften

Oben: HMS TORBAY beim Stapellauf. Beachte die Holzverkleidung rund um den Bug, die angebracht worden war, um zu verhindern, dass »neugierigen Augen« einen unbefugten Blick auf die Sonar-Sensoren werfen können. Da das U-Schiff noch nicht an die *Royal Navy* abgeliefert und von ihr in Dienst gestellt worden ist, wehen die Werftflagge (Turm) und das *Red Ensign* (Handelsflagge).

Rechts: Eine deutliche Demonstration der Seeausdauer nuklear angetriebener U-Schiffe ist ihre Fähigkeit, nicht nur die Erde ohne Zwischenstopp am Äquator zu umrunden, sondern auch die Arktis unter dem Eis zu durchqueren. Dieses Foto, aufgenommen von HMS SUPERB durch das Sehrohr, zeigt die am Nordpol aufgetauchte HMS TURBULENT.

Die Angriffs-U-Boote der TRAFALGAR-Klasse

Boot:	Bauwerft:	Kiellegung:	Indienststellung:	Schicksal:
TRAFALGAR	Vickers Shipbuilding, Barrow-in-Furness	25.04.1979	27.05.1983	In Dienst. 12.1995 modernisiert und erster Brennstäbewechsel.
TURBULENT	Vickers Shipbuilding, Barrow-in-Furness	08.05.1980	28.04.1984	In Dienst. 1997 modernisiert und erster Brennstäbewechsel.
TIRELESS	Vickers Shipbuilding, Barrow-in-Furness	06.06.1981	05.10.1985	In Dienst. 01.1999 modernisiert und erster Brennstäbewechsel.
TORBAY	Vickers Shipbuilding, Barrow-in-Furness	03.12.1982	07.02.1987	02.2001 modernisiert und Brennstäbewechsel beendet.
TRENCHANT	Vickers Shipbuilding, Barrow-in-Furness	28.10.1985	14.01.1989	In Dienst.
TALENT	Vickers Shipbuilding, Barrow-in-Furness	13.05.1986	12.05.1990	In Dienst.
TRIUMPH	Vickers Shipbuilding, Barrow-in-Furness	02.02.1987	12.10.1991	In Dienst.

Oben: HMS TRAFALGAR 1998 im Mittelmeer. Da die Entwicklung des Düsen-Pumpenstrahlantriebs zum Zeitpunkt der Fertigstellung der TRAFALGAR noch nicht abgeschlossen war, hat sie als einzige Einheit ihrer Klasse diesen Antrieb nicht erhalten. Er ist bedeutend geräuschärmer als der konventionelle Propeller und besteht aus einem einzigen, mehrflügeligen Rotor, der sich relativ langsam gegen Stratorschaufeln in einer Düse dreht, d.h. er ist eigentlich hellsingend mit niedriger Umdrehungszahl. Sein Einbau bedeutet allerdings eine beträchtliche Gewichtssteigerung. Dieser Antrieb ist auch in der US-Marine beim Torpedo Mk.48 und bei den SSNs der SEAWOLF-Klasse zu finden.

Links und unten: HMS TRAFALGAR wurde als erste Einheit ihrer Klasse im Mai 1983 in Dienst gestellt. Auf dem Vorschiff ist das aktive Angriffssonar zu erkennen. Nach dem Nahbereichs-Sonar 2077 zur Klassifizierung erhielt die Klasse als jüngste Modernisierung das Passiv/Aktiv-Sonar 2067 und das Gefechtsführungssystem SAWCS (Submarine Acoustic Warfare Control System).

US-Marine: LOS ANGELES-Klasse – Sicherung der Trägerkampfgruppen

Länge über alles:	110 m
Breite (max.):	10 m bzw. 10,1 m
Wasserverdrängung:	
Über Wasser:	6082 - 6330 ts*
Unter Wasser:	6927 - 7177 ts
Höchstgeschwindigkeit:	
Über Wasser:	21 - 22 kn
Unter Wasser:	32 - 35 kn
Bewaffnung:	4 x 53,3-cm-Torpedorohre mittschiffs seitlich für: SLCM/T-LAM »Tomahawk« Block III (Landangriff), Reichweite 1700 sm** SSM »Sub-Harpoon«, Reichweite 70 sm 10 Torpedos Mk.48 ADCAP Seeminen ab SSN-751: ggf. Mk.67 »Mobile« und Mk.60 »Captor«
Antriebsanlage:	1 Welle 1 x PWR Gen.Elec. S6G, 2 Getriebe-Dampfturbinen, 35.000 WPS 1 x 325-PS-Hilfsmotor
Fahrbereich:	
Über Wasser:	Keine Angaben
Unter Wasser:	Keine Angaben
Tauchtiefe:	300 m, ab SSN-751: 450 m
Besatzungsstärke:	129 Offiziere und Mannschaften

* Verbesserungen des Entwurfs haben die Wasserverdrängung der U-Schiffe laufend bis zu 220 ts gesteigert, vor allem bei SSN-719 bis SSN-725 und SSN-750 bis SSN-773.

** Normalerweise befanden sich 8 »Tomahawk«-FKs innen, aber ab SSN-719 werden 12 der FKs in senkrechten Startschächten (VLS) außerhalb des Druckkörpers zwischen diesem und dem Bugsonar mitgeführt.

Unten: 9. Mai 1996: Die USS SCRANTON (SSN-756) taucht im nördlichen Arabischen Meer auf (Notfall-Erprobung). Im Hintergrund ist der Flugzeugträger USS GEORGE WASHINGTON (CVN-73) zu sehen, der mit seiner Kampfgruppe im Golf von Oman operiert, von wo aus seine Maschinen Luftüberwachung zur Unterstützung der Operation *Southern Watch* fliegen, der Durchsetzung der Flugverbotszone über dem Südirak.

Oben: USS LOS ANGELES (SSN-688), das im November 1976 in Dienst gestellte Typschiff der Klasse, die gegenwärtig das »Rückgrat« der U-Bootwaffe der US-Marine bildet und dies vermutlich bis weit ins 21. Jahrhundert hinein bleiben wird. Diese U-Schiffe sind schneller, leiser und weit leistungsfähiger als ihre Vorgänger. Spätere Einheiten dieser Klasse haben eine verbesserte Sonar- und Elektronik-Ausrüstung sowie Startschächte für Marschflugkörper außerhalb des Druckkörpers.

Die LOS ANGELES-Klasse der US-Marine, ursprünglich 62 Boote stark, wurde als Sicherung der Trägerkampfgruppen zur U-Abwehr und für Angriff und Vernichtung der aus der Distanz operierenden sowjetischen Überwasserkampfgruppen gebaut.[1)] Nach Ende des »Kalten Krieges« kamen SLCM »Tomahawk« (T-LAM) zur Unterstützung militärischer Operationen an Land überall auf der Welt mit einer Dauer von mehr als 90 Tagen hinzu. Die »Verbesserte LOS ANGELES«-Klasse hat ab SSN-751: Verbesserung der Geräuschverringerung, Verlegung der vorderen Tiefenruder vom Turm zum Bug (einziehbar), Passiv/Aktiv-Such- und Angriffssonar BQQ-5 E (Kugelbasis im Bug), Schleppsonar TB 29, MIDAS-Sonar zur Vermeidung

[1)] Kostenaufwand pro Einheit 900 Mio. US-Dollar (1990).

US-Marine: Angriffs-U-Boote der LOS ANGELES-Klasse

Boot:	**Bauwerft:**	**Kiellegung:**	**Indienststellung:**	**Schicksal:**
LOS ANGELES (SSN-688)	Newport News Shipbuilding	08.01.1972	13.11.1976	Pazifikflotte.
BATON ROUGE (SSN-689)	Newport News Shipbuilding	18.11.1972	25.06.1977	11.02.1992 Kollision mit russ. SSN der »Sierra«-Kl. vor Severomorsk. 13.01.1995 außer Dienst gestellt. 1997 verschrottet, Puget Sound.
PHILADELPHIA (SSN-690)	General Dynamics Electric Boat, Groton	12.08.1972	25.06.1977	Atlantikflotte.
MEMPHIS (SSN-691)	Newport News Shipbuilding	23.06.1973	17.12.1977	Seit Ende 1998 Forschungsplattform für U-Boot-Technologie, Atlantikflotte.
OMAHA (SSN-692)	General Dynamics Electric Boat, Groton	27.01.1973	11.03.1978	05.10.1995 zum Verschrotten außer Dienst gestellt.
CINCINNATI (SSN-693)	Newport News Shipbuilding	06.04.1974	10.06.1978	29.07.1996 zum Verschrotten außer Dienst gestellt.
GROTON (SSN-694)	General Dynamics Electric Boat, Groton	03.08.1973	08.07.1978	07.11.1997 zum Verschrotten außer Dienst gestellt.
BIRMINGHAM (SSN-695)	Newport News Shipbuilding	26.04.1975	16.12.1978	22.12.1997 zum Verschrotten außer Dienst gestellt.
NEW YORK CITY (SSN-696)	General Dynamics Electric Boat, Groton	15.12.1973	03.03.1979	30.04.1997 zum Verschrotten außer Dienst gestellt.
INDIANAPOLIS (SSN-697)	General Dynamics Electric Boat, Groton	19.10.1974	05.01.1980	17.02.1998 zum Verschrotten außer Dienst gestellt.
BREMERTON (SSN-698)	General Dynamics Electric Boat, Groton	08.05.1976	28.03.1981	Pazifikflotte. 2001 außer Dienst gestellt.
JACKSONVILLE (SSN-699)	General Dynamics Electric Boat, Groton	21.02.1976	16.05.1981	Atlantikflotte. 2001 außer Dienst gestellt.
DALLAS (SSN-700)	General Dynamics Electric Boat, Groton	09.10.1976	18.07.1981	Atlantikflotte.
LA JOLLA (SSN-701)	General Dynamics Electric Boat, Groton	16.10.1976	24.10.1981	Pazifikflotte.
PHOENIX (SSN-702)	General Dynamics Electric Boat, Groton	30.07.1977	19.12.1981	29.07.1998 zum Verschrotten außer Dienst gestellt.
BOSTON (SSN-703)	General Dynamics Electric Boat, Groton	11.08.1978	30.01.1982	18.01.1999 zum Verschrotten außer Dienst gestellt.
BALTIMORE (SSN-704)	General Dynamics Electric Boat, Groton	21.05.1979	24.07.1982	10.07.1998 zum Verschrotten außer Dienst gestellt.
CITY OF CORPUS CHRISTI (SSN-705)	General Dynamics Electric Boat, Groton	04.09.1979	08.01.1983	Atlantikflotte.
ALBUQUERQUE (SSN-706)	General Dynamics Electric Boat, Groton	27.12.1979	21.05.1983	Atlantikflotte.
PORTSMOUTH (SSN-707)	General Dynamics Electric Boat, Groton	08.05.1980	01.10.1983	Pazifikflotte.
MINNEAPOLIS-SAINT PAUL (SSN-708)	General Dynamics Electric Boat, Groton	30.01.1981	10.03.1984	Atlantikflotte.
HYMAN G.RICKOVER (SSN-709)	General Dynamics Electric Boat, Groton	24.07.1981	21.07.1984	Atlantikflotte.
AUGUSTA (SSN-710)	General Dynamics Electric Boat, Groton	01.04.1982	19.01.1985	Versuchsplattform für Passiv/Aktiv-Sonar BQQ-5 D. Atlantikflotte. Soll im FY 2008 außer Dienst gestellt werden.
SAN FRANCISCO (SSN-711)	Newport News Shipbuilding	26.05.1977	24.04.1981	Pazifikflotte.
ATLANTA (SSN-712)	Newport News Shipbuilding	17.08.1978	06.03.1982	22.01.1999 zum Verschrotten außer Dienst gestellt.
HOUSTON (SSN-713)	Newport News Shipbuilding	29.01.1979	25.09.1982	2000 zum Verschrotten außer Dienst gestellt.
NORFOLK (SSN-714)	Newport News Shipbuilding	01.08.1979	21.05.1982	Atlantikflotte. 2001 zum Verschrotten außer Dienst gestellt.
BUFFALO (SSN-715)	Newport News Shipbuilding	25.01.1980	05.11.1983	Pazifikflotte.
SALT LAKE CITY (SSN-716)	Newport News Shipbuilding	26.08.1980	12.05.1984	Pazifikflotte. Soll im FY 2005 außer Dienst gestellt werden.
OLYMPIA (SSN-717)	Newport News Shipbuilding	31.03.1981	17.11.1983	Pazifikflotte. Soll im FY 2006 außer Dienst gestellt werden.
HONOLULU (SSN-718)	Newport News Shipbuilding	10.11.1981	06.07.1985	Pazifikflotte. Soll im FY 2007 außer Dienst gestellt werden.
PROVIDENCE (SSN-719)	General Dynamics Electric Boat, Groton	14.10.1982	27.07.1985	Atlantikflotte.
PITTSBURGH (SSN-720)	General Dynamics Electric Boat, Groton	15.04.1983	23.11.1985	Atlantikflotte.
CHICAGO (SSN-721)	Newport News Shipbuilding	05.01.1983	27.09.1986	Pazifikflotte.
KEY WEST (SSN-722)	Newport News Shipbuilding	06.07.1983	12.09.1987	Atlantikflotte.
OKLAHOMA CITY (SSN-723)	Newport News Shipbuilding	04.01.1984	09.07.1988	Atlantikflotte.
LOUISVILLE (SSN-724)	General Dynamics Electric Boat, Groton	19.09.1984	08.11.1986	Pazifikflotte.
HELENA (SSN-725)	General Dynamics Electric Boat, Groton	28.03.1985	11.07.1987	Pazifikflotte.
NEWPORT NEWS (SSN-750)	Newport News Shipbuilding	03.03.1984	03.06.1989	Atlantikflotte.
«Verbesserte LOS ANGELES«-Klasse (23 Einheiten)				
SAN JUAN (SSN-751)	General Dynamics Electric Boat, Groton	16.08.1985	06.08.1988	Atlantikflotte.
PASADENA (SSN-752)	General Dynamics Electric Boat, Groton	20.12.1985	11.02.1989	Pazifikflotte.
ALBANY (SSN-753)	Newport News Shipbuilding	22.04.1985	07.04.1990	Atlantikflotte.
TOPEKA (SSN-754)	General Dynamics Electric Boat, Groton	13.05.1986	21.10.1989	Atlantikflotte.
MIAMI (SSN-755)	General Dynamics Electric Boat, Groton	24.10.1986	30.06.1990	Atlantikflotte.
SCRANTON (SSN-756)	Newport News Shipbuilding	29.06.1986	26.01.1991	Atlantikflotte.
ALEXANDRIA (SSN-757)	General Dynamics Electric Boat, Groton	19.06.1987	29.06.1991	Atlantikflotte.
ASHEVILLE (SSN-758)	Newport News Shipbuilding	01.01.1987	28.09.1991	Pazifikflotte.
JEFFERSON CITY (SSN-759)	Newport News Shipbuilding	21.09.1987	29.02.1992	Atlantikflotte.
ANNAPOLIS (SSN-760)	General Dynamics Electric Boat, Groton	15.06.1988	11.04.1992	Atlantikflotte.
SPRINGFIELD (SSN-761)	General Dynamics Electric Boat, Groton	29.01.1990	09.01.1993	Pazifikflotte.
COLUMBUS (SSN-762)	General Dynamics Electric Boat, Groton	07.01.1991	24.07.1993	Pazifikflotte.
SANTA FÉ (SSN-763)	General Dynamics Electric Boat, Groton	09.07.1991	08.01.1994	Atlantikflotte.
BOISE (SSN-764)	Newport News Shipbuilding	25.08.1988	07.11.1992	Atlantikflotte.
MONTPELIER (SSN-765)	Newport News Shipbuilding	19.05.1989	13.03.1993	Atlantikflotte.
CHARLOTTE (SSN-766)	Newport News Shipbuilding	17.08.1990	16.09.1994	Pazifikflotte.
HAMPTON (SSN-767)	Newport News Shipbuilding	02.03.1990	06.11.1993	Atlantikflotte.
HARTFORD (SSN-768)	General Dynamics Electric Boat, Groton	27.04.1992	10.12.1994	Atlantikflotte.
TOLEDO (SSN-769)	Newport News Shipbuilding	06.05.1991	24.02.1995	Atlantikflotte.
TUCSON (SSN-770)	Newport News Shipbuilding	15.08.1991	09.09.1995	Pazifikflotte.
COLUMBIA (SSN-771)	General Dynamics Electric Boat, Groton	24.04.1993	09.10.1995	Pazifikflotte.
GREENEVILLE (SSN-772)	Newport News Shipbuilding	28.02.1992	16.02.1996	Pazifikflotte.
CHEYENNE (SSN-773)	Newport News Shipbuilding	06.07.1992	13.09.1996	Pazifikflotte.

US-Marine: LOS ANGELES-Klasse – Sicherung der Trägerkampfgruppen

Links: Pearl Harbor, Oahu/Hawaii: 21. Februar 2001. Die USS GREENEVILLE (SSN-772) liegt aufgelegt im Trockendock 1 der Marinewerft Pearl Harbor, in der auch die Überholungen zwischen den Großen Werftliegezeiten durchgeführt werden. Das Eindocken des SSN erfolgte, um den Schiffskörper auf Schäden zu untersuchen und Reparaturen vorzunehmen; denn am 9. Februar hatte es in See etwa 9 sm vor der Küste bei Diamond Head eine tragische Kollision mit dem japanischen Fischerboot EHIME MARU gegeben. Das japanische Schiff sank auf 600 m tiefem Wasser und die aus neun Seeleuten bestehende Besatzung ist seither vermisst.

Rechts: Die USS GREENEVILLE (SSN-772) ist die 61. Einheit der SSNs der LOS ANGELES-Klasse insgesamt und zugleich die 22. Einheit der »Verbesserten LOS ANGELES«-Klasse. Letztere ist aus dem Fehlen der vorderen Tiefenruder am Turm zu erkennen; sie befinden sich ab SSN-751 einziehbar beiderseits am Vorschiff. Hier ist die GREENEVILLE im April 1997 auf dem Verlegungsmarsch zur ihrem neuen U-Stützpunkt Pearl Harbor. Auf diesen Bildern ist deutlich die neue zylindrische Form im Mittelteil des Schiffskörpers zu sehen. Im Gegensatz zur fortlaufend gekrümmten »Tear-drop«-Form der ALBACORE ist diese Art des Schiffskörpers ab der LOS ANGELES-Klasse bei kaum eingeschränkten Eigenschaften wesentlich leichter zu bauen.

Unten: Die GREENEVILLE noch unter Werftflagge bei den Erprobungsfahrten – hier kurz nach dem Auftauchen, während die Brücke besetzt wird.

Oben: Das südkoreanische U-Boot CHOI MUSON (1290 ts) des deutschen Typs 209 passiert beim Einlaufen in den Sembawang-Hafen von Singapur die USS HELENA (SSN-725) der LOS ANGELES-Klasse. Zusammen mit den Marinen Singapurs und Japans waren sie am Manöver *Pacific Reach 2000* beteiligt. Südkorea besitzt 9 U-Boote des Typs 209/HDW und baut 3 weitere des Typs 214/HDW (1950 ts).

von Minen- und Eisgefahren (*Mine and Ice Detection and Avoidance System*), Minenlegekapazität sowie verbesserte Navigations- und FM-Ausstattung

Seit das U-Jagd-Waffensystem »Subroc« 1990 zurückgezogen wurde, werden keine Atomwaffen mehr mitgeführt, stehen aber noch einsatzbereit zur Verfügung. 1996/97 führten zwei SSNs der Klasse unbemannte *Predator & Sea Ferret*-Antennenträger zur Erprobung mit. Diese Aufklärungsdrohnen könnten sich durchaus startbereit in »Harpoon«-Kanistern befinden. Die Modernisierungen halten an, um mit der Bedrohung durch zunehmend kompliziertere fremde U-Boote Schritt zu halten:[2)] Gefechtsführungssystem BSY-1, Hauptcomputer UYK-7, Torpedofeuerleitanlage MK.117, Bugsonar BQQ-5 C/D/E, Sonar AN-BQQ-10. Die US-Marine stellte 14 SSNs dieser Klasse bis 2004 außer Dienst, gefolgt von vier weiteren SSNs, vorgesehen für die FY 2005 - FY 2008. Bis 2015 soll die LOS ANGELES-Klasse noch 68 % der nuklearen Angriffsunterseeboote umfassen.

Oben: USS KEY WEST (SSN-722) fährt aufgetaucht in pazifischen Gewässern. Das Angriffsunterseeboot gehört zur Trägerkampfgruppe der USS CONSTELLATION (CV-64).

2) Von 1997-2001: *Acoustic Rapid COTS [Commercial off the Shelf] Insertin*-Programm (ARCI).

US-Marine: Die SEAWOLF-Klasse – der letzte »Kalte Krieger«

Nachdem bis in die späten 80er Jahre hinein die sowjetischen U-Boote den 30 Jahre alten westlichen Vorteil der geräuscharmen U-Boot-operationen ständig verringert hatten, kam der Entwurf der SEAWOLF-Klasse (Typ SSN 21), um die Führung zurückzugewinnen. Zudem sollten diese U-Schiffe ein schlagkräftiges Waffensystem sein, das doppelt so viele Torpedorohre und 30 % mehr Waffenkapazität als die SSNs der LOS ANGELES-Klasse besaß. Im Übrigen sind sie besonders für Operationen unter dem Polareis ausgelegt. Doch die *Stealth*-Technik sowie der neue Druckwasser-Reaktor erwiesen sich als kostspielig und die Kosten für Entwicklungsarbeiten dieser Klasse, die nach Fertigstellung der dritten Einheit abgeschlossen sein soll, verschlangen über eine Milliarde Dollar. Hinzu kommt, dass die JIMMY CARTER (SSN-23) ein verbesserter Entwurf für Einsätze mit Sondereinheiten ist (Verbesserter Typ SSN 21). Die Indienststellung der ersten Einheit, der SEAWOLF, verzögerte sich durch fehlerhafte Schweißarbeiten und abgerissene Verkleidungen von der breiten Öffnung der Sonarantenne während der See-Erprobungen sowie durch negative Erfahrungen mit den

Länge über alles:	107,60 m (JIMMY CARTER: 138 m)
Breite (max.):	12,20 m
Wasserverdrängung:	
Über Wasser:	8600 ts (JIMMY CARTER: ?)
Unter Wasser:	9142 ts (JIMMY CARTER: 11.930 ts)
Höchstgeschwindigkeit:	
Über Wasser:	18 kn
Unter Wasser:	39 kn (Schleichfahrt 20 kn)
Bewaffnung:	8 x 66-cm-Torpedorohre: 48 konventionelle Torpedos Mk.48 SLCM/T-LAM »Tomahawk« mit nuklearem (200 kT) oder konventionellem Gefechtskopf (454 kg), Reichweite 1400 sm SSM/T-ASM »Tomahawk« mit konventionellem Gefechtskopf (454 kg), Reichweite 250 sm 100 Seeminen anstelle von Torpedos JIMMY CARTER: Transport von 50 Mann *Special Forces* (SEALS)
Antriebsanlage:	1 Welle 1 x PWR S6W, Leistung 45.000 WPS 1 Wasserstrahlantrieb 1 Hilfsmotor für Unterwasserantrieb
Tauchtiefe:	600 m
Besatzungsstärke:	134 Offiziere und Mannschaften

Links: Die noch nicht in Dienst gestellte SEAWOLF (SSN-21) läuft am 3. Juli 1996 in die Narragansett Bay aus, dem Operationsgebiet für die ersten Erprobungsfahrten der Werft in See.

Rechts: Die Indienststellungszeremonie der USS SEAWOLF (SSN-21) am 19. Juli 1997 in Groton/Conn. Sie ist das erste U-Schiff eines gänzlich neuen Entwurfs nach 30 Jahren und zugleich das schnellste, leiseste und am stärksten bewaffnete Angriffsunterseeboot der Welt. Die Einheiten dieser Klasse können bis zu 50 Torpedos bzw. Flugkörper oder stattdessen bis zu 100 Seeminen mitführen. Zu ihrem Waffenarsenal gehören auch »Tomahawk«-Marschflugkörper (SLCM) in der Landangriffs- (T-LAM) oder Seezielversion (T-ASM). Mit ihnen können diese U-Schiffe 75 % der Landmasse der Erde mit Angriffen erreichen oder Überwasserschiffe auf große Entfernungen vernichten.

US-Marine: Die SEAWOLF-Klasse (Typ SSN 21/Verbesserter Typ SSN 21)

Boot:	Bauwerft:	Kiellegung:	Indienststellung:	Schicksal:
SEAWOLF (SSN-21)	General Dynamics Electric Boat, Groton/Connecticut	25.10.1989	19.07.1997	In Dienst
CONNECTICUT (SSN-22)	General Dynamics Electric Boat, Groton/Connecticut	14.09.1992	11.12.1998	In Dienst
JIMMY CARTER (SSN-23)	General Dynamics Electric Boat, Groton/Connecticut	12.12.1998	? 12.2005	(Stapellauf Juni 2004.)

Verschlüssen der Torpedorohre. Auf dem Körper war eine akustische Plattierung aufgebracht worden und die hydrodynamischen Eigenschaften hatten sich durch Weglassen von Waffen außerhalb des Druckkörpers verbessert. Die Marine ist der Auffassung, dass die Geräuschpegel beim Fahren mit taktischen Geschwindigkeiten leiser als die eines längsseits festgemachten SSN der LOS ANGELES-Klasse sind.

Rechts: In der Operationszentrale der SEAWOLF während der Fahrt. Hier wird die große Ähnlichkeit deutlich, die heute das Steuern eines modernen Unterseebootes mit dem eines Flugzeuges verbindet; denn unter Wasser wird das U-Schiff wie ein Flugzeug dreidimensional »geflogen«. Die SEAWOLF ist beträchtlich schneller und leiser als die U-Schiffe der LOS ANGELES-Klasse. Außerdem besitzt sie doppelt so viele Torpedorohre und hat eine um 30 % gesteigerte Waffenkapazität. Die noch größere JIMMY CARTER (SSN-23) kann sogar 50 Kampfschwimmer der SEALs unterbringen.

Links: Die SEAWOLF während der Überwasserfahrt. Forschungs- und Entwicklungsarbeit haben für den Bau der SEAWOLF-Klasse über eine Milliarde US-Dollar verschlungen.

US-Marine: Die SEAWOLF-Klasse – der letzte »Kalte Krieger«

Die neue britische ASTUTE-Klasse

Die neue ASTUTE-Klasse, deren erste Einheit 2005/06 in Dienst gestellt werden soll, ist eine Weiterentwicklung der TRAFALGAR-Klasse einschl. der durch Modernisierung entstandenen Verbesserungen. Am 14. Juli 1994 erfolgte die Ausschreibung für den Bau der ersten drei Einheiten mit der Option für zwei weitere, deren Bau im Juni 1998 bestätigt wurde. Ende 1999 wurde in Barrow der Kiel für den Bau der ASTUTE gestreckt, der in Form der vorgefertigten Modulausrüstungstechnik erfolgen soll. Der einen Festpreis beinhaltende Hauptkontrakt, der im März 1997 den Zuschlag erhalten hatte, beläuft sich auf £ 1,9 Milliarden und schließt die Übernahme der Verpflichtung für die abschließende Modernisierung der SSNs der SWIFTSURE- und der TRAFALGAR-Klasse der *Royal Navy* mit ein. Die gegenüber den vorherigen U-Schiffen größere ASTUTE-Klasse wird eine gesteigerte Waffenzuladung und eine reduzierte Geräuschausstrahlung aufweisen, aber ihre Leistungsfähigkeit wird insgesamt jener der modernisierten TRAFALGAR-Einheiten gleichen. Ihre Ausrüstung wird auch zwei Optronik-Masten CM 10 umfassen, die den Druckkörper nicht durchdringen. Während der geplanten Dauer ihrer Indiensthaltung wird es auch keinen Austausch der Brennstäbe geben. Abhängend von der Haushaltslage kann es Pläne für eine sechste Einheit dieser Klasse geben.

Länge über alles:	97,00 m
Breite max.):	10,70 m
Wasserverdrängung:	
Über Wasser:	6500 ts
Unter Wasser:	7200 ts
Höchstgeschwindigkeit:	
Über Wasser:	12 kn
Unter Wasser:	32+ kn
Bewaffnung:	6 x 53,3-cm-Bugtorpedorohre für: 26 konventionelle Torpedos »Spearfish« SLCM »Tomahawk« Block III, Reichweite 918 sm SSM »Sub-Harpoon« Block IC, Reichweite 70 sm Minenlege-Kapazität anstelle von Torpedos
Antriebsanlage:	1 Welle 1 x Rolls-Royce-Reaktor PWR 2, 2 Getriebe-Dampfturbinen, 15.000 WPS 1 x Pumpen-strahlantrieb 2 x Dieselmotoren für Notbetrieb
Fahrbereich:	
Über Wasser:	Keine Angaben
Unter Wasser:	Keine Angaben
Tauchtiefe:	>300 m
Besatzungsstärke:	98 Offiziere und Mannschaften

Die britische ASTUTE-Klasse (SSN)

Boot:	Bauwerft:	Kiellegung:	Indienststellung:	Schicksal:
ASTUTE	BAe Systems Marine, Barrow-in-Furness	? 10.1999	? 06.2005	Im Bau.
AMBUSH	BAe Systems Marine, Barrow-in-Furness	2001	2007	Im Bau.
ARTFUL	BAe Systems Marine, Barrow-in-Furness	2002	2008	Im Bau.
?	BAe Systems Marine, Barrow-in-Furness	?	?	Geplant.
?	BAe Systems Marine, Barrow-in-Furness	?	?	Geplant.

Links und unten: Vom Computer erzeugte Animationen eines U-Schiffes der ASTUTE-Klasse in Fahrt.

China: Angriffs-U-Boote der »Han«-Klasse (Typ 091)

Probleme suchten die fünf Einheiten der »Han«-Klasse – CHANG ZHENG 1 - 5 *(401–405)* – vom Bau des ersten SSN an heim. Die erste Einheit der Klasse, die *401*, wurde 1967 auf der Bohai-Werft in Huludao auf Kiel gelegt und am 1. August 1974 in Dienst gestellt. Infolge von Problemen mit ihrem Atomreaktor wurde das U-Schiff erst Anfang der 80er Jahre voll einsatzfähig. Noch bis vor kurzem war von dieser Klasse in See nicht viel zu sehen, zumal die beiden ersten U-Schiffe Ende der 80er Jahre nicht fahrbereit waren. Nach Großen Werftliegzeiten von *403* und *404* sind vier der fünf Einheiten jetzt bei der Nordflotte einsatzfähig in Dienst. Eine US-Trägerkampfgruppe, die vor Nordkorea operierte, wurde von einem SSN der »Han«-Klasse vom 27.-29. Oktober 1994 beschattet, das bis auf 21 sm an die USS KITTY HAWK (CV-63) herankam. Die rotchinesische Marine demonstrierte auf diese Weise ihre neu gefundene Unterwasserfähigkeit. Die Überholungen der ersten vier U-Schiffe umfassten das Ersetzen der ex-sowjetischen »Elektronischen Unterstützungsmaßnahmen« (EloUM) durch eine französische Ausrüstung. Hierzu gehörte das passive Niederfrequenz-Rundsichtsonar DUUX-5 »Fénelon« zur E-Messung und zum Abfangen, das imstande ist, drei Ziele gleichzeitig zu verfolgen. Aus nicht erkennbaren Gründen wurde bei *403–405* der Schiffskörper um 8 m verlängert. Wie nach unbestätigten Meldungen verlautet, ist eine neue chinesische SSN-Klasse in Huludao im Bau: Typ 093, der auf dem ex-sowjetischen »Victor III«-Entwurf beruhen soll. Eine erste Einheit wird 2006 und eine zweite 2007 erwartet.

	401/402	*403–405*
Länge über alles:	98,80 m	107,00 m
Breite (max.):	10,00 m	10,00 m
Wasserverdrängung:		
Über Wasser:	4100 ts	4500 ts
Unter Wasser:	5000 ts	5550 ts
Höchstgeschwindigkeit:		
Über Wasser:	12 kn	
Unter Wasser:	25 kn	
Bewaffnung:	6 x 53,3-cm-Bugtorpedorohre, 18 Torpedos SSM C 801/YJ-82, Reichweite 45 sm Minenlege-Kapazität: 36 Minen anstelle der Torpedos	
Antriebsanlage:	1 Welle 1 x Druckwasser-Reaktor Leistung 90 MW	
Tauchtiefe:	300 m	
Besatzungsstärke:	75 Offiziere und Mannschaften	

Rechts: Ein SSN der »Han«-Klasse im Oktober 1994 beim Beschatten einer US-Trägerkampfgruppe. Das U-Schiff fährt bewusst in geringer Tiefe; denn es war das Bestreben der Chinesen, den Amerikanern die Leistungsfähigkeit ihrer Angriffs-Klasse zu demonstrieren.

Unten: Die USS OHIO (SSGN-726 ex-SSBN-726) war das Typschiff einer Klasse aus bislang 18 strategischen U-Schiffen der US-Marine, die mit ballistischen Flugkörpern (SLBM) ausgerüstet sind. Inzwischen werden von 2003 - 2007 vier dieser Einheiten (SSBN-726 bis SSBN-729) zu Angriffsunterseeschiffen umgerüstet, begrenzt auf 22 FK-Startschächte, die mit nicht nuklearen Marschflugkörpern (SLCM) bewaffnet sind. Vorgesehen sind zwei als SSGN klassifizierte Versionen, die entweder 154 SLCM »Tomahawk« (T-LAM) oder 96 SLCM »Tomahawk« (T-LAM) und 66 SEALS mitführen können sollen. Die OHIO-Klasse ist gegenüber früheren Entwürfen mit beträchtlichen Verbesserungen in der Geräuschverringerung, der Leichtigkeit der Wartung und der Leistungsfähigkeit verbunden. Die noch vorhandenen 14 SSBNs dieser Klasse sind jeweils mit 24 der sehr genauen und weit reichenden SLBMs vom Typ »Trident D 5« ausgerüstet. Hierdurch entfällt die Notwendigkeit, diese U-Schiffe in überseeischen Häfen zu stationieren.

ATOMZEITALTER 2: DIE STRATEGISCHEN U-SCHIFFE

MIT DEM ERSCHEINEN DER USS »HALIBUT« (SSGN-587), BEWAFFNET MIT DEM Marschflugkörper »Regulus I«, wurden die Unterseeboote in den 60er Jahren mit gesteigerter Seeausdauer und der größeren Reichweite der Flugkörper zu U-Schiffen, die ein wirksames strategisches Waffensystem darstellten.

USS HALIBUT – erstes U-Schiff für gelenkte Flugkörper

Die SS HALIBUT (SSGN-587) war das erste zweckgebaute U-Schiff der US-Marine, das für den Abschuss gelenkter Flugkörper entworfen worden war – des »Regulus I«,[1] ausgestattet mit einem nuklearem Gefechtskopf (45 kT). Die Klasse umfasste nur eine Einheit: Kiellegung am 11. April 1957 auf der Marinewerft Mare Island, Vallejo/Ca., und Indienststellung am 4. Januar 1960. Vor dem Turm befand sich auf der erhöhten Verkleidung eine trockene FK-Startplattform, zu der von der Wölbung über dem Vorschiff, unter dem sich das FK-Magazin für vier »Regulus I« befand (27 x 7,6 m), Schienen für den Startwagen führten. HALIBUT startete seinen ersten Marsch-FK am 25. März 1960 unterwegs nach Australien. »Regulus I« konnte nur ein großräumiges Zielgebiet angreifen und musste daher auf halbem Wege von Radarsicherungs-U-Booten gelenkt werden. Die HALIBUT bildete zusammen mit vier konventionellen U-Booten[2] von 1959-1964 mit »Regulus I« die seegestützte nukleare Abschreckung im Pazifik; sie führten insgesamt 40 Patrouillen durch. Zur letzten »Regulus«-Patrouille lief HALIBUT am 6. Mai 1964 aus Pearl Harbor aus. Am 15. August 1965 wurde das U-Schiff nach Entfernen der gesamten »Regulus«-Ausrüstung zum SSN umklassifiziert. Im August 1968 erhielt die HALIBUT seitlich Querstrahlpropeller einschl. der Ausrüstung für ihre neue Aufgabe als ozeanografisches Forschungsschiff. Am 30. Juni 1974 wurde sie außer Dienst gestellt und am 9. September 1994 in Puget Sound verschrottet.

Länge über alles:	106,70 m
Breite (max.):	9,00 m
Wasserverdrängung:	
Über Wasser:	5000 ts
Unter Wasser:	5700 ts
Höchstgeschwindigkeit:	
Über Wasser:	18 kn
Unter Wasser:	22 kn
Bewaffnung:	6 x 53,3-cm-Bugtorpedorohre für Torpedos 4 x SLCM »Regulus I« mit einem nuklearen Gefechtskopf W 5 oder W 27 (45 kT), Reichweite 500 sm
Antriebsanlage:	2 Wellen 1 x PWR S3W, Getriebe-Dampfturbinen, Leistung 15.000 WPS Hilfsantrieb
Tauchtiefe:	185 m
Besatzungsstärke:	111 Offiziere und Mannschaften

[1] Das »Regulus II«-Programm wurde 1958 aus Haushaltsgründen und infolge der Einführung des »Polaris«-Flugkörpers annulliert.

[2] Hierbei handelte es sich um TUNNY (SSG-282) der GATO-Klasse, BARBERO (SSG-317) der BALAO-Klasse sowie GRAYBACK (SSG-574) und GROWLER (SSG-577), vor der Ferigstellung umgebaute DARTER-Klasse.

USS HALIBUT (SSGN-587) 1961 beim Abschuss eines Marschflugkörpers »Regulus I«. Im Hintergrund ist der U-Jagd-Träger USS LEXINGTON (CVS-16) zu sehen.

Der SLCM »Regulus I« war nur fünf Jahre in Dienst, ehe ihn der SLBM »Polaris« ablöste. Im Bild das Vorschiff mit Startplattform und FK-Magazin, darunter die großen Flutschlitze in der Verkleidung.

GEORGE WASHINGTON – die erste strategische Klasse der US-Marine

Der weltweit erste Abschuss eines ballistischen Flugkörpers (SLBM) von einem strategischen U-Schiff aus erfolgte am 28. Juni 1960 im *Atlantic Missile Test Range* vor Kap Canaveral, Florida. Diesem erfolgreichen Unterwasserstart folgte zwei Stunden später ein zweiter SLBM »Polaris A 1«. Das Zeitalter der nuklearen SLBM-Abschreckung hatte begonnen. Ursprünglich als SSN der SKIPJACK-Klasse auf Kiel gelegt, erhielt die GEORGE WASHINGTON, nachdem sich die Prioritäten geändert hatten, eine neue Mittschiffssektion von 40 m Länge als FK-Magazin und das erste einsatzfähige SSBN mit Atomantrieb war geschaffen. Die zweite Einheit – PATRICK HENRY (SSBN-599) – wurde während einer 18-monatigen Werftliegezeit bis zum Juni 1966 auf die zielgenauere »Polaris A 3«-Version von größerer Reichweite umgerüstet und ging im Dezember 1966 zu ihrer 18. Patrouille in See. Bis 1967 erfolgte auch bei SSBN-600 bis SSBN-602 die Umrüstung auf die Version A 3. ABRAHAM LINCOLN war während der Kuba-Krise im Oktober 1962 von einer einmonatigen Überholung im schottischen Holy Loch zurückgerufen worden, um kurzfristig eine Abschreckungspatrouille von 65 Tagen durchzuführen. Im März 1978 absolvierte sie als erstes SSBN die 50. strategische Patrouille. SSBN-598, SSBN-599 und SSBN-601 wurden wie die SSBNs der ETHAN ALLEN-Klasse durch Ausfüllen der FK-Schächte mit Zementblöcken als Ballastausgleich zu SSNs umgebaut (SALT I). Eine Umrüstung auf den neueren SLBM »Poseidon C 3« war nicht möglich.

Länge über alles:	116,30 m
Breite (max.):	10,10 m
Wasserverdrängung:	
Über Wasser:	5959 ts
Unter Wasser:	6709 ts
Höchstgeschwindigkeit:	
Über Wasser:	18 kn
Unter Wasser:	25+ kn
Bewaffnung:	6 x 53,3-cm-Torpedorohre für Torpedos 16 SLBM »Polaris A 1« mit nuklearem Gefechtskopf W47-Y1 (600 kT), Reichweite 2200 km, später umgerüstet auf »Polaris A 3« mit nuklearem Gefechtskopf W58 (200 kT), Reichweite 4630 km
Antriebsanlage:	1 Welle 1 x PWR S5W, Getriebe-Dampfturbinen, Leistung 15.000 WPS
Tauchtiefe:	200+ m
Besatzungsstärke:	112 Offiziere und Mannschaften

Oben: Auf einem SSBN der GEORGE WASHINGTON-Klasse sind sechs FK-Schächte vollständig und zwei halb geöffnet.

US-Marine: Die U-Schiffe der GEORGE WASHINGTON-Klasse

Boot:	Bauwerft:	Kiellegung:	Indienststellung:	Schicksal:
GEORGE WASHINGTON (SSBN-598) (ex-SCORPION)	General Dynamics Electric Boat, Groton/Connecticut	01.11.1957	30.12.1959	01.03.1982 Umbau zum SSN-598. 24.01.1985 außer Dienst gestellt. ? 09.1998 verschrottet, Puget Sound. Turm im U-Boots-museum New London/ Connecticut
PATRICK HENRY (SSBN-599)	General Dynamics Electric Boat, Groton/Connecticut	27.05.1958	09.04.1960	Umbau zum SSN-599. 25.05.1984 außer Dienst gestellt. 31.08.1997 verschrottet, Puget Sound.
THEODORE ROOSEVELT (SSBN-600)	Marinewerft Mare Island, Vallejo/California	20.05.1958	13.02.1961	28.02.1981 außer Dienst gestellt. 03.04.1995 verschrottet, Puget Sound.
ROBERT E. LEE (SSBN-601)	Newport News Shipbuilding, Newport News/Virginia	25.08.1958	16.09.1960	01.03.1982 Umbau zum SSN-601. 30.11.1983 außer Dienst gestellt. 30.09.1991 verschrottet, Puget Sound.
ABRAHAM LINCOLN (SSBN-602)	Marinewerft Portsmouth, Portsmouth/New Hampshire	01.11.1958	08.03.1961	28.02.1981 außer Dienst gestellt. 10.05.1994 verschrottet, Puget Sound.

Rechts: Einsetzen eines »Polaris«-FK an Bord der USS GEORGE WASHINGTON 1964 im U-Stützpunkt Holy Loch, Schottland.

Links: Die USS GEORGE WASHINGTON (SSBN-598) war der Welt erstes strategisches U-Schiff mit Atomantrieb und SLBM-Bewaffnung. Mit seiner Indienststellung im Dezember 1959 gewannen die USA augenblicklich die stärkste Abschreckungswirkung, die vorstellbar war – einen unsichtbaren Waffenträger mit einem gewaltigen nuklearen Angriffspotenzial. Heute kann die Meinung vertreten werden, dass diese U-Schiffe die politischen Ereignisse des Weltgeschehens im 20. Jh. am meisten beeinflusst haben. Der schwarze Vertikalstreifen am Turm ist ein Sensor.

Unten: Achteraus des Turms befinden sich in der 40 m langen Mittschiffssektion 16 FK-Schächte (2 x 8 Startrohre) für den Senkrechtstart der Flugkörper »Polaris A 1«, später »A 3«. An der Vorderseite ist der Turm mit Fenstern für den Steuerstand versehen.

Die »Delta«-Klasse – atomares Rückgrat der russischen Flotte

Russlands SSBN-Ära mit der seit langem im Dienst befindlichen »Delta«-Klasse begann mit »Delta I«: 18 Einheiten, 1971-1977 gebaut, beruhend auf der vorherigen »Yankee«-Klasse. Die nachfolgende »Delta III«-Variante (»Kalmar«-Klasse: 1975-1982) ging aus »Delta II« hervor (4 SSBNs, 1972-1975, inzwischen außer Dienst), um den größeren SLBM SS-N-18 »Stingray« unterzubringen. Im Februar 1981 folgte der Bau von »Delta IV« mit sieben Einheiten, deren letzte am 20. Februar 1992 in Dienst gestellt wurde. Sie sind mit dem SLBM SS-N-23 »Skiff« ausgerüstet. Von ihnen wurde *K-64* inzwischen aufgelegt.

Die letzten drei »Delta I«-Einheiten (*K-457*, *K-500* und *K-530*) wurden 2000 außer Dienst gestellt. Bei den 18 »Delta III«-Einheiten ergibt sich folgendes Bild: Vier wurden 1996/97 und zwei 1998 außer Dienst gestellt sowie sechs weitere dieser U-Schiffe sind aufgelegt. Sechs Einheiten sind noch einsatzfähig: zwei bei der Nordflotte und vier bei der Pazifikflotte. Eine gestreckte Version – *K-433*, in der Mittschiffssektion mit einem 50 m langen Einschub versehen – wird in der Unterwasserforschung eingesetzt.

Die »Delta IV«-Einheiten haben einen schallabsorbierenden Belag und weniger Flutschlitze in der frei flutenden Verkleidung als vorherige Klassen, so dass sie leiser sind. Ihre SLBMs SS-N-23 sind in der Zielgenauigkeit gegenüber dem SS-N-18 bei »Delta III« beträchtlich verbessert. Seit 1999 mit *K-51* als erstem SSBN werden sie jetzt nach und nach modernisiert. Hieraus ist die dringende Erforderlichkeit zu erkennen, ihre Einsatzfähigkeit zu erhalten, da ständige Verzögerungen den Bau der jüngsten russischen SSBN-Klasse – der »Borej«- (oder JURIJ DOLGORUKIJ-)Klasse – behindern. Es muss angenommen werden, dass etwa 85 % aller nuklear angetriebenen U-Schiffe infolge eines mangelhaften Wartungszustandes nicht einsatzbereit sind.

	»Delta IV«	»Delta II/III«	»Delta I
«Länge über alles:	166,00 m	160,00 m	140,00 m
Breite (max.):	12,00 m	12,00 m	9,27 m
Wasserverdrängung:			
Über Wasser:	10.800 ts	10.550 ts	8700 ts
Unter Wasser:	13.500 ts	13.250 ts	10.200 ts
Höchstgeschwindigkeit:			
Über Wasser:	14 kn	14 kn	19 kn
Unter Wasser:	24 kn	24 kn	26 kn
Bewaffnung:	16 SLBM SS-N-23 »Skiff« mit nuklearen MIRVs (4-10 á 100 kT) 4 x 53,3-cm- und 2 x 65-cm-Bugtorpedorohre für: Konventionelle Torpedos (einschl. Typ 65) oder U-Jagdtorpedos (Typ 40) 53,3 cm: SS-N-15 »Starfish«-Wasserbombe (200 kT)	16 SLBM SS-N-18 »Stingray« mit nuklearen MIRVs (3-7 á 100 kT) bzw. ein 450-kT-Gefechtskopf (»Delta II«: 16 SS-N-8 »Sawfly«) 4 x 53,3-cm- und 2 x 40-cm-Bugtorpedorohre für: 12 konventionelle und 4 U-Jagdtorpedos -	12 SLBM SS-N-8 »Sawfly« mit 2 nuklearen MIRVs (500 kT) 4 x 53,3-cm- und 2 x 40-cm-Bugtorpedorohre für: Koventionelle und U-Jagdtorpedos -
Antriebsanlage:	2 Wellen 2 x PWR, 2 Getriebe-Dampfturbinen, Leistung 180 MW 2 x 612-PS-Dieselmotoren für Notbetrieb	2 Wellen 2 x PWR, 2 Getriebe-Dampfturbinen, Leistung 180 MW 2 x 612-PS-Dieselmotoren für Notbetrieb	2 Wellen 2 x PWR, 2 Getriebe-Dampfturbinen Leistung 155 MW
Tauchtiefe:	300 m	300 m	300 m
Besatzungsstärke:	135	130	120

Links und rechts: Variante »Delta I«. Hinter dem Turm aller SSBNs der »Delta«-Klasse beginnt ein erhöhter Aufbau, in dem sich paarweise in zwei Reihen angeordnet die SLBM-Startschächte befinden. Die gesamte Außenverkleidung ist mit einem schallschluckenden Belag überzogen. Die SLBMs besitzen Gefechtsköpfe mit mehreren nuklearen MIRVs, d.h. unabhängig zielansteuernde Mehrfach-Wiedereintrittsträger (Multiple Independently Targetable Re-Entry Vehicle).

Unten: Der bei »Delta II« niedrigere Aufbau enthält die 16 Startschächte für den 1,3 m kürzeren SLBM SS-N-8 »Sawfly«. Der helle Streifen am Bug ist ein Passivsonar.

Links und unten: Am SLBM-Aufbau achteraus des Turms lassen sich die verschiedenen »Delta«-Varianten am besten unterscheiden: links »Delta III« und unten »Delta IV«. Letzteres SSBN besitzt hinter den FK-Schächten eine keilförmige Ausbuchtung, in der sich eine Längstwellen-(VLF-)Boje für den Funkempfang bei Tauchfahrt befindet. Am Achterschiff sind zwei Stabilisatoren und über dem Heckruder der Drahtspender für das Schleppsonar zu erkennen.

Die strategischen U-Schiffe der britischen VANGUARD-Klasse

Trotz der Ausrüstung der SSBNs der RESOLUTION-Klasse 1982-1986 mit der britischen Version des strategischen »Polaris«-Waffensystems (»Chevaline« A 3 TK) war klar, dass dieses SLBM-System und die veralteten Schiffe (1967/68) eine wirksame strategische Abschreckung auf nationaler Ebene nicht aufrecht erhalten konnten. Daher entschied sich die britische Regierung bereits am 15. Juli 1980 für das US-SLBM-System »Trident I C 4« und am 11. März 1982 für die verbesserte Version »Trident II D 5«. Mit 16 FK-Startschächten ist der VANGUARD-Entwurf kleiner als die U-Schiffe der OHIO-Klasse mit 24 »Trident«-SLBMs. Diktiert durch die FK-Größe blieb die Breite (12,8 m) dieselbe. Die vorderen Tiefenruder befinden sich am Vorschiff und nicht am Turm, der sich nach oben verjüngt. Die Klasse ist mit einem Pumpenstrahlantrieb britischen Entwurfs ausgestattet (vgl. Seite 152f.), bestehend aus einem aerodynamisch geformten Rotor, der sich mehrflügelig gegen Statorschaufeln in einer Düse dreht und den Wasserdurchfluss kontrolliert. Dieser Antrieb ist sehr viel leiser und erfordert auch niedrigere Umdrehungszahlen der Welle. VANGUARD begann ihre See-Erprobungen im Oktober 1992 und startete am 26. März 1994 ihren ersten SLBM im Testgebiet vor Florida. Die erste Patrouille fand Anfang 1995 statt, als die RESOLUTION-Klasse nach und nach ersetzt wurde. Das Multifrequenz-Sonar-Verbundsystem Marconi/Plessey Typ 2054 umfasst das Schleppsonar Typ 2976, das Aktiv/Passiv-Suchsonar Typ 2043 im Schiffskörper und das passive E-Mess- und Abfangsonar Typ 2082.

Länge über alles:	150,00 m
Breite (max.):	12,80 m
Wasserverdrängung:	
Über Wasser:	Keine Angabe
Unter Wasser:	15.850 ts
Höchstgeschwindigkeit:	
Über Wasser:	12 kn
Unter Wasser:	25 kn
Bewaffnung:	16 SLBM »Trident II D 5« mit bis zu 8 britischen nuklearen MIRVs (100-125 kT), Reichweite 6500 sm* 4 x 53,3-cm-Bugtorpedorohre für »Spearfish«-Torpedos und SSM »Sub-Harpoon«
Antriebsanlage:	1 Welle 1 x Rolls-Royce-PWR 2, 2 Getriebe-Dampfturbinen, 27.500 WPS 1 Pumpenstrahlantrieb 2 Dieselmotoren für den Notbetrieb
Tauchtiefe:	250 m (?)
Besatzungsstärke:	135 Offiziere und Mannschaften

* Eine Entscheidung der britischen Regierung verkündete im November 1993, dass jedes SSBN maximal 96 MIRVs an Bord hat, reduziert ab 1999 auf 48 MIRVs. Einige SLBMs sind von 1996 an mit einzelnen nuklearen Gefechtsköpfen kleiner Ladung für den taktischen Einsatz ausgestattet, um die aus der Luft abgeworfene Nuklearwaffe WE 177 zu ersetzen.

Rechts: HMS VANGUARD läuft in der Abenddämmerung aus.

Die strategischen U-Schiffe der britischen VANGUARD-Klasse

Die SSBNs der britischen VANGUARD-Klasse

Boot:	Bauwerft:	Kiellegung:	Indienststellung:	Schicksal:
VANGUARD	Vickers Shipbuilding, Barrow-in-Furness	03.09.1986	14.8.1993	In Dienst.
VICTORIOUS	Vickers Shipbuildung, Barrow-in-Furness	03.12.1987	07.01.1995	In Dienst.
VIGILANT	Vickers Shipbuilding, Barrow-in-Furness	16.02.1991	02.11.1996	In Dienst.
VENGEANCE	Vickers Shipbuilding, Barrow-in-Furness	01.02.1993	27.11.1999	In Dienst.

Oben: HMS VANGUARD: Der Torpedostauraum mit zwei modernen 53,3-cm-Torpedos »Spearfish«. (API)

Links und unten: HMS VIGILANT: Festgemacht am Liegeplatz mit dem Posten an der Stelling auf dem vorderen Backbord-Tiefenruder sowie in Überwasserfahrt. Beachte den sich nach oben verjüngenden Turm.

LE TRIOMPHANT – Frankreichs neue Klasse strategischer U-Schiffe

Frankreichs neue Klasse strategischer U-Schiffe (SSBN) – oder *Sous-marins nucléaires lanceurs d'engins, nouvelle génération* (SNLE-NG) – folgt den sechs Einheiten der LE REDOUTABLE/ L'INFLEXIBLE-Klasse nach.1) Die aus dem Hochfestigkeitsstahl HY 130 bestehenden Druckkörper wiesen eine außergewöhnliche Stärke in Verbindung mit einer großen Einsatztauchtiefe auf. Zudem seien sie »1000-mal leiser als ihre Vorgänger«. Da sich durch das Ende des »Kalten Krieges« neue Vorstellungen hinsichtlich der Bedrohung ergeben hatten, wurden die ursprünglich geplanten sechs Einheiten auf vier verringert. Als erstes dieser U-Schiffe wurde am 10. März 1986 LE TRIOMPHANT in Auftrag gegeben, aber die Entwicklung des geplanten SLBM, des M 5, wurde annulliert und durch die billigere Version M 51 ersetzt, beginnend mit dem vierten U-Schiff ab 2008. Die ersten drei Einheiten erhielten den SLBM M 45/TN-75 und sollen nachgerüstet werden. Ein neuer Gefechtskopf soll bis 2015 den TN-75 ersetzen. Die Sonarausstattung besteht aus dem Multifunktions-Sonar DMUX 80: Passiv- und Flankensonar, passives E-Mess- und Abfangsonar und ein VLF-Schleppsonar. LE TRIOMPHANT begann am 15. April 1994 mit den See-Erprobungen, während der erste Start eines SLBM M 45 am 15. Februar 1995 erfolgte. Schließlich wurde sie am 21. März 1997 in Dienst gestellt.

Länge über alles:	138,00 m
Breite (max.):	12,50 m
Wasserverdrängung:	
Über Wasser:	12.640 ts
Unter Wasser:	14.120 ts
Höchstgeschwindigkeit:	
Über Wasser:	12 kn
Unter Wasser:	25 kn
Bewaffnung:	16 SLBM M 45/TN-75 mit 6 nuklearen MIRVs (150 kT), Reichweite 2860 sm (LE TERRIBLE: 16 SLBM M 51) 4 x 53,3-cm-Bugtorpedorohre für: 14 konventionelle Torpedos ECAN L 5 Mod. 3 SSM SM 39 »Exocet«, Reichweite 27 sm
Antriebsanlage:	1 Welle 1 x PWR Typ K 15, Leistung 150 MW 1 Pumpenstrahlantrieb 2 Dieselhilfsaggregate 1 Dieselmotor für Notbetrieb
Tauchtiefe:	500 m
Besatzungsstärke:	111 Offiziere und Mannschaften

Die U-Schiffe der LE TRIOMPHANT-Klasse

Boot:	Bauwerft:	Stapellauf:	Indienststellung:	Schicksal:
LE TRIOMPHANT (S 616)	Marinewerft (DCN) Cherbourg	13.07.1993	21.03.1997	In Dienst.
LE TÉMÉRAIRE (S 617)	Marinewerft (DCN) Cherbourg	08.08.1997	23.12.1999	In Dienst
LE VIGILANT (S 618)	Marinewerft (DCN) Cherbourg	? 03.2002	? ? 2004	In Dienst.
LE TERRIBLE (S 619)	Marinewerft (DCN) Cherbourg	? 11.2005	Im Bau (2008?).	

1) LE REDOUTABLE wurde im Dezember 1991 außer Dienst gestellt und befindet sich seit Sommer 2001 in einem neuen Museum in Cherbourg. Von dieser Klasse wurden 1996 LE TERRIBLE, 1997 LE FOUDROYANT, 1998 LE TONNANT und im Juli 2004 L'INDOMPTABLE ebenfalls außer Dienst gestellt. L'INFLEXIBLE soll bis Juli 2006 in Dienst bleiben, obwohl sich ihre Indiensthaltung bis 2010 erstrecken kann. Dieses U-Schiff führt den SLBM M 4/TN-71 (150 kT).

Unten: Von den vier U-Schiffen der LE TRIOMPHANT-Klasse wird 2008 als letzte Einheit noch LE TERRIBLE in Dienst gestellt werden, während bis 2010 mit L'INFLEXIBLE die letzte Einheit der sechs SSBNs der LE REDOUTABLE-Klasse außer Dienst gestellt sein wird. Obwohl die L'INDOMPTABLE noch den SLBM M 45/TN-75 erhalten hatte, wurde sie im Sommer 2004 außer Dienst gestellt.

Oben und umseitig: Die hohe Fahrt laufende LE TRIOMPHANT (S-616) von Steuerbord vorn und von oben. Deutlich sind die »Walrückenform« des Schiffskörpers und die ungewöhnlich runde Bugform zu sehen. Traditionsgemäß sind die vorderen Tiefenruder beiderseits des Turms angebracht.

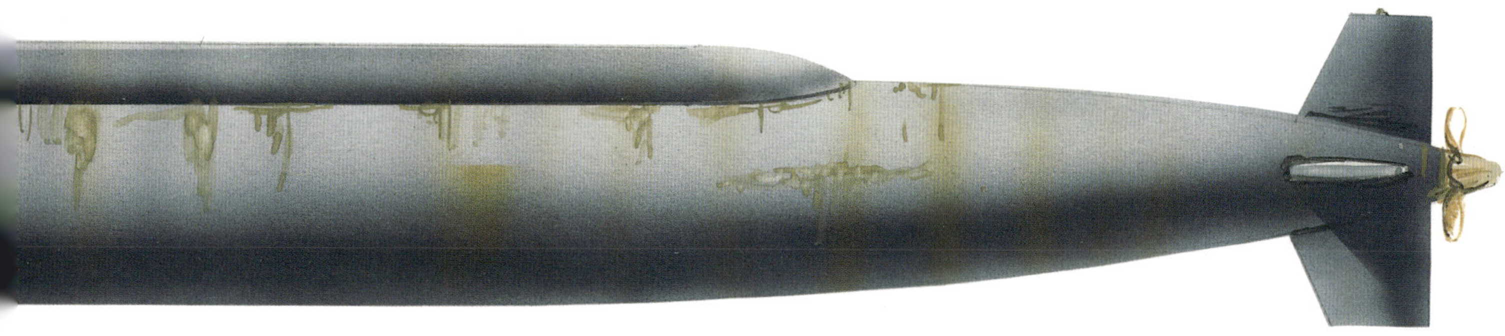

LE TRIOMPHANT – Frankreichs neue SNLE-NG/SSNB-Klasse

Die chinesische »Xia«-Klasse

Unten: *406*, das einzige einsatzfähige SSBN der Marine Chinas, absolvierte von 1995 bis Januar 2001 eine ungewöhnlich lange Werftliegezeit. Vermutlich wurde das U-Schiff u.a. auf den SLBM JL-1 A umgerüstet. Zudem hat es immer wieder Probleme mit der Reaktoranlage gegeben. Eine neue SSBN-Klasse Typ 094 soll nach unbestätigten Meldungen den unlängst entwickelten SLBM JL-2 mit MIRVs erhalten.

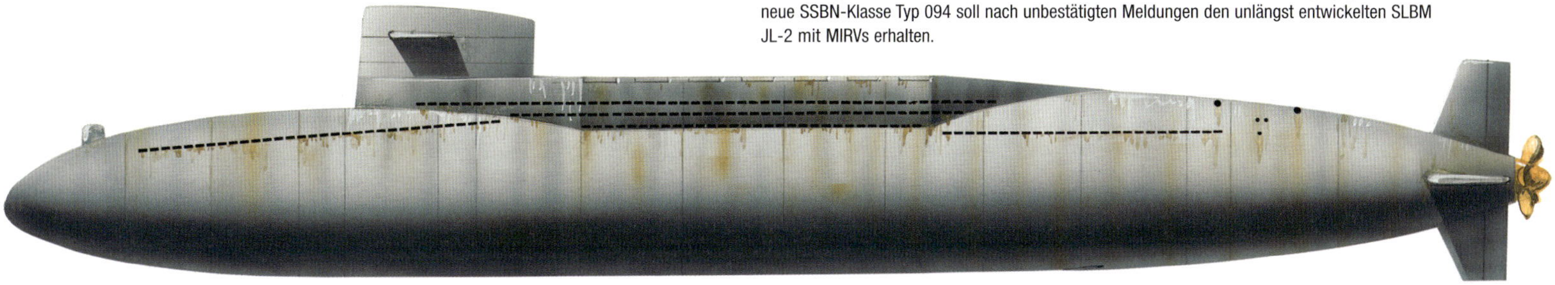

Chinas einziges SSBN, die *406* der »Xia«-Klasse (Typ 092), lief am 30. April 1981 auf der Bohaiwerft in Huludao am Gelben Meer vom Stapel und wurde 1987 in Dienst gestellt. Es gibt beharrlich Meldungen von einer zweiten Einheit dieser Klasse, ebenfalls 1981 vom Stapel gelaufen, die 1985 durch einen Unfall, bei dem vielleicht der Reaktor die Ursache war, verloren gegangen wäre. Sowohl während der langen Bauzeit wie auch bei den FK-Erprobungen ergaben sich Probleme, wie auch 1985 der erste gescheiterte Startversuch eines SLBM JL-1 vom SSBN aus zeigte. Erst fast drei Jahre später gelang am 27. September 1988 der erste erfolgreiche SLBM-Start. *406* soll bis etwa 2005 in Dienst bleiben, wenn die erste von vier Einheiten einer neuen SSBN-Klasse (Typ 094) nach unbestätigten Meldungen in Dienst gestellt werden soll. Bei diesen SSBNs wären 16 Startschächte für den neuen SLBM JL-2 mit MIRVs vorgesehen, der auf einem älteren U-Boot der ex-sowjetischen »Golf«-Klasse erprobt wird.

Länge über alles:	120,00 m
Breite (max.):	10,00 m
Wasserverdrängung:	
Über Wasser:	6000 ts
Unter Wasser:	6900 ts
Höchstgeschwindigkeit:	
Über Wasser:	10 kn
Unter Wasser:	22 kn
Bewaffnung:	12 SLBM CSS-N-3 »Ju Lang« JL-1 mit einem einzigen Gefechtskopf (250 kT), Reichweite 1160 sm* 6 x 53,3-cm-Bugtorpedorohre für Torpedos SET-65 E
Antriebsanlage:	1 Welle 1 x PWR, Leistung 90 MW 1 Dieselhilfsmotor
Fahrbereich:	
Über Wasser:	6000 sm bei 7 kn (Schnorchelfahrt)
Unter Wasser:	400 sm bei 3 kn
Tauchtiefe:	240 m (300 max.)
Besatzungsstärke:	140 [sic] Offiziere und Mannschaften

* Umrüstung auf den SLBM JL-1 A mit verbesserter Zielgenauigkeit und größerer Reichweite.

Rechts: Das SSBN 406 lässt deutlich die 12 SLBM-Startschächte und infolge des klaren Wassers die Linienführung am Bug erkennen.

Russlands »Typhoon«-Klasse – Ungeheuer der Tiefe

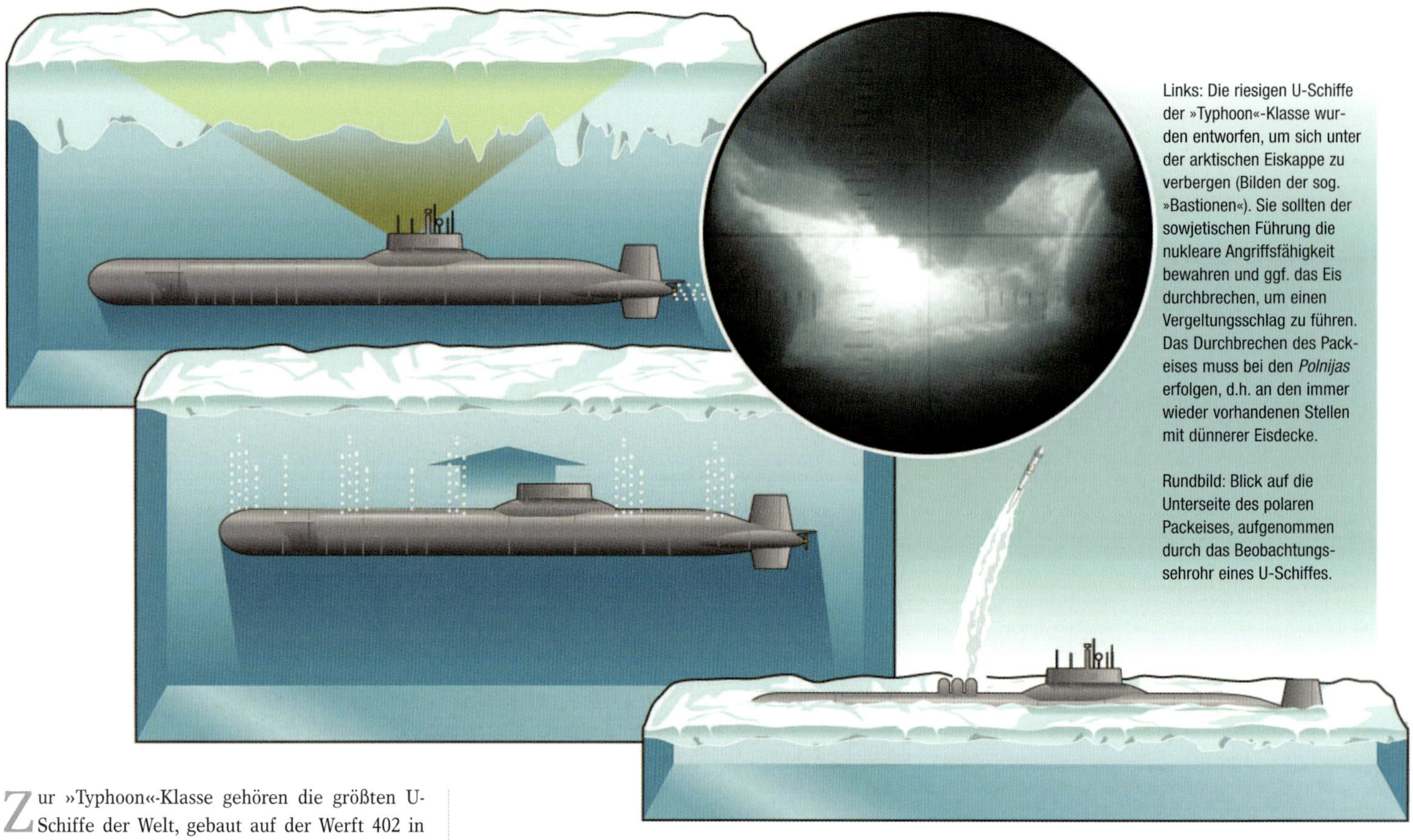

Links: Die riesigen U-Schiffe der »Typhoon«-Klasse wurden entworfen, um sich unter der arktischen Eiskappe zu verbergen (Bilden der sog. »Bastionen«). Sie sollten der sowjetischen Führung die nukleare Angriffsfähigkeit bewahren und ggf. das Eis durchbrechen, um einen Vergeltungsschlag zu führen. Das Durchbrechen des Packeises muss bei den *Polnijas* erfolgen, d.h. an den immer wieder vorhandenen Stellen mit dünnerer Eisdecke.

Rundbild: Blick auf die Unterseite des polaren Packeises, aufgenommen durch das Beobachtungssehrohr eines U-Schiffes.

Zur »Typhoon«-Klasse gehören die größten U-Schiffe der Welt, gebaut auf der Werft 402 in Severodvinsk: TK-208 wurde als erste Einheit am 3. März 1977 auf Kiel gelegt und TK-20 am 4. September 1989 als letzte in Dienst gestellt. Von den sechs SSBNs sind noch vier vorhanden, aber nur TK-17 und TK-20 sind noch in Dienst. Ihre Aufgabe war es, für die sowjetische Führung das Vorhandensein einer nuklearen Angriffsfähigkeit zu bewahren, um aus der Tiefe des Polarmeeres einen Vergeltungsschlag zu führen. Folglich bekamen diese U-Schiffe für Operationen unter dem Eis ein VLF-Navigationssystem, einziehbare vordere Tiefenruder sowie einen verstärkten Turm und waren so ausgelegt, dass sie die arktische Eiskappe bis zu 3,65 m Stärke durchbrechen konnten. Der »Typhoon«-Entwurf sieht einen beträchtlichen Schutz gegen Torpedotreffer vor. Ihm dienen zwei parallele Druckkörper von 8,5 m Durchmesser mit einem Zwischenraum von 1,4 m, umschlossen von einer frei flutenden Außenverkleidung. Jeder enthält eine SLBM-Sektion vor dem Turm und achtern eine Antriebssektion. Zwei weitere Druckkörper von 7 m Durchmesser mit den Torpedorohren sowie den übrigen FKs und Torpedos befinden sich an ihren vorderen Enden, während sich ein dritter mit dem Turmaufbau einschl. der Operationszentrale über ihnen erhebt. Ursprünglich gehörten alle Einheiten zur Nordflotte in Nerpichja, aber TK-17 und TK-20 sind jetzt in Litsa Guba stationiert. TK-17 wurde 1992 durch einen Unfall mit Brand bei der FK-Übernahme beschädigt, ist aber repariert. TK-208 absolvierte 1994 eine Werftliegezeit, um den neuen SLBM SS-N-28 zu übernehmen. Doch dieses Programm wurde nach dem Scheitern der Erprobung widerrufen und das U-Schiff aufgelegt. Auch TK-202, TK-13 und TK-14 sind bereits außer Dienst gestellt worden. Die USA haben für die Entsorgung der Reaktoren und für den Abbruch der Rümpfe Geld und technische Unterstützung versprochen. Auch die beiden noch verbliebenen U-Schiffe werden aller Wahrscheinlichkeit nach

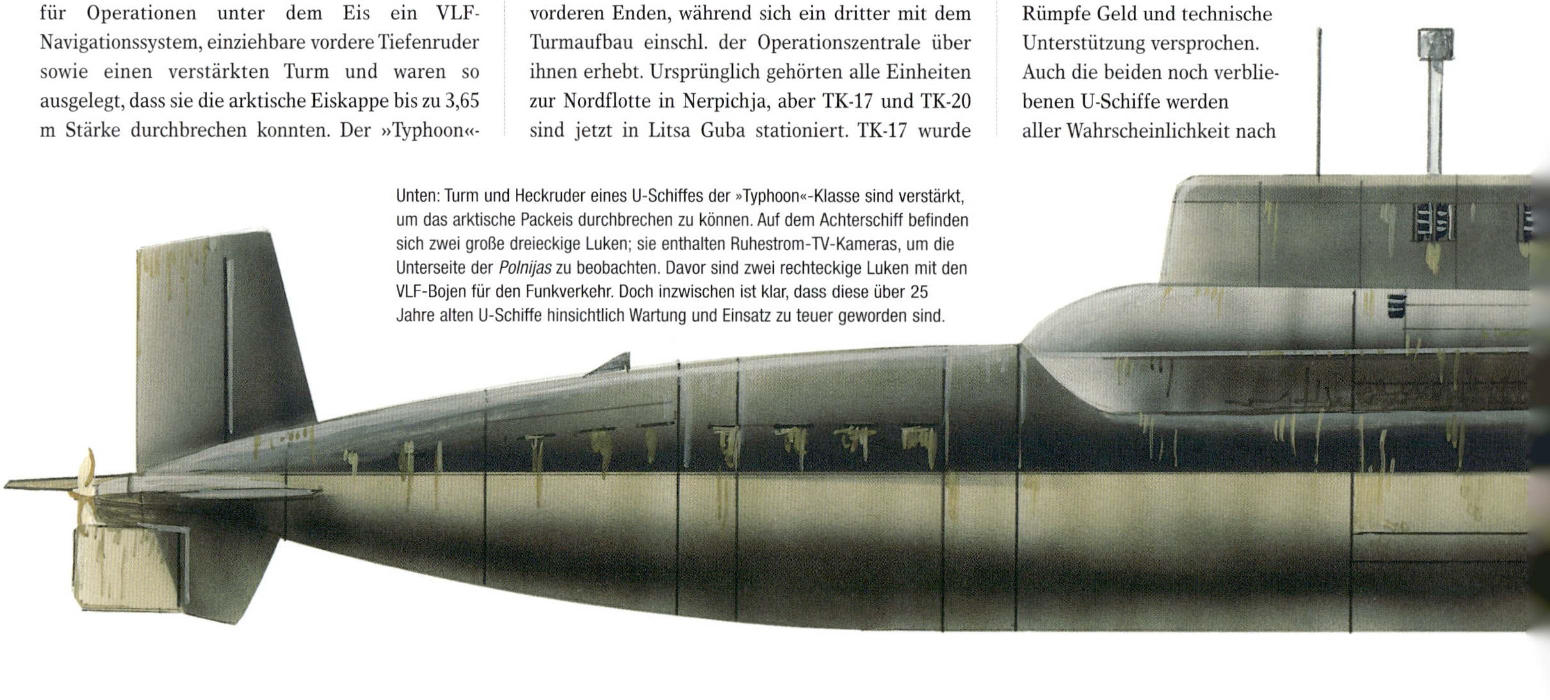

Unten: Turm und Heckruder eines U-Schiffes der »Typhoon«-Klasse sind verstärkt, um das arktische Packeis durchbrechen zu können. Auf dem Achterschiff befinden sich zwei große dreieckige Luken; sie enthalten Ruhestrom-TV-Kameras, um die Unterseite der *Polnijas* zu beobachten. Davor sind zwei rechteckige Luken mit den VLF-Bojen für den Funkverkehr. Doch inzwischen ist klar, dass diese über 25 Jahre alten U-Schiffe hinsichtlich Wartung und Einsatz zu teuer geworden sind.

Länge über alles:	171,50 m
Breite (max.):	24,60 m
Wasserverdrängung:	
Über Wasser:	18.500 ts (bzw. 23.200 ts?)
Unter Wasser:	26.500 ts (bzw. 33.800 ts?)
Höchstgeschwindigkeit:	
Über Wasser:	12 kn
Unter Wasser:	26 kn
Bewaffnung:	20 SLBM SS-N-20 »Sturgeon« mit je 10 nuklearen MIRVs (200 kT), Reichweite 4540 sm 4 x 65-cm- und 2 x 53,3-cm-Bugtorpedorohre für: Konventionelle Torpedos (einschl. Typ 65) oder U-Jagdtorpedos (Typ 40) 53,3 cm: SS-N-15 »Starfish«-Wasserbombe (200 kT) 65 cm: SS-N-16 »Stallion« mit Suchtorpedo (200 kT) SAM (Schulter-Abfeuerung über Wasser) SA-N-8 »Gimlet«
Antriebsanlage:	2 Wellen 2 x PWR, Getriebe-Dampfturbinen, Leistung 380 MW 2 x 517-PS-Dieselmotoren für Notbetrieb
Tauchtiefe:	365 m
Besatzungsstärke:	175 Offiziere und Mannschaften

außer Dienst gestellt, wenn die Brennstäbe ergänzt werden müssen. Bei TK-17 könnte dies bereits der Fall sein. Bei Russlands neuem SSBN (»Borej«-Klasse, Typ 955) wurde in Severodvinsk der Kiel der JURIJ DOLGORUKIJ am 2. November 1996 gestreckt (vorgesehen: 12.500 ts über/17.000 ts unter Wasser, 17 kn über/29 kn unter Wasser, Tauchtiefe 365 m). Der Entwurf weist einige Merkmale der neuen SSN-Klasse auf, von der sich die SEVERODVINSK auch im Bau befindet, aber wirtschaftliche Probleme wie auch Unsicherheit bezüglich des neuen SLBM-Systems haben zur vorläufigen Baueinstellung geführt. Das SSBN (nach 2009 in Dienst?) könnte 12 SLBM der Marine-Version des neuen ICBM SS-27 »Topol« der Strategischen Raketenstreitkräfte führen, und zwar in vier Gruppen zu je drei FK-Schächten achteraus des weit vorn vorgesehenen Turms.

Rechts: Ungewöhnlich: Die 20 SLBM-Startschächte sind vor dem Turm angeordnet. Mit 4540 sm (8400 km) Reichweite können diese Flugkörper Ziele überall auf der Welt angreifen.

Die OHIO-Klasse – die nukleare Hauptstreitmacht der USA

Entworfen wurden die gewaltigen SSBNs der OHIO-Klasse – die stärkste Waffenplattform der Welt unter Wasser –, um 66 % ihrer Indiensthaltungszeit in See zu verbringen, gewährleistet durch zwei Besatzungen (»Blau« und »Gold«). Im Gefolge der Reduzierungen bei den in Silos untergebrachten und von Bombern mitgeführten Flugkörpern sind sie heute die strategische Hauptabschreckung der USA. Die Version D 5 der »Trident« gewährleistet eine Zielgenauigkeit von 90 m. Die OHIO, das Typschiff der Klasse, wurde am 10. April 1976 in Groton/Conn. auf Kiel gelegt und die Indienststellung erfolgte am 11. November 1981. Ihre erste einsatzmäßige Patrouillenfahrt absolvierte sie vom 1. Oktober bis zum 10. Dezember 1982. Inzwischen ist die Indiensthaltungszeit auf 42 Jahre verlängert worden. Die Schiffsgröße der Klasse ergab sich durch die 2 x 12 senkrechten SLBM-Startschächte achteraus des Turms – 50 % mehr im Vergleich zu früheren SSBNs der USN – und den größeren Reaktor, der ein natürliches Kreislaufsystem verwendet, das durch das Vermeiden von Pumpen einen leiseren Betrieb ermöglicht. Die Lebensdauer des Reaktorkerns beträgt rund 15 Jahre, ehe er ausgetauscht werden muss. Die Sonarausrüstung umfasst die passive Such-Sonaranlage BQQ-6 mit dem kugelförmigen Passiv-E-Mess-Sonar AN/BQS-13 im Bug und dem passiven Schleppsonar AN/BQS-23 für die Zielortung achteraus. Das an der Vorderkante des Turms eingebaute Aktiv/Passiv-Hochfrequenzsonar AN/BQS-15 dient der Auffassung von Nahkontakten, besonders unter dem Eis. Zu den EloKa-Maßnahmen (ECM) gehören die ADC-Anlage Mk.2 Mod.1, die aus acht 8-cm-Startern senkrecht schwebende Täuschungskörper gegen akustische Torpedos ausstößt, sowie das akustische Abfangsystem WLY-1, ein automatisch arbeitendes Reaktionssystem zur Abwehr von Torpedoangriffen. Die ersten acht Einheiten (SSBN-726 bis SSBN-733) wurden mit dem SLBM »Trident I C 4« von kürzerer Reichweite und geringerer Genauigkeit ausgerüstet, den 1979 die umgebauten SSBNs der LAFAYETTE-Klasse erhielten. Von diesen acht Einheiten sind OHIO, MICHIGAN, FLORIDA und GEORGIA gegenwärtig (2003-2007) im Umbau zu SSGNs, während die restlichen vier SSBNs zur Ausrüstung mit dem SLBM »Trident II D 5« umgebaut werden: ALASKA ab Mai 2000, NEVADA ab Februar 2001 sowie HENRY M.JACKSON und ALABAMA 2005/06. Mit der größeren SLBM-Version D 5 sind auch die übrigen 10 Einheiten dieser Klasse ausgestattet. Mit ihrer größeren Genauigkeit sind die SSBNs der US-Marine zu einem schweren Angriffsschlag in der Lage. Der zweite Vertrag zur Begrenzung der strategischen Waffen beschneidet den Umfang der SSBN-Streitkräfte der USA ab 2007 auf 14 U-Schiffe.

Länge über alles:	170,70 m
Breite (max.):	12,80 m
Wasserverdrängung:	
Über Wasser:	16.600 ts
Unter Wasser:	18.750 ts
Höchstgeschwindigkeit:	
Über Wasser:	18 kn
Unter Wasser:	30 kn
Bewaffnung:	24 SLBM »Trident I C 4« mit bis zu 8 nuklearen MIRVs W 76 (100 kT), Reichweite 4000 sm (Pazifik-Einheiten bis 2007)
	24 SLBM »Trident II D 5« mit bis zu 12 nuklearen MIRVs W 76 oder W 88 (300-475 kT), Reichweite 6500 sm (ab 2007 alle SSBNs)
	4 x 53,3-cm-Bugtorpedorohre für konventionelle Torpedos
Antriebsanlage:	1 Welle
	1 x PWR S8G, 2 Wasserrohrkessel, Dampfturbinen, Leistung 44,8 MW
	1 x 325-PS-Dieselhilfsmotor
Tauchtiefe:	250 m
Besatzungsstärke:	155 Offiziere und Mannschaften

Links: USS PENNSYLVANIA (SSBN-735), bewaffnet mit 24 SLBM »Trident II D 5«, gehört zur Atlantikflotte der US-Marine. Ursprünglich sollten 24 dieser gigantischen U-Schiffe gebaut werden, aber dieser Plan wurde später auf 18 Einheiten reduziert. Alle SSBNs sind bei der General Dynamics Electric Boat Division in Groton/Connecticut gebaut worden.
Oben: Angehörige der Besatzung »Blau« erinnern auf der OHIO (SSBN-726) an den historischen Abschluss der 50. strategischen Patrouille dieses U-Schiffes. Sie bilden an Oberdeck das Wort »Fifty«, als das U-Schiff am 12. März 1998 nach Bangor/Washington in den U-Stützpunkt der Pazifikflotte zurückkehrt. Da die SSBNs 66 % ihrer Indiensthaltungszeit in See verbringen, haben sie zwei Besatzungen mit den Bezeichnungen »Blau« und »Gold«.
Rechts: Ein ungewöhnlicher Anblick zum Größenvergleich: Der Stapellauf der USS PHOENIX (SSN-702) der LOS ANGELES-Klasse am 8. Dezember 1979 in Groton/Conn. zeigt rechts daneben drei SSBNs der OHIO-Klasse im Bau bzw. in der Ausrüstung. In der Mitte enthüllt der Blick auf die USS MICHIGAN (SSBN-727) ihre 2 x 12 SLBM-Startschächte. Links ist der sich aus der Halle schiebende Bug der USS FLORIDA (SSBN-728) und rechts die USS OHIO (SSBN-726) am Ausrüstungskai zu erkennen.

US-Marine: Die strategischen U-Schiffe der OHIO-Klasse

Boot:	Bauwerft:	Stapellauf:	Indienststellung:	Schicksal:
OHIO (SSGN-726 ex-SSBN-726)	General Dynamics Electric Boat, Groton/Connecticut	07.04.1979	11.11.1981	»Trident I C 4«, Pazifikflotte. 2004/07 Umbau zu SSGN-726.
MICHIGAN (SSGN-727 ex-SSBN-727)	General Dynamics Electric Boat, Groton/Connecticut	26.04.1980	11.09.1982	»Trident I C 4«, Pazifikflotte. 2004/07 Umbau zu SSGN-727.
FLORIDA (SSGN-728 ex-SSBN-728)	General Dynamics Electric Boat, Groton/Connecticut	14.11.1981	18.06.1983	»Trident I C 4«, Pazifikflotte. 2003/05 Umbau zu SSGN-728.
GEORGIA (SSGN-729 ex-SSBN-729)	General Dynamics Electric Boat, Groton/Connecticut	06.11.1982	11.02.1984	»Trident I C 4«, Pazifikflotte. 2003/05 Umbau zu SSGN-729.
HENRY M. JACKSON (SSBN-730)	General Dynamics Electric Boat, Groton/Connecticut	15.10.1983	06.10.1984	»Trident I C 4«, Pazifikflotte. 2005/06 Umbau für D 5.
ALABAMA (SSBN-731)	General Dynamics Electric Boat, Groton/Connecticut	19.05.1984	25.05.1985	»Trident I C 4«, Pazifikflotte. 2005/06 Umbau für D 5.
ALASKA (SSBN-732)	General Dynamics Electric Boat, Groton/Connecticut	12.01.1985	25.01.1986	»Trident I C 4«, Pazifikflotte. 2000 Umbau für D 5.
NEVADA (SSBN-733)	General Dynamics Electric Boat, Groton/Connecticut	14.09.1985	16.08.1986	»Trident I C 4«, Pazifikflotte. 2000 Umbau für D 5.
TENNESSEE (SSBN-734)	General Dynamics Electric Boat, Groton/Connecticut	13.12.1986	17.12.1988	»Trident II D 5«, Atlantikflotte.
PENNSYLVANIA (SSBN-735)	General Dynamics Electric Boat, Groton/Connecticut	23.04.1988	09.09.1989	»Trident II D 5«, Atlantikflotte.
WEST VIRGINIA (SSBN-736)	General Dynamics Electric Boat, Groton/Connecticut	14.10.1989	20.10.1990	»Trident II D 5«, Atlantikflotte.
KENTUCKY (SSBN-737)	General Dynamics Electric Boat, Groton/Connecticut	11.08.1990	13.07.1991	»Trident II D 5«, Atlantikflotte.
MARYLAND (SSBN-738)	General Dynamics Electric Boat, Groton/Connecticut	10.08.1991	13.06.1992	»Trident II D 5«, Atlantikflotte.
NEBRASKA (SSBN-739)	General Dynamics Electric Boat, Groton/Connecticut	15.08.1992	10.07.1993	»Trident II D 5«, Atlantikflotte.
RHODE ISLAND (SSBN-740)	General Dynamics Electric Boat, Groton/Connecticut	16.07.1993	09.07.1994	»Trident II D 5«, Atlantikflotte.
MAINE (SSBN-741)	General Dynamics Electric Boat, Groton/Connecticut	16.07.1994	29.07.1995	»Trident II D 5«, Atlantikflotte.
WYOMING (SSBN-742)	General Dynamics Electric Boat, Groton/Connecticut	15.07.1995	13.07.1996	»Trident II D 5«, Atlantikflotte.
LOUISIANA (SSBN-743)	General Dynamics Electric Boat, Groton/Connecticut	27.07.1996	06.09.1997	»Trident II D 5«, Atlantikflotte.

Der »Kalte Krieg« zur See: Strategische U-Schiffe und Kampfgruppen

Der »Kalte Krieg« unter Wasser wurde zwar nicht im scharfen Schuss ausgetragen, nichtsdestoweniger aber von beiden Seiten vier Jahrzehnte lang in der feindseligsten Umgebung des Meeres mit erschreckender Intensität geführt. Zwei mögliche Bedrohungen durch sowjetische U-Schiffe elektrisierten die westlichen Marineplaner ständig: Zum einen gab es die an Zahl und Fähigkeit ständig zunehmenden strategischen SSBNs und den möglichen Ausbruch von SSN/SSGNs in den Atlantik, um Trägerkampfgruppen zu verfolgen und zu vernichten – und somit in Kriegszeiten unter den Geleitzügen Chaos zu verursachen, die aus den USA Verstärkungen und Kriegsmaterial nach Europa bringen sollten.

Dieser Prozess begann bald nach Kriegsende 1945. Schon im Mai 1948 führte die USS SEA DOG (SS-401) entlang der sibirischen Küste geheime Aufklärungsfahrten durch. Das Erscheinen der strategischen SLBMs auf den sowjetischen SSBNs der »Yankee I«-Klasse (Projekt 667) in den 60er Jahren schuf die Prioritätsdoktrin von der Verteidigung der USA gegen SLBM-Angriffe. Zwei strategische Maßnahmen wurden ergriffen: Vorwärtsverteidigung durch die SSNs in der Barentssee, um die sowjetischen SSBNs zu verfolgen und ggf. vor einem SLBM-Start zu vernichten, und die Schaffung eines geheimen, ortsfesten Sonar-Überwachungssystem zur Ortung von U-Booten (SOSUS) 1960 vor der US-Küste, das später in den Atlantik und Pazifik ausgeweitet wurde. Dieses System bestand aus Hunderten von sensiblen Hydrophonen, installiert auf riesigen gerüstähnlichen Strukturen, die an strategischen Punkten im Ozean versenkt wurden. Über Kabel gelangten die Daten zu Verarbeitungszentren an der Küste. So entstand eine strategische Sperre quer durch die Transitbereiche der U-Boote, wie z.B. der Grönland-Island-UK-Lücke (GIUK) – dem Durchmarschgebiet sowjetischer U-Boote in den Atlantik – mit Terminals in Norfolk/Va. und Brady/Wales. Sehr bald entstand eine Sammlung von akustischen Signaturen der einzelnen sowjetischen U-Boote, bereichert durch die Sonardaten, die bei geheimen Fahrten von U-Booten der USN und der RN vor den sowjetischen U-Stützpunkten auf der Kola-Halbinsel und bei Flottenmanövern erlangt wurden. 1968 erfasste die pazifische SOSUS-Kette die Sinkgeräusche von *K-129*, eines dieselelektrischen U-Bootes der »Golf«-Klasse mit ballistischen FKs, das nach einer inneren Explosion NW von Hawaii unterging.

In den 70er Jahren führte die Entwicklung der nuklearen SLBMs großer Reichweite zur »Bastion«-Strategie der sowjetischen Marine, um die SSBNs zu verteidigen. Während die westlichen SSBNs ihre Fahrten vollkommen selbstständig durchführten, postierten die Sowjets ihre SSBNs nahe der UdSSR und sicherten sie durch SSNs. Hierbei sollten die gewaltigen SSBNs der »Typhoon«-Klasse, die gebaut waren, um einen ersten atomaren Schlagabtausch

Rechts: Ein seltener Blick über die geöffneten Startschächte mit den gewaltigen SLBMs »Trident II D 5« nach vorn. Jeder der 57,2 ts schweren SLBMs kann bis zu 12 nukleare Gefechtsköpfe aufnehmen. Um die Trimmveränderungen beim SLBM-Abschuss so gering wie möglich zu halten, befinden sich die Startschächte mittschiffs.

Unten: An Bord eines sowjetischen Angriffs-U-Bootes der »Foxtrot«-Klasse ist ein Besatzungsmitglied 1980 dabei, die wenig beneidenswerte Aufgabe durchzuführen, eine Sonoboje zur Ortung von U-Booten zu bergen, die ein NATO-Fernaufklärer abgeworfen hatte.

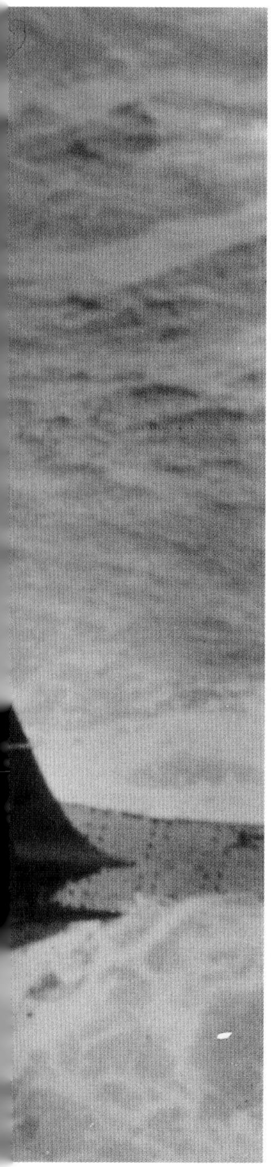

Der »Kalte Krieg« zur See: Strategische U-Schiffe und Kampfgruppen

verborgen unter dem arktischen Polareis zu überstehen, einen Zweit- oder Drittschlag gegen westliche Ziele führen. Zwangsläufig ergab sich für die westlichen SSNs die Aufgabe, in diese »Bastionen« einzudringen, um die SSBNs wie auch die sie sichernden SSNs zu vernichten. Beide Seiten spielten in den kalten Gewässern der Barentssee sowie im Japanischen Meer vor der zweiten sowjetischen SSBN-Basis in Wladiwostok Katz und Maus miteinander, um geheime Informationen über Taktik, Tauglichkeit und Schwächen der Ausrüstung sowie über Absichten und Ziele zu sammeln. 1969 verfolgte die USS LAPON (SSN-661) ein sowjetisches U-Boot 40 Tage lang, ohne entdeckt worden zu sein.

Es wundert daher kaum, dass sich Unfälle ereigneten: 11 seit 1967 unter Beteiligung sowjetischer, amerikanischer und britischer U-Boote. Im Juni 1970 wurde die USS TAUTOG (SSN-639) der STURGEON-Klasse bei einer Kollision mit dem sowjetischen *K-108*, einem SSGN der »Echo II«-

Die unerhört große Seeausdauer unter Wasser demonstrierend, hat die USS GURNARD (SSN-662) der STURGEON-Klasse am Nordpol die Eisdecke durchbrochen und ist aufgetaucht.

Klasse, im Nordpazifik beschädigt, als das Letztere plötzlich kehrtmachte und den Turm der TAUTOG traf. Das sowjetische U-Schiff lief voll und sank. 1986 kollidierte die USS AUGUSTA (SSN-710) der LOS ANGELES-Klasse mit einem sowjetischen Atom-U-Schiff im Nordatlantik und am 11. Februar 1992 kollidierte die BATON ROUGE (SSN-689), ein Schwesterschiff, erheblich mit der sowjetischen BARRACUDA, einem SSGN der »Sierra«-Klasse. Auch zwei britische U-Schiffe hatten leichte Kollisionen.Die Seestrategie der NATO hielt an der Vorwärtsverteidigung fest. Hierzu gehörte auch der Einsatz von Trägerkampfgruppen, um im Kriegsfalle die Aktivitäten der sowjetischen Marineluftwaffe im Atlantik auszuschalten. Es ist daher nicht überraschend, dass es Absicht der Sowjets war, durch die GIUK-Lücke zu brechen, um diese Gefahr möglichst weit von der UdSSR entfernt zu beseitigen. Hierzu waren die SSGNs der »Oscar«-Klasse ausersehen, um die großen Überwasserschiffe anzugreifen, vor allem die Trägerkampfgruppen. Die Antwort der NATO sah den Überwassereinsatz von U-Jagdgruppen längs der GIUK-Lücke vor, unterstützt durch Sperren aus der Luft abgeworfener Sonobojen, um jeden Durchbruch in den Atlantik zu verhindern. In den letzten Jahren des »Kalten Krieges« nahm das Angreifen der alliierten Geleitzüge im strategischen Denken der Sowjets eine geringere Priorität ein, obwohl der Westen noch immer Angriffe erwartete, die sich auf die Seeverbindungen konzentrierten. Noch 1989 erklärte das Pentagon öffentlich, dass diesbezüglich im Falle eines Krieges »eine totale Anstrengung der Sowjets vermutlich Angriffe auf Ein- und Ausschiffungshäfen der NATO, Verminen der Zufahrtswege und Hafeneinfahrten sowie auch Angriffe auf die Handelsschifffahrt in Küstennähe und auf offener See umfassen würde«.Auch heute noch wird

Oben: Bewegungen sowjetischer U-Schiffe wurden von NATO-Einheiten ständig verfolgt. Hier befindet sich ein SSN der »Victor«-Klasse im Überwassermarsch durch die Malakka-Straße, 1974 von einer Lockheed P-3 »Orion« aufgenommen, einem Seefernaufklärer der US-Marine.

Links: Das Erbe des beendeten »Kalten Krieges«: Mitte der 1990er Jahre wird ein ex-sowjetisches SSBN der »Yankee«-Klasse in der Nähe von Severodvinsk am Weißen Meer zum Verschrotten abgebrochen.

eine umfassende Überwachung fortgesetzt, wenn auch mit beschränkten finanziellen Mitteln; denn die russische Marine ist nicht mehr zu zahlreichen Patrouillen imstande. Qualitativ sind ihre U-Boote wesentlich leiser geworden, zuweilen durch den Erwerb von kommerzieller Technik im Westen. Von fast allen westlichen Seemächten werden neue SSN- und SSBN-Klassen erwartet, falls sie je fertig gestellt werden.

Links: Blick in die Operationszentrale eines SSN, aufgenommen in einem Museumsschiff. Im Mittelpunkt sind die Plätze der Tiefenrudergänger mit den gesamten Steuerungsanlagen und Tauchkontrollen zu erkennen. Auch hier hatte der Betrachter eher das Gefühl, im Cockpit eines Flugzeuges zu sein.

Unten: USS ABRAHAM LINCOLN (SSBN-602) der GEORGE WASHINGTON-Klasse läuft in den 1970er Jahren zu einer ihrer längeren Patrouillenfahrten aus, die der Abschreckung dienten. Das U-Schiff führte 16 SLBM »Polaris A 3« mit, die alle binnen 15 Minuten gestartet werden konnten. Im März 1978 absolvierte dieses SSBN seine 50. Patrouillenfahrt.

Rechts: Selbst an Bord eines großen nuklear angetriebenen U-Schiffes sind die Bedingungen beengt. Die sich immer wieder ergebende Notwendigkeit nach verbesserter Ausrüstung mit den verschiedensten Ortungsanlagen lässt wenig Raum für die Bequemlichkeit der Besatzung. Hier ein Blick in die überaus wichtige Sonarzentrale.

Unten: Das Erbe des Zweiten Weltkrieges: Vor allem in Deutschland, Japan und den besetzten Gebieten waren 1945 Trümmer und nicht fertig gestellte oder nicht mehr zum Einsatz gekommene Kleinunterseeboote zu finden. Bei der deutschen Marine gehörten die Klein-U-Boote zum »Kleinkampfverband« (K-Verband) unter VAdm. Hellmuth Heye, gegliedert in K-Flottillen, z.B. K-Flottille 261 (30 Biber) oder K-Flottille 414 (60 Molche).

Kleinunterseeboote: Das neue Unterwasserkampfmittel

KLEINUNTERSEEBOOTE ERFREUTEN SICH IM ZWEITEN WELTKRIEG MIT wechselndem Erfolg einer kurzen Beliebtheit. Gegen Ende des 20. Jahrhunderts sind sie zurückgekehrt, vor allem bei den Marinen Nordkoreas, des Iran, Pakistans, Serbiens und Kroatiens. Sie sind eine wirksame Möglichkeit, um Kampfschwimmer einzusetzen, Minen zu legen oder verdeckte Angriffe mit Torpedos oder Sprengladungen gegen Ziele im Küstenbereich durchzuführen.

Kleinunterseeboote: Das neue Unterwasser-Kampfmittel

Während des Zweiten Weltkrieges entwickelten die Marinen der Achsenmächte Einmann-Torpedos und Klein-U-Boote, um hochwertige alliierte Marineziele anzugreifen – sei es, um dem Kriegsverlauf eine andere Wendung zu geben, oder auch, weil der hohe Propagandawert solcher Angriffe genutzt werden konnte.

DIE MARINEN DER ACHSENMÄCHTE

Die japanische Marine begann Anfang der 30er Jahre Klein-U-Boote zu entwickeln, den »Typ A« (*Ko-Hyoteki*) mit einem kleinen Turm: 23,9 m lang, 46 ts Verdrängung unter Wasser, zwei 45,7-cm-Torpedorohre, zwei Mann Besatzung, ein E-Motor mit 600 PS für 23 kn über und 19 kn unter Wasser. Fünf dieser Boote nahmen am 7. Dezember 1941 am japanischen Angriff auf Pearl Harbor teil, der den Kriegseintritt der USA auslöste – aber keines traf ein Ziel und die *Ha 19* lief auf ein Korallenriff und wurde erbeutet.[1] Dann entwickelten die Italiener eine geheime U-Bootwaffe dieser Art, um in feindliche Häfen einzudringen und Schiffe anzugreifen, die *Maiale* (dt. Schwein): 8,5 m lang, ähnlich einem Torpedo, besetzt mit zwei Tauchern, von einem Steuerknüppel gelenkt und einem E-Motor (1,6 PS) für 4,5 kn über Wasser angetrieben.

Oben: Eines der japanischen Klein-U-Boote *»Ko-Hyoteki«*, die beim Angriff auf Pearl Harbor dabei waren. Im Januar 1942 von der US-Marine geborgen, wurde es später in einen Wellenbrecher eingemauert.

Rechts: Nach der Übergabe der italienischen Flotte 1943 konnten die Alliierten ein Klein-U-Boot der CA-Klasse eingehend betrachten (Blick von vorn).

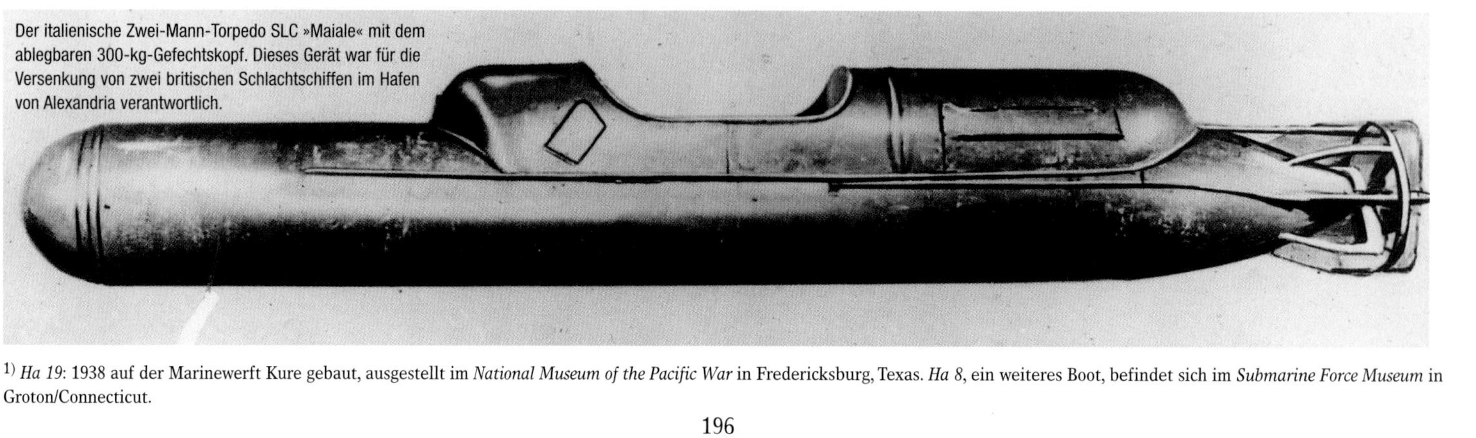

Der italienische Zwei-Mann-Torpedo SLC »Maiale« mit dem ablegbaren 300-kg-Gefechtskopf. Dieses Gerät war für die Versenkung von zwei britischen Schlachtschiffen im Hafen von Alexandria verantwortlich.

[1] *Ha 19*: 1938 auf der Marinewerft Kure gebaut, ausgestellt im *National Museum of the Pacific War* in Fredericksburg, Texas. *Ha 8*, ein weiteres Boot, befindet sich im *Submarine Force Museum* in Groton/Connecticut.

Britische Marineoffiziere untersuchen zusammen mit einem deutschen Feldwebel der Marineartillerie und einem dänischen Offizier im Mai 1945 einen bemannten Torpedo »Marder« auf seinem Transportwagen in Fort Lynæs.

Der abnehmbare Gefechtskopf mit einer 300-kg-Ladung wurde unter dem Schiffskiel plaziert.[2] Drei *Maiales* griffen britische Kriegsschiffe im Hafen von Alexandria an und versenkten zwei Schlachtschiffe (VALIANT, QUEEN ELIZABETH) und einen Zerstörer. Hiervon beeindruckt bauten die Briten ein ähnliches Fahrzeug: das *Chariot*. Erst in den letzten Stadien des Krieges begann die deutsche Kriegsmarine angesichts der Gefahr alliierter Landungen über See ähnlich wie in Japan ein umfangreiches Entwicklungs- und Bauprogramm für Einmann-Torpedos und Klein-U-Boote mit mehreren Typen (insgesamt ca. 1755 gebaut oder im Bau). Am zahlreichsten wurde der Einmann-Torpedo »Neger« bzw. »Marder« 1944 mit etwa 500 Einheiten gebaut. Er bestand aus einem Trägertorpedo (3 t) mit einem kleinen Steuerstand, einer Plexiglaskuppel darüber und einem untergehängten Gefechtstorpedo (beide vom Typ G7e). Die »Neger/Marder«-Angriffe richteten sich gegen die alliierten Schiffe vor den Invasionsstränden der Normandie. Der erste Angriff am 5./6. Juli 1944 versenkte die Minensucher HMS MAGIC und CATO in der Seine-Bucht. Beim nächsten Angriff zwei Nächte später versenkten die Einmann-Torpedos den polnischen Leichten Kreuzer DRAGON und den Minensucher HMS PYLADES vor dem Landeabschnitt »Juno«. Von 26 »Negern« kehrten neun nicht zurück und bei zwei »Marder«-Angriffen dieser Art gingen von 100 Geräten 67 verloren. Sie versenkten ein *Liberty*-Schiff, einen Minensucher und in der Seine-Bucht den Geleitzerstörer HMS QUORN. Das erfolgreichste deutsche Klein-U-Boot war der »Seehund« (Typ XXVII B bzw. Typ 127) mit 285 abgelieferten Booten (ca. 138 in Dienst gestellt): 11,86 m lang, 17 t Verdrängung, zwei Mann Besatzung, 7,7 kn über Wasser und zwei seitlich angehängte Torpedos G7e. Der Einsatz dieser Boote richtete sich gegen die Schifffahrt vor der englischen Ostküste. 1945 unternahmen sie über 140 Einsätze und versenkten acht Schiffe mit insgesamt 17.000 BRT. 35 Boote gingen auf Feindfahrt verloren.[3]

Unten: Der Turm eines aufgetaucht fahrenden Klein-U-Bootes »Seehund«. Vor dem geöffneten Turmluk ist das Sehrohr und dahinter der Lichtbild-Magnetkompass zu sehen. Seitlich führte der gelungene Bootstyp je einen Torpedo G7e.

[2] Ein *Maiale* ist im *Submarine Force Museum* in Groton/Conn. ausgestellt. [3] Ein »Seehund« ist im Museum der *Submarine Memorial Association* in Hackensack/New Jersey ausgestellt.

Kleinunterseeboote: Das neue Unterwasser-Kampfmittel

Oben: Nach der Besetzung von Kiel durch die Alliierten betrachtet ein Pionier der *Royal Engineers* ein deutsches Klein-U-Boot »Biber«. Vor ihm die Klampen für die Befestigung eines der Torpedos.

Unten: Der »Biber« führte seitlich je einen Torpedo. Vorn am Turm sind bei den Masten (von vorn) Lichtbildkompass, Sehrohr und Zuluftmast sowie achtern am Turm das Auspuffsystem mit Auspuffrohr zu erkennen.

Oben: Nach einem einzigen Einsatz in der Nacht vom 29. August 1944 vor der Invasionsküste der Normandie liegt hier am Strand von Fécamp ein aufgegebenes Klein-U-Boot »Biber« der K-Flottille 261.

3 On display at the Submarine Memorial Association, Hackensack, New Jersey.

Weitere Entwicklungen stellten sich als nicht gelungen heraus. Hierzu gehörten die Einmann-U-Boote »Biber« (324 Einheiten) und »Molch« (ca. 390 Einheiten) mit je zwei seitlich angehängten Torpedos G7e. Sie versenkten nur sieben kleine Schiffe der Alliierten und verloren 1945 bei über 100 Einsätzen 70 Boote. Ersteres verdrängte 6,3 t und hatte über Wasser einen Fahrbereich von 130 sm bei 6 kn, musste aber infolge von Problemen mit der Tiefensteuerung seine Torpedos aufgetaucht losmachen. Das zweite Boot war größer und verdrängte 11 t. Es wurde im Herbst 1944 erfolglos bei den alliierten Landungen in Südfrankreich eingesetzt. Daneben gab es noch den Typ XXVII A »Hecht« (53 Boote) mit zwei Mann Besatzung. Das 12,3 t verdrängende Boot sollte ursprünglich statt eines Torpedos eine Sprengladung mitführen, wurde aber nur in der Ausbildung verwendet. Hinzu kamen noch Prototypen von drei verschiedenen Entwürfen. Der »Delphin«: 2,5 t, ein Mann, Schleppmine, entworfen für 17 kn unter Wasser, drei Versuchsboote Ende 1944. Der »Schwertwal«: 17,5 t,

zwei Mann, ein Torpedo, H_2O_2-Antrieb (Walter-Turbine) für 30 kn. Der »Seeteufel«: 20 t, 13,5 m lang, zwei Mann, 2 Torpedos, wahlweise Propeller- oder Gleiskettenantrieb auf dem Meeresboden, 8 kn unter Wasser, 21 m Tauchtiefe. Ein Versuchsboot im Mai 1945 bei Lübeck gesprengt. Es waren die Japaner, die in großem Umfang bemannte Torpedos vom Typ »Kaiten« (dt. Himmelserschütterer) gegen die amphibischen Landungen auf den pazifischen Inseln einsetzten. 1944 nach der Rückeroberung der Philippinen wandte die japanische Marine ihre »Sonderangriffs«-Taktik an. Sie beruhte auf dem umgebauten Torpedo Typ 93 *Long Lance* (Kal. 61 cm), verlängert durch den Einbau eines Fahrstandes für den Steuermann in die Mittelsektion. Es gab mehrere Versionen. »Kaiten I«: 8,3 ts, einen Gefechtskopf mit 1550 TNT, ein Benzin/ Flüssigsauerstoff-Torpedomotor Typ 93 für bis zu 30 kn und einem Fahrbereich von 78 sm bei 12 kn. An Oberdeck konnte ein umgebautes konventionelles U-Boot bis zu sechs »Kaiten« in die Nähe ihrer Ziele transportieren. Der ausgesetzte »Kaiten« manövrierte sich bis auf 500 m an sein Ziel heran, ehe das Gerät tauchte und in 4,5 m Tiefe zum Angriff ansetzte. Das Gerät, von dem über 400 gebaut wurden, konnte leicht in Brand geraten und litt unter zahlreichen mechanischen Problemen. »Kaiten II«: 13,4 ts, 16,5 m lang, 2 Mann, eine H_2O_2-Walter-Turbine mit 1500 PS für 40 kn. Diese Version kam durch Turbinenprobleme nicht zum Einsatz, wurde aber durch Einbau von zwei Torpedomotoren

Unten: Ein britischer Offizier blickt in das Innere eines Klein-U-Bootes »Molch« auf seinem Transportwagen. Links einer der seitlich befestigten Torpedos.

Kleinunterseeboote – Das neue Unterwasser-Kampfmittel

Zwei Wracks japanischer Klein-U-Boote des Typs *Ko-Hyoteki*. Sie wurden von den Japanern bei ihrem Rückzug von der Aléuten-Insel Kiska im Juni 1943 zerstört aufgegeben. Dieser Typ ist deutlich an den beiden 45,7-cm-Torpedorohren im Bug erkennbar. Sie sollten der Verteidigung dienen und wären dazu auf Schienen aus ihrem Unterstand zum Wasser gerollt worden.

Kleinunterseeboote – Das neue Unterwasser-Kampfmittel

Typ 93 und dem Gefechtskopf von 1800 kg TNT zur Version »Kaiten IV« (»Kaiten III« blieb nur ein Versuchsgerät). Von diesen beiden Versionen wurden anscheinend nur insgesamt 20 Geräte gebaut. Die Chancen für die Besatzungen, lebend zurückzukommen, waren praktisch gleich Null – tatsächlich kamen 100 von ihnen in den letzten Monaten des Pazifischen Krieges ums Leben. Sie versenkten nur drei US-Schiffe.[4)]

ALLIIERTE MARINEN

Die Engländer setzten inzwischen das italienische Konzept fort, insgeheim in scharf bewachte Hafenanlagen einzudringen, um hochwertige Ziele zu vernichten. Der Prototyp eines Klein-U-Bootes des X-Typs *(X 3)* entstand: 13,26 m lang, 22 ts Verdrängung über und 24 ts unter Wasser, 4,5 kn getaucht, drei Mann Besatzung. Die Serienfertigung umfasste *X 5*–*X 10* (1942/43), *X 20*–*X 25* (1943) sowie 12 Boote des etwas größeren XE-Typs (1943/45). Von großen U-Booten in den Einsatzraum geschleppt,

Oben: Ein britisches Klein-U-Boot der *X 5*-Gruppe: 15,74 m lang, 27 ts über und 29,7 unter Wasser, 4 Mann, 6,25 kn über (1860 sm/4,5 kn) und 4 kn unter Wasser (82 sm/2 kn) zwei ausklinkbare 2-ts-Seitenladungen (2032 kg Sprengstoff).

Links: Drei Klein-U-Boote der *X 20*-Gruppe. (Technische Daten siehe *X 5*-Gruppe.) Diese als *X-Craft* bezeichneten Klein-U-Boote des britischen X-Typs kamen zwischen Nordnorwegen und der Normandieküste zum Einsatz und das Spektrum reichte von der Beschädigung der TIRPITZ bis zur Erkundung der Invasionsküste und dem Einweisen der Invasionsflotte.

Gegenüberliegende Seite. Oben: Ein Klein-U-Boot des XE-Typs bei Erprobungsfahrten in ruhiger See: 16,48 m lang, 30,3 ts über und 33,6 ts unter Wasser, 4 Mann, zwei ausklinkbare 2,4-ts-Seitenladungen (1678 kg Sprengstoff). Diese Boote waren weitgehend in Fernost eingesetzt. Sie versenkten nicht nur einen japanischen Kreuzer, sondern durchtrennten auch Telegrafenkabel, so dass die Japaner auf abhörbare Funkverbindungen ausweichen mussten.

griffen X-Boote am 22. September 1943 im nordnorwegischen Altafjord das deutsche Schlachtschiff TIRPITZ an und setzten es für neun Monate außer Gefecht. Von den sechs eingesetzten Booten gingen zwei auf dem Anmarsch verloren, eines wurde versenkt und ein weiteres musste den Angriff infolge von Navigationsproblemen aufgeben. *X 7* plazierte seine beiden 2-ts-Seitenladungen unter die TIRPITZ. Dann verfing sich das Boot im U-Bootnetz und wurde bei der Detonation der Sprengladungen beschädigt. Das letzte Boot, die *X 10*, sollte die SCHARNHORST angreifen, aber das Schlachtschiff war bereits ausgelaufen. Ein britisches U-Boot nahm das X-Boot auf, das aber im Schlepp beim Rückmarsch nach England sank. Im Fernen Osten versenkten am 31. Juli 1945 in der Johore-Straße vor Singapur *XE 3* und *XE 1* den japanischen Schweren Kreuzer TAKAO (9850 ts), während am selben Tag *XE 4* und *XE 5* vor Hongkong das Telegrafenkabel durchtrennten, das es mit Singapur, Saigon und Tokio verband.

NACHKRIEGS-ENTWICKLUNGEN

Mit dem Ende des Weltkrieges ging das Interesse an Klein-U-Booten verloren. Auf japanischen und deutschen Kriegsentwürfen beruhend, baute der Iran ein Boot, erwarb aber später zwei weitere Boote, 76 ts über und 90 ts unter Wasser verdrängend, vermutlich eines nordkoreanischen Entwurfs. Die in Bandar Abbas stationierten Boote haben eine Einsatztauchtiefe von ca. 100 m und führen Seitenladungen mit. Nordkorea hat ab 1991 eine eigene Klasse von 28 kleineren U-Booten (SSC) entwickelt, die auf ex-jugoslawischen Entwürfen beruht: die »Sang-O«-Klasse (256 ts über und 277 ts unter Wasser, 19 Mann Besatzung). Obwohl mit zwei oder vier 53,3-cm-Torpedorohren oder 16 Minen bewaffnet, besteht ihre Hauptaufgabe im Einschleusen von Agenten in gegnerisches Territorium. Eines dieser Boote lief am 18. September 1996 bei Kangnung auf Grund und fiel den Südkoreanern in die Hände. Die Besatzung beging Selbstmord. Zudem besitzt Nordkorea 36 Klein-U-Boote der »Yugo«- bzw. »P 4«-Klasse, seit Ende der 60er Jahre im Lande gebaut. Die letztere Version (seit 1987) verdrängt 90 ts über und 110 ts unter Wasser, hat eine Besatzung von vier Mann und kann bis zu sieben Kampfschwimmer mitnehmen. Sie operieren von acht Mutter-Handelsschiffen aus und zwei der Klein-U-Boote hat 1997 Vietnam erhalten. Ex-Jugoslawien besaß fünf Klein-U-Boote der »Una«-Klasse: 18,8 m lang, 80 ts/90 ts, 1983-1989 gebaut, sechs Mann Besatzung plus vier SDVs und Haftminen. Die Tauchtiefe soll 120 m betragen. Heute besitzt Serbien/Montenegro drei von ihnen, während Kroatien zwei dieser Boote umgebaut hat.

Unten: Ein Klein-U-Boot der schwedischen Marine: die SPIGGEN II, 1990 gebaut, 11 m lang, 17,3 ts Verdrängung unter Wasser und als Zielboot für die U-Abwehrausbildung eingesetzt.

4) »Kaiten« sind im *USS BOWFIN Museum* in Honolulu sowie im Museum der *Submarine Memorial Association* in Hackensack, New Jersey, zu besichtigen.

Anhang 1: Überblick zum Bestand an U-Booten

Oben: Argentinien: SANTA CRUZ (dt. Typ TR 1700).

ÄGYPTEN

SSK – *Verbesserte »Romeo«*-Klasse (Typ 033/UdSSR): *849, 852, 855, 885.*
Wasserverdrängung: 1475 ts über/1830 ts unter Wasser. Geschwindigkeit: 16 kn über/13 kn unter Wasser. Tauchtiefe: 185 m. Bewaffnung: SSM »Sub-Harpoon«, 8 x Torpedorohre (6 53,3-cm-Bug, 2 40,6-cm-Heck), 6 Reservetorpedos, 28 Minen statt Torpedos.

ALGERIEN

SSK – 2 »Kilo I«-Klasse (Typ 877 E/UdSSR):
EL HADJ MUBARAK, EL HADJ SLIMANE.
Wasserverdrängung: 2325 ts über/3076 ts unter Wasser. Geschwindigkeit: 12 kn über/17 kn unter Wasser. Tauchtiefe: 240 m. Bewaffnung: 6 x 53,3-cm-Bugtorpedorohre, 12 Reservetorpedos, 24 Minen statt Torpedos.

ARGENTINIEN

SSK – 2 SANTA CRUZ-Klasse (Typ TR 1700/D), 1 SALTA-Klasse (Typ 209/1200/D). SANTA CRUZ-Klasse: SANTA CRUZ, SAN JUAN.
Wasserverdrängung: 2116 ts über/2264 ts unter Wasser. Geschwindigkeit: 15 kn über/25 kn unter Wasser. Tauchtiefe: 270 m. Bewaffnung: 6 x 53,3-cm-Bugtorpedorohre, kann 34 Grundminen mitführen.
SALTA-Klasse: SALTA.
Wasserverdrängung: 1248 ts über/1440 ts unter Wasser. Geschwindigkeit: 10 kn über/22 kn unter Wasser. Tauchtiefe: 250 m. Bewaffnung: 8 x 53,3-cm-Bugtorpedorohre, kann Grundminen mitführen.

AUSTRALIEN

SSK – 6 COLLINS-Klasse: COLLINS, FARNCOMB, WALLER, DECHAINEUX, SHEEAN, RANKIN.
Wasserverdrängung: 3051 ts über/3353 ts unter Wasser. Geschwindigkeit: 10 kn über/20 kn unter Wasser. Tauchtiefe: 300 m. Bewaffnung: SSM »Sub-Harpoon«, 6 x 53,3-cm-Torpedorohre, 44 Minen statt Torpedos.

BRASILIEN

SSK – 4 TUPI-Klasse (Typ 209/1400/D), 1 TIKUNA-Klasse (Typ 209/1400-mod/D – im Bau). TUPI-Klasse:
TUPI, TAMOIO, TIMBIRA, TAPAJÓ (ex-TAPAJÓS).
Wasserverdrängung: 1450 ts über/1590 ts unter Wasser. Geschwindigkeit: 11 kn über/ 21,5 kn unter Wasser. Tauchtiefe: 250 m. Bewaffnung: 8 x 53,3-cm-Bugtorpedorohre, 8 Reservetorpedos.
TIKUNA-Klasse (im Bau):
TIKUNA (ex-TOCANTINS).
Wasserverdrängung: 1450 ts über/1600 ts unter Wasser. Geschwindigkeit: 11 kn über/25 kn unter Wasser. Tauchtiefe: 300 m. Bewaffnung: SSM »Sub-Harpoon« oder SM 39 »Exocet«, 8 x 53,3-cm-Bugtorpedorohre, 32 Minen MCF-01/100 statt Torpedos.

BULGARIEN

SS – 2 »Romeo«-Klasse (Typ 033/UdSSR):
SLAVA (84), ? (83/Schulboot).
Wasserverdrängung: 1475 ts über/1830 unter Wasser. Geschwindigkeit: 16 kn über/13 kn unter Wasser. Tauchtiefe: 200 m. Bewaffnung: 8 x 53,3-cm-Torpedorohre (6 Bug, 2 Heck), 6 Reservetorpedos, 28 Minen statt Torpedos.

CHILE

SSK – 2 THOMSON-Klasse (Typ 209/1300/D), 1 O'BRIEN-Klasse (Typ »Oberon«/UK) 2 O'HIGGINS-Klasse (Typ »Scorpène«/F – im Bau). THOMSON-Klasse: THOMSON, SIMPSON.
Wasserverdrängung: 1260 ts über/1390 ts unter Wasser. Geschwindigkeit: 11 kn über/21.5 kn unter Wasser. Tauchtiefe: 250 m. Bewaffnung: 8 x 53,3-cm-Bugtorpedorohre, 8 Reservetorpedos.
OBERON-Klasse: O'BRIEN.
Wasserverdrängung: 2030 ts über/2410 ts unter Wasser. Geschwindigkeit: 12 kn über/17 kn unter Wasser. Tauchtiefe: 185 m. Bewaffnung: 8 x 53,3-cm-Torpedorohre (6 Bug, 2 Heck), Heckrohre versiegelt, 14 Reservetorpedos. Sollen 2004-2006 nach Indienststellung der O'HIGGINS-Klasse gestrichen werden.

O'HIGGINS-Klasse: O'HIGGINS. CARRERA. Wasserverdrängung; 1650 ts über/1908 ts unter Wasser. Geschwindigkeit: 12 kn über/20 kn unter Wasser. Tauchtiefe: 300 m. Bewaffnung: 6 x 53,3-cm-Bugtorpedorohre, 12 Reservetorpedos.

CHINA

SSBN – 1 »Xia«-Klasse (Typ 092), (1 Typ 094: im Bau?).
406 (Chang Zheng 6).
Wasserverdrängung: 6000 ts über/6900 ts unter Wasser. Geschwindigkeit: 10 kn über/22 kn unter Wasser. Tauchtiefe: 300 m. Bewaffnung: 12 SLBM JL-1 (CSS-N-3), 6 x 53,3-cm-Bugtorpedorohre.
SSB – 1 »Golf«-Klasse (Typ 031/UdSSR). *200.*
Wasserverdrängung: 2387 ts über/2997 ts unter Wasser. Geschwindigkeit: 17 kn über/14 kn unter Wasser. Tauchtiefe: 230 m. Bewaffnung: 1 SLBM JL-2 (Versuchsschiff), 10 x 53,3-cm-Torpedorohre (6 Bug, 4 Heck), 8 Reservetorpedos.
SSN – 5 »Han«-Klasse (Typ 091), 2 Typ 093 (im Bau).
«Han«-Klasse:
401–405 (Chang Zheng 1 - 5).
Wasserverdrängung: 4500 ts über/5550 ts unter Wasser. Geschwindigkeit: 12 kn über/25 kn unter Wasser. Tauchtiefe: 300 m. Bewaffnung: SSM YJ-82 (C 801), 6 x 53,3-cm-Bugtorpedorohre, 14 Reservetorpedos, 36 Minen anstatt Torpedos.
***Typ 093*-Klasse:**
2 Einheiten im Bau (?).
Wasserverdrängung: ? über/6000 ts unter Wasser. Geschwindigkeit: ? über/30 kn unter Wasser. Tauchtiefe: Keine Angaben. Bewaffnung: SLCM, SSM, 6 x 53,3-cm-Torpedorohre.
SSG – 3 »Song«-Klasse (Typ 039) plus 2 im Bau.
320 - 324 (Yuan Zheng 20–24). Wasserverdrängung: 1700 ts über/2250 ts unter Wasser. Geschwindigkeit: 15 kn über/22 kn unter Wasser. Tauchtiefe: 250 m. Bewaffnung: SSM YJ-82 (C 801), 6 x 53,3-cm-Bugtorpedorohre, ? Minen anstatt Torpedos.
SSK – 3 »Kilo I«-, 2 »Kilo II«-Klasse (Typ 877 EKM+636/UdSSR; Übergabe von 8 weiteren Typ 636 geplant). *364–366, 376, 377.*
Wasserverdrängung: 2350 ts über/3120 ts unter Wasser. Geschwindigkeit: 12 kn über/17 kn unter Wasser. Tauchtiefe: 240 m. Bewaffnung: 6 x 53,3-cm-Bugtorpedorohre, 12 Reservetorpedos, 24 Minen statt Torpedos.
SS – 21 »Ming«-Klasse (Typ 035), 39 (8 in Reserve) »Romeo«-Klasse (Typ 033/UdSSR).
«Ming«-Klasse:
232, 233, 242, 352–354, 356–363, 305–310 + 1.
Wasserverdrängung: 1584 ts über/2113 ts unter Wasser. Geschwindigkeit: 15 kn über/18 kn unter Wasser. Tauchtiefe: 240 m. Bewaffnung: 8 x 53,3-cm-Torpedorohre (6 Bug, 2 Heck), 32 Minen anstatt Torpedos.
«Romeo«-Klasse: *256–260, 268–272, 275–280, 286, 287, 291–304, 343–349, 355.*
Wasserverdrängung: 1475 ts über/1830 ts unter Wasser. Geschwindigkeit: 15 kn über/13 kn unter Wasser. Tauchtiefe: 200 m. Bewaffnung: 8 x 53,3-cm-Torpedorohre (6 Bug, 2 Heck), 6 Reservetorpedos, 28 Minen anstatt Torpedos.

DÄNEMARK

SSK – 3 TUMLEREN-Klasse (KOBBEN/N, Typ 207/D), 2 NARHVALEN-Klasse (Typ 205-mod/D), 1 NÄCKEN-Klasse (Typ A 14/Schw), 4 »Viking«-Typ geplant (DAN/NOR/SWD).
TUMLEREN-Klasse:
TUMLEREN (ex-UTVÆR), SÆLEN (ex-UTHAUG), SPRINGEREN (ex-KYA).
Wasserverdrängung: 459 ts über/524 ts unter Wasser. Geschwindigkeit: 12 kn über/18 kn unter Wasser. Tauchtiefe: 170 m. Bewaffnung: 8 x 53,3-cm-Bugtorpedorohre,
12 Reservetorpedos.
NARHVALEN-Klasse:
NARHVALEN, NORDKAPEREN.
Wasserverdrängung: 420 ts über/450 ts unter Wasser. Geschwindigkeit: 12 kn über/17 kn unter Wasser. Tauchtiefe: 150 m. Bewaffnung: 8 X 53,3-cm-Bugtorpedorohre.
NÄCKEN-Klasse: KRONBERG (ex-NÄCKEN).
Wasserverdrängung: 1218 ts über/1313 ts unter Wasser. Geschwindigkeit: 10 kn über/20 kn unter Wasser. Tauchtiefe: 240 m. Bewaffnung: 6 x 53,3-cm-, 2 x 40-cm-Torpedorohre, 2 Reservetorpedos, ? Minen anstatt Torpedos mit zusätzlichem äußeren Minengürtel für 48 Grundminen. **«Viking«-Typ:** Gemeinsames Projekt: Dänemark, Norwegen, Schweden. Außenluftunabhängiger Antrieb. Wasserverdrängung: 1580 ts über/1650 ts unter Wasser. Bewaffnung: SSM, 6 x 53,3-cm-Bugtorpedorohre, Minen.

DEUTSCHLAND

SSK – 11 Klasse 206 A, 1 Klasse 212 A (3 im Bau).
Klasse 206 A:
U 15–U 18, U 22–U 26, U 29, U 30.
Wasserverdrängung: 456 ts über/500 ts unter Wasser. Geschwindigkeit: 10 kn über/17 kn unter Wasser. Tauchtiefe: 150 m. Bewaffnung: 8 x 53,3-cm-Bugtorpedorohre, 16 Minen anstatt Torpedos zuzüglich Außenbehälter für 24 Minen.
Klasse 212 A (Brennstoffzellen-Antrieb):
U 31, U 32, im Bau *U 33 und U 34* .
Wasserverdrängung: 1450 ts über/1830 ts unter Wasser. Geschwindigkeit: 12 kn über/17 kn unter Wasser. Tauchtiefe: Keine Angaben. Bewaffnung: 6 x 53,3-cm-Bugtorpedorohre, 6 Reservetorpedos.
SSA – 1 Klasse 205. *U 12* (Sonarversuchsboot).
Wasserverdrängung: 419 ts über/455 ts unter Wasser. Geschwindigkeit: 10 kn über/17 kn unter Wasser. Tauchtiefe: 150 m. Bewaffnung: 8 x 53,3-cm-Bugtorpedorohre.

EKUADOR

SSK – 2 SHYRI-Klasse (Typ 209/1300/D).
SHYRI, HUANCAVILCA.
Wasserverdrängung: 1285 ts über/1450 ts unter Wasser. Geschwindigkeit: 11 kn über/21.5 kn unter Wasser. Tauchtiefe: 250 m. Bewaffnung: 8 x 53,3-cm-Bugtorpedorohre, 6 Reservetorpedos.

FRANKREICH

SSBN – 3 LE TRIOMPHANT-Klasse (1 im Bau), 2 L'INFLEXIBLE-Klasse.
LE TRIOMPHANT-Klasse:
LE TRIOMPHANT, LE TÉMÉRAIRE, LE VIGILANT, im Bau: LE TERRIBLE.
Wasserverdrängung: 12.640 ts über/14.335 ts unter Wasser. Geschwindigkeit: 12 kn über/25 kn unter Wasser. Tauchtiefe: 500 m. Bewaffnung: 16 SLBM M 45/TN-75, SSM SM 39 »Exocet«, 4 x 53,3-cm-Bugtorpedorohre, 12 Reservetorpedos.
L'INFLEXIBLE-Klasse:
L'INDOMPTABLE, L'INFLEXIBLE.
Wasserverdrängung: 8080 ts über/8920 ts unter Wasser. Geschwindigkeit: 20 kn über/25 kn unter Wasser. Tauchtiefe: 250 m. Bewaffnung: 16 SLBM M 4/TN-71, SSM SM 39 »Exocet«, 4 x 53,3-cm-

Unten: Ekuador: HUANCAVILCA (dt. Typ 209/1300).

Anhang 1: Überblick zum Bestand an U-Booten

Links: Frankreich: SSN RUBIS (frz. Typ SNA 72).

Bugtorpedorohre, 14 Reservetorpedos.
SSN – 6 RUBIS-Klasse. RUBIS, SAPHIR, CASABIANCA, ÉMERAUDE, AMÉTHYSTE, PERLE.
Wasserverdrängung: 2410 ts über/2670 ts unter Wasser. Geschwindigkeit: 15 kn über/25 kn unter Wasser. Tauchtiefe: 300 m. Bewaffnung: SSM SM 39 »Exocet«, 4 x 53,3-cm-Bugtorpedorohre, 10 Reservetorpedos, 32 Grundminen FG 29 anstatt Torpedos.
SSK – 1 AGOSTA-Klasse. QUESSANT.*
Wasserverdrängung: 1230 ts über/1510 ts unter Wasser. Geschwindigkeit: 12 kn über/17,5 kn unter Wasser. Tauchtiefe: 320 m.

* *Versuchsboot für die Ausrüstung des neuen SSN-Typs »Barracuda«.*

GRIECHENLAND

SSK – 8 GLAVKOS-Klasse (Typ 209,1100/1200/D), 3 KATSOUNIS-Klasse im Bau.
GLAVKOS-Klasse:
GLAVKOS, NEREVS, TRITON, PROTEVS, POSEIDON, AMPHITRITI, OKEANOS, PONTOS.
Wasserverdrängung: 1185 ts über/1290 ts unter Wasser. Geschwindigkeit: 11 kn über/22 kn unter Wasser. Tauchtiefe: 250 m. Bewaffnung: SSM »Sub-Harpoon«, 8 x 53,3-cm-Bugtorpedorohre, 4 Reservetorpedos, Minenkapazität: wie verlautet.
KATSOUNIS-Klasse: KATSOUNIS, PAPANIKOLIS, PIPINOS, MATROZOS (alle im Bau).
Wasserverdrängung: 1700 ts über/1980 ts unter Wasser. Geschwindigkeit: 10,5 kn über/21,5 unter Wasser. Tauchtiefe: 400 m. Bewaffnung: SSM »Sub-Harpoon«, 8 x 53,3-cm-Bugtorpedorohre.

GROSSBRITANNIEN

SSBN – 4 VANGUARD-Klasse.
VANGUARD, VICTORIOUS, VIGILANT, VENGEANCE.
Wasserverdrängung: ? über/15.850 ts unter Wasser. Geschwindigkeit: 12 kn über/25 kn unter Wasser. Tauchtiefe: Keine Angaben. Bewaffnung: 16 SLBM »Trident II D 5«, 4 x 53,3-cm-Bugtorpedorohre.
SSN – 7 TRAFALGAR-Klasse, 5 SWIFTSURE-Klasse, 3 ASTUTE-Klasse (im Bau).
TRAFALGAR-Klasse: TRAFALGAR, TURBULENT, TIRELESS, TORBAY, TRENCHANT, TALENT, TRIUMPH.
Wasserverdrängung: 4740 ts über/5208 ts unter Wasser. Geschwindigkeit: 12 kn über/32 kn unter Wasser. Tauchtiefe: 300 m. Bewaffnung: SLCM »Tomahawk« Block III C, SSM »Sub-Harpoon«, 5 x 53,3-cm-Bugtorpedorohre, 20 Reservetorpedos, 24 Minen anstatt Torpedos.
SWIFTSURE-Klasse: SOVEREIGN, SUPERB, SCEPTRE, SPARTAN, SPLENDID.
Wasserverdrängung: 4400 ts über/4900 ts unter Wasser. Geschwindigkeit: 12 kn über/32 kn unter Wasser. Tauchtiefe: Keine Angaben. Bewaffnung: SLCM »Tomahawk« Block III, SSM »Sub-Harpoon«, 5 x 53,3-cm-Torpedorohre, 20 Reservetorpedos.
ASTUTE-Klasse:
ASTUTE, AMBUSH, ARTFUL (im Bau + 2 geplant).
Wasserverdrängung: 6500 ts über/7200 ts unter Wasser. Geschwindigkeit: 12 kn über/32+ kn unter Wasser. Tauchtiefe: 300 m. Bewaffnung: SLCM »Tomahawk« Block III, SSM »Sub-Harpoon«, 6 x 53,3-cm-Bugtorpedorohre, ? Minen anstatt Torpedos.

INDIEN

SSN – 2 »Akula I mod«-Klasse (Typ 971/UdSSR): 2004-2009 von Russland geleast, bis *Advanced Technology Vessel* verfügbar.

Unten: Deutschland: *U 30* der Klasse 206 A.

Anhang 1: Überblick zum Bestand an U-Booten

SSK – 4 SHISHUMAR-Klasse (Typ 209/1500/D), 10 SINDHUGHOSH-Klasse (»Kilo I«-Klasse, Typ 877 EKM/UdSSR), 3 Typ »Scorpène« (geplant/F), 3 Typ AMUR 1650 (geplant?/Russ).
SHISHUMAR-Klasse:
SHISHUMAR, SHANKUSH, SHALKI, SHANKUL. Wasserverdrängung: 1660 ts über/1850 ts unter Wasser. Geschwindigkeit: 12 kn über/22 kn unter Wasser. Tauchtiefe: 260 m. Bewaffnung: 8 x 53,3-cm-Bugtorpedorohre, 6 Reservetorpedos, 24 Minen in außen gelegenen Behältern.
SINDHUGHOSH-Klasse:
SINDHUGHOSH, SINDHUDHVAJ, SINDHURAJ, SINDHUVIR, SINDHURATNA, SINDHUKESARI, SINDHUKIRTI, SINDHUVIJAY, SINDHURAK-SHAK, SINDHUSHASTRA (Typ 636?)
Wasserverdrängung: 2325 ts über/3076 ts unter Wasser. Geschwindigkeit: 12 kn über/17 kn unter Wasser. Tauchtiefe: 300 m. Bewaffnung: SLCM SS-N-27/3 M-54 E, 6 x 53,3-cm-Bugtorpedorohre, 12 Reservetorpedos, 24 Grundminen DM-1 anstatt Torpedos.
«Scorpène«-Typ: 3 Einheiten geplant.
Wasserverdrängung: 1400 ts über/1634 ts unter Wasser. Geschwindigkeit: 12 kn über/20 kn unter Wasser. Tauchtiefe: 300 m. Bewaffnung: SSM, 6 x 53,3 cm-Bugtorpedorohre.
SS – 2 KALVARI-Klasse (»Foxtrot«-Klasse, Typ 641/UdSSR). VELA, VAGLI.
Wasserverdrängung: 1952 ts über/2475 ts unter Wasser. Geschwindigkeit: 16 kn über/15 kn unter Wasser. Tauchtiefe: 230 m. Bewaffnung: 10 x 53,3-cm-Torpedorohre (6 Bug, 4 Heck), 12 Reservetorpedos, 44 Minen anstatt Torpedos.

INDONESIEN

SSK – 2 CAKRA-Klasse (Typ 209/1300/D).
CAKRA, NANGGALA.
Wasserverdrängung: 1285 ts über/1390 ts unter Wasser. Geschwindigkeit: 11 kn über/22 kn unter Wasser. Tauchtiefe: 240 m. Bewaffnung: 8 x 53,3-cm-Bugtorpedorohre, 6 Reservetorpedos.

Oben: Indien: SINDHURAKSHAK der »Kilo I«-Klasse (Typ 877 EKM/UdSSR).

IRAN

SSK – 3 TAREGH-Klasse (»Kilo I«-Klasse, Typ 877 EKM/UdSSR). TAREGH, NUH, YUNES.
Wasserverdrängung: 2325 ts über/3076 ts unter Wasser. Geschwindigkeit: 12 kn über/17 kn unter Wasser. Tauchtiefe: 240 m. Bewaffnung: 6 x 53,3-cm-Bugtorpedorohre, 12 Reservetorpedos, 24 Grundminen anstatt Torpedos.

ISRAEL

SSK – 3 DOLPHIN-Klasse (Typ 800/D).
DOLPHIN, LEVIATHAN, TEKUMA.
Wasserverdrängung: 1640 ts über/1900 ts unter Wasser. Geschwindigkeit: 12 kn über/20 kn unter Wasser. Tauchtiefe: 350 m. Bewaffnung: SSM »Sub-Harpoon«, SLCM, 4 x 65-cm- und 6 x 53,3-cm-Bugtorpedorohre, 4 Reservetorpedos (besitzen nukleare Fähigkeiten).

Oben: Israel: DOLPHIN (dt. HDW, Kiel/Nordseewerke, Emden), ausgestattet mit nuklearen Fähigkeiten.
Die Atommacht Israel erhält als Staat inmitten einer spannungsgeladenen Krisenregion regelmäßig U-Boote von Deutschland »geschenkt«. Auch von der neuen Klasse 212 A wollte es zwei Boote zum Nulltarif. Die Bundesregierung lehnte dies zwar erstaunlicherweise ab, übernimmt aber großzügig ein Drittel der Kosten (300 Millionen Euro), natürlich aus dem Säckel des Steuerzahlers.

ITALIEN

SSK – 4 »NAZARIO SAURO mod«-Klasse, 4 NAZARIO SAURO-Klasse (Typ 1081), 2 SALVATORE TODARO-Klasse (Typ 212 A/D).«NAZARIO SAURO mod«-Klasse:
SALVATORE PELOSI, GUILIANO PRINI, PRIMO LONGOBARDO, GIANFRANCO GAZZANA PRIAROGGIA.
Wasserverdrängung: 1476/1650 ts über/1662/1860 ts unter Wasser. Geschwindigkeit: 11 kn über/19 kn unter Wasser. Tauchtiefe: 300 m.Bewaffnung: 6 x 53,3-cm-Bugtorpedorohre, 6 Reservetorpedos.
NAZARIO SAURO-Klasse:
NAZARIO SAURO, FECIA DI COSSATO, LEONARDO DA VINCI, GUGLIELMO MARCONI.
Wasserverdrängung: 1456 ts über/1631 ts unter Wasser. Geschwindigkeit: 14 kn über/19 kn unter Wasser. Tauchtiefe: 250 m. Bewaffnung: 6 x 53,3-cm-Bugtorpedorohre, 6 Reservetorpedos.
SALVATORE TODARO-Klasse (Brennstoffzellen-Antrieb):
SALVATORE TODARO, I (beide im Bau).
Wasserverdrängung: 1450 ts über/1830 ts unter Wasser. Geschwindigkeit: 12 kn über/17 kn unter Wasser. Tauchtiefe: Keine Angaben. Bewaffnung: 6 x 53,3-cm-Bugtorpedorohre.

JAPAN

SSK – 6 OYASHIO-Klasse (+ 4 im Bau), 6 HARUSHIO-Klasse, 5 YUSHIO-Klasse.
OYASHIO-Klasse: OYASHIO, MICHISHIO, UZUSHIO, MAKISHIO, ISOSHIO, NARUSHIO.
Wasserverdrängung: 2750 ts über/3000 ts unter Wasser. Geschwindigkeit: 12 kn über/20 kn unter Wasser. Tauchtiefe: 350 m. Bewaffnung: SSM »Sub-Harpoon«, 6 x 53,3-cm-Torpedorohre mittschiffs, 12 Reservetorpedos.
HARUSHIO-Klasse: HARUSHIO, NATUSHIO, HAYASHIO, ARASHIO, WAKASHIO, FUYUSHIO.
Wasserverdrängung: 2450 ts über/2750 unter Wasser. Geschwindigkeit: 12 kn über/20 kn unter Wasser. Tauchtiefe: 350 m. Bewaffnung: SSM »Sub-Harpoon«, 6 x 53,3-cm-Torpedorohre mittschiffs, 12 Reservetorpedos.
YUSHIO-Klasse: HAMASHIO, AKISHIO, TAKESHIO, YUKISHIO, SACHISHIO.
Wasserverdrängung: 2250 ts über/2450 ts unter Wasser. Geschwindigkeit: 12 kn über/20 kn unter Wasser. Tauchtiefe: 275 m. Bewaffnung: SSM »Sub-Harpoon«, 6 x 53,3-cm-Torpedorohre mittschiffs, 12 Reservetorpedos.

KANADA

SSK – 4 VICTORIA-Klasse (ex-UPHOLDER-Klasse/UK).
VICTORIA (ex-UPHOLDER), WINDSOR (ex-

Unten: Italien: GIANFRANCO GAZZANA PRIAROGGIA.

Anhang 1: Überblick zum Bestand an U-Booten

Oben: Volksrepublik Korea: »Romeo«-Klasse.

UNICORN), CORNERBROOK (ex-URSULA), CHICOUTIMI (ex-UPHOLDER).
Wasserverdrängung: 2168 ts über/2455 ts unter Wasser. Geschwindigkeit: 12 kn über/20 kn unter Wasser. Tauchtiefe: 200 m. Bewaffnung: 6 x 53,3-cm-Bugtorpedorohre, 12 Reservetorpedos.

KOLUMBIEN

SS – 2 PIJAO-Klasse (Typ 209/1200/D).
PIJAO, TAYRONA.
Wasserverdrängung: 1180 ts über/1356 ts unter Wasser. Geschwindigkeit: 11 kn über/22 kn unter Wasser. Tauchtiefe: 250 m. Bewaffnung: 8 x 53,3-cm-Bugtorpedorohre, 7 Reservetorpedos.
SZ – 2 INTREPIDO-Klasse (Klein-U-Boote).
INTREPIDO, INDOMABLE.
Wasserverdrängung: 59 ts über/71 ts unter Wasser. Geschwindigkeit: 11 kn über/6 kn unter Wasser. Tauchtiefe: Keine Angaben. Bewaffnung: 2 x Torpedorohre oder 2 *Chariots* (2 ts, 2,7 x 0,8 m, 50 sm) oder 6-8 Minen.

KOREA (VOLKSREPUBLIK)

SS – 22 »Romeo«-Klasse (Typ 033/UdSSR, in China gebaut).
Wasserverdrängung: 1475 ts über/1830 ts unter Wasser. Geschwindigkeit: 17 kn über/16 unter Wasser. Tauchtiefe: 200 m. Bewaffnung: 8 x 53,3-cm-Torpedorohre (6 Bug, 2 Heck), 6 Reservetorpedos, 28 Minen anstatt Torpedos.
SSC – 26 »Sang-O«-Klasse.
Wasserverdrängung: 256 ts über/277 ts unter Wasser. Geschwindigkeit: 7,6 kn über/8,8 kn unter Wasser. Tauchtiefe: 180 m. Bewaffnung: 2-4 X 53,3-cm-Bugtorpedorohre, 16 Reservetorpedos.
SZ – 36 »Yugo«-Klasse (Klein-U-Boote).
Wasserverdrängung: 91 ts über/112 ts unter Wasser. Geschwindigkeit: 10 kn über/ 8 kn unter Wasser. Tauchtiefe: Keine Angaben. Bewaffnung: 2 x 53,3-cm-Bugtorpedorohre (innen).

KOREA (REPUBLIK)

SSK – 9 CHANG BOGO-Klasse (Typ 209/1200/D), 3 Klasse »Typ 214« (D/im Bau).
CHANG BOGO-Klasse:
CHANG BOGO, YI CHON, CHOI MUSON, PARK WI, LEE JONG MU, JUNG WOON, LEE SUN-SIN, NADAE JONG, LEE-EOK-GI.
Wasserverdrängung: 1185 ts über/1305 ts unter Wasser. Geschwindigkeit: 10 kn über/22 kn unter Wasser. Tauchtiefe: 250 m. Bewaffnung: 8 x 53,3-cm-Bugtorpedorohre, 6 Reservetorpedos, 28 Minen anstatt Torpedos.
Klasse »Typ 214«:
3 Einheiten im Bau. Wasserverdrängung: 1700 ts über/1950 ts unter Wasser. Geschwindigkeit: 10,5 kn über/21 kn unter Wasser. Tauchtiefe: 400 m. Bewaffnung: SSM »Sub-Harpoon«, 8 x 53,3-cm-Bugtorpedorohre.**SZ – 2 »Tolgorae«-Klasse, 9 »Dolphin«-Klasse (Typ Cosmos S.X. 756/I).**
«Tolgorae«-Klasse: *052, 053.*
Wasserverdrängung: 150 ts über/175 ts unter Wasser. Geschwindigkeit: 6 kn über/9 kn unter Wasser. Tauchtiefe: Keine Angaben. Bewaffnung: 2 x 40,6-cm-Torpedorohre, Kapazität für 8 Kampfschwimmer.
«Dolphin«-Klasse:
Wasserverdrängung: 70 ts über/83 ts unter Wasser. Geschwindigkeit: 8 kn über/6 kn unter Wasser. Tauchtiefe: Keine Angaben. Bewaffnung: 2 x 53,3-cm-Bugtorpedorohre, bis zu 8 Kampfschwimmer.

KROATIEN

SZ – 2 »Una mod«-Klasse (Klein-U-Boote).
VELEBIT (ex-SOČA), 1 SZ soll von Serbien-Montenegro übergeben werden.
Wasserverdrängung: 88 ts über/99 ts unter Wasser. Geschwindigkeit: 6 kn über/7 kn unter Wasser. Tauchtiefe: 120 m. Bewaffnung: 4 SDV, 6 Kampfschwimmer, 12 Haft- oder 4 Grundminen.

LIBYEN

SS – 4 »Foxtrot«-Klasse (Typ 641/UdSSR).
AL AHAD, AL BADR, AL MITRAKA, AL HUNAIN (Einsatzbereitschaft?)
Wasserverdrängung: 1950 ts über/2475 ts unter Wasser. Geschwindigkeit: 16 kn über/15 kn unter Wasser. Tauchtiefe: 150 m. Bewaffnung: 10 x 53,3-cm-Torpedorohre (6 Bug, 4 Heck), 12 Reservetorpedos, 44 Minen anstatt Torpedos.

MALAYSIA

SSK – 2 ZWAARDVIS-Klasse (Nied), 1 AGOSTA-Klasse (F), 2 »Scorpène«-Typ (F/im Bau).
ZWAARDVIS-Klasse:
? (ex-ZWAARDVIS), ? (ex-TIJGERHAAI).
Wasserverdrängung: 2410 ts über/2640 ts unter Wasser. Geschwindigkeit: 13 kn über/20 kn unter Wasser. Tauchtiefe: 200 m. Bewaffnung: 6 x 53,3-cm-Bugtorpedorohre, 14 Reservetorpedos.
AGOSTA-Klasse:? (ex-QUESSANT).
Wasserverdrängung: 1510 ts über/1760 ts unter Wasser. Geschwindigkeit: 12 kn über/17,5 kn unter Wasser. Tauchtiefe: 300 m. Bewaffnung: 4 x 53,3-cm-Torpedorohre, 16 Reservetorpedos.
«Scorpène«-Typ:
2 Einheiten im Bau.
Wasserverdrängung: 1564 ts über/1711 ts unter Wasser. Geschwindigkeit: 12 kn über/21 kn unter Wasser. Tauchtiefe: 300 m. Bewaffnung: 6 x 53,3-cm-Bugtorpedorohre.

NIEDERLANDE

SSK – 4 WALRUS-Klasse.
WALRUS, ZEELEEUW, DOLFIJN, BRUINVIS.
Wasserverdrängung: 2465 ts über/2800 ts unter Wasser. Geschwindigkeit: 12 kn über/20 kn unter Wasser. Tauchtiefe: 300 m. Bewaffnung: SSM »Sub-Harpoon«, 4 x 53,3-cm-Torpedorohre, 40 Minen anstatt Torpedos.

NORWEGEN

SSK – 6 ULA-Klasse, 4 »Viking«-Typ geplant (DAN/NOR/SWD).ULA-Klasse: ULA, UTSIRA, UTSTEIN, UTVAER, UTHAUG, UREDD.
Wasserverdrängung: 1040 ts über/1150 ts unter Wasser. Geschwindigkeit: 11 kn über/23 kn unter Wasser. Tauchtiefe: 250 m. Bewaffnung: 8 x 53,3-cm-Bugtorpedorohre, 6 Reservetorpedos.

PAKISTAN

SSK – 3 KHALID-Klasse (Typ »Agosta 90 B«/F), 2 HASHMAT-Klasse (Typ »Agosta«/F), 4 HANGOR-Klasse (Typ »Daphné«/F).
KHALID-Klasse: KHALID, SA'AD, HAMZA.
Wasserverdrängung: 1510 ts über/1760 ts unter Wasser. Geschwindigkeit: 12,5 kn über/20,5 unter Wasser. Tauchtiefe: 320 m. Bewaffnung: SSM SM 39 »Exocet«, 4 x 53,3-cm-Bugtorpedorohre.
HASHMAT-Klasse: HASHMAT (ex-ASTRANT), HURMAT (ex-ADVENTUROUS).
Wasserverdrängung: 1490 ts über/1740 ts unter Wasser. Geschwindigkeit: 12 kn über/17,5 kn unter Wasser. Tauchtiefe: 300 m. Bewaffnung: SSM »Sub-Harpoon«, 4 x 53,3-cm-Bugtorpedorohre.
HANGOR-Klasse: HANGOR, SHUSHUK, MANGRO, EL GHAZI (ex-CACHALOTE).
Wasserverdrängung: 850 ts über/1043 unter Wasser. Geschwindigkeit: 13 kn über/15 kn unter Wasser. Tauchtiefe: 300 m. Bewaffnung: SSM »Sub-Harpoon«, 12 x 53,3-cm-Torpedorohre (8 Bug, 4 Heck), keine Reservetorpedos.
SZ – 3 »Typ COSMOS S.X. 756« (Klein-U-Boote). *01–03.*
Wasserverdrängung: 80 ts über/118 ts unter Wasser. Geschwindigkeit: 9 kn über/6 kn unter Wasser. Tauchtiefe: Keine Angaben. Bewaffnung: 2 x 53,3-cm-Torpedorohre, keine Reservetorpedos, 12 Haftminen Mk.414, 8 Kampfschwimmer.

PERU

SSK – 6 CASMA/ISLAY-Klasse (Typ 209, 1200/1000/D).
CASMA, ANTOFAGASTA, PISAGUA, CHIPANA, ISLAY, ARICA.
Wasserverdrängung: 1185-1105 ts über/1290-1230 ts unter Wasser. Geschwindigkeit: 11 kn über/ 21,5 kn unter Wasser. Tauchtiefe: 250 m. Bewaffnung: 8 x 53,3-cm-Bugtorpedorohre, 6 Reservetorpedos
SS – ABTAO-Klasse (Typ »Mackerel«/USA) – in Reserve.
ABTAO (ex-TIBURON), DOS DE MAYO (ex-LOBO).
Wasserverdrängung: 825 ts über/1400 ts unter Wasser. Geschwindigkeit: 16 kn über/10 kn unter Wasser. Tauchtiefe: 140? m. Bewaffnung: 6 x 53,3-cm-Torpedorohre (4 Bug, 2 Heck), 1 x 12,7-cm-Geschütz.

POLEN

SSK – 1 »Kilo I«-Klasse (Typ 877 E/UdSSR), 4 SOKOL-Klasse (Typ »Kobben«/N/D).
«Kilo I«-Klasse: ORZEL.
Wasserverdrängung: 2457 ts über/3076 ts unter Wasser. Geschwindigkeit: 12 kn über/17 kn unter Wasser. Tauchtiefe: 240 m. Bewaffnung: 6 x 53,3-cm-Bugtorpedorohre, 12 Reservetorpedos, 24 Minen anstatt Torpedos, 8 SAM SA-N-5 »Strela« 2 M.
SOKOL-Klasse:
SOKOL (ex-STORD), SÉP (ex-SKOLPEN), BIELIK (ex-SVENNER), KONDOR (ex-KUNNA).
Wasserverdrängung: 459 ts über/524 ts unter Wasser. Geschwindigkeit: 12 kn über/18 kn unter Wasser. Tauchtiefe: 200 m. Bewaffnung: 8 x 53,3-cm-Bugtorpedorohre.
SS – 2 »Foxtrot«-Klasse (Typ 641/UdSSR) – in Reserve. WILK, DZIK.
Wasserverdrängung: 1957 ts über/2482 ts unter Wasser. Geschwindigkeit: 16 kn über/ 15 kn unter Wasser. Tauchtiefe: 250 m. Bewaffnung: 10 x 53,3-cm-Torpedorohre (6 Bug, 4 Heck), 12 Reservetorpedos, 32 Grundminen DM 1 anstatt Torpedos.

PORTUGAL

SSK – 2 ALBACORA-Klasse (Typ »Daphné«/F).
BARRACUDA, DELFIN.
Wasserverdrängung: 869 ts über/1043 ts unter Wasser. Geschwindigkeit: 13,5 kn über/16 kn unter

Unten: Russland: Ein SSK der »Kilo I«-Klasse im Seetransport von St. Petersburg zu seinem Abnehmer, dem Iran.

Anhang 1: Überblick zum Bestand an U-Booten

Wasser. Tauchtiefe: 300 m. Bewaffnung: 12 x 55-cm-Torpedorohre (8 Bug, 4 Heck), keine Reservetorpedos.

RUMÄNIEN

SSK – 1 »Kilo I«-Klasse (Typ 877 E/UdSSR).
DELFINUL.
Wasserverdrängung: 2325 ts über/3076 ts unter Wasser. Geschwindigkeit: 12 kn über/17 kn unter Wasser. Tauchtiefe: 240 m. Bewaffnung: 6 x 53,3-cm-Bugtorpedorohre, 12 Reservetorpedos, 24 Minen anstatt Torpedos.

RUSSLAND

SSBN – 2 »Typhoon«-Klasse (Typ 941), 6 »Delta IV«-Klasse (Typ 667 BDRM), 6 »Delta III«-Klasse (Typ 667 BDR). «Typhoon«-Klasse:
ARCHANGELSK (TK-17), SEVER STAL (TK-20).
Wasserverdrängung: 18.500 ts über/26.500 ts unter Wasser. Geschwindigkeit: 12 kn über/26 kn unter Wasser. Tauchtiefe: 365 m. Bewaffnung: 20 SLBM SS-N-20, U-Abwehr (nukleare Gefechtsköpfe): SS-N-15 u. SS-N-16, 4 x 65-cm- u. 2 x 53,3-cm-Bugtorpedorohre (16 Reserve).
«Delta IV«-(»Delfin«-)Klasse:
VERCHOTURE (K-51), JEKATERINBURG (K-84), TULA (K-114), BRJANSK (K-117), KARELIJA (K-18), NOVO MOSKOVSK (K-407).
Wasserverdrängung: 10.800 ts über/13.500 ts unter Wasser. Geschwindigkeit: 14 kn über/24 kn unter Wasser. Tauchtiefe: 300 m. Bewaffnung: 16 SLBM SS-N-23, U-Abwehr (nuklearer Gefechtskopf): SS-N-15, 2 x 65-cm- u. 4 x 53,3-cm-Bugtorpedorohre.
«Delta III«-(»Kalmar«-)Klasse: BORISOGLEBSK (K-496), ZELENOGRAD (K-506), PETROPAVLOVSK-KAMŠATSKIJ (K-211), PODOLSK (K-233), SVJATOJ GEORGIJ POBEDONOSETS (K-433), RJAZAN (K-44).
Wasserverdrängung: 10.550 ts über/13.250 ts unter Wasser. Geschwindigkeit: 14 kn über/24 kn unter Wasser. Tauchtiefe: 300 m. Bewaffnung: 16 SLBM SS-N-18, 4 x 53,3-cm- u. 2 x 40-cm-Bugtorpedorohre.
SSN – 2 »Sierra II«-Klasse, 7 »Oscar II«-Klasse (+ 1 im Bau), 2 »Akula II«-Klasse (+ 1 im Bau), 7 »Akula I/I mod«-Klasse (+ 1 im Bau), 6 »Victor III«-Klasse.«Sierra II«-(»Kondor«-)Klasse – Typ 945 B: PSKOV (B-336), NIŠNYI-NOVGOROD (B-534). Wasserverdrängung: 6466 ts über/10.412 ts unter Wasser. Geschwindigkeit: 16 kn über/33 kn unter Wasser.Tauchtiefe: 750 m.Bewaffnung: SLCM SS-N-21 »Sampson«, U-Abwehr: SS-N-15 u. SS-N-16 (alle FK mit nuklearen Gefechtsköpfen), 2 x 65-cm- u. 6 x 53,3-cm-Bugtorpedorohre, 42 Minen anstatt Torpedos.
«Oscar II«-(»Antejej«-)Klasse – Typ 949 A:
KRASNOJARSK (K-173), SMOLENSK (K-410), ČELJABINSK (K-442), OMSK (K-186), TOMSK (K-150), VILJUŠINSK (K-456/ex-KASATKA), OREL (K-266/ex-SEVERODVINSK), BELGOROD (K-139/im Bau).
Wasserverdrängung: 13.900 ts über/18.300 ts unter Wasser. Geschwindigkeit: 15 kn über/28 kn unter Wasser. Tauchtiefe: 300 m. Bewaffnung: 24 SLCM/SSM SS-N-19, U-Abwehr: SS-N-15 u. SS-N-16 (alle FK mit nuklearen Gefechtsköpfen), 2 x 65-cm- u. 4 x 53,3-cm-Bugtorpedorohre, 32 Minen anstatt Torpedos.
«Akula I/I mod«-(»Bars«-)Klasse – Typ 971:
BRATSK (K-391/ex-Kit), MAGADAN (K-331/ex-NARVAL), KUZBASS (K-419/ex-WOLF), SAMARA (K-295/ex-MORŠ), KAŠALOT (K-322/ex-DRAGON), LEOPARD (K-328), TIGER (K-154), NERPA (K-152/im Bau).
Wasserverdrängung: 7500 ts über/9300 ts unter Wasser. Geschwindigkeit: 16 kn über/ 28 kn unter Wasser. Tauchtiefe: 400 m. Bewaffnung: SLCM SS-N-21 »Sampson«, U-Abwehr: SS-N-15 u. SS-N-16 (alle FK mit nuklearen Gefechtsköpfen), 4 x 65-cm- u. 4 x 53,3-cm-Bugtorpedorohre.
«Akula II«-Klasse – Typ 971 U:
VEPR (K-157), GEPARD (K-335), COUGAR (im Bau). Wasserverdrängung: 8140 ts über/12.770 ts unter Wasser. Geschwindigkeit: 18 kn über/35 kn unter Wasser. Tauchtiefe: 450 m. Bewaffnung: SLCM SS-N-21 »Sampson«, U-Abwehr: SS-N-15 u. SS-N-16 (alle FK mit nuklearen Gefechtsköpfen), 4 x 65-cm- u. 4 x 53,3-cm-Bugtorpedorohre. **«Victor III«-(»Ščuka«-)Klasse – Typ 671 RTM/RTMK:**
? (B-388), ZAPADNAJA LITSA (?/B-292), VOLGOGRAD (B-502), OBNINSK (B-138), DANIIL MOSKOVSKIJ (B-414), TAMBOV (B-448).
Wasserverdrängung: 4850 ts über/6350 ts unter Wasser.Geschwindigkeit: 18 kn über/30 kn unter Wasser.Tauchtiefe: 400 m.Bewaffnung: SLCM SS-N-21 »Sampson«, U-Abwehr: SS-N-15 u. SS-N-16 (alle FK mit nuklearen Gefechtsköpfen), 2 x 65-cm- u. 4 x 53,3-cm-Bugtorpedorohre, 36 Minen anstatt Torpedos.
SSK – 9 »Kilo I/II«-Klasse, 4 »Tango«-Klasse, 1 ST.PETERSBURG-Klasse (im Bau).
«Kilo I/II«-(»Vašavjanka«-)Klasse – Typ 877/636: VOLOGELA (B-187), VLADIKAVKAZ (B-459), LIPETSK (B-177), NOVOSIBIRSK (B-401), B-871 (Versuchsboot: Wasserstrahlantrieb) plus 4.
Wasserverdrängung: 2325 ts über/3076 ts unter Wasser. Geschwindigkeit: 12 kn über/17 kn unter Wasser. Tauchtiefe: 240 m. Bewaffnung: 6 x 53,3-cm-Bugtorpedorohre, 12 Reservetorpedos, 24 Minen anstatt Torpedos.
«Tango«-(»Som«-)Klasse – Typ 641 B:
MAGNITOGORSK (B-437) plus 3 (B-434:Museumsboot in Hamburg).
Wasserverdrängung: 3100 ts über/3800 ts unter Wasser. Geschwindigkeit: 12 kn über/16 kn unter Wasser. Tauchtiefe: 250 m. Bewaffnung: 6 x 53,3-cm-Bugtorpedorohre, 18 Reservetorpedos, ? Minen anstatt Torpedos.
ST. PETERSBURG-(»Amur/Lada«-)Klasse – Typ 677: ST. PETERSBURG (im Bau).
Wasserverdrängung: 1765 ts über/2650 ts unter Wasser. Geschwindigkeit: 10 kn über/21 kn unter Wasser. Tauchtiefe: 250 m. Bewaffnung: SSM SS-N-15, 6 x 53,3-cm-Bugtorpedorohre, ? Minen anstatt Torpedos.
SS – 3 »Uniform«-(»Kašalot«-)Klasse – Typ 1910:
AS-15–AS-17: in Reserve.
Wasserverdrängung: 1340 ts über/1580 ts unter Wasser. Geschwindigkeit: 10 kn über/28 kn unter Wasser. Tauchtiefe: ?Bewaffnung: Keine.

SCHWEDEN

SSK – 4 VÄSTERGÖTLAND-Klasse, 3 GOTLAND-

Rechts: Schweden: Ein SSK der GOTLAND-Klasse.

Klasse, 2 »Viking«-Typ geplant (DAN/NOR/SWD).VÄSTERGÖTLAND-Klasse – Typ A 17: VÄSTERGÖTLAND, HÄLSINGLAND, SÖDERMANNLAND, ÖSTERGÖTLAND.
Wasserverdrängung: 1070 ts über/1143 ts unter Wasser. Geschwindigkeit: 11 kn über/20 kn unter Wasser. Tauchtiefe: 300 m. Bewaffnung: 4 x 53,3-cm- u. 3 x 40-cm-Bugtorpedorohre, 4 bzw. 3 Reservetorpedos.
GOTLAND-Klasse – Typ A 19:
GOTLAND, UPPLAND, HALLAND.
Wasserverdrängung: 1240 ts über/1494 ts unter Wasser. Geschwindigkeit: 11 kn über/20 kn unter Wasser. Tauchtiefe: 320 m. Bewaffnung: 4 x 53,3-cm- u. 2 x 40-cm-Bugtorpedorohre, 8 bzw. 4 Reservetorpedos, 12 Grundminen anstatt Torpedos + 48 Minen in Außenbehältern.

SERBIEN-MONTENEGRO

SS – 1 SAVA-Klasse. SAVA (831).
Wasserverdrängung: 834 ts über/960 ts unter Wasser. Geschwindigkeit: 10 kn über/16 kn unter Wasser. Tauchtiefe: 300 m. Bewaffnung: 6 x 53,3-cm-Bugtorpedorohre, 4 Reservetorpedos, 20 Minen anstatt Torpedos.
SZ – 5 UNA-Klasse (Klein-U-Boote).
UNA, TISA, ZETA, KUPA, VRBAS (ex-VARDAR).
Wasserverdrängung: 76 ts über/88 ts unter Wasser. Geschwindigkeit: 6 kn über/8 kn unter Wasser. Tauchtiefe: 120 m. Bewaffnung: 4 SDVs, 8 Kampfschwimmer, Haftminen.

SINGAPUR

SSK – »Sjöormen«-Klasse (Typ A 12/SWD).
CENTURION (ex-SJÖORMEN), CHALLENGER (ex-SJÖBJÖRNEN), CONQUERER (ex-SJÖLEJONET), CHIEFTAIN (ex-SJÖHUNDEN).
Wasserverdrängung: 1130 ts über/1210 ts unter Wasser. Geschwindigkeit: 12 kn über/ 20 kn unter Wasser. Tauchtiefe: 150 m. Bewaffnung: 4 x 53,3-cm-Bug- u. 2 x 40-cm-Heck-Torpedorohre, 6 bzw. 2 Reservetorpedos, ? Minen anstatt Torpedos.

SPANIEN

SSK – 4 GALERNA-Klasse (Typ »Agosta«/F), 4 DELFIN-Klasse (Typ »Daphné«/F), 4 »Scorpène«-Typ geplant (F).GALERNA-Klasse:
GALERNA, SIROCO, MISTRAL, TRAMONTANA.
Wasserverdrängung: 1490 ts über/1740 ts unter Wasser. Geschwindigkeit: 12 kn über/20,5 kn unter Wasser. Tauchtiefe: 240 m. Bewaffnung: 4 x 53,3-cm-Bugtorpedorohre, 16 Reservetorpedos, 19 Minen bei reduzierten Torpedos.
DELFIN-Klasse:
DELFIN, TONINA, MARSOP, NARVAL.
Wasserverdrängung: 869 ts über/1043 ts unter Wasser. Geschwindigkeit: 13 kn über/16 kn unter Wasser. Tauchtiefe: 300 m. Bewaffnung: 12 x 55-cm-Torpedorohre (8 Bug, 4 Heck), keine Reservetorpedos, 12 Minen anstatt Torpedos.

Oben: Türkei: Die SALDIRAY, ein bei HDW in Kiel gebautes SSK der ATILAY-Klasse (Typ 209/1200), mit einer sehr großen Batteriekapazität.

SÜDAFRIKA

SSK – 2 MARIA VAN RIEBEECK-Klasse (Typ »Daphné«/F), 3 Klasse »Typ 209/1400 mod« (D/im Bau).MARIA VAN RIEBEECK-Klasse:
UMKHONTO (ex-EMILY HOBHOUSE), ASSEGAI (ex-JOHANNA VAN DER MERVE).
Wasserverdrängung: 869 ts über/1043 ts unter Wasser. Geschwindigkeit: 13 kn über/16 kn unter Wasser. Tauchtiefe: 300 m. Bewaffnung: 12 x 55-cm-Torpedorohre (8 Bug, 4 Heck), keine Reservetorpedos.
Klasse »Typ 209/1400 mod«:
3 Einheiten im Bau.
Wasserverdrängung: 1457 ts über/1596 ts unter Wasser. Geschwindigkeit: 11 kn über/21 kn unter Wasser. Tauchtiefe: 250 m. Bewaffnung: SSM, 8 x 53,3-cm-Bugtorpedorohre, 6 Reservetorpedos.

TAIWAN

SSK – 2 HAI LUNG-Klasse (Typ »Walrus mod«/NDL), 2 HAI PAO-Klasse (Typ »Tench/Guppy II«/USA).HAI LUNG-Klasse:
HAI LUNG, HAI HU.
Wasserverdrängung: 2376 über/2660 ts unter Wasser. Geschwindigkeit: 12 kn über/20 kn unter Wasser. Tauchtiefe: 300 m. Bewaffnung: 6 x 53,3-cm-Bugtorpedorohre, 14 Reservetorpedos.
HAI PAO-Klasse:
HAI PAO (ex-TUSK), HAI SHIH (ex-CUTLASS).
Wasserverdrängung: 1870 ts über/2420 ts unter Wasser. Geschwindigkeit: 18 kn über/15 kn unter Wasser. Tauchtiefe: 150 m. Bewaffnung: 10 x 53,3-cm-Torpedorohre (6 Bug, 4 Heck).

TÜRKEI

SSK – 4 PREVEZE-Klasse (Typ 209/1400) plus 4 im Bau (Typ 209/1400 mod/D), 6 ATILAY-Klasse (Typ 209/1200/D), 2 PIRI REIS-Klasse (»Tang«-Klasse/USA), 1 ALI REIS-Klasse (Typ »Guppy III«/USA).

PREVEZE-Klasse: PREVEZE, SAKARYA, 18 MART, ANAFARTALAR; im Bau: GÜR, ÇANAKKALE, BURAK REIS, I. INÖNÜ.
Wasserverdrängung: 1454 ts über/1586 ts unter Wasser. Geschwindigkeit: 11 kn über/21,5 kn unter Wasser. Tauchtiefe: 250 m. Bewaffnung: SSM »Sub-Harpoon«, 8 x 53,3-cm-Bugtorpedorohre, 5 Reservetorpedos, ? Minen anstatt Torpedos.
ATILAY-Klasse: ATILAY, SALDIRAY, BATIRAY, YILDIRAY, DOGANAY, DOLUNAY.
Wasserverdrängung: 1185 ts über/1290 ts unter Wasser. Geschwindigkeit: 11 kn über/22 kn unter Wasser. Tauchtiefe: 250 m. Bewaffnung: 8 x 53,3-cm-Bugtorpedorohre, 6 Reservetorpedos.
PIRI REIS-Klasse:
PIRI REIS (ex-TANG), HIZI REIS (ex-GUDGEON).
Wasserverdrängung: 2100 ts über/2700 ts unter Wasser. Geschwindigkeit: 15,5 kn über/16 kn unter Wasser. Tauchtiefe: 180 m. Bewaffnung: 8 x 53,3-cm-Torpedorohre (6 Bug, 2 Heck), 13 Reservetorpedos, ? Minen anstatt Torpedos.
ALI REIS-Klasse:
MURAT REIS (ex-RAZORBACK).
Wasserverdrängung: 1848 ts über/2440 ts unter Wasser. Geschwindigkeit: 16 kn über/14 kn unter Wasser. Tauchtiefe: 150 m. Bewaffnung: 10 x 53,3-cm-Torpedorohre (6 Bug, 4 Heck), 11 Reservetorpedos, 40 Minen anstatt Torpedos.

UKRAINE

SSK – 1 »Foxtrot«-Klasse (Typ 641/UdSSR).
ZAPORI JA (ex-*B-435*).
Wasserverdrängung: 1952 ts über/2475 ts unter Wasser. Geschwindigkeit: 16 kn über/15 kn unter Wasser. Tauchtiefe: 210 m. Bewaffnung: 10 x 53,3-cm-Torpedorohre (6 Bug, 4 Heck), 11 Reservetorpedos, 44 Grundminen anstatt Torpedos.

Anhang 1: Überblick zum Bestand an U-Booten

VENEZUELA

SSK – 2 SÁBAOLO-Klasse (Typ 209/1200/D).
SÁBAOLO, CARIBE.
Wasserverdrängung: 1285 ts über/1450 ts unter Wasser. Geschwindigkeit: 10 kn über/22 kn unter Wasser. Tauchtiefe: 250 m. Bewaffnung: 8 x 53,3-cm-Bugtorpedorohre, 6 Reservetorpedos.

VEREINIGTE STAATEN VON AMERIKA

SSBN – 14 OHIO-Klasse (+ 4 im Umbau).
HENRY M. JACKSON, ALABAMA, ALASKA, NEVADA, TENNESSEE, PENNSYLVANIA, WEST VIRGINIA, KENTUCKY, MARYLAND, NEBRASKA, RHODE ISLAND, MAINE, WYOMING, LOUISIANA sowie OHIO, MICHIGAN, FLORIDA und GEORGIA im Umbau zu SSGNs bis 2007.
Wasserverdrängung: 16.600 ts über/18.750 ts unter Wasser. Geschwindigkeit: 18 kn über/30 kn unter Wasser. Tauchtiefe: 250 m. Bewaffnung: 24 SLBM »Trident I C 4/II D 5«, 4 x 53,3-cm-Bugtorpedorohre.
SSN – 51 LOS ANGELES-Klasse, 2 SEAWOLF-Klasse (+ 1 im Bau), 4 VIRGINIA-Klasse (im Bau).
LOS ANGELES-Klasse:
LOS ANGELES, PHILADELPHIA, MEMPHIS, BREMERTON, JACKSONVILLE, DALLAS, LA JOLLA, CITY OF CORPUS CHRISTI, ALBUQUERQUE, PORTSMOUTH, MINNEAPOLIS-SAINT PAUL, HYMAN G.RICKOVER, AUGUSTA, SAN FRANCISCO, HOUSTON, NORFOLK, BUFFALO, SALT LAKE CITY, OLYMPIA, HONOLULU, PROVIDENCE, PITTSBURGH, CHICAGO, KEY WEST, OKLAHOMA CITY, LOUISVILLE, HELENA, NEWPORT NEWS, SAN JUAN, PASADENA, ALBANY, TOPEKA, MIAMI, SCRANTON, ALEXANDRIA, ASHEVILLE, JEFFERSON CITY, ANNAPOLIS, SPRINGFIELD, COLUMBUS, SANTA FÉ, NOISE, MONTPELIER, CHARLOTTE, HAMPTON, HARTFORD, TOLEDO, TUCSON, COLUMBIA, GREENEVILLE, CHEYENNE.
Wasserverdrängung: 6082 ts über/6927 ts unter Wasser. Geschwindigkeit: 21 kn über/32 kn unter Wasser. Tauchtiefe: 300 m/450 m. Bewaffnung: SLCM/T-LAM »Tomahawk« Block III, SSM »Sub-Harpoon«, 4 x 53,3-cm-Torpedorohre mittschiffs, 10 Reservetorpedos.
SEAWOLF-Klasse:
SEAWOLF, CONNECTICUT, im Bau: JIMMY CARTER.
Wasserverdrängung: 8600 ts über/9142 ts unter Wasser. Geschwindigkeit: 18 kn über/39 kn unter Wasser. Tauchtiefe: 600 m. Bewaffnung: SLCM/T-LAM »Tomahawk« Block III, SSM/T-ASM »Tomahawk«, 48 x 66-cm-Torpedorohre 100 Minen anstatt Torpedos.
VIRGINIA-Klasse:
VIRGINIA, TEXAS, HAWAII, NORTH CAROLINA (alle im Bau).
Wasserverdrängung: 6930 ts über/7700 ts unter Wasser. Geschwindigkeit: 14 kn über/34 kn unter Wasser. Tauchtiefe: 500 m. Bewaffnung: SLCM/T-LAM »Tomahawk« in 12 Vertikalschächten, SSM, 4 x 53,3-cm-Torpedorohre.

VIETNAM

SZ– 2 »Yugo«-Klasse (Klein-U-Boote).
Wasserverdrängung: 91 ts über/112 ts unter Wasser. Geschwindigkeit: 10 kn über/8 kn unter Wasser. Tauchtiefe: Keine Angaben. Bewaffnung: Keine, SDVs für 7 Kampfschwimmer.

Unten: USS LOS ANGELES (SSN-688I längsseits der Pier im Marinestützpunkt Changi/Singapur beim 7. Flottenmanöver *Cooperation Afloat Readiness and Trainung* (CARAT) im Sommer 2001. CARAT besteht aus einer Reihe von Übungen, die jedes Jahr im Westpazifik stattfinden, um zwischen den teilnehmenden Ländern die regionale Zusammenarbeit zu verbessern und die gemeinsame Operationsfähigkeit zu verstärken. Zu den Teilnehmern gehören außer den USA noch Indonesien, Singapur, die Philippinen, Thailand und Brunei.

Anhang 2: Unglücksfälle von U-Booten 1905–2000

Unglücksfälle von U-Booten 1905-2000

		UK	UdSSR/Russland	USA	Frankreich	Deutschland	Japan	Italien	Türkei	Niederlande	Israel	Spanien	Polen	Griechenland	Pakistan	Peru	Chile	Dänemark	Insgesamt	% aller Unfälle
	Unfälle	57	34	30	28	27	9	6	2	2	1	1	1	1	1	1	1	1	**203**	
Unfälle	Bootsverlust	26	20	14	13	25	8	2	1	0	1	1	1	1	0	0	0	1	**114**	56,16
	Tote	1130	849	586	652	598	436	95	120	3	69	46	56	41	?	7	0	1	**4689**	–
	Überlebende	534	76	481	152	449	57	38	5	53	0	0	0	0	?	45	25	8	**1923**	–
Ursache	Kollision	28	9	7	9	16	4	3	1	1	1(?)	1	0	0	0	1	0	1	**86**	42,36
	Wassereinbruch	4	2	2	5	1	0	1	0	1	0	0	0	1	0	0	0	0	**18**	8,87
	Tauchunfall	11	3	4	5	2	3	1	1	0	0	0	0	0	0	1	0		**31**	15,27
	Explosion/Feuer	5	6	8	6	0	1	1	0	0	0	0	0	0	0	0	0	0	**28**	13,79
	Munition	1	1	1	0	4	0	0	0	0	0	0	0	0	1	0	0	0	**8**	3,91
	Techn. Defekt	3	7	7	3	1	0	0	0	0	0	0	0	0	0	0	0	0	**25**	12,32
	Unbekannt	3	5	0	0	3	0	0	0	0	0	0	1	0	0	0	0	0	**12**	5,0
	Sonstige	2	1	1	0	0	1	0	0	0	0	0	0	0	0	0	0	0	**9**	0,99

Rechts: Das geborgene Unterseeboot *S-51* der US-Marine im Trockendock der Marinewerft Brooklyn. Das U-Boot war am 25. September 1925 mit der SS CITY OF ROME vor Block Island kollidiert. Es gab 33 Tote und 3 Überlebende. Beachte das Leck auf der Steuerbordseite.

Unten rechts: Dieses Foto ging im Juni 1939 um die Welt. Das aus dem Wasser ragende Heck der HMS/m THETIS in der Bucht von Liverpool nach einem Tauchunfall. Alle Versuche zur Rettung der 99 Eingeschlossenen scheiterten. Es gab nur 4 Überlebende. Nach Bergung und Instandsetzung wurde das U-Boot als HMS/m THUNDERBOLT wieder in Dienst gestellt.

Unten: Die HMS/m SIDON nach der Bergung im Hafen von Portland/UK. Das U-Boot sank am 16. Juni 1953 nach der Explosion eines Torpedos mit H_2O_2-Antrieb unter dem Verlust von 13 Seeleuten im Hafen.

Anhang 2: Unglücksfälle von U-Booten 1905 - 2000

Oben: Am 16. April 1951 ging die HMS/m AFFRAY vermutlich infolge des nicht geschlossenen Absperrventils beim »Schnorcheln« nördlich von Alderney verloren (75 Tote). Die Suche der »Royal Navy« dauerte 59 Tage; sie musste 161 Wracks untersuchen, ehe das U-Boot gefunden wurde.

Unten: Das 1952 von der britischen an die französische Marine übergebene U-Boot SYBILLE sank kurze Zeit später am 23. September bei einem Tauchunfall aus ungeklärter Ursache vor Toulon. Hierbei starben 47 Offiziere und Mannschaften.

Rechts: Das portugiesische U-Boot BARRACUDA nach einer Kollision mit einem Handelsschiff 1995 während eines Manövers vor der englischen Küste.

Oben: Am 8. März 1968 sank das sowjetische SSB *K-129* der »Golf«-Klasse im nördlichen Pazifik. Infolge des großen Interesses an der Technik sowjetischer U-Boote während des »Kalten Krieges« versuchte die US-Marine mit finanzieller Hilfe von Howard Hughes (350 Mio. Dollar), das Wrack in 4800 m Tiefe zu bergen (Operation *Jennifer*), und baute einen großen Tiefsee-Bergungsleichter (HMB-1). Inwieweit dieses kühne Unternehmen gelang, ist aufgrund der Geheimhaltung zweifelhaft.

Links: Am 7. April 1989 ging SW der Bäreninsel das sowjetische SSN KOMSOMOLEC (K-278) der »Mike«-Klasse (Typ 685) in der Barentssee durch einen Brand an Bord verloren (41 Tote, 28 Überlebende).

Anhang 2: Unglücksfälle von U-Booten 1905 - 2000

Oben: Ein SSN der sowjetischen »Victor I«-Klasse liegt im tunesischen Hammamet längsseits eines Werkstattschiffes der »Oskol«-Klasse. Das U-Schiff war bei der Kollision mit einem sowjetischen Tanker beschädigt worden, weil es für Aufregung sorgte, als es getaucht die Straße von Gibraltar durchfuhr.

Unten: Einem Brand an Bord dieses sowjetischen SSN der »Echo I«-Klasse fielen 100 sm ostwärts von Okinawa/Japan neun Besatzungsangehörige zum Opfer; drei weitere wurden verletzt.

Rechts: Die Sowjetflotte besaß hinsichtlich des Sicherheitsstandards nicht den allerbesten Ruf. Dieses U-Schiff der »Yankee«-Klasse hatte ein Brand in der SLBM-Abteilung beschädigt.

Sachregister

Sich auf Bildtexte beziehende Seitenzahlen sind *kursiv* gesetzt.